惯性测量组合智能故障诊断及预测技术

Intelligent Fault Diagnosis and Prognostics Technology for Inertial Measurement Unit

王宏力　何　星　陆敬辉　姜　伟　冯　磊　著

国防工业出版社

·北京·

内 容 简 介

本书以作者及团队近10年来在惯性导航和故障诊断等方面从事学术、科研和教学工作中的成果为基础，主要针对惯性导航系统关键部件——惯性测量组合的故障诊断与预测技术总结归纳加工而成。

本书内容新颖，突出理论创新和应用，适合从事惯性测量组合等复杂机电系统状态监测与故障诊断、故障预测及健康管理、维护工作的工程技术人员和研究人员参考、阅读，也可作为高等院校自动化系统工程、可靠性工程等相关专业的研究生教材。

图书在版编目（CIP）数据

惯性测量组合智能故障诊断及预测技术/王宏力等著. —北京：国防工业出版社，2017.5

ISBN 978-7-118-11251-1

Ⅰ. ①惯… Ⅱ. ①王… Ⅲ. ①惯性测量系统-故障诊断 Ⅳ. ①P227.9

中国版本图书馆 CIP 数据核字（2017）第 107922 号

※

国防工業出版社出版发行

（北京市海淀区紫竹院南路 23 号　邮政编码 100048）

三河市德鑫印刷有限公司印刷

新华书店经售

*

开本 787×1092　1/16　印张 14¾　字数 392 千字

2017 年 5 月第 1 版第 1 次印刷　印数 1–2000 册　定价 69.00 元

（本书如有印装错误，我社负责调换）

国防书店：（010）88540777　　发行邮购：（010）88540776

发行传真：（010）88540755　　发行业务：（010）88540717

前　言

惯性导航技术是利用惯性敏感元件（陀螺仪、加速度计）测量载体相对惯性空间的线运动和角运动参数，在给定的初始条件下，输出载体的姿态参数和导航定位参数。惯性导航系统以其完全自主、全天候工作、隐蔽性和实时性好、抗干扰能力强等独特优点，在航空、航天领域得到了广泛的应用，特别是军事领域，惯性导航技术的发展水平直接反映一个国家高端武器装备现代化的程度。

自主导航技术的发展对系统可靠性和安全性提出了更高的要求，惯性测量组合作为惯性导航系统的核心部件，其性能的好坏直接决定导航的精度。但由于受制造工艺、使用寿命及工作条件的影响，惯性测量组合出现异常和故障现象非常频繁，且随着服役时间的增长，故障率呈逐年升高趋势。目前，针对惯性测量组合的故障诊断与维修能力，虽有了长足的进步，但由于问题的复杂性，仍然主要依赖交叉试验等传统方法和技术专家的经验知识，存在故障检测与隔离相对滞后、对技术人员自身要求高、系统健康状况判别困难等诸多不足。近20年来，随着传感器、信号处理、数理统计、模型优化、人工智能等技术或理论的不断发展，以故障诊断和预测、预测维护等作为关键问题的预测与健康管理（Prognostics and Health Management，PHM）技术得到了国内外学者的广泛关注和长足发展。本书正是从这点出发，以近年来国内外相关方面的研究成果为基础，结合笔者长期从事惯性导航和故障诊断方面的学术、科研和教学工作中获得的成果和心得，试图对惯性测量组合智能故障诊断、故障预测及预测维护等领域所涉及的主要问题进行理论概括和技术总结，供相关领域的科技工作者阅读参考。我们深信，本书的出版对进一步提升我国惯性导航系统维修保障能力的现代化、智能化水平必将起一定的推动作用。

全书共分为7章。第1章绪论，主要对智能故障诊断、预测、剩余寿命估计方法的概念、研究现状进行介绍；其次，介绍了惯性测量组合的组成、功能、工作原理。第2章多信号建模，主要介绍了多信号模型的基本理论和基于TEAMS环境的惯性测量组合的多信号建模及测试性分析改进设计。第3章基于计算智能的惯性测量组合（IMU）诊断策略优化，以惯性测量组合多信号模型为基础，详细介绍了基于人工智能方法的测试集优化、故障诊断策略优化。第4章基于人工智能方法的惯性测量组合模拟电路故障诊断，针对返厂维修对象集中在惯性测量组合内部模拟电路的故障问题，重点讨论了几种利用人工智能进行模拟电路元件级故障诊断方法，并应用于惯性测量组合实际故障诊断中。第5章基于数据驱动的惯性测量组合智能故障预测，着眼于视情维修需要，重点介绍了几种适用于惯性测量组合故障离线预测以及不同样本情况下在线预测的算法。第6章基于退化过程建模的惯性测量组合剩余寿命在线估计，对退化过程建模进行了介绍，并重点介绍了几种隐含退化过程剩余寿命在线估计方法。第7章基于可变成本的惯性测量组合实时预测维护与备件订购模型，着眼于降低维护成本以及实现快速维护决策，重点讨论了两种可变成本下的预测维护与备件订购模型的构建。

作者及其课题组自“十一五”以来，先后承担多项与惯性导航、多传感器信息融合、故障诊断技术相关的研究项目，包括总装预研基金、军内科研课题、装备维修改革项目等，取得了多项研究成果，获得军队科技进步二等奖、三等奖各1项，申报国家发明专利1项，在国内外学术期刊及国际会议上发表学术论文50余篇。

本书在编写过程中参阅和摘引了国内外许多前人的著作和论文，在此谨致谢意。需要特别指出的是，本书的很多内容直接引用了研究团队中历届博士生、硕士生的研究成果，他们包括侯青剑博士和樊大地、李寅啸、张忠泉等硕士，感谢他们的聪明才智、辛勤劳动和无私奉献为本书增加的新亮点。

本书的撰写得到了火箭军工程大学科研部、控制工程系和制导教研室的各级领导、同事的鼓励支持及2110三期“控制科学与工程”重点学科建设的经费资助，在此表示感谢。同时，还要感谢图像星光制导实验室的由四海、何贻洋、黄鹏杰、张涛、张尧、许强等同事的细致校对和默契配合。此外，国防工业出版社在图书出版过程中给予了大力支持。在本书正式出版之际，谨向他们表示衷心的感谢。

由于作者理论水平有限，以及所做研究工作的局限性，书中难免存在不妥之处，恳请广大同行、读者批评指正。

作者

2016年11月

目　录

第1章　绪　论

1.1　引言……1
1.2　故障诊断方法概述……2
1.2.1　故障诊断的概念……2
1.2.2　基于多信号模型的故障诊断研究现状……4
1.2.3　基于人工智能的模拟电路故障诊断研究现状……7
1.3　故障预测方法概述……11
1.4　剩余寿命估计方法概述……12
1.4.1　基于机理模型的剩余寿命估计方法……13
1.4.2　数据驱动的剩余寿命估计方法……13
1.4.3　剩余寿命估计在预测维护中的应用……20
1.5　惯性测量组合……21
1.5.1　惯性导航的基本原理……21
1.5.2　惯性测量组合的组成……23
1.5.3　惯性测量组合的工作原理及功能……23
1.6　本书结构安排……23
参考文献……25

第2章　多信号模型建模

2.1　引言……34
2.2　多信号建模理论与建模方法……34
2.2.1　多信号建模理论……34
2.2.2　多信号建模方法……36
2.3　测试性工程与维护系统（TEAMS）……38
2.3.1　TEAMS的功能与组成……38
2.3.2　基于TEAMS的测试性分析……40
2.3.3　基于TEAMS的故障诊断策略……42
2.4　惯性测量组合多信号模型的构建……43
2.4.1　建模原则……43
2.4.2　本体多信号建模……44

2.4.3 电子箱多信号建模 …… 46
2.4.4 二次电源多信号建模 …… 47
2.4.5 模型合成及属性设置 …… 50
2.5 惯性测量组合测试性分析与改进 …… 51
2.5.1 测试点的选取及测试设置 …… 51
2.5.2 惯性测量组合固有测试性分析 …… 53
2.5.3 改进测试性分析 …… 54
2.6 小结 …… 55
参考文献 …… 55

第3章 基于计算智能的惯性测量组合诊断策略优化

3.1 引言 …… 57
3.2 测试集优化方法 …… 57
3.2.1 测试集优化的数学描述 …… 57
3.2.2 测试性指标 …… 58
3.2.3 粒子群优化算法概述 …… 58
3.2.4 基于多维并行免疫离散粒子群优化算法的IMU测试集优化 …… 61
3.2.5 基于多维动态翻转离散粒子群算法的IMU测试集优化 …… 67
3.3 诊断策略优化方法 …… 73
3.3.1 惯性测量组合故障树的构建 …… 74
3.3.2 惯性测量组合故障树诊断策略优化 …… 77
3.3.3 基于蚁群算法优化的惯性测量组合相关矩阵诊断策略 …… 82
3.4 小结 …… 93
参考文献 …… 93

第4章 基于人工智能方法的惯性测量组合模拟电路故障诊断

4.1 引言 …… 95
4.2 基于人工神经网络的模拟电路故障诊断 …… 95
4.2.1 神经网络的故障诊断能力 …… 95
4.2.2 径向基函数神经网络 …… 96
4.2.3 基于遗传RBF网络的惯性测量组合模拟电路故障诊断 …… 96
4.2.4 基于经验模式分解和神经网络的IMU模拟电路故障诊断 …… 100
4.3 基于支持向量机的模拟电路故障诊断 …… 104
4.3.1 支持向量机基本理论 …… 104
4.3.2 层次聚类LSSVM多分类算法 …… 106
4.3.3 基于层次聚类LSSVM的惯性测量组合模拟电路故障诊断 …… 109
4.3.4 基于故障残差和SVM的惯性测量组合模拟电路故障诊断 …… 113
4.4 基于极端学习机的模拟电路故障诊断 …… 119
4.4.1 ELM基本理论 …… 119
4.4.2 基于优选小波包和ELM的模拟电路故障诊断 …… 120

4.4.3 基于固定尺寸序贯极端学习机的模拟电路在线故障诊断 …… 124
4.5 基于信息融合的模拟电路故障诊断 …… 134
4.5.1 信息融合的级别 …… 134
4.5.2 基于特征级信息融合的故障诊断 …… 136
4.5.3 基于响应曲线有效点的特征提取方法 …… 137
4.5.4 改进的模糊聚类特征压缩算法 …… 137
4.5.5 诊断实例 …… 140
4.6 小结 …… 146
参考文献 …… 146

第5章 基于数据驱动的惯性测量组合智能故障预测

5.1 引言 …… 148
5.2 基于数据驱动的故障预测方法 …… 148
5.3 基于支持向量机的惯性测量组合故障预测 …… 149
5.3.1 最小二乘支持向量机回归 …… 149
5.3.2 基于 EMD – LSSVM 的故障预测方法 …… 150
5.3.3 基于进化交叉验证与直接支持向量机回归的故障预测方法 …… 155
5.4 基于极端学习机的惯性测量组合故障预测 …… 161
5.4.1 基于极端学习机的惯性测量组合多尺度混合预测方法 …… 162
5.4.2 基于改进集合在线序贯极端学习机的惯性测量组合故障预测 …… 166
5.5 基于小样本条件下的惯性测量组合故障预测 …… 173
5.5.1 结构自适应序贯正则极端学习机 …… 173
5.5.2 实例验证 …… 176
5.6 小结 …… 179
参考文献 …… 180

第6章 基于退化过程建模的惯性测量组合剩余寿命在线估计

6.1 引言 …… 182
6.2 基于半随机滤波和 EM 算法的剩余寿命在线估计 …… 183
6.2.1 问题描述 …… 183
6.2.2 基于半随机滤波的估计模型 …… 184
6.2.3 参数在线估计算法 …… 187
6.2.4 惯性测量组合剩余寿命估计的仿真试验 …… 190
6.3 基于隐含线性退化过程建模的剩余寿命在线估计 …… 193
6.3.1 状态空间模型与剩余寿命估计 …… 193
6.3.2 参数估计 …… 197
6.3.3 惯性测量组合剩余寿命估计的仿真试验 …… 199
6.4 基于隐含非线性退化过程建模的剩余寿命在线估计 …… 203
6.4.1 问题描述与剩余寿命估计 …… 204
6.4.2 参数在线估计算法 …… 209

6.4.3 惯性测量组合剩余寿命预测的仿真试验 …… 211
6.5 小结 …… 213
参考文献 …… 213

第7章 基于可变成本的IMU实时预测维护与备件订购

7.1 引言 …… 216
7.2 第一种基于可变成本的预测维护模型的构建 …… 217
7.2.1 长期运行成本方差 …… 217
7.2.2 预测维护决策目标函数 …… 218
7.3 第二种基于可变成本的预测维护模型的构建 …… 219
7.3.1 长期运行成本方差 …… 219
7.3.2 预测维护决策目标函数 …… 219
7.4 备件订购模型的构建 …… 221
7.5 惯性测量组合预测维护的仿真试验 …… 222
7.5.1 问题描述 …… 222
7.5.2 试验结果 …… 222
7.6 小结 …… 226
参考文献 …… 226

第1章 绪　论

1.1 引　言

随着科技的快速发展和新技术、新工艺的不断涌现，现代武器装备的集成化和智能化程度不断提高，但同时也导致故障频发且排查更加困难，这对武器装备的维修保障能力提出了更高的要求。传统的故障诊断技术不仅要耗费大量的人力和财力，而且出现误诊和虚警概率较高，已无法满足日益复杂化、智能化及光机电一体化的武器系统的维修保障需求。近年来，随着人工智能和智能计算方法的快速发展，以基于视情维修（Condition - based Maintenance，CBM）发展起来的故障预测与健康管理（Prognostics and Health Management，PHM）为代表的智能故障诊断与预测技术越来越受到重视。特别是在军事领域，针对武器装备的智能故障诊断与预测技术受到美国和西欧等军事强国的青睐，近年来已逐步应用于战斗机、海军舰艇等军事装备上，显著提高了维修保障效率并有效降低了维修成本[1,2]。在我国，该项技术已被国家高技术研究发展计划（“863 计划”）列入优先发展的专题，同时也是我国“十三五”科研规划和国家自然科学基金中的重要研究课题。

惯性测量组合（Inertial Measurement Unit，IMU）作为导弹控制系统的核心部件，被视为导弹的“眼睛”，是一种应用惯性仪表构成的惯性测量装置或惯性测量系统。惯性测量组合是电子和机械相结合的高科技精密仪器，由于制造工艺的限制、使用寿命及工作条件的影响，故障的产生是不可避免的，而且随着武器系统服役时间的增长，惯性测量组合故障率呈逐年升高趋势。目前，针对惯性测量组合的故障诊断与维修能力虽有了长足的进步，但是仍然主要依赖交叉试验等传统方法和技术专家的经验知识，存在故障检测与隔离相对滞后、对技术人员自身要求较高、系统健康状况判别困难等诸多不足，而且故障定位的快速性和实时性与实际需求还存在一定差距。

此外，导弹武器是属于“长期储存，一次使用”的产品，一旦使用便是其寿命的终结。在导弹武器系统的寿命周期中，大部分时间属于储存状态（系统处于不工作状态），储存过程中的正常维修保障活动需要大量的费用支持，通常能占到全寿命成本中的20%左右。维修活动安排及维修资源管理的不当，将会增加全寿命成本甚至造成不可弥补的损失。PHM 作为新兴的技术已被工程实践证明，可以减少维修保障费用、提高设备的可靠性和安全性、降低失效事件发生的风险，对于军事、航空航天等安全性、可靠性要求较高的领域至关重要[3,4]。因此，借助各种先进的智能算法和智能模型开展惯性测量组合的故障诊断与预测方法研究，快速准确地对惯性测量组合出现的故障进行隔离与定位，并根据状态监测信息对其性能变化趋势进行预测，以便技术人员在故障发生之前及时采取维护措施，对保证惯性测量组合的完好率和任务完成率，降低维修成本具有重要的意义。另一方面，惯性测量组合实际运行过程中受到各种环境因素的影响，随着运行时间的增长，惯性测量组合性能会随之发生变化，经过一定的累积，会导致其性能发生退化，当累积到一定程度时，最终导致失效（退化型失效）。因此，通过监测惯性测量组合的关键参数的性能退化数据，建立退化模型、估计健康状态，进而预测其剩余寿命（Remaining Useful Lifetime，RUL），并依据这些信息确定惯性测量组合的最优维护时机、最优检查间隔、备件订购量以及其他后勤管理策略，可以实现经济成本或设备失效风险最小，是另一条经济可行的途径。

综上所述，围绕惯性测量组合智能故障诊断与预测的相关问题，本书主要开展了惯性测量组合的测试性建模与分析、诊断策略优化、模拟电路故障诊断、故障预测、剩余寿命估计及预测维护等方面的研究。论文的研究成果将为惯性测量组合的快速故障维修提供科学的指导和实现的手段，为惯性测量组合的设计、生产和维修单位的技术人员提供有力的技术支持。此外，本书中提出的各种智能故障诊断和预测技术可以较好地移植到其他复杂机电设备中，对提高部队的综合维修保障能力具有显著作用。

1.2 故障诊断方法概述

1.2.1 故障诊断的概念

故障诊断是根据当前所获取的状态信息和历史数据，确定装备或系统的故障性质、程度和部位，简单地说，故障诊断就是寻找故障原因的过程。狭义上的故障诊断主要包括故障的检测、隔离和识别等，而广义上故障诊断还包括故障原因分析、维修决策以及故障趋势预测等内容。

装备的故障诊断伴随着工业生产一起出现，但故障诊断作为一门应用性的综合学科是20世纪60年代以后逐渐发展起来的。依据故障诊断的技术特点，其发展过程可分为以下4个阶段[4]：

（1）原始诊断阶段。该阶段开始于19世纪末至20世纪中期，这一时期装备结构相对比较简单，对发生故障的装备主要靠专家或维修技术人员通过感官、经验以及简单的测试仪表进行故障分析、维护和修理。

（2）基于传感器和计算机技术的诊断阶段。该阶段于20世纪60年代在美国最早出现，这一时期，由于传感器技术和动态测试技术的发展，技术人员可以更加容易地获取到各种诊断信息和数据，加之计算机和信号处理技术的快速发展，极大地提高了装备故障数据的处理效率，使得状态空间分析诊断、时域诊断、频域诊断等状态监测和故障诊断新方法不断涌现出来。这一阶段装备故障诊断技术以信号检测、数据处理和信号分析的方法研究为主要内容。

（3）智能化诊断阶段。该阶段起始于20世纪90年代初期，这一时期，由于电子技术和信息技术的发展，装备的复杂化、集成化和智能化水平不断提高，传统的诊断技术已无法满足装备维修保障的需要。随着模糊理论、神经网络等人工智能方法以及智能信息处理技术的发展，传统的以信号检测和处理为核心的诊断过程，被以知识处理为核心的诊断过程所取代，装备智能故障诊断实现了理论和实际应用相结合的巨大飞跃，大大提高了诊断的效率和可靠性。

（4）健康管理阶段。到20世纪90年代中期，随着网络技术的发展，逐步出现了智能维修系统（Intelligent Maintenance System，IMS）和远程诊断与维修技术，开始着重于对装备性能劣化监测、故障预测与智能维修的研究。进入21世纪以来，基于状态维修发展起来的PHM技术受到西方发达国家的重视，并逐步在其武器装备中得到应用。PHM技术的显著特点就是具备故障预测能力，能够确定装备状态变化趋势及正常工作时长，从而制定科学的维修保障规划，降低维修成本，提高装备的可靠性、战备完好性和任务成功性。实现装备的故障预测与健康管理：一方面需要借助于先进的传感器及其网络；另一方面依赖于各种智能故障诊断和预测方法。

至此，传统意义上的故障诊断已经逐渐发展到了故障诊断与预测并重的新阶段，世界上主要国家都大力开展了故障诊断与预测技术相关研究。

在国外，美国是最早开展故障诊断技术研究的国家，早在 1967 年，在美国航空航天局和海军研究所的倡导和推动下，就成立了美国机械故障预防小组，开始有计划地对故障诊断技术进行专题研究。随后，基于故障诊断技术应用产生的巨大经济和军事效益，众多的科研院所、企业及政府部门都投入了该项技术的研究，取得了诸多的研究成果，如大型飞机的飞行器数据综合系统、航天飞机健康监控系统等。目前，美国在全球故障诊断技术应用研究方面居于领先地位。

西欧国家如英国、德国等受美国故障诊断技术的带动和影响，从 20 世纪 60 年代末到 70 年代初开始故障诊断技术的研究后，发展迅速。如 1971 年英国成立了机器保健中心，极大地促进了该国故障诊断技术的研究和发展，其在飞机发动机监测和诊断方面处于领先地位。其他国家如德国西门子公司开发的监测系统、瑞典 SPM 仪器公司开发的轴承监测技术等都取得了很好的效果。

日本在 20 世纪 70 年代中期开始了故障诊断技术的研究工作，其通过跟踪世界先进国家的发展动向，主要是引进和吸收美国故障诊断技术的研究成果，在此基础上开展具有自身特色的故障诊断技术研究，如开发了机器寿命诊断的专家系统、汽车机组寿命诊断方法等，并注重研制监控和诊断仪器。

在国内，我国从 20 世纪 80 年代初期开始故障诊断技术的研究，通过学习和消化吸收国外的先进思想和经验，逐步形成了我国状态监测与故障诊断的研究体系。之后，随着计算机和信息处理技术的发展，国内众多高校和科研机构开展了大量卓有成效的研究，研发出了许多实用化的故障诊断系统，如西安交通大学的“大型旋转机械计算机状态监测与故障诊断系统”、哈尔滨工业大学的“机组振动微机监测和故障诊断系统”、中国运载火箭研究院的“长征二号 F 运载火箭故障检测处理系统”等。近年来，在人工智能、智能计算和智能信息处理技术发展的带动下，我国故障诊断技术逐步走向成熟，与国外先进国家的差距逐步缩小。

当前，故障诊断领域中的主要研究方向包括故障机理研究、现代信号处理和诊断方法研究、智能综合诊断系统与方法研究以及现代故障预测技术的研究等方面，并出现了多部论述智能故障诊断与预测的专著[4,5-7]。智能故障诊断与预测研究已成为装备故障诊断技术的一个最有前途的发展方向。

由于现代武器装备在设计之初就对其测试性进行考虑，因此在后期故障诊断和维护过程中可为技术人员获取装备状态信息提供便利。本书研究的惯性测量组合外部具有较为丰富的测试接口，能够满足标定时的信息需求，而对于故障定位过程中需要的更多信息则可以通过在其内部功能电路板输出端口增加相应测试点的方法获得。这种基于测试性的故障诊断主要包括测试性建模与分析、测试点优选以及诊断策略生成等主要内容，一般可用于测试接口充足的 LRU 级或者 SRU 级的故障诊断；但对于功能板内部电路中的元件级故障以及系统因失效产生的性能退化型故障因缺乏测试接口而难以诊断，这时就需要借助基于信息处理技术的智能故障诊断方法[3]。下面主要就与本书研究相关的基于多信号模型的故障诊断方法和基于人工智能的模拟电路故障诊断方法的研究现状作以介绍。

1.2.2 基于多信号模型的故障诊断研究现状

1. 多信号建模研究现状

基于建模方法的故障诊断一般可分为4种，即定量模型（如数值模拟、常微分方程等）、定性模型、结构性模型以及依赖性模型[8]。多信号模型是由康涅狄格（Connecticut）大学Deb博士和Pattipati教授（IEEE fellow）等在20世纪90年代初提出来的，是一种利用分层有向图表示被测对象的组成单元、测试以及被测对象性能特征之间的相关关系，仅对故障传播建模的一种模型方法[8,9]。多信号模型本质上相当于将依赖性模型覆盖于结构模型之上，通过设置相应的模块属性来反映系统功能函数特性，详细分析单元内各种功能故障模式，并将故障模式添加到单元中，形成信息流，从而改进了两种建模方法的不足并且保留了其各自优点。

利用多信号模型进行故障诊断是以系统测试性为基础的。测试性是描述系统及设备的检测和隔离故障能力的一种设计特性，对现代武器系统及装备的维修性、可靠性和可用性等都有直接或间接的影响，具有良好测试性的系统和设备，可以及时、快速地检测与隔离故障，提高执行任务的可靠性与安全性，缩短故障检测与隔离时间，进而减少维修时间，提高系统的使用性，降低系统使用保障费用[10]。

TEAMS是由美国QSI公司基于多信号建模思想开发的一套提供测试性设计分析、诊断指标评估、诊断知识推理和可靠性维修性数据综合的测试性分析与评估软件平台。TEAMS将建模方法和故障隔离算法集成在一个使用方便的图形用户界面里，能够方便地建立大型复杂、可重构、带有故障容错的多重系统模型，并完成验证、分析和修改工作。

在国外，TEAMS已经在航空、国防、空间科学和商业等军事和民用领域得到广泛应用[11-13]。在军事领域，如美国空军的飞机系统故障预计及解决方案、美国海军的高温制动系统故障预计等。民用领域，如NASA-Ames研究中心的飞行器状态管理系统以及克莱斯勒公司的代理业务高级诊断智能程序等。具体的应用如表1.1所列。

表1.1 TEAMS在国外军事和民用领域得到应用的项目

公司名称/投资方代理	项目名称
美国空军	飞机数据总线预计解决方案
	飞机总线故障预计及状态管理的在线监控和数据分析程序
波音公司	阿帕奇AH-64D直升机飞机综合引擎诊断系统（IEDS）
NASA-Ames研究中心	飞行器实时机载及远程状态管理
	无人驾驶太空飞船机载FDIR系统
西科斯基公司	联合先进飞机状态暨使用情况监测系统（JAHUMS）
	S-92直升飞机先进诊断方案
导弹防御处	天基激光系统故障预计
美国海军	高温制动系统故障预计
克莱斯勒汽车公司	代理业务高级诊断智能程序
美国海/空军	F/A-18C/D制动子系统早期故障检测、隔离及剩余寿命预计技术
Army-AATD	基于旋翼飞机先进诊断预计系统的数据挖掘
NSWC-Dahlgren	大型高可靠系统故障分析多信号建模环境
Army Missile Command	网络故障监控多信号建模环境

在国内，有关多信号模型理论和应用方面的研究起步较晚，目前国内学者的研究主要集中在测试性建模与分析、诊断策略优化等理论性研究，真正开发并应用于武器装备的故障诊断系统还较少，只有少数单位或学者进行了介绍和尝试。

在多信号模型理论研究方面，陈世杰等利用多信号模型建立了雷达接收机的故障诊断模型，并提出了一种以贝叶斯最大后验概率为准则的故障定位推理算法，能够实现雷达接收机单故障及多故障的在线诊断[14]。石君友等分析了影响多信号建模与诊断策略设计正确性的要素，并针对测试点不足的情况，进一步给出了测试点增补设计应考虑的因素和设计流程[15]。Chen 等提出了一种基于改进模拟的多信号建模方法，并将其用于电子系统的参数型故障诊断中，结果表明所提方法能够有效减少仿真时间并提高模型精度[16]。杨智勇等针对 TEAMS 软件中模块定义缺乏相应的属性、组元故障模式无法实时更新以及模块关联信号定义不完善等问题，提出了将故障模式由组元节点的构成层次变更为与组元作用信号相关联的组元节点属性的解决方案，有效提高了测试性建模与分析的准确性与计算效率[17]。吕晓明等提出了基于混沌粒子群优化的系统级故障诊断策略优化方法，为获得有效的系统级诊断策略提供了可行的方法[18]。黄以锋等对多值属性系统的诊断策略优化问题进行了研究，建立了基于信息熵的多值属性系统诊断策略优化方法，并给出了具体的计算步骤[19]。

在多信号模型实际应用方面，由于我国缺乏相应的测试性辅助软件工具，因此将其应用于武器装备方面的研究处于刚刚起步的阶段。虽然已有单位和学者尝试开发测试性分析软件系统，如北京航空航天大学与可维创业科技公司共同开发的 CAD 软件——可维 ARMS，可实现对系统的测试性分析。国防科技大学开发的 TADES 软件，可实现系统的测试性需求分析、测试性指标分析、设计以及评估等功能。龙兵等根据多信号建模思想，提出了一种故障 - 测试依赖性矩阵的生成新算法，并在此基础上开发了图形化系统可测性建模与分析软件平台[20]。但这些软件和系统在稳定性、可靠性以及辅助维修功能上还需要进一步验证和完善，远不及 TEAMS 软件成熟。因此，目前国内开展基于多信号模型的故障诊断应用只是在基于 TEAMS 软件的基础上进行。侯青剑等利用 TEAMS 软件建立了惯性测量组合的多信号模型，并设计了 3 种测试点的设置方案，并对不同方案下的故障诊断效果进行了对比，实现了惯性测量组合的交互式诊断[21]。林志文等利用 TEAMS 软件对基于多信号模型的雷达测试性分析进行了研究，并将得到的雷达诊断策略用于雷达的现场维修中[22]。陈春良等基于 TEAMS 对某型坦克火控系统测试性进行优化设计，以实例表明优化后的火控系统测试性显著提高[23]。张晔等基于 TEAMS 平台对雷达机内测试能力进行了分析验证[24]。张士刚等建立了某型惯性测量组合的多信号模型，并对其测试性进行了分析，而且通过增加测点和在反馈回路放置三态缓存器阻断反馈信息的方式有效提高了测试性，可为其他装备的测试性改进提供参考[25]。石万山根据海军装备的特点，结合多信号模型故障诊断方法，对海军装备故障诊断流程和诊断算法进行了初步的探讨[26]。

综上所述，我国在多信号模型故障诊断相关理论方面的研究取得了一些成果，但与国外相比，真正将其用于武器装备的维修保障中还有很长的路要走，因此，为了提高我军武器装备综合诊断能力，开展武器系统多信号建模、测试性分析及故障诊断方面的研究工作十分必要。

2. 测试集优化的研究现状

在利用 TEAMS 软件建立多信号模型以后，即可以进行测试性分析与设计，为故障诊断提供依据。其研究内容为：通过权衡分析故障检测率、故障隔离率和测试成本等设计要素，为故障诊断提供最优的测试方案。由于受系统测试点的多样性、测试成本核算的复杂性以及系统大型化等多种因素的影响，测试性分析的难度很大。

作为测试性分析与设计的重要内容之一，测试点选取问题，即测试集优化问题，则是测试性方案优化工作要考虑的首要内容。测试集优化的目的在于：在系统所有可能的测试配置中，寻找满足系统测试性参数指标要求的最佳测试组合，使得测试代价最小。从数学上讲，测试集优化问题是一个组合优化问题，同时也被证明是 NP－hard 完全问题[27]，目前许多文献都提出了相应的求解算法。W. Hochwald 和 J. D. Bastian[28] 在测试点选取过程中引入模糊组的概念，Huang J. L. 和 Cheng K. T.[29] 提出一种基于图论的测试点优选方法，但运用该方法必须清楚系统的拓扑结构，不适合于大型复杂系统。文献［30］为实现以集合的方式对测试方案进行优化，将测试集分为故障检测用测试集（状态监测测试集）和故障隔离用测试集(故障诊断测试集)，但该方法在求解过程中需要对所有的故障模式的测试组合进行运算，因此该算法是一种全局遍历算法，随着测试点与故障源数目的增加存在维数灾难，不适合在较大规模系统中应用。

随着人们对组合优化问题研究的不断深入，以粒子群优化算法、蚁群算法、遗传算法和模拟退火算法等为代表的基于人工智能的启发式算法在求解 NP－hard 组合优化问题全局最优解上逐渐体现出巨大的优势。俞龙江[31] 以新颖的蚁群算法为基础，较好地解决了测试集的优化问题，具有极强的鲁棒性，但算法结构复杂，计算时间较长。乔家庆等[32－34] 将遗传算法应用于测试序列的生成优化中，对测试点的数目、测试时间、测试代价等指标的优化提供了新的方法，但是算法的精度不够，容易陷入局部最优。文献［35］结合测试选择的特点，首次将离散粒子群优化算法应用于测试点选取，并取得了成功；文献［36］和文献［37］将遗传算法和二进制粒子群算法结合起来，提出了用于求解测试选择的混合二进制粒子群－遗传算法；但是由于测试点选择问题本身固有的难度，以及离散粒子群算法中 Sigmoid 函数模型中存在粒子速度与位置之间的近似确定性的静态更新方式不利于快速找到最优解[38] 等问题，目前测试选择的求解效率和精度还有改进的空间。

从某种意义上讲，测试集优化的过程是一个典型的离散多目标优化的过程（测试成本低、故障检测率和故障隔离率高等），多目标优化各个优化子目标往往相互冲突，很难得到全局最优解。现有的方法虽然为解决测试集优化问题做了大量有益的尝试，但在一定程度和场合上还存在着局限，主要表现在：各个目标难以同时得到优化，优化的精度和收敛速度上难以平衡，计算时间长等。目前，通过分析多目标优化问题中的各个目标之间的相互关系，采用并行优化的方式来获得全局最优解是解决测试集优化问题的一种有效途径。选择一种结构简单、易于实现、精度和收敛速度平衡的方法来实现测试集的优化，对优化系统测试性设计具有重要意义。

3. 诊断策略优化的研究现状

故障诊断策略是指故障检测和隔离时的测试顺序。基于多信号模型的诊断策略的优化是在被测对象多信号模型基础上，利用故障测试相关矩阵和相应的测试点优选方案，寻求一种测试点执行顺序，并使其获得尽可能高的故障隔离精度和低的测试代价。

诊断策略优化从计算复杂度上讲也属于 NP－hard 完全问题[39]，目前常用的诊断策略优化方法主要有相关性模型法[10]、与或图搜索法[40] 和故障树模型法[41]。相关性模型法以系统功能框图和信号流程图为基础，方法简单可行，但由于未考虑各组成单元的故障率和测试费用，不能获得最低的测试费用；与或图搜索法以多信号流图模型为基础，但由于不同层次的功能模块包含在同一相关性矩阵中，导致计算量大；故障树模型用图形方式表示各底层故障事件间的组合关系，形成故障诊断规则进行故障检测和诊断，但由于故障搜索路径不唯一，导致诊断效率较低。以上3种方法都是基于静态故障机理的方法，而目前复杂系统故障存在动态随机性的特点，因此这些方法已不适应诊断策略优化的要求。

20世纪80年代以来，随着各种现代优化算法的兴起，国内外学者已经开始广泛关注现代优化算法在诊断策略优化中的应用研究，如基于信息增量的贪婪算法、动态规划算法和遗传算法等。这些方法都遵守“最小代价”的原则，在保证故障检测率和隔离率的前提下使搜索代价最低，满足故障策略优化的要求，取得了较为广泛的应用。文献［39］提出了一种基于混沌粒子群优化的系统级故障诊断策略优化方法，利用混沌优化的遍历性特点，克服了粒子群优化算法“早熟”收敛的特点，但由于算法仅考虑故障的发生概率和各个测试成本，没有考虑到执行测试的难易程度，即维修人员的主观经验对故障诊断的影响。文献［40］和文献［42］提出了基于信息熵和Huffman编码理论生成启发式评估函数的测试序列的优化算法—AO*算法，但是对于复杂系统，寻找最优化问题时常会遇到组合爆炸问题，运算量大。文献［43］提出了基于蚁群算法的系统级序贯测试优化方法，利用蚂蚁的记忆性和信息素反馈机制把测试序贯优化问题转换为搜索最小完备测试序列问题，但是该方法的测试序列成本函数构造困难，没有考虑测试的难易程度，此外蚁群算法存在早熟收敛的问题也影响诊断策略的优化效果，还有待完善。

总的来说，为制定合理的诊断策略，提高故障诊断效率，国内外学者提出的很多理论和方法，在一定程度上满足了故障诊断策略优化的要求，在设备故障诊断与维修中取得了广泛的应用。但是这些方法存在或多或少的局限，主要表现在：对不确定性处理能力不高、大多为静态诊断策略，而且无法利用诊断经验等。针对上述问题，有必要展开诊断策略优化问题的研究，以降低设备的全寿命周期费用。

1.2.3 基于人工智能的模拟电路故障诊断研究现状

随着电子技术的飞速发展，电子系统逐渐取代非电系统广泛应用于武器装备中，极大地提升了武器装备的性能，减小了装备体积。但与此同时，随着集成电路技术的广泛应用，电子系统复杂程度不断增加，导致系统故障概率大幅提高。据统计，在大部分电子系统中，虽然模拟电路所占规模比例不到20%，但其故障占到整个系统故障的80%以上[44]。因此模拟电路的故障诊断方法成为了研究人员关注的热点问题。然而由于模拟电路响应的连续性、测试点信息不足、元件存在容差以及非线性等特点，使得模拟电路故障诊断技术的发展相比数字电路要缓慢的多[45,46]。

20世纪90年代以后，随着人工智能方法的快速发展，国内外许多研究者开始尝试使用人工智能方法来解决模拟电路故障诊断问题，并取得了较好效果。目前，常用的模拟电路智能诊断方法主要有人工神经网络（ANN）、支持向量机（SVM）、专家系统、模糊理论等。

在国外，1993年，Somayajula利用层级法对电路进行分析，通过从每一层交流响应电压波形上选取有效点作为Kohonen神经网络的输入，用于对滤波器电路的故障诊断[47]。但该方法存在两个不足：分层时要求每层电路都有测试点；电路规模过大时将导致诊断网络结构过于复杂。1995年，Torralba提出将模糊神经元——高斯函数作为神经网络隐层激励函数，利用BP算法进行网络学习和参数调节，用于对两个CMOS模拟运算放大器的故障诊断，但其存在神经网络学习过程难度较大的问题[48]。1997年，Robert等将神经网络用于小规模模拟电路故障检测中，利用神经网络来完成故障模式的识别和故障字典的自动查询，取得了较高的诊断率，而且其提出的方法还可以识别未出现过的训练样本[49]。此后，大量学者开始研究基于神经网络的模拟电路故障诊断，Mohammadi 将 RBF 和 BP 网络用于含容差的模拟电路故障诊断中[50]。Catelani 通过比较模糊方法和 RBF 神经网络用于模拟电路故障诊断中的效果，指出基于“IF - THEN”规则的模糊系统能够得到更好的分类效果[51]，但该模糊系统也存在两点不足：一是模糊隶属度函数在选取时主要依靠人工经验，缺乏科学的指导原则；二是模糊规则提取困难。Grzechca 利用 π 和梯形模糊隶属度函数对模拟电路阶跃响应测试数据进行模糊预处理，然后送入多层感知机实现故障分类，但同样存在模糊隶属度函数不易选取的问题[52]。2003 年，Abu EI - Yazeed 等将概率神经网络应用于模拟电路故障诊断[53]。

近年来，基于多种智能方法组合的故障诊断方法开始受到关注，Asgary 等提出了一种新型的模糊神经网络，并用于模拟系统的故障诊断，仿真验证结果取得了较好的效果，但其学习算法值得进一步研究和改进[54]。EL - Gamal 等提出了一种用于模拟电路故障诊断的集成神经网络方法，能够有效克服单个神经网络对重叠类别难以隔离的问题，表现出了更好的泛化性能[55]。Seyyed Mahdavi 等提出利用遗传算法优化送入神经网络的故障特征测试集，实现了混合信号激励的模拟电路故障诊断[56]。Pułka 针对模拟电路故障诊断问题，提出了两种测试点选择的启发算法：简单搜索和复杂搜索，并基于算法的推理机制构建了专家系统，相比其他方法大大节约了模拟电路故障诊断的时间，能够在相同成本下得到最优的结果[57]。

在支持向量机用于模拟电路故障诊断的研究方面，Sałat 等研究了利用支持向量机进行模拟电路故障诊断，提取特定频率下的末端电压和电流作为故障特征，能够实现故障的实时定位和诊断，但是对于多软故障诊断需要增加各层神经元数目和与故障相关的训练样本数目，其诊断准确性及成本问题需要进一步研究[58]。Boolchandani 等进一步对支持向量机用于模拟电路故障诊断时核函数的选取问题进行了研究[59]。此外，含有非线性元件电路、混合信号电路、多故障情况下的故障诊断以及产品设计阶段的故障早期检测也开始成为模拟电路故障诊断领域的研究热点[60-64]。

在国内，湖南大学、电子科技大学、南京航空航天大学等单位在模拟电路智能故障诊断研究方面紧跟国际前沿，取得了丰硕的研究成果。

神经网络方面，尉乃红等对简单线性模拟电路的 BP 神经网络故障诊断方法进行了研究[65]。谭阳红等应用撕裂法和集团法实现大规模模拟集成电路的神经网络诊断，但是该方法需要满足严格的撕裂原则，且要构造多个 BP 网络[66]。王承在博士论文中系统地分析和研究了基于神经网络的模拟电路故障诊断方法，包括故障特征提取、低可测性模拟电路故障诊断和大规模集成电路的测试和诊断方法等内容，取得了一些有意义的研究成果[45]。Xiao 等提出一种新的线性脊波网络方法，结合基于最陡坡度下降法和动量法的训练算法来进行模拟电路故障诊断，该方法相比小波神经网络和传统脊波网络学习效率更高，能有效处理复杂故障信息，分类精度很高，但是如何选择最优的输入特性和合理的隐藏节点仍然是一个难点[67]。

在利用神经网络进行故障诊断时，故障特征的提取是关键的一步，故障特征的优劣直接影响着识别率的高低，因此，故障特征提取方法的研究也是基于神经网络的模拟电路故障诊断中的一个主要内容。针对该内容的研究，侯青剑等提出了一种基于 EMD 的模拟电路故障特征提取方法，以 EMD 分解得到的 IMF 能量作为故障特征，可用于含多个频率的复合信号激励时故障特征的提取，且不会出现小波包分解时带来的严重混频现象[68]。Yuan 等提出利用输出信号的峭度和熵进行预处理，再将处理后数据送入神经网络训练，能够准确分类至少

99% 的测试数据，同时减少了训练时间，提高了网络性能，且对于线性非线性电路都适用，但是元器件的容差会导致类别的重叠，会影响诊断效果[69]。Xiao 等针对 KPCA 方法提取故障特征时未考虑类别信息的问题，提出一种基于最大类别间隔的改进 KPCA 方法，将其作为神经网络输入故障特征的预处理工具，对于单、多故障及容差软故障都能取得较好的效果[70]。上述方法都是基于电路输出电压信号提取故障特征，而随着电子技术和集成技术的发展，仅靠单一电压信号往往获取的故障信息量有限，因此，不少学者通过引入电流或者温度等信息，研究了基于信息融合的故障特征提取方法。例如，彭敏放对基于屏蔽理论的故障诊断方法在容差电路中的应用、基于信息融合技术的容差电路故障诊断理论与方法等进行了系统深入的研究[71]；吴正苗将电压信息与温度信息融合起来，提出了基于 SOFM 网络的异质信息融合诊断方法，有效提高了故障诊断正确率[72]。文献［73－75］都通过采集输出端电压与电流信息，再对电压进行小波分解提取内部更多信息，然后通过不同的融合方法将多种信息融合起来送入神经网络分类器中实现故障模式识别。

在神经网络与其他方法组合进行模拟电路故障诊断方面，樊锐给出了一种神经网络电路故障诊断专家系统，但还仅是处于理论框架层面的设计与讨论阶段，要达到实际应用还需要更进一步的研究[76]。Tang 等提出了一种基于遗传算法优化神经网络的模拟电路故障诊断方法，通过可测节点电压残差建立故障特征，然后送入神经网络进行诊断，实例表明该方法对于单、双以及三故障都能取得较好的效果，但是对于类别重叠问题还需要进一步研究[77]。刘红针对模拟电路网络结构确定存在随意性及过拟合现象，提出了基于 AdaBoost 的神经网络集成诊断方法，通过将基本的神经网络串行，采取 AdaBoost 可重复取样技术计算法，使得前一级的神经网络可为后一级提供分类信息，从而提高集成网络的泛化能力[78]。郭阳明等提出了一种组合优化 BP 神经网络诊断方案，利用遗传算法优异的寻优能力对 BP 神经网络的初始权值进行优化，然后应用 L－M 方法在局部解空间中对 BP 神经网络进行精调，搜索出最优解或近似最优解，加快了网络的学习速度并有效提升了诊断正确率[79]。

随着机器学习方法的发展，基于统计学习理论发展起来的支持向量机得到广泛关注，并逐步被用于模拟电路故障诊断中，我国众多学者也积极加入该领域的研究行列。毛先柏对基于支持向量机的模拟电路故障诊断方法进行了深入研究，提出将分形理论、Volterra 级数分别与支持向量机结合进行故障诊断的新思路，取得了较好的诊断结果[80]。孙永奎等提出了一种自适应小波分解和 SVM 的模拟电路故障诊断方法，通过对小波基函数的优选实现故障特征信息最大化，以提高 SVM 的诊断效果[81]。Cui 等提出了一种利用改进支持向量机来进行模拟电路故障诊断的方法，但是支持向量机参数的选取以及复合频率正弦信号激励时的故障诊断问题仍然需要进一步研究[82]。在其他智能方法组合方面，左磊和胡云艳等都对基于粒子群算法优化支持向量机的模拟电路故障诊断进行了研究，通过粒子群算法对支持向量机的结构参数进行优化，有效提高了对模拟电路不同故障模式的诊断准确率[83,84]。宋国明等将模糊聚类与支持向量机方法进行集成，提出了一种聚类分层决策的 SVM 模拟电路故障诊断方法，有效提高了诊断的精度和效率[85]。王佩丽等将模糊理论、小波包分解及最小二乘支持向量机结合起来，提出了一种模糊最优小波包和 LS－SVM 的模拟电路故障诊断方法，取得了良好的效果[86]。孙健等提出了一种基于最小冗余最大相关原则（mRMR）和优化支持向量机的诊断方法，通过 mRMR 提取最优故障特征，然后送入经遗传算法优化的 SVM 中进行故障分类识别[87]。

上述模拟电路智能故障诊断方法仍然集中在线性和单故障方面，在含非线性元件、混合信号以及多故障电路方面的研究成果相对较少，仍需进一步深入研究。朱彦卿对模拟和混合信号电路测试及故障诊断方法进行了研究[88]。袁海英、邓勇等学者都对非线性电路故障诊断问题进行了研究，提取电路的 Volterra 频域核作为故障特征，然后结合神经网络或支持向量机实现故障诊断[89-91]。唐静远等提出一种基于多重分形消除趋势波动分析和支持向量机的非线性模拟电路故障诊断方法，并通过对 Duffing 混沌电路实例验证了方法的有效性[92]。Luo 等提出利用分形小波变换提取故障特征，然后选择基于支持向量数据描述的模糊多分类器进行故障模式识别的模拟电路故障诊断方法，能够实现单、多故障的准确识别[93]。

从上述模拟电路故障诊断的现状分析可以看出，模拟电路故障诊断的研究主要集中在两方面：一是提取包含尽可能多信息的最优故障特征；二是构造识别效果好的分类器。此外，目前针对模拟电路故障诊断的方法都是离线的诊断方法，而在其他相关领域，实时在线故障诊断已成为故障诊断的研究热点。李宏等利用参数估计技术建立了对转无刷直流电动机驱动对转螺旋桨时的实时辨识模型，实现了对转无刷直流电动机故障实时诊断[94]。Ni 等提出一种 KPCA 和 SVM 结合的自适应诊断算法，应用于高压电路断电器的实时故障诊断，通过 KPCA 进行故障检测并根据相似度函数进行样本的新陈代谢，然后对检测到的故障样本送入 SVM 分类器中进行识别，同时更新分类模型[95]。在模拟电路在线故障诊断方面，作者能查阅到的公开文献较少，李雄杰等基于强跟踪滤波理论，给出了一种模拟电路故障实时诊断的新方法[96]。但是这种方法需要建立电路的状态方程，对于复杂电路并不适用。秦鹏达等采用高斯模糊核聚类算法实现了模拟电路故障的在线诊断，能够高效地辨识已知和未知故障[97]。但其需要人为指定参数较多，且若样本数目较大，其相似度判断过程会非常耗时。

神经网络和支持向量机等人工智能方法的出现有力推动了模拟电路故障诊断技术的发展，但是仍然存在如下的问题：

（1）神经网络结构确定困难，且基于梯度下降的学习方法存在着收敛速度慢、易陷于局部收敛、过学习等问题。

（2）支持向量机方法主要依赖于非线性映射，而在此过程中核函数的选择及参数选取问题至今没有很好地解决，一定程度上限制了其应用。

（3）模拟电路在线故障诊断方法研究较少，对于模拟电路故障来说，其元件性能下降是一个缓慢的变化过程，因此进行在线诊断时需要分类模型具有良好的在线学习能力，而传统的神经网络及支持向量机则只能通过重新全部训练来实现，这对于故障样本数量较大的复杂电路来说难以接受；相比之下最小二乘支持向量机虽然能够通过递推方式更新模型[98]，但是其核函数和参数的选择问题仍然存在。

因此，如何构造结构简单、泛化性能好且方便在线更新的分类器是模拟电路故障诊断面临的问题之一。极端学习机（ELM）的出现为解决该问题提供了一种有效的途径。ELM 是南洋理工大学学者黄广斌于 2006 年提出的一种新颖的单隐层前馈神经网络，其输入权值和隐层节点偏差可以随机生成，无需人为干预，且在网络学习过程中不再调整，通过求解线性方程的方式替代传统神经网络的反复迭代过程，并以解析得到的最小范数最小二乘解作为输出权值，训练过程可一次完成[99]。因此，与传统的神经网络方法相比，极端学习机的训练速度得到极大的提高，泛化性能更好，且不存在传统神经网络易陷入局部收敛、过适应等问题；与支持向量机方法相比，ELM 无需选择大量的支持向量，仅需很少的隐层神经元就可获得较好的泛化性能，且不存在 SVM 核函数及参数选取的问题，因此效率更高。另外，由于 ELM 输出权值通过线性方程解析得到，相比神经网络和 SVM 更易于实现分类模型的递推更新，从而可满足在线故障诊断的需求。

由于ELM出现时间不长，因此大部分学者的研究仍集中在ELM理论的完善和学习方法的改进上。近来，ELM在模式识别和故障诊断领域中的应用研究逐渐增多，相关学者开始将ELM用于目标自动识别[100]、XML文档分类[101]、图像识别[102]、基因表达数据分类[103]、机械故障诊断[104,105]等方面，验证了ELM具有良好的分类性能。但利用ELM进行模拟电路故障诊断的相关文献鲜有报道，因此，基于ELM在学习速度和泛化能力上具有的良好性能，将其用于模拟电路的故障诊断中是一项值得研究的工作。

1.3 故障预测方法概述

故障预测是比故障诊断更高级的维修保障形式，主要是利用装备已有的各种信息，推断其未来一段时间的运行状态及发展趋势，对可能出现的故障提前发出预警，提醒维修保障人员提前采取维护措施，以保证武器装备的完好率和任务成功率。在国外尤其是美国，从20世纪70年代起，随着视情维修以及之后基于其发展起来的PHM等系统逐渐在工程中得到应用，作为PHM核心技术的故障预测技术受到广泛关注[106]。自70年代中期以来美军开发并应用的A-7E飞机发动机监控系统（EMS）[107]、飞机状态监测系统（ACMS）、综合诊断预测系统（IDPS）及海军的综合状态评估系统（ICAS）等[108-110]，以及最新全面启用PHM技术的F-35联合攻击机（Joint Strike Fighter，JSF）上机载智能实时监控系统和地面飞机综合管理双层体系结构的自主保障系统[111]，都不同程度地采用了各种故障预测技术。

我国在武器装备的视情维修与PHM技术的研究起步较晚，先后有北京航空航天大学、工业和信息化部电子五所、北京工业大学、哈尔滨工业大学等单位对PHM的关键技术进行了初步研究[112]。但从总体看，目前国内尚未出现应用于武器装备中的实用PHM系统，基本还处于体系构架的论证和故障预测等关键技术的研究方面。

国内关于故障预测技术的研究主要集中在预测理论与方法的研究上。现有的故障预测方法主要包括统计模型预测法、数学预测法、智能预测法以及综合预测法等[4]。其中基于神经网络、支持向量机等机器学习方法的智能预测法由于无需建立准确的数学模型，且具有极强的非线性映射能力等优点受到广泛的关注，是目前故障预测方法研究的热点领域。综合预测法是通过不同融合技术将多个单一预测模型的结果进行综合，从而克服了单一预测模型信息获取能力不足的问题，提高了预测精度，是下一步故障预测技术发展的方向，但目前各预测模型组合时权值的确定、多源信息的获取以及组合方法的研究仍不成熟。

国内学者近几年关于装备智能故障预测方法的研究成果逐渐增多，如马伦等对武器装备故障预测建模方法进行了系统阐述，并分析了各种模型的优缺点及使用范围，为合理选择适合不同武器装备的故障预测方法提供了借鉴[113]。张正道研究了将人工免疫理论与神经网络相结合的复杂非线性系统的故障预报，并以歼X-II型战斗机为对象进行了综合仿真验证[114]。李万领等利用粒子群优化算法来确定新陈代谢灰色模型的预测维数，并将其用于某制导雷达系统的波束控制系统中某电源组合故障预测中，取得了较高的预测精度[115]。胡雷刚等将免疫算法引入神经网络改进神经元激励函数，提出了一种免疫神经网络，并将其用于航空设备的故障预测中，取得了较BP神经网络、粗糙神经网络等方法更好的预测精度[116]。范庚等提出了灰色相关向量机的故障预测模型，结合了灰色预测和相关向量机回归模型的优点，有效提高了预测的精度和稳定性，适合于武器装备这类样本数据获取相对困难的故障预测[117]。邵延君对基于故障预测的武器装备预防性维修策略进行了深入研究，分别建立了武器装备的故障率预测模型、故障间隔期预测模型、备件订货间隔期预测模型等，研究成果对装备的预防性维修具有一定的指导意义[118]。

智能故障预测技术的发展趋势一方面着重于多种预测模型的组合，另一方面也需要充分寻求新的性能更好的智能预测方法。极端学习机出现后，国内外不少学者对将其在电力负荷、股票价格、时间序列等预测方面的应用进行了研究，取得了一系列有价值的结论和成果[119-135]。基于极端学习机良好的逼近性能和在线更新能力，本书考虑将其引入到惯性测量组合的故障预测中，力求取得一些有益的结论。

1.4 剩余寿命估计方法概述

工程实际中，设备运行环境、负载情况的动态变化，使得剩余寿命具有随机特征。在现有的研究中，一般认为设备的剩余寿命是一个随机变量，表示从当前时刻到设备因失效不能正常运行的时间间隔。定义如下：

$$T - t \mid T > t; Z(t)$$

式中：T 为设备的失效时间；t 为当前时刻，$Z(t)$ 为设备过去的运行记录和实时状态监测信息[136]。

对于剩余寿命估计问题的研究，国内外学者近几年给予了广泛的关注。比较有代表性的研究小组如表 1.2 所列。

表 1.2　国内外比较著名的剩余寿命估计方法研究小组

研究机构	主要成员	主要研究方向	文献
美国 NASA	K. Geobel 和 B. Saha	随机滤波	[137-149]
美国 Maryland 大学	M. Pecht	电子产品，回归模型	[136，140]
美国 Pittsburgh 大学	J. P. Kharoufeh	马尔可夫链	[141-144]
美国 Georgia Tech.	N. Gebraeel	回归模型，维纳过程	[145-150]
美国 Wayne 州立大学	R. B. Chinnam	隐马尔可夫模型	[151，152]
加拿大 Toronto 大学	L. Makis 和 A. Jardine	协变量模型	[136，153-157]
英国 Salford 大学	W. Wang	随机滤波	[158-162]
意大利米兰理工大学	E. Zio	人工智能，随机滤波	[163，164]
上海交通大学	M. Dong	隐半马尔可夫模型	[165-168]
中国台湾新竹清华大学	T. S. Tseng	Gamma 过程，维纳过程	[169-172]

Pecht 在关于 PHM 的专著中，将现有的剩余寿命估计方法分为两类：机理模型法和数据驱动法[135]。其中数据驱动的方法又可以分为两个大的分支：人工智能法与基于统计的方法。Jardine 在 CBM 的框架下，讨论了旋转机械设备的剩余寿命估计方法[136]。Pecht 讨论了电子设备的剩余寿命估计问题，侧重论述基于机理模型的方法[136,140]。Heng 和 Peng 在文献[136]的基础上，对近几年人工智能方法用于剩余寿命估计的发展情况进行了扩展补充[173,174]。基于统计的方法根据状态监测数据的类型，可将监测数据分为直接数据和间接数据。基于此，将现有的基于统计的方法划分为基于直接可观测数据的方法和基于间接测量数据的方法。

1.4.1 基于机理模型的剩余寿命估计方法

基于机理模型的方法在全面分析设备失效机理的基础上，通过构建设备精确的数学模型实现剩余寿命估计。该方法将真实设备输出与数学模型仿真输出之间的残差信号作为反映设备运行状态的特征量。存在正常的扰动、噪声与建模误差时，该特征量保持在预先设定的范围内变化，超出此范围，即表明设备发生失效。基于此，通过分析残差的演化过程，估计设备的剩余寿命。

疲劳裂纹增长模型是应用广泛的机理模型法之一。Ray 构建了反映疲劳裂纹动态特性的非线性随机模型，通过扩展卡尔曼滤波算法实时估计设备的剩余寿命[175]。Li 和 Billington 提出了一种自适应方法估计轴承的裂纹增长率和剩余寿命[176]，该文构建了一个确定性的模型表征裂纹增长过程，通过比较检测值与预测值，实时调整被估计的裂纹增长率，最终实现了轴承剩余寿命的自适应估计。随后，Li 和 Kurfess 指出，裂纹增长过程具有随机性，并通过在确定性模型中引入一个对数正态随机变量表征这种随机性，最后利用递归最小二乘法实现了轴承的剩余寿命估计[177]。Cadini 和 Zio 以疲劳裂纹增长模型为基础，构建了一般的非线性、非高斯的状态空间模型，并利用粒子滤波算法实现了状态估计。最后将模型用以估计具有疲劳裂纹的机械部件的剩余寿命[163,164]。

机理模型法不仅被广泛用于机械装置，也被应用于含有大量电子器件的设备中。例如，锂电池[138,139]、半导体[178]、航空电子设备中的微处理机[179]、开关电源[180]等。

机理模型法需要建立设备精确的数学模型，但是对于大多数复杂系统而言，很难甚至不可能建立精确的数学模型。柴天佑院士指出，复杂的工业过程往往具有多变量、强耦合、强非线性、生产边界条件变化频繁、动态特性随工况变化、难以用数学模型描述等综合复杂特性，进而认为数据驱动的方法为解决这类系统的控制、决策、优化提供了可行的途径[181]。

1.4.2 数据驱动的剩余寿命估计方法

数据驱动的方法依据设备的运行记录、历史监测数据和当前的监测数据建立退化过程的演化模型，进而估计剩余寿命，不需要建立设备精确的数学模型。该方法可以分为两大类，即人工智能方法和基于统计的方法。

目前，神经网络是应用最为广泛的基于人工智能的剩余寿命估计方法。Zhang 等利用自组织神经网络拟合轴承故障的演化趋势，进而估计剩余寿命[182]；Yam 应用递归神经网络预测设备的状态变化，认为设备状态达到或超过预设的阈值即失效，基于此估计设备的剩余寿命[183]；Dong 等融合灰度模型和神经网络估计设备的剩余寿命[184]；Wang 等指出，在缺少失效数据，没有具体的失效模型的情况下，可以充分利用专家经验构建模糊神经网络估计设备剩余寿命[185]。其他人工智能方法如模糊逻辑[186]等在设备剩余寿命估计中都有不同程度的应用。但是，人工智能方法通常利用监测数据，拟合设备退化过程的演化规律，进而外推退化变量到失效阈值以实现剩余寿命的估计，一般只能得到点估计（期望），很难得到体现剩余寿命随机不确定特征的概率分布。而剩余寿命估计作为预测维护的一个重要环节，其概率分布要用于后续的维护策略安排、最优维护时机确定、备件库存管理等决策优化阶段，单纯的得到剩余寿命的点估计，工程意义不大。

基于统计的方法以概率统计理论和随机过程为基础，利用统计模型对退化数据的演化规律建模，进而估计设备剩余寿命。在概率的框架下该类方法便于得到剩余寿命的概率分布，不仅可以量化估计结果的不确定性，而且可以方便地融入后续的维护优化决策中。利用统计模型进行退化数据建模的研究，最早可以追溯到1969年，Gertsbackh和Kordonskiy利用退化数据评定设备的可靠性[187]。20世纪90年代开始，随着传感器和信息技术的发展，状态监测技术也得到了迅速发展，反映工业设备退化状态的监测数据能够便捷地获取，依赖于设备实际运行中的状态监测数据和随机模型的基于统计的剩余寿命估计方法得到了快速的发展。下面从退化过程建模的角度简要介绍相关研究。

1. 基于随机系数回归的模型

随机系数回归模型的建模原则是设备的退化状态可以直接由监测变量表征，通过构建监测变量演化规律的数学模型，预测这些变量达到或超过预设阈值的概率，最终实现剩余寿命估计。20世纪90年代以前，这种方法局限于较为简单的线性回归模型。1993年，Lu和Meeker首次提出一种一般的随机系数回归模型描述一类设备的退化过程[188]。此类方法直接对退化数据建模，模型可表示为

$$X(t_{ij}) = h(t_{ij};\phi,\theta) + \varepsilon \tag{1.1}$$

式中：$X(t_{ij})$ 为第 i 个设备在 t_{ij} 时刻的退化量；ϕ 为固定的参数，描述设备之间的共性特征；θ 为随机系数，描述设备之间的差异；ε 为噪声项。

该文献在退化建模领域具有重要的影响，基于该文献已经出现了许多扩展与变形[189-191]。需要注意的是此类模型基于如下假设，即监测设备同属一类，它们具有相同的退化形式。因此，该类方法描述的是一类设备的退化过程及其总体的寿命特征。对于单个设备而言，采用该模型意味着确定的退化路径，即所有的模型系数是确定的，不能反映设备退化的动态变化和设备之间的差异性。再者，以上研究中，对于设备寿命的估计都是利用多个同类设备离线的历史监测数据进行估计，没有利用设备实时监测信息。得到的寿命估计适合于描述同类设备的共性属性，一般仅在设备的设计阶段有用。但对于具体设备的使用者而言，更加关注的是具体服役设备的剩余寿命。2005年，Gebraeel等考虑单个运行设备的剩余寿命估计问题，提出一种指数型随机系数回归模型[145]。具体地，该模型假设随机系数服从一定的先验分布且同类设备的历史退化数据是可以获取的，基于这些历史数据依据经验确定先验分布中的参数，并通过贝叶斯更新机制建立了历史数据与单个运行设备实时监测数据的关系，最后实现了对单个设备的剩余寿命估计。近几年，Gebraeel课题组在他们2005年工作的基础上又进行了广泛的拓展研究。Gebraeel和Pan考虑设备运行环境变化对剩余寿命估计的影响，通过引入时变环境因子量化这种影响[146]；接着又探讨了在先验知识缺失的情况下，如何利用该方法估计设备剩余寿命[147]。除此之外，还有其他的一些研究与应用[148-150]。

基于随机系数回归的估计模型应用较为广泛，但此类剩余寿命估计方法主要存在以下几个问题：

（1）令 l_t 表示 t 时刻的剩余寿命，则通过 $\{h(t+l_t;\phi,\theta)\geq\omega\}$ 定义剩余寿命时，根据文献［188］对退化模型的解释，对于特定的服役设备，其退化轨迹以及设备的寿命是确定的，不能反映单个设备退化过程的时变特性。

（2）该类方法大多采用分段近似或在单调性假设下得到剩余寿命估计的近似解。

（3）需要多个同类设备的历史退化数据估计模型的未知参数。

2. 基于马尔可夫过程的模型

前述回归模型可以称为随机变量模型。考虑到设备的退化过程具有随机和时变特征，许多研究人员采用随机过程描述退化过程，定义剩余寿命为随机过程首次达到失效阈值的时间

（首达时间），然后利用随机过程对设备退化建模，通过求解首达时间的概率分布，实现剩余寿命估计。马尔可夫过程包括马尔可夫链、维纳过程和 Gamma 过程，作为一类特殊的随机过程，因其良好的数学性质，使其在剩余寿命估计和维护优化中被广泛应用。

1）基于马尔可夫链的方法

基于马尔可夫链的方法适用于对具有离散退化状态的设备进行剩余寿命估计。其假设是设备将来的退化状态仅依赖于当前状态，且设备的退化能够通过状态监测直接反映。建模的一般原则为假设设备退化过程 $\{X_n, n \geqslant 0\}$ 有 $N+1$ 个状态，即在有限状态空间 $\Phi = \{0,1\cdots, N\}$ 内演化。其中，0 表示设备处于全新状态；N 表示设备失效。在时间常数 n，设备的剩余寿命定义为 $T_n = \inf\{t_n : X_{n+t_n} = N \mid X_n \neq N\}$，可以通过计算设备当前时刻的状态首次转移到失效状态 N 的累积时间得到，即 Phase－Type（PH）分布[192]。在上述基本原理的基础上出现了许多拓展研究。Kharoufeh 考虑单个设备的剩余寿命估计问题，将设备的退化描述为依赖于外部环境变化的时间连续的磨损过程，并假设环境变化过程为连续时间的时齐马尔可夫链，通过计算 PH 分布得到剩余寿命的分布[142]；为减少计算复杂度，Kharoufeh 和 Sipe 利用一维拉普拉斯－斯蒂尔吉斯变换（Laplace－Stieltjes transform）得到闭合形式失效时间分布[141]；Jeffrey 和 Steven[193] 进一步扩展了以上工作，考虑两类传感器测量数据：环境观测和退化观测。采取 K 均值聚类的方法确定马尔可夫链的状态数目，这意味着需要大量的观测数据估计模型的参数，且马尔可夫链的状态划分不唯一；Lee 等将马尔可夫性融入到回归模型中，提出了马尔可夫阈值回归模型，利用随机过程的首达时间概念在该回归模型的基础上推导了设备的剩余寿命分布[194]；最近，Kharoufeh 等考虑了复杂运行环境下的可靠性估计问题，提出了非时齐马尔可夫变化的环境过程和非时齐的半马尔可夫变化环境两种模型描述环境的变化过程[144]。

基于马尔可夫链的模型直观上容易理解，相关的研究在维护决策中也有广泛的应用，但是目前此类研究主要存在以下的一些共性问题：

（1）基于马尔可夫链的方法适合于对退化状态离散的设备进行剩余寿命估计。而对于连续退化过程，如何将连续过程离散化为有限的状态是一个难点问题。再者，状态的划分一般需要大量的监测数据，而通过聚类等方法难以保证状态数目的唯一性。

（2）马尔可夫链的无记忆性使得剩余寿命估计结果仅依赖于当前的状态与观测，没有充分利用全部的历史数据以减小剩余寿命估计的不确定性。

（3）在现有的研究者中，马尔可夫链的转移矩阵通常由经验知识或大量的采样确定，对于数据不充分的情况难以得到准确的估计结果。

2）基于 Gamma 过程的方法

Gamma 过程适用于设备退化过程严格单调的情况，一般地，Gamma 过程 $\{X(t), t \geqslant 0\}$ 具有以下 3 个性质：

（1）给定时间区间 $[t_{i-1}, t_i]$ 内的退化增量 $X(t_i) - X(t_{i-1})$ 为如下 Gamma 分布：

$$X(t_i) - X(t_{i-1}) \sim \mathrm{Ga}(\nu(t_i) - \nu(t_{i-1}), \sigma) \tag{1.2}$$

式中：Ga 为 Gamma 函数；$\nu(t) > 0$ 为形状参数；$\sigma > 0$ 为尺度参数。

（2）任何不相交的时间区间上的退化增量相互独立，且服从以上 Gamma 分布。

（3）$X(0) = 0, a.s.$

利用 Gamma 过程建模退化过程，可利用首达时间的概念定义剩余寿命。t_i 时刻，设备的剩余寿命 L_i 为

$$L_i = \inf\{l_i : X(t_i + l_i) \geqslant \omega \mid X(t_i) < \omega\} = \{l_i : X(t_i + l_i) \geqslant \omega \mid X(t_i) < \omega\} \tag{1.3}$$

式中：$X(t_i)$ 为 t_i 时刻的退化观测量。

第二个等式成立来自于 Gamma 过程的单调性。

基于 Gamma 过程的剩余寿命估计方法，数学计算相对简单直接，并且物理意义比较容易理解。Singpurwalla 研究了在动态环境下如何利用 Gamma 过程描述退化状态，并考虑动态环境对退化过程的影响，进而估计剩余寿命[195]；Singpurwalla 和 Wilson 考虑可靠性和生存分析中存在两种时间尺度问题：时间和使用率，并采用 Gamma 过程描述设备使用率的动态变化，由于计算的复杂性，最后采用蒙特卡罗方法估计设备的寿命[196]；Wang 等以某大型饮料厂的水泵为研究对象，假设设备的失效率函数为一随机过程，并将失效率建模为 Gamma 过程，利用数值仿真的方法估计水泵的剩余寿命，通过历史数据验证了所提方法能够取得满意的结果[197]；Park 和 Padgett[198,199]，Tseng[169] 等分别利用 Gamma 过程对设备加速退化测试建模，继而推导出测试设备在正常运行情况下的寿命分布。近年来，一些学者考虑运行设备的负载变化情况对退化过程的影响，提出利用 Gamma 过程与 Poisson 过程分别建模运行设备的退化过程和负载变化过程[200,201]。2009 年，Noortwijk 对 Gamma 过程在寿命估计以及维护决策中的研究进行了系统全面的总结和分析[202]。

尽管利用 Gamma 过程建模退化数据并估计剩余寿命的方法具有较多的优势。例如，由于 Gamma 过程的单调性，计算其首达失效阈值的时间较为直接。但是，应用 Gamma 过程估计剩余寿命时，仍有以下问题：

（1）由于 Gamma 过程的单调特性，其只适合于退化过程严格单调的设备剩余寿命估计。

（2）目前基于 Gamma 过程得到的寿命估计的矩估计都不存在，很大程度上限制了对估计结果好坏的定量理论分析。

（3）由于 Gamma 分布比较复杂，难以利用设备运行过程中的实时监测数据对模型的参数进行估计或贝叶斯更新。因此，目前基于 Gamma 过程的剩余寿命估计方法基本上都是针对同类设备共性寿命特征的分析，在利用实时数据的情况下，难以得到剩余寿命分布的显式表示，这也限制了其在 PHM 相关的管理决策中的应用。

3）基于维纳过程的方法

维纳过程是由布朗运动驱动的具有线性漂移系数的一类扩散过程，也称为漂移布朗运动。布朗运动最初用于描述微小粒子的随机游动，适合描述具有增加或减小趋势的非单调退化过程。工程实际中，由于设备负载情况、系统内部状态的动态变化、外部环境的改变都有可能使得测量得到的性能退化变量具有非单调的特性。因此，维纳过程已广泛用于退化建模和剩余寿命估计。维纳过程 $\{X(t), t \geqslant 0\}$ 可以表示为

$$X(t) = \lambda t + \sigma B(t) \tag{1.4}$$

式中：λ 为漂移系数；$\sigma > 0$ 为扩散系数；$B(t)$ 为标准 Brownian 运动。

当前时刻 t_i，设备的剩余寿命 L_i 可以定义为由维纳过程建模的退化状态 $X(t)$ 达到或超过阈值 ω 的首达时间，即

$$L_i = \inf\{l_i : X(t_i + l_i) \geqslant \omega \mid X(t_i) < \omega\} \tag{1.5}$$

利用维纳过程建模设备退化状态的一个显著特点是可以得到设备剩余寿命分布的解析表达式，即逆高斯分布：

$$f_{L_i}(l_i) = \frac{\omega - x(t_i)}{\sqrt{2\pi l_i^3 \sigma^2}} \exp\left(\frac{(\omega - x(t_i) - \lambda t)^2}{2 l_i \sigma^2}\right) \tag{1.6}$$

式中：$x(t_i)$ 为 t_i 时刻的退化观测量。

20 世纪 90 年代以来，维纳过程广泛用于设备可靠性与寿命分析。Dok - sum 和 Hoyland 利用维纳过程对加速退化测试数据建模，并通过时间尺度变换将非稳态维纳过程转换为稳态维纳过程，进而推断正常应力水平下的设备寿命[203]；此后，Whitmore 和 Schebkelberg 又对时间尺度变换进行了拓展研究，在时间尺度变换时采用了多项式函数，通过实际数据验证了该变换的效果[204]；Tseng 等利用维纳过程实现了 LED 灯的剩余寿命估计[170]。但该文献只利用了当前时刻的状态监测信息，其余的历史信息被忽略掉；为解决这一问题，Tseng 和 Peng 基于维纳过程建立了设备的累积退化轨迹模型[171]；进一步，Peng 和 Tseng 提出了一种考虑维纳过程的漂移系数为随机变量的退化模型，推导出了相关的寿命分布[172]。基于维纳过程的剩余寿命估计方法大都假设退化过程的期望是时间的线性函数，即设备的退化率为常数。Lee 等将退化过程描述为带扩展项的维纳过程，其退化失效的首达时间满足逆高斯分布，利用一种改进的期望最大化算法估计逆高斯分布当中的参数，从而估计退化到达失效阈值的首达时间[205]；Joseph 和 Yu 假设存在一定的变换方法可以将非线性退化特征转换为线性的特征，然后利用维纳过程进行退化建模[206]。

类似于随机系数回归模型的方法，上述研究都是利用多个同类设备离线的历史监测数据对设备寿命进行估计，没有利用设备的实时监测数据，因此得到的寿命估计适合于描述同类设备的共性属性。为了解决针对具体服役设备的剩余寿命估计问题，Gebraeel 等提出一类几何布朗运动模型，实际上就是假设退化轨迹可以通过对数变换转化为线性轨迹，然后采用维纳过程进行建模，实现剩余寿命估计[145]。基于此工作，Gebraeel 课题组进行了诸多的扩展与应用研究[146-150,207,208]。需要注意的是，Gebraeel 课题组所提出的方法虽然融入了运行设备的实时监测数据，但仍需要多个同类设备的历史运行数据来确定模型参数的先验分布，且先验分布中的参数和模型的扩散系数一旦离线估计后，即使在实时数据获取后也不再更新，因此剩余寿命估计的结果较大地依赖先验参数估计的准确性。再者，这类研究中，都采用了类似随机系数回归模型中的近似方法来求取剩余寿命的分布，得到的结果并不是首达时间意义下的解，由此造成剩余寿命的矩估计不存在，难以在后期的决策优化中使用。

通过以上分析可知，尽管基于维纳过程的剩余寿命估计方法具有诸多的优势，但现有研究中仍存在以下几个主要问题：

（1）大部分研究都只考虑平均退化轨迹为线性的情况。在实际中，并不是所有退化过程的退化率都是常数，受各种因素的影响，退化率通常是变化的，表现为退化过程的非线性特征。

（2）利用维纳过程建模非线性退化轨迹的研究很少。目前的文献都假设存在某些针对退化数据的转换技术（如对数变换、时间尺度变换等）将非线性退化过程转换为近似线性过程，再利用维纳过程进行建模。然而，对于许多非线性退化过程而言，上述转换技术并不适用，并且转换本质上是重构数据，在缺乏先验信息或者数据不够多时，难以选取合适的线性变换方法将非线性数据线性化。

（3）采用非线性随机过程进行剩余寿命估计需要解决的关键问题是如何求解非线性随机过程的首达时间分布。然而，这一理论问题意味着求解边界约束条件下的 Fokker - Planck - Kolmogorov（FPK）方程。目前的相关研究多采用数值仿真的方法计算数值解，但数值仿真方法的计算量非常大，不利于 PHM 应用中的实时决策。

上述模型用于退化建模时基本上都假设退化数据是可以直接测量得到的，即监测数据就是退化数据。在工程实际中，随着设备复杂性的不断提高，有时难以对设备的性能退化变量直接监测，或者直接监测成本过高。例如，磨损是机械设备的常见退化方式，但磨损的程度难以直接测量，通常通过油液分析提取金属浓度来分析设备的退化程度。此种情况，可以认为设备的退化过程是隐含的或潜在的，实际监测得到的数据与隐含的退化过程之间存在一定的随机关系。下面要介绍的几种模型，用以建模隐含退化过程以及隐含退化过程与实际监测数据的随机关系。

3. 基于随机滤波的估计模型

Sarna 等首次将卡尔曼滤波技术用于航空发动机的维护决策优化[209]；1997 年，Wang 等利用最基本的线性状态空间模型建模隐含退化过程以及隐含状态与实际监测间的关系，进而推导出剩余寿命分布[210]；随后，Christer 等将该方法用于电磁感应熔炉的失效预测[211]；Batzel和 Swanson 基于卡尔曼滤波提出了一种剩余寿命估计方法，并在航空电源数据上验证这种方法，取得了满意的结果[212]。该方法假设设备的剩余寿命与估计的设备状态之间存在一时变的函数关系，通过求解两者（考虑固定的失效阈值）之间存在的函数方程得到剩余寿命的估计。因此，该方法只能得到剩余寿命的点估计，难以定量分析估计结果的不确定性。由于卡尔曼滤波存在线性与高斯假设等缺点，一些学者研究利用其他的滤波技术估计设备的剩余寿命。Xu 等利用维纳过程建模隐含退化状态，并构造状态空间方程，最后通过粒子滤波技术预测设备的可靠性，但假设隐含退化过程是线性的[213]；Luo 等利用多模型滤波估计剩余寿命的均值与方差，但没有讨论如何得到剩余寿命分布函数的问题[214]；Tang 等讨论了利用 Benes 滤波、粒子滤波和多模型滤波估计设备剩余寿命的相关问题，并通过工程实例验证[215]。基于随机滤波的剩余寿命估计方法的研究比较热门，但是，目前的研究大多只能通过数值仿真技术得到剩余寿命的分布函数，或者只能得到剩余寿命的点估计，即期望。

上述基于随机滤波的剩余寿命估计方法需要预先设定隐含状态的失效阈值，一旦达到或超过此阈值即表示设备失效。由于退化状态是隐含的或部分可观测的，阈值选择是一个难点问题。文献中通常利用经验知识或一些标准手册确定。为了克服上述缺点，Wang 和 Christer 提出一种基于半随机、非线性、非高斯滤波技术的剩余寿命估计模型[158]。简言之，该方法假设在一定的时间间隔内没有维护行为发生，则设备在此间隔的起始时刻的剩余寿命要大于末时刻的剩余寿命，即设备的剩余寿命的减少量为时间间隔的长度，进而将剩余寿命作为状态空间模型中的状态变量，通过假设监测数据与剩余寿命的随机关系，根据贝叶斯滤波技术建立剩余寿命与监测信息条件依赖关系，得到条件剩余寿命分布，不需要预先设定关键阈值。之后，Carr 和 Wang 利用油液监测信息，研究比较了半随机滤波方法与其他方法的优劣性，指出在他们所研究的具体背景下，半随机滤波的估计能力要优于其他方法[216]。近年来，研究人员主要从 4 个方面对半随机滤波方法进行了拓展研究：考虑延迟时间模型[159]；引入专家知识等主观信息[160]；加入外部环境影响[161]；考虑多失效模式[162]。最近，Carr 和 Wang 考虑了多源监测数据的情况，在初始寿命分布为对数正态分布的情况下，利用对数变换和扩展卡尔曼滤波技术，提出了一种近似的剩余寿命估计方法。通过应用于轴承的实际监测数据，并与传统寿命分析方法比较，发现融入多源信息能够有效减少剩余寿命估计的不确定性[217]。

基于随机滤波的剩余寿命估计方法可以在贝叶斯框架下融入监测数据，使得估计的剩余寿命能够依赖于所有的监测数据，从而降低估计的不确定性。但要成功地应用这类方法，依然需要注意以下几个问题：

（1）典型的基于随机滤波的估计方法需要预先设定隐含状态的失效阈值，然而由于退化状态是隐含的或部分可观测的，阈值选择是一个难点。再者，目前的这类方法主要考虑的是线性模型，如果退化模型是非线性的，通常难以得到剩余寿命的概率分布，而只能得到点估计或者数值的评估剩余寿命的分布。

（2）基于半随机滤波的方法依赖于历史寿命数据，通过寿命数据预先估计初始状态的分布，剩余寿命估计结果对初始状态的准确性依赖很大。

（3）基于半随机滤波的方法基本采用数值仿真的技术评估剩余寿命分布，并且大都不考虑剩余寿命的实时估计问题。

4. 基于协变量风险模型的方法

工程实际中，许多设备的退化由称为协变量的一种或多种因素引起。这些协变量随机的变化会对设备的寿命产生影响。例如，疲劳裂纹增长过程可能受到温度、材料属性和设备运行速度等因素的影响。因此，在寿命建模过程中应该考虑协变量的影响。

最常用的融入协变量信息的寿命分析模型是由 Cox 于 1972 年提出的比例风险模型（Proportional Hazards Model，PHsM）[218]。该模型假设设备的失效率由两部分组成：基准失效率函数和协变量函数，即 $h(t \mid z(t)) = h_0(t)c(\beta z(t))$。其中 $z(t)$ 为协变量向量，β 为对应的回归系数，$h_0(t)$ 为基准失效率函数，可以是参数或非参数的形式，通过寿命数据或截断寿命数据估计。

基于比例风险模型的剩余寿命估计方法的主要原理是：令 $Z(t) = \{z(s), 0 \leqslant s \leqslant t\}$ 为设备运行到当前时刻 t 的所有协变量信息，其中 $z(s)$ 为 s 时刻的协变量信息。根据剩余寿命的定义，当前时刻 t 的剩余寿命可以表示为 $L_t = \{l_t : T - t \mid T > t; Z(t)\}$。其中 T 为设备的寿命。根据失效率、可靠性函数、概率密度函数之间的对应关系[219]，可得剩余寿命的概率密度函数为

$$f_{L_t}(l_t \mid Z(t)) = \frac{f_T(t + l_t \mid Z(t))}{R(t \mid Z(t))} = h(t + l_t \mid Z(t)) \frac{R(t + l_t \mid Z(t))}{R(t \mid Z(t))} \tag{1.7}$$

式中：$R(t+l_t|Z(t)) = \Pr(T>t|Z(t)) = \exp\{-\int_0^t h(s|Z(s))\mathrm{d}s\}$；$f_T(\cdot)$为寿命的概率密度函数。

Jardine 课题组对比例风险模型进行了深入的研究[153-155]，开发的基于比例风险模型的维护决策优化软件 EXAKT，已被广泛用于工程实际中[156,157]。此外，在比例风险模型的基础上，研究人员又相继提出了比例密度模型（Proportional Intensities Model，PIM）[220]和比例协变量模型（Proportional Covariates Model，PCM）[221]用以估计设备剩余寿命。

基于比例风险模型的剩余寿命估计方法的优点在于能够同时考虑设备随时间的老化和运行过程中的监测信息，使得估计的结果不仅能够体现同类设备的共性属性，也能够通过状态监测信息的引入，区别服役设备的个体差异，有较大的灵活性。但是该类方法为了估计基准失效率函数 $h_0(t)$ 的参数和回归系数 β，需要一定的历史寿命数据。而在实际应用中，往往没有足够多的寿命数据来估计各种参数，因此，该方法不适合解决高可靠性、造价昂贵的设备的剩余寿命估计问题。

5. 基于隐含马尔可夫或隐半马尔可夫模型的方法

隐含马尔科夫模型（Hidden Markov Model，HMM）也是一种基于马尔可夫过程的估计模型，但其用于建模隐含退化状态，在此单独进行介绍。HMM 包含两个随机过程：用以建模隐含退化过程的马尔可夫链 $\{Z_n, n \geqslant 0\}$ 和实际监测信息的变化过程 $\{Y_n, n \geqslant 0\}$。条件概率 $P(Y_n \mid Z_n = i)$，$i \in \Phi \setminus \{N\}$ 表示监测过程与隐含状态之间的关系。时刻 n，剩余寿命定义为 $L_n = \inf\{l_n: Z_{n+t_n} = N \mid Z_n \neq N, Y_j, 0 \leqslant j \leqslant n\}$。HMM 与随机滤波模型的不同之处在于前者建模离散退化状态，后者建模连续退化状态。

21 世纪初，Bunks 等首次提出了基于 HMM 的视情维护方法，并研究了剩余寿命估计的

问题，最后在直升机齿轮变速箱上进行了应用验证[222]。该研究认为，HMM 用以剩余寿命估计具有两个显著优点：一是现有的 HMM 对应的似然函数的计算效率高；二是现有的应用 HMM 方法进行系统辨识的方法比较成熟[223]。然而，需要指出的是，现有的 HMM 参数估计方法并不简单有效，其最大的局限在于繁重的计算量和存储空间的高要求，对于在线辨识，尤其如此[224]。Lin 和 Makis 考虑退化状态部分可观测的情况，将可观测部分作为监测信息，利用连续时间马尔可夫链建模隐含退化过程，最后利用期望最大化算法（Expectation and Maximization，EM）估计剩余寿命均值[225,226]。但是该文献将连续变化的退化过程与监测信息近似离散化会导致原始数据信息的丢失。在该文献的基础上，Baruah 和 Chinnam 提出一种利用 HMM 同时对金属切割机进行故障诊断与失效预测的新方法，通过诊断信息修正剩余寿命估计[151]。上述文献采用的均为时齐马尔可夫链，Wang 利用延迟时间模型表示设备退化状态的转移概率，并假设设备状态转换过程为非时齐马尔可夫链，利用整个历史监测信息实现剩余寿命估计[227]。Camci 和 Chinnam 引入层次 HMMS 和动态贝叶斯网络，实时估计设备的健康状态和剩余寿命。但是该方法计算量很大，且只能数值的估计剩余寿命的期望值[152]。

以上基于 HMM 的剩余寿命估计方法都假设设备的退化状态为马尔可夫链。为了放宽对状态服从马尔科夫性的要求，Dong 等提出了一种隐半马尔可夫模型（HiddenSemi-Markov Model，HSMM）下的剩余寿命估计方法[165]。该方法融合多源传感器的监测数据，利用高斯分布描述设备健康状态的逗留时间，通过估计设备在各个状态的逗留时间实现设备的剩余寿命估计。进一步，Dong 和 He 提出了一种基于分片 HSMM 的剩余寿命估计方法[166]。在该方法中，对应部件的每个健康状态，分别建立一个 HSMM，并利用监测数据进行训练。然后再建立一个 HSMM 来描述部件的寿命周期过程，通过组合状态逗留时间的分布和状态变化点的检测来估计剩余寿命。最近又有一些其他的扩展[167,168]，目的是增强 HSMM 对设备状态的建模能力，提高剩余寿命估计的精度。

类似于马尔可夫链的方法，基于 HMM 或 HSMM 的剩余寿命估计方法，直观上和概念上容易理解，但是此类方法存在以下几个问题需要进一步研究：

（1）无论是基于 HMM 或 HSMM 的方法，都只能估计剩余寿命的均值与方差，很难得到剩余寿命分布函数的解析形式，并且大多数研究都是通过数值方法得到剩余寿命的均值和方差。

（2）需要足够多的数据估计模型的参数，且该类方法的参数估计计算量很大，非常耗时，其参数的在线估计仍有一定的难度。

1.4.3 剩余寿命估计在预测维护中的应用

预测维护主要通过对设备的性能退化过程进行建模，并利用一定的技术手段预测其未来的变化趋势，在此基础上，根据指定的需求，设计出一种有效的维护策略。由于在实施预测维护时必须要有预测信息，因此，可以说剩余寿命估计是预测维护非常重要的环节，精确的剩余寿命估计能够为后续的维护优化提供更准确的决策支持。虽然近几年有关剩余寿命估计的文献越来越多，但是利用这些预测信息进行维护策略安排的文献比较少，发展仍比较缓慢。Christer 等在线性状态空间模型框架下，利用卡尔曼滤波对感应熔炉的感应器的腐蚀程度进行预测，其本质就是预测感应器的剩余寿命，并在此基础上给出了采用替换策略时的费用损失模型，通过仿真给出了最优替换时间[211]；Lu 等考虑了与文献［211］类似的工作，但是在费用损失模型构建时，引入了设备退化造成的收益损失[228]；Kaiser 等在 Gebraeel 提出的指数型退化模型的基础上，提出了一种基于退化模型的预测维护策略[150]。作者首先根据监测信息，利用贝叶斯更新机制估计设备的剩余寿命分布，最后根据停机规则，将最近估计的剩余寿命分布信息引入维护优化模型中，实现设备的最优替换；进一步，You 等基于 Gebraeel 的指数退化模型，提出了一种离线确定同类设备定期维护时间，依据监测信息对单个运行设备的维护时间在线更新的维护策略[229]；Elwany 等也用指数型退化模型估计设备剩余寿命分布，并利用传感器数据进行实时更新，在此基础上，作者同时考虑了部件维护替换策略和备件定购策略，最后通过仿真获得了最优部件替换时间和最优备件订购时间[207]；Curcuru 等基于线性退化轨迹模型，也进行了预测维护研究，但是考虑了不完全监测的情况[230]。

20 世纪 90 年代至今，基于退化过程建模的剩余寿命估计方法经过了近 20 年的发展。特别是近 10 年来，随着状态监测技术的进步，此类方法受到越来越多的研究人员重视，得到了迅猛的发展完善，无论是方法理论，还是实际应用都取得了显著的进步。虽然如此，基于退化过程建模的剩余寿命估计方法仍有许多方面需要进一步研究。

（1）在预测维护框架下，快速实时的进行维护策略安排能够充分降低运行设备的失效风险。因此，对剩余寿命估计方法的实时性提出了更高的要求。现有研究大多采用数值仿真方法估计剩余寿命，不满足实时性的要求。如何利用设备运行过程中的实时监测信息在线调整退化模型参数，继而更新剩余寿命估计，使得估计的剩余寿命能够准确地反映设备当前时刻的性能状态是一个值得进一步研究的问题。

（2）现有的针对隐含退化状态的研究，大都只考虑退化过程以及退化过程与实际监测之间的关系是线性的。实际上，设备负载、内部状态、外部环境的改变都可能影响设备的退化（加速或减速），使退化过程呈现非线性特征。隐含非线性随机退化模型下的剩余寿命估计问题的理论难点在于求解非线性随机过程的首达时间，目前还没有较好的研究结果。

（3）剩余寿命估计作为预测维护的关键问题之一，其目的是为后续的维护管理决策服务的。如前所述，虽然近几年有关剩余寿命估计的文献越来越多，但利用这些信息进行维护策略安排，备件订购决策的文献比较少，发展仍比较缓慢。

1.5 惯性测量组合

在控制系统其他单机的配合下，速率惯性测量组合与弹载计算机完成对导弹的姿态稳定控制和制导，以保证其准确命中目标。惯性测量组合内部安装有陀螺仪、加速度计以及其他辅助功能电路板，直接与弹体固连，用于实时测量导弹在飞行过程中相对于弹体坐标系的运动参数。

1.5.1 惯性导航的基本原理

惯性导航系统（INS）能够提供多种精确制导参数信息，且数据率高，不受外界干扰、隐蔽性好，尤其是捷联惯性导航系统（SINS）能适应高动态环境，具有成本低、可靠性好、性能价格比高等优点，因此在军用、民用方面被广泛运用。惯性导航分为平台式惯性导航和捷联式惯性导航，如图 1.1 和图 1.2 所示。

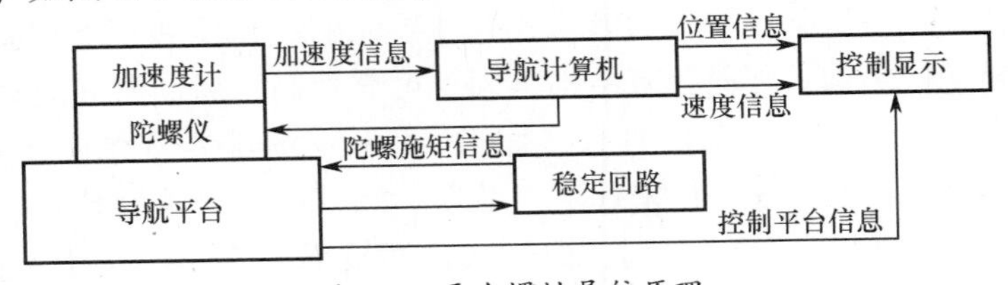

图 1.1　平台惯性导航原理

平台式惯性导航系统，其导航加速度计和陀螺都安装在机电导航平台上，加速度计输出的信息，送导航计算机，由其计算航行器位置、速度等导航信息及陀螺的施矩信息。陀螺在施矩信息作用下，通过平台稳定回路控制平台跟踪导航坐标系在惯性空间的角速度。而航行器的姿态和方位信息，则从平台的框架轴上直接测量得到。

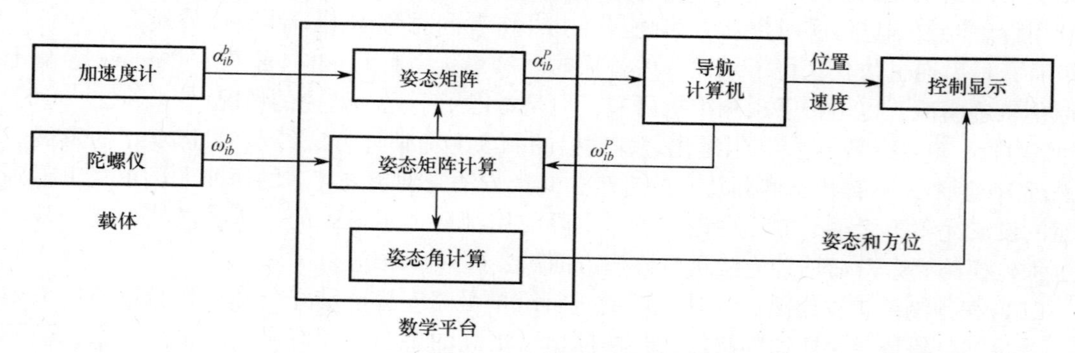

图 1.2　捷联式惯性导航原理

捷联惯导系统，导航加速度计和陀螺直接安装在载体上。用陀螺测量的角速度信息 ω_{ib}^{b} 减去计算的导航坐标系相对惯性空间的角速度 ω_{ib}^{P}，得载体坐标系相对导航坐标系的角速度 ω_{nb}^{b}，利用该信息计算姿态矩阵。可把载体坐标系轴向加速度信息转换到导航坐标系轴向，再进行导航计算。利用姿态矩阵元素，提取姿态和航向信息。而姿态矩阵计算、加速度信息的坐标变换、姿态与航向角计算可代替导航平台功能，而计算导航坐标系的角速度信息 ω_{in}^{b} 则相对平台坐标系上陀螺旋矩信息，如图 1.3 所示。

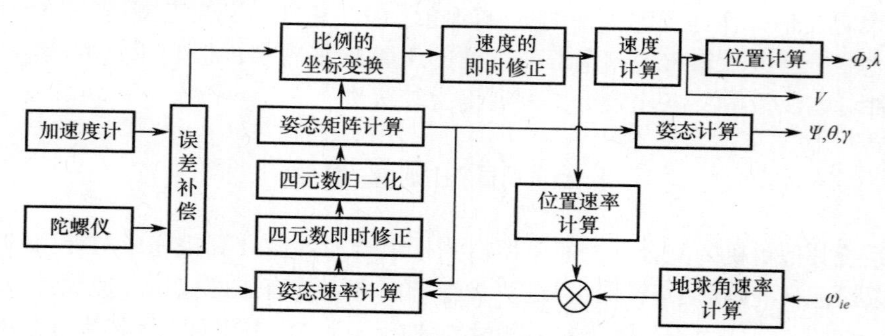

图 1.3　捷联式惯性导航系统算法流程

捷联式惯性导航技术是 20 世纪 60 年代发展起来的，将惯性测量组合（IMU）直接安装在载体而非机电平台上，以数学平台代替机电式导航平台的导航技术，是惯性导航技术的重要发展方向。20 世纪 70 年代以来，作为捷联系统的核心部件，惯性测量组合和计算机技术有很大发展，随着电子技术、计算机技术、现代控制理论的不断进步，为捷联惯性技术的发展创造有利条件。硬件方面，新一代低成本中等精度的惯性器件如压电陀螺、激光陀螺、光纤陀螺、石英加速度计的研制成功，为捷联式惯性导航的飞速发展打下物质基础，元器件中没有传统陀螺的转子式结构，因而具有结构牢固、可靠性高、启动时间短和对线性过载不敏感等特点，在较宽的动态测量范围内具有良好的线性度，是非常理想的捷联惯性测量器件；软件方面，算法编排、误差建模、误差标定与补偿、测试技术等关键技术的不断提高极大地促进了捷联惯导技术的迅猛发展。目前，捷联式惯性技术已广泛应用于飞机、舰船、潜艇、导弹上，大有逐渐取代平台式惯性导航系统的趋势[231-233]。

1.5.2 惯性测量组合的组成

在某些地地弹道式战术导弹中，控制系统采用了“速率捷联惯性敏感元件 + 数字计算机”的控制体制，它具有结构简单、可靠性高、控制裕度大、精度高等优点[234]。惯性测量组合由本体、电子箱、二次电源和相互之间的连接电缆四部分组成。

1. 本体

惯性测量组合本体是安装有加速度计、陀螺仪等惯性仪表的组合体，可以敏感弹体3个轴向的线加速度和角速度信息，并将其转化为电信号送到电子箱中。惯性测量组合本体，作为控制系统的核心部件，其主要功能如下：

（1）建立测量基准坐标系，即弹体坐标系。

（2）测量绕弹体坐标系3个轴转动的角速率，即姿态角信息。

（3）测量沿弹体坐标系各轴向的视加速度分量，即速度信息。

（4）为初始对准提供平面与导弹反射平面的姿态信息。

（5）本体上安装有180°棱镜，供导弹发射前瞄准用。

2. 电子箱

惯性测量组合电子箱是整个惯性测量组合的转换环节。电子箱内主要装有加速度计和陀螺仪的6个通道的高精度I/F转换电路板和一块频率标准板。电子箱的主要功能如下：

（1）电子箱加温。

（2）产生模/数转换电路工作电压和频标信号。

（3）将本体输出信号转换成弹载计算机能够识别的数字信号。

3. 二次电源

惯性测量组合二次电源是一种惯性测量组合专用的变换器型稳压电源。其内部主要安装有3块直流电路板，即温控电源板、回路电源板和陀螺功放电源板，以及1块交流电路板。

本体、电子箱和二次电源之间通过带有插头的电缆连接起来，组成一个可供使用的惯性测量系统。

1.5.3 惯性测量组合的工作原理及功能

当地面测发控系统或弹上电池开始向弹上仪器供电后，二次电源将此两种一次电源提供的直流电源转换为惯性测量仪表和功能电路板工作所需的各种电压和频率特性的交、直流电源；本体中的温控电路在二次电源的供电下，控制由加温片、热敏元件等组成的加温电路实现对惯性测量仪表工作环境温度的控制，动力调谐陀螺仪和石英挠性加速度计接受二次电源的供电开始工作，待工作状态稳定后将实时测量到的导弹运动角速度和加速度信息以与之成比例的电流信号形式送入电子箱中；电子箱中的频率标准板在由4次电源提供的工作电源激励下产生模/数转换板工作所需的各种频率标准信号和电压标准信号，而后模/数转换电路板将惯性测量仪表测得的6路模拟电流信号转换为弹载计算机能够识别的数字信号；最终，温控信号、部分二次电源提供的电压信号和经模/数转换输出的脉冲信号通过3个电缆插座输出至外测设备，以便进一步对惯性测量组合进行测试、使用及标定等操作。

1.6 本书结构安排

本书的研究内容安排如图1.4所示。

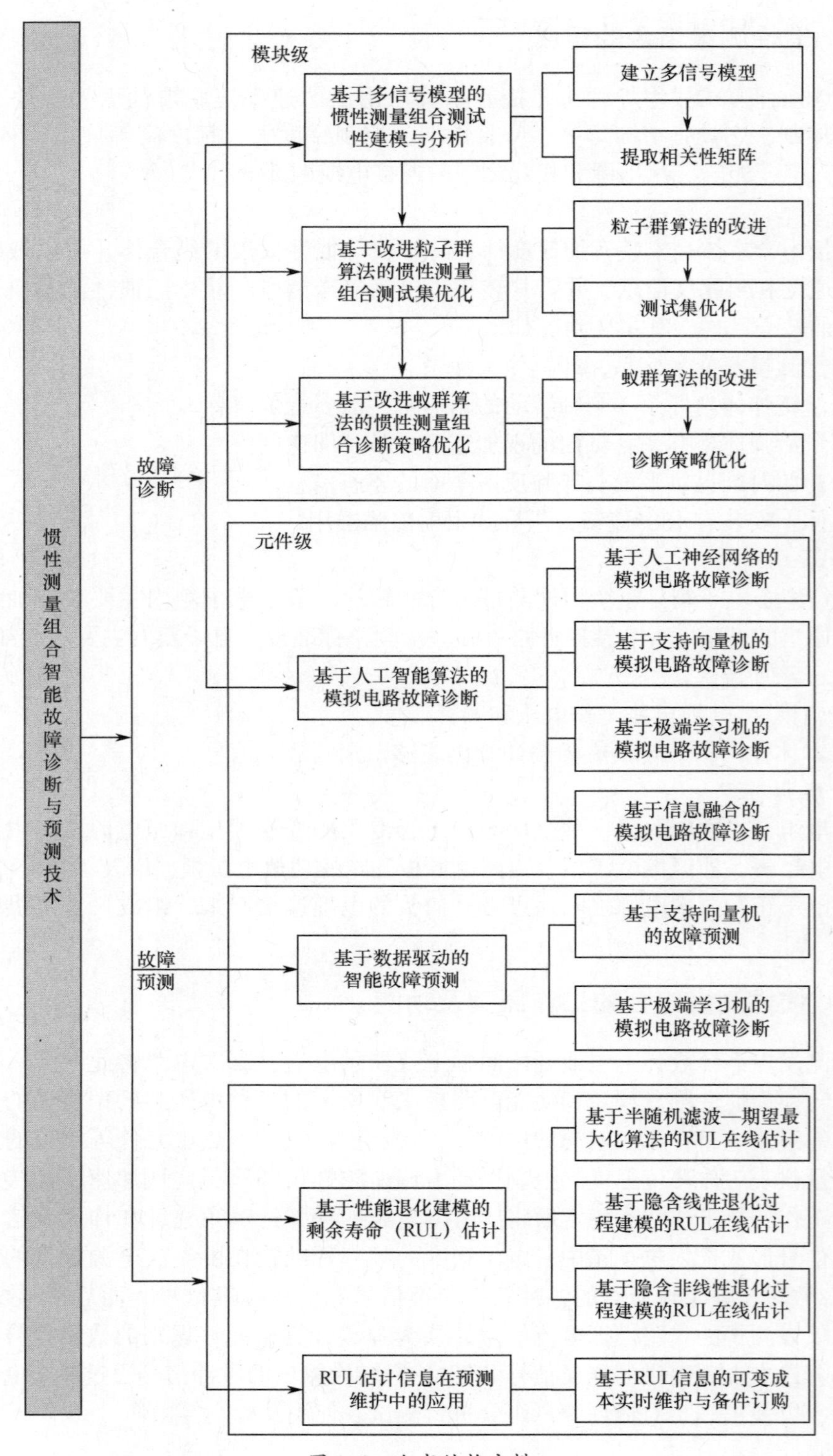

图 1.4　全书结构安排

主要围绕惯性测量组合的故障诊断、预测、预测维护等多功能、多层次的工程应用需求，以惯性测量组合这类复杂机电系统为对象，重点解决了基于多信号模型的测试性分析及改进、模块级故障诊断和诊断策略优化设计，基于人工智能算法的模拟电路元件级故障定位，基于数据驱动的智能故障预测，基于退化过程建模的剩余寿命在线估计和基于剩余寿命估计的可变成本预测维护与备件订购问题。

参考文献

[1] Hess A, Calvello G, Dabney T. PHM a key enabler for the JSF autonomic logistics support concept[C]. Proceedings of the IEEE Aerospace Conference, Big Sky, MT, 2004, 6: 3543 - 3550.

[2] 徐萍,康锐. 预测与状态管理系统(PHM)技术研究[J]. 测控技术,2004,23(12): 58 - 60.

[3] 邓森,景博. 基于测试性的电子系统综合诊断与故障预测方法综述[J]. 控制与决策,2013,28(5):641 - 649.

[4] 张金玉,张炜. 装备智能故障诊断与预测[M]. 北京: 国防工业出版社,2013.

[5] George V, Frank L, Michael R, et al. Intelligent fault diagnosis and prognosis for engineering systems[M]. Hoboken: John Wiley & Sons Inc, 2006.

[6] O - Suk Y, Achmad W. Introduction of Intelligent Machine Fault Diagnosis and Prognosis[M]. New York: Nova Science Publishers Inc, 2008.

[7] Chee K P, Frank L L, Tong H L, et al. Intelligent Diagnosis and Prognosis of Industrial Networked Systems[M]. London: Taylor & Francis, 2011.

[8] Deb S, Pattipati K R, Raghavan V, et al. Multi - Signal Flow Graphs: A Novel Approach for System Testability Analysis and Fault Diagnosis[C]. Proceeding of IEEE Automatic Testing Conference, Anaheim, CA, 1994, 9:61 - 373

[9] Deb S, Pattipati K R, Raghavan V, et al. Multi - signal flow graphs: a novel approach for system testability analysis and fault diagnosis[J]. IEEE Aerospace and Electronic System Magazine, 1995, 10(5):14 - 25

[10] 田仲,石君友. 系统测试性设计分析与验证[M]. 北京: 北京航空航天大学出版社,2003.

[11] Wen F, Willett P, Deb S. Signal Processing and Fault Detection with Application to CH - 46 Helicopter Data [C]. Proceedings of the IEEE Aerospace Conference, Big Sky, MT, 2000, 6: 15 - 26.

[12] Patterson - Hine A, Hindson W, Sanderfer D, et al. A Model - based Health Monitoring and Diagnostic System for the UH - 60 Helicopter[C]. Proceedings of the 57th AHS Annual Forum, Washington, DC, 2001:331 - 338.

[13] Deb S, Ghoshal S. Remote Diagnosis Server Architecture[C]. Proceeding of IEEE Autotest Conference, Valley Forge, PA, 2001: 988 - 998.

[14] 陈世杰,连可,王厚军. 采用多信号流图模型的雷达接收机故障诊断方法[J]. 电子科技大学学报,2009,38(1): 87 - 91.

[15] 石君友,张鑫,邹天刚. 多信号建模与诊断策略设计技术应用[J]. 系统工程与电子技术,2011,33(4):811 - 815.

[16] Chen X M, Meng X F, Wang G H. A Modified Simulation - Based Multi - Signal Modeling for Electronic System [J]. Journal of Electronic Testing, 2012, 28:155 - 165.

[17] 杨智勇,许爱强,王子玲. 对多信号模型中故障模式建模方法的改进研究[J]. 微计算机信息,2009,25(4 - 1), 151 - 152.

[18] 吕晓明,黄考利,连光耀. 基于混沌粒子群优化的系统级故障诊断策略优化[J]. 系统工程与电子技术,2010,1(32): 217 - 220.

[19] 黄以锋,景博,茹常剑. 基于信息熵的多值属性系统诊断策略优化方法[J]. 仪器仪表学报,2011,32(5):1003 - 1008.

[20] 龙兵,高旭,刘震,等. 基于 Visio 控件多信号模型分层建模方法[J]. 电子科技大学学报,2012,41(2):259 - 264.

[21] 侯青剑,王宏力. 基于 TEAMS 的惯性测量组合故障诊断[J]. 现代防御技术,2009,37(5): 64 - 67.

[22] 林志文,贺喆,杨士元. 基于多信号模型的雷达测试性设计分析[J]. 系统工程与电子技术,2009,32(11): 2781 - 2784.

[23] 陈春良,邵思杰. 基于多信号模型的火控系统测试性优化设计[J]. 火炮发射与控制学报,2010(4):95 - 98.

[24] 张晔,马彦恒,李刚,等. 基于多信号流模型的雷达 BIT 测试能力分析[J]. 计算技术与自动化. 2012,31(1): 39 - 43.

[25] 张士刚,胡政,罗德明,等. 基于多信号模型的某惯测组合测试性分析与改进[J]. 仪器仪表学报,2008,29(4): 542 - 545.

[26] 石万山,江政杰. 多信号诊断模型在海军装备中的应用研究[J]. 舰船电子工程,2013,33(8):132 - 134.

[27] Starzyk J A, Liu D, Liu Z H. Entropy – based optimum test points selection for analog fault dictionary techniques. IEEE Transactions on Instrumentation and Measurement, 2004, 53(3): 754 – 761.

[28] Hochwald W, Bastian J D. A dc approach for analog fault dictionary determination. IEEE Transactions on Circuits and Systems. 1979, 26(10): 523 – 529.

[29] Huang J L, Cheng K T. Test point selection for analog fault diagnosis of unpowered circuit boards. IEEE Transactions on Circuits and Systems II: Analog and Digital Signal Processing, 2000, 10(47): 977 – 987.

[30] 杨鹏,邱静,刘冠军,等. 基于布尔逻辑的测试选择算法[J]. 测试技术学报,2007,21(5):386 – 390.

[31] 俞龙江,彭喜源,彭宇. 基于蚁群算法的测试集优化[J]. 电子学报,2003,31(8):1178 – 1181.

[32] 乔家庆,付平,尹洪涛. 基于遗传排序的测试集优化[J]. 电子学报,2007,36(12):2335 – 2338.

[33] 吴涛,叶晓慧,王红霞. 基于量子遗传算法测试选择问题的研究[J]. 计算机测量与控制,2010,18(11):2508 – 2510.

[34] 于劲松,张帆,万九卿. 基于故障相关矩阵的最优测试序列生成方法[J]. 计算机测量与控制,2009,17(6):1077 – 1079.

[35] 蒋荣华,王厚军,龙兵. 基于离散粒子群算法的测试选择[J]. 电子测量与仪器学报,2008,2(22):11 – 15.

[36] 刘飞,谷宏强,郭利. 遗传粒子群算法在测试节点优选中的应用[J]. 弹箭与制导学报,2010,30(2):253 – 255.

[37] 陈希祥,邱静. 基于混合二进制粒子群 – 遗传算法的测试优化选择研究[J]. 仪器仪表学报,2009,30(8):1674 – 1680.

[38] 王宏力,张忠泉,崔祥祥,等. 基于改进 PSO 算法的实时故障监测诊断测试集优化[J]. 系统工程与电子技术,2011,33(4):958 – 962.

[39] 吕晓明,黄考利,连光耀. 基于混沌粒子群优化的系统级故障诊断策略优化[J]. 系统工程与电子技术,2010,1(32):217 – 220.

[40] 苏永定. 机电产品测试性辅助分析与决策相关技术研究[D]. 长沙:国防科学技术大学,2004.

[41] 朱大奇. 电子设备故障诊断原理与实践[M]. 北京:电子工业出版社,2004.

[42] 蒋荣华,王厚军,龙兵. 基于 DPSO 的改进 AO * 算法在大型复杂电子系统最优序贯测试中的应用[J]. 计算机学报,2008,10(31):1835 – 1840.

[43] 叶晓慧,王红霞,程崇喜. 基于蚁群算法的系统级序贯测试优化研究[J]. 计算机测量与控制,2010,18(10):2224 – 2227.

[44] Li F, Woo P Y, Fault detection for linear analog IC – the method of short – circuit admittance parameters[J]. IEEE Transactions on Circuits and Systems I: Fundamental Theory and Application, 2002, 49(1): 105 – 108.

[45] 王承. 基于神经网络的模拟电路故障诊断方法研究[D]. 成都: 电子科技大学,2005.

[46] Xu L J, Huang J G, Wang H J, et al. A Novel Method for the Diagnosis of the Incipient Faults in Analog Circuits Based on LDA and HMM[J]. Circuits Syst Signal Process, 2010, 29: 577 – 600.

[47] Somayajula S S. A neural network approach to hierarchical analog fault diagnosis[C]. Proceedings of IEEE Systems Readiness Technology Conference, San Antonio, TX, 1993: 699 – 706.

[48] Torralba A, Chavez J, Franquelo L G. Fault detection and classification of analog circuits by means of fuzzy logic – based techniques[C]. Proceedings of IEEE International Symposium on Circuits and Systerms, Seattle, WA, 1995, 3: 1828 – 1831.

[49] Robert S, Shambhu U. Linear Circuit Fault Diagnosis Using Neuromorphic Analyzers[J]. IEEE Transaction on Circuits and Systems – II, Analog and Digital Signal Processing. 1997, 44(3): 188 – 196.

[50] Mohammadi K, Monfared A R M, Nejad A M. Fault diagnosis of analog circuits with tolerances by using RBF and BP neural networks[C]. Student Conference on Research and Development, Shah Alam, Malaysia, 2002: 317 – 321.

[51] Catelani M, Fort A. Soft fault detection and isolation in analog circuits: some results and a comparison between a fuzzy approach and radial basis function networks[J]. IEEE Transaction on Instrumentation and Measurement, 2002, 51(2): 196 – 202.

[52] Grzechca D, Rutkowski J. Use of neural network and fuzzy logic to time domain analog tasting[C]. Proceedings of the 9th International Conference on Neural Information Processing, Singapore, 2002, 5: 2601 – 2604.

[53] Abu E M F. An integrated approach for analog circuit testing using autocorrelation analysis, singular value decomposition and probabilistic neural network[C]. Proceedings of the 15th International Conference on Microelectronics, Cairo, Egypt, 2003: 41 – 45.

[54] Asgary R, Mohammadi K. Analog Fault Detection Using a Neuro Fuzzy Pattern Recognition Method[C]. Proceedings of the 15th International Conference on Artificial Neural Networks, Warsaw, Poland, 2005, Part Ⅱ: 893 – 898.

[55] EL M A, Mohamed M D A. Ensembles of Neural Networks for Fault Diagnosis in Analog Circuits[J]. Journal of electronic tes-

ting: Theory and Applications,2007,23:323 -339.

[56] Seyyed Mahdavi S J,Mohammadi K. Evolutionary derivation of optimal test sets for neural network based analog and mixed signal circuits fault diagnosis approach[J]. Microelectronics Reliability,2009,49:199 -208.

[57] Pułka A. Two Heuristic Algorithms for Test Point Selection in Analog Circuit Diagnoses[J]. Metrology and Measurement Systems,2011,XVIII(1):115 -128.

[58] Robert S,Stanisław O. Support Vector Machine for soft fault location in electrical circuits[J]. Journal of Intelligent & Fuzzy Systems,2011,22:21 -31.

[59] Boolchandani D,Sahula V. Exploring Efficient Kernel Functions for Support Vector Machine Based Feasibility Models for Analog Circuits[J]. International Journal of Design,Analysis and Tools for Circuits and System,2011,1(1):1 -8.

[60] Spyronasios A D,Dimopoulos M G,Hatzopoulos A A. Wavelet Analysis for the Detection of Parametric and Catastrophic Faults in Mixed - Signal Circuits[J]. IEEE Transactions on Instrumentation and Measurement,2011,60(6):2025 -2038.

[61] Papakostas D K,Hatzopoulos A A. A Unified Procedure for Fault Detection of Analog and Mixed - Mode Circuits Using Magnitude and Phase Components of the Power Supply Current Spectrum[J]. IEEE Transactions on Instrumentation And Measurement,2008,57(11):2589 -2595.

[62] Mismar D,AbuBaker A. Neural Network Based Algorithm of Soft Fault Diagnosis in Analog Electronic Circuits [J]. International Journal of Computer Science and Network Security,2010,10(1):107 -111.

[63] Park J,Shin H,Abraham J A. Pseudorandom Test of Nonlinear Analog and Mixed - Signal Circuits Based on a Volterra Series Model[J]. Journal of Electronic Testing,2011,27:321 -334.

[64] Tadeusiewicz M,Hałgas S. Multiple Soft Fault Diagnosis of Analog Nonlinear DC Circuits Considering Component Tolerances[J]. Metrology and Measurement Systems,2011,XVIII(3):349 -360.

[65] 尉乃红,杨士元,等. 基于 BP 网络的线性电路故障诊断[J]. 计算机学报,1997,20(4):360 -366.

[66] 谭阳红,何怡刚. 大规模电路故障诊断神经网络方法[J]. 电路与系统学报,2001,6(4):25 -28.

[67] Xiao Y Q,He Y G. A linear ridgelet network approach for fault diagnosis of analog circuit[J]. China Information Sciences, 2010,53(11): 2251 -2264.

[68] 侯青剑,王宏力. 一种基于 EMD 的模拟电路故障特征提取方法[J]. 系统工程与电子技术,2009,31(6): 1525 -1528.

[69] Yuan L F,He Y G,Huang J Y,et al. A New Neural - Network - Based Fault Diagnosis Approach for Analog Circuits by Using Kurtosis and Entropy as a Preprocessor[J]. IEEE Transactions on Instrumentation and Measurement,2010,59(3): 586 -595.

[70] Xiao Y Q,He Y G. A novel approach for analog fault diagnosis based on neural networks and improved kernel PCA [J]. Neurocomputing,2011,74:1102 -1115.

[71] 彭敏放. 容差模拟电路故障诊断屏蔽理论与信息融合方法研究[D]. 长沙: 湖南大学,2006.

[72] 吴正茴. 基于信息融合和极限学习机的模拟电路故障诊断[D]. 长沙: 湖南大学,2011.

[73] 罗晓峰,王友仁. 基于信息融合的神经网络模拟电路故障诊断研究[J]. 计算机测量与控制,2006,14(2):146 -148.

[74] Tan Y H,He Y G,Sun Y C,et al. Data - fused method of fault diagnosis for analog circuits[J]. Analog Integrated Circuits and Signal Processing,2009,61:87 -92.

[75] 彭敏放,沈美娥,何怡刚,等. 应用 RBF 网络和 D - S 证据推理的模拟电路诊断[J]. 电工技术学报,2009,24(8): 6 -12.

[76] 樊锐. 基于人工神经网络的电路故障诊断专家系统[J]. 系统工程与电子技术,2002,24(10):116 -119.

[77] Tan Y H,He Y G. A Novel Method for Analog Fault Diagnosis Based on Neural Networks and Genetic Algorithms[J]. IEEE Transactions on Instrumentation and Measurement,2008,57(11):2631 -2639.

[78] 刘红. 基于 AdaBoost 集成网络的模拟电路单软故障诊断[J]. 仪器仪表学报,2010,31(4):851 -856.

[79] 郭阳明,冉从宝,姬昕禹,等. 基于组合优化 BP 神经网络的模拟电路故障诊断[J]. 西北工业大学学报,2013,31(1): 44 -48.

[80] 毛先柏. 基于支持向量机的模拟电路故障诊断研究[D]. 武汉: 华中科技大学,2009.

[81] 孙永奎,陈光禹,李辉. 基于自适应小波分解和 SVM 的模拟电路故障诊断[J]. 仪器仪表学报,2008,29(10): 2105 -2109.

[82] Cui J,Wang Y R. A novel approach of analog circuit fault diagnosis using support vector machines classifier[J]. Measurement, 2011,44: 281 -289.

[83] 左磊，侯立刚，张旺，等．基于粒子群－支持向量机的模拟电路故障诊断[J]．系统工程与电子技术，2010，32(7)：1553－1556.

[84] 胡云艳，彭敏放，田成来，等．基于粒子群算法优化支持向量机的模拟电路诊断[J]．计算机应用研究，2012，29(11)：4053－4055.

[85] 宋国明，王厚军，姜书艳，等．一种聚类分层决策的SVM模拟电路故障诊断方法[J]．仪器仪表学报，2010，31(5)：998－1004.

[86] 王佩丽，彭敏放，杨易旻，等．应用模糊最优小波包和LS－SVM的模拟电路诊断[J]．仪器仪表学报，2010，31(6)：1282－1288.

[87] 孙健，王成华．基于mRMR原则和优化SVM的模拟电路故障诊断[J]．仪器仪表学报，2013，34(1)：221－226.

[88] 朱彦卿．模拟和混合信号电路测试及故障诊断方法研究[D]．长沙：湖南大学，2008.

[89] 袁海英，王铁流，陈光 禤．基于Volterra频域核和神经网络的非线性模拟电路故障诊断法[J]．仪器仪表学报，2007，28(5)：807－810.

[90] Deng Y，Shi Y B，Zhang W. An Approach to Locate Parametric Faults in Nonlinear Analog Circuits[J]. IEEE Transactions on Instrumentation and Measurement，2012，61(2)：358－367.

[91] 邓勇，师奕兵．基于相关分析的非线性模拟电路参数型故障诊断方法[J]．控制与决策，2011，26(9)：1407－1411.

[92] 唐静远，师奕兵，张伟，等．非线性模拟电路故障诊断的MF－DFA方法[J]．计算机辅助设计与图形学学报，2010，22(5)：852－857.

[93] Luo H，Wang Y R，Cui J. A SVDD approach of fuzzy classification for analog circuit fault diagnosis with FWT as preprocessor[J]. Expert Systems with Applications，2011，38：10554－10561.

[94] 李宏，王崇武，贺昱曜．基于参数估计模型的对转永磁无刷直流电机实时故障诊断方法[J]．西北工业大学学报，2011，29(5)：732－737.

[95] Ni J J，Zhang C B，Yang S X. An Adaptive Approach Based on KPCA and SVM for Real－Time Fault Diagnosis of HVCBs [J]. IEEE Transactions on Power Delivery，2011，26(3)：1960－1971.

[96] 李雄杰，周东华．基于强跟踪滤波器的模拟电路故障在线诊断方法[J]．电工技术学报，2007，22(5)：13－17.

[97] 秦鹏达，张爱华，秦玉平．高斯模糊核聚类的模拟电路在线故障诊断算法[J]．黑龙江科技学院学报，2013，23(2)：185－190.

[98] 杨青，田枫，王大志，等．基于提升小波和递推LSSVM的实时故障诊断方法[J]．仪器仪表学报，2011，32(3)：596－602.

[99] Huang G B，Zhu Q Y，Siew C K. Extreme learning machine：Theory and applications[J]. Neurocomputing，2006，70：489－501.

[100] Engin Avci，Resul Coteli. A new automatic target recognition system based on wavelet extreme learning machine [J]. Expert Systems with Applications，2012(39)：12340－12348.

[101] Cao J W，Lin Z P，Huang G B，et al. Voting based extreme learning machine[J]. Information Sciences，2012，185：66－77.

[102] Cao F L，Liu B，Park D S. Image classification based on effective extreme learning machine[J]. Neurocomputing，2013，102：90－97.

[103] 陆慧娟，安春霖，马小平，等．基于输出不一致测度的极限学习机集成的基因表达数据分类[J]．计算机学报，2013，36(2)：341－348.

[104] 尹刚，张英堂，李志宁．基于在线半监督学习的故障诊断方法研究[J]．振动工程学报，2012，25(6)：637－642.

[105] 李业波，李秋红，王健康，等．基于ImOS－ELM的航空发动机传感器故障自适应诊断技术[J]．航空学报，2013，34(10)：2316－2324.

[106] 曾声奎，Michael GP，吴际．故障预测与健康管理(PHM)技术的现状与发展[J]．航空学报，2005，26(5)：626－632.

[107] Hess A，Calvello G，Dabney T. The Joint Strike Fighter (JSF) Prognostics and Health Management[C]. NDIA 4th Annual Systems Engineering Conference，2001.

[108] Tumer I，Bajwa A. A survey of aircraft engine health monitoring systems[C]. The 35th AIAA/ASME/SAE/ASEE Joint Propulsion Conference and Exhibit，Los Angeles，CA，1999，1：1－8.

[109] Roemer M J，Kacprzynski G J. Advanced diagnostics and prognostics for gas turbine engine risk assessment[C]. Proceedings of the IEEE Aerospace Conference，Big Sky，MT，2000，6：345－353.

[110] Nickerson B，Lally R. Development of a smart wireless networkable sensor for aircraft engine health management [C].

Proceedings of the IEEE Aerospace Conference, Big Sky, MT, 2001, 7:32 – 38.
[111] Hess A, Fila L. The joint strike fighter (JSF) PHM concept: Potential impact on aging aircraft problems[C]. Proceedings of IEEE Aerospace Conference, Big Sky, Montana, 2002, 6:3021 – 3026.
[112] 孙博,康锐,谢劲松. 故障预测与健康管理研究和应用现状综述[J]. 系统工程与电子技术,2007,29(10):1764 – 1767.
[113] 马伦,康建设,赵春宇,等. 武器装备故障预测建模方法选择研究[J]. 计算机应用研究,2013,30(7):1929 – 1932.
[114] 张正道. 复杂非线性系统故障检测与故障预报[D]. 南京: 南京航天航空大学,2006.
[115] 李万领,孟晨,杨锁昌. 基于改进灰色模型的故障预测研究[J]. 中国测试,2012,38(2):26 – 28.
[116] 胡雷刚,肖明清,谢斓. 基于免疫神经网络的航空设备故障预测研究[J]. 计算机工程与应用,2011,47(20):231 – 233.
[117] 范庚,马登武,邓力. 基于灰色相关向量机的故障预测模型[J]. 系统工程与电子技术,2012,34(2):424 – 428.
[118] 邵延君. 基于故障预测的武器装备预防性维修策略研究[D]. 太原: 中北大学,2013.
[119] Rampal S, Balasundaram S. Application of Extreme Learning Machine Method for Time Series Analysis[J]. World Academy of Science, Engineering and Technology, 2007, 35:81 – 87.
[120] Lin S J, Chang C, Hsu M F. Multiple extreme learning machines for a two – class imbalance corporate life cycle prediction[J]. Knowledge – Based Systems, 2013, 39:213 – 223.
[121] He Q, Shang T F, Zhuang F Z, et al. Parallel extreme learning machine for regression based on MapReduce [J]. Neurocomputing, 2013, 102:52 – 58.
[122] 张学清,梁军,张熙,等. 基于样本熵和极端学习机的超短期风电功率组合预测模型[J]. 中国电机工程学报,2013,33(25):33 – 40.
[123] 张弦,王宏力. 具有选择与遗忘机制的极端学习机在时间序列预测中的应用[J]. 物理学报,2011,60(8): 080504.
[124] 张弦,王宏力. 基于 Cholesky 分解的增量式 RELM 及其在时间序列预测中的应用[J]. 物理学报,2011,60(11): 110201.
[125] 张弦,王宏力. 嵌入维数自适应最小二乘支持向量机状态时间序列预测方法[J]. 航空学报,2010,31(12):2309 – 2314.
[126] 张弦,王宏力. 基于序贯正则极端学习机的时间序列预测及其应用[J]. 航空学报,2011,32(7): 1302 – 1308.
[127] 张弦,王宏力. 局域极端学习机及其在状态在线监测中的应用[J]. 上海交通大学学报,2011,45(2): 236 – 240.
[128] 张弦,王宏力. 利用神经元拓展正则极端学习机预测时间序列[J]. 北京航空航天大学学报,2011,37(12):1510 – 1514.
[129] 何星,王宏力,陆敬辉,等. 灰色稀疏极端学习机在激光陀螺随机误差系统预测中的应用[J]. 红外与激光工程,2012,41(12): 3305 – 3310.
[130] 何星,王宏力,陆敬辉,等. 基于优选小波包和 ELM 的模拟电路故障诊断[J]. 仪器仪表学报,2013,34(11):2614 – 2619.
[131] 王宏力,何星,陆敬辉,等. 基于固定尺寸序贯极端学习机的模拟电路在线故障诊断[J]. 仪器仪表学报,2014,35(4): 738 – 744.
[132] 何星,王宏力,陆敬辉,等结构自适应序贯正则极端学习机时间序列预测及其应用[J]推进技术 2015,36(3):458 – 464.
[133] 何星,王宏力,陆敬辉,等. 基于限定样本序贯极端学习机的模拟电路在线故障诊断[J]. 控制与决策,2015,30(3):455 – 460.
[134] 张弦. 基于极端学习机的时间序列预测方法及其应用[D]. 西安: 第二炮兵工程大学,2012.
[135] Pecht M. Prognostics and health management of electronics[M]. New York: Wiley Online Library, 2008.
[136] Jardine A, Lin D, Banjevic D. A review on machinery diagnostics and prognostics implementing condition – based maintenance [J]. Mechanical systems and signal processing, 2006, 20(7): 1483 – 1510.
[137] Goebel K, Saha B, Saxena A, et al. Prognostics in battery health management[J]. IEEE Instrumentation & Measurement Magazine, 2008, 11(4): 33 – 40.
[138] Saha B, Goebel K, Christophersen J. Comparison of prognostic algorithms for estimating remaining useful life of batteries [J]. Transactions of the Institute of Measurement and Control, 2009, 31(3): 293 – 308.

[139] Saha B, Goebel K, Poll S, et al. Prognostics methods for battery health monitoring using a Bayesian framework[J]. IEEE Transactions on Instrumentation and Measurement, 2009, 58(2): 291 – 296.

[140] Pecht M, Jaai R. A prognostics and health management roadmap for information and electronics – rich systems [J]. Microelectronics Reliability, 2010, 50(3): 317 – 323.

[141] Kharoufeh J, Sipe J. Evaluating failure time probabilities for a Markovian wear process[J]. Computers & operations research, 2005, 32(5): 1131 – 1145.

[142] Kharoufeh J. Explicit results for wear processes in a Markovian environment[J]. Operations Research Letters, 2003, 31(3): 237 – 244.

[143] Kharoufeh J, Mixon D. On a Markov – modulated shock and wear process[J]. Naval Research Logistics (NRL), 2009, 56(6): 563 – 576.

[144] Kharoufeh J, Cox S, Oxley M. Reliability of manufacturing equipment in complex environments[J]. Annals of Operations Research, 2012: 1 – 24.

[145] Gebraeel N, Lawley M, Rong L, et al. Residual – life distributions from component degradation signals: A Bayesian approach [J]. IIE Transactions, 2005, 37(6): 543 – 557.

[146] Gebraeel N, Pan J. Prognostic degradation models for computing and updating residual life distributions in a time – varying environment[J]. IEEE Transactions on Reliability, 2008, 57(4): 539 – 550.

[147] Gebraeel N, Elwany A, Pan J. Residual life predictions in the absence of prior degradation knowledge[J]. IEEE Transactions on Reliability, 2009, 58(1): 106 – 117.

[148] Chakraborty S, Gebraeel N, Lawley M, et al. Residual – life estimation for components with non – symmetric priors[J]. IIE Transactions, 2009, 41(4): 372 – 387.

[149] Elwany A, Gebraeel N. Real – time estimation of mean remaining life using sensorbased degradation models[J]. Journal of manufacturing science and engineering, 2009, 131(5): 231 – 243.

[150] Kaiser K, Gebraeel N. Predictive maintenance management using sensor – based degradation models[J]. IEEE Transactions on Systems, Man and Cybernetics, Part A: Systems and Humans, 2009, 39(4): 840 – 849.

[151] Baruah P, Chinnam R. HMMs for diagnostics and prognostics in machining processes[J]. International Journal of Production Research, 2005, 43(6): 1275 – 1293.

[152] Camci F, Chinnam R. Health – state estimation and prognostics in machining processes[J]. IEEE Transactions on Automation Science and Engineering, 2010, 7(3): 581 – 597.

[153] Makis V, Jardine A. Optimal replacement policy for a general model with imperfect repair [J]. Journal of the Operational Research Society, 1992, 43(2): 111 – 120.

[154] Banjevic D, Jardine A, Makis V, et al. A control – limit policy and software for condition – based maintenance optimization [J]. INFOR – OTTAWA, 2001, 39(1): 32 – 50.

[155] Banjevic D, Jardine A. Calculation of reliability function and remaining useful life for a Markov failure time process [J]. IMA journal of management mathematics, 2006, 17(2): 115 – 130.

[156] Jardine A, Banjevic D, Makis V. Optimal replacement policy and the structure of software for condition – based maintenance [J]. Journal of Quality in Maintenance Engineering, 1997, 3(2): 109 – 119.

[157] Jardine A, Joseph T, Banjevic D. Optimizing condition – based maintenance decisions for equipment subject to vibration monitoring[J]. Journal of Quality in Maintenance Engineering, 1999, 5(3): 192 – 202.

[158] Wang W, Christer A. Towards a general condition based maintenance model for a stochastic dynamic system[J]. Journal of the Operational Research Society, 2000, 51(2): 145 – 155.

[159] Wang W. A prognosis model for wear prediction based on oil – based monitoring[J]. Journal of the Operational Research Society, 2006, 58(7): 887 – 893.

[160] Wang W, Zhang W. An asset residual life prediction model based on expert judgments[J]. European Journal of operational research, 2008, 188(2): 496 – 505.

[161] Wang W, Hussin B. Plant residual time modelling based on observed variables in oil samples[J]. Journal of the Operational Research Society, 2008, 60(6): 789 – 796.

[162] Carr M, Wang W. Modeling failure modes for residual life prediction using stochastic filtering theory[J]. IEEE Transactions on

Reliability,2010,59(2): 346 –355.

[163] Cadini F,Zio E,Avram D. Monte Carlo – based filtering for fatigue crack growth estimation[J]. Probabilistic Engineering Mechanics,2009,24(3): 367 –373.

[164] Zio E,Peloni G. Particle filtering prognostic estimation of the remaining useful life of nonlinear components[J]. Reliability Engineering & System Safety,2011,96(3): 403 –409.

[165] Dong M,He D. Hidden semi – Markov model – based methodology for multi – sensor equipment health diagnosis and prognosis [J]. European Journal of Operational Research,2007,178(3): 858 –878.

[166] Dong M,He D. A segmental hidden semi – Markov model (HSMM) – based diagnostics and prognostics framework and methodology[J]. Mechanical Systems and Signal Processing,2007,21(5): 2248 –2266.

[167] Peng Y,Dong M. A prognosis method using age – dependent hidden semi – Markov model for equipment health prediction [J]. Mechanical Systems and Signal Processing,2011,25(1): 237 –252.

[168] Dong M. A novel approach to equipment health management based on autoregressive hidden semi – Markov model (AR – HSMM)[J]. Science in China Series F: Information Sciences,2008,51(9): 1291 –1304.

[169] Tseng S,Balakrishnan N,Tsai C. Optimal step – stress accelerated degradation test plan for Gamma degradation processes [J]. IEEE Transactions on Reliability,2009,58(4): 611 –618.

[170] Tseng S,Tang J,Ku I. Determination of burn – in parameters and residual life for highly reliable products[J]. Naval Research Logistics (NRL),2003,50(1): 1 –14.

[171] Tseng S,Peng C. Optimal burn – in policy by using an integrated Wiener process[J]. IIE Transactions,2004,36(12): 1161 – 1170.

[172] Peng C,Tseng S. Mis – specification analysis of linear degradation models[J]. IEEE Transactions on Reliability,2009,58(3): 444 –455.

[173] Heng A,Zhang S,Tan A,et al. Rotating machinery prognostics: State of the art,challenges and opportunities [J]. Mechanical Systems and Signal Processing,2009,23(3): 724 –739.

[174] Peng Y,Dong M,Zuo M. Current status of machine prognostics in conditionbased maintenance: a review[J]. The International Journal of Advanced Manufacturing Technology,2010,50(1): 297 –313.

[175] Ray A,Tangirala S. Stochastic modeling of fatigue crack dynamics for on – line failure prognostics[J]. IEEE Transactions on Control Systems Technology,1996,4(4): 443 –451.

[176] Li Y,Billington S,Zhang C,et al. Adaptive prognostics for rolling element bearing condition[J]. Mechanical systems and signal processing,1999,13(1): 103 –113.

[177] Li Y,Kurfess T,Liang S. Stochastic prognostics for rolling element bearings[J]. Mechanical Systems and Signal Processing, 2000,14(5): 747 –762.

[178] Patil N,Celaya J,Das D,et al. Precursor parameter identification for insulated gate bipolar transistor (IGBT) prognostics [J]. IEEE Transactions on Reliability,2009,58(2): 271 –276.

[179] Kalgren P,Baybutt M,Ginart A,et al. Application of prognostic health management in digital electronic systems [C]. Aerospace Conference,2007 IEEE. IEEE,2007: 1 –9.

[180] Kulkarni C,Biswas G,Koutsoukos X. A prognosis case study for electrolytic capacitor degradation in DC – DC converters [C]. Annual conference of the prognostics and health management society. 2009: 1 – 10.

[181] 柴天佑. 生产制造全流程优化控制对控制与优化理论方法的挑战[J]. 自动化学报,2009,(6): 641 –649.

[182] Zhang S,Ganesan R. Multivariable trend analysis using neural networks for intelligent diagnostics of rotating machinery [J]. Journal of engineering for gas turbines and power,1997,119(2): 378 –384.

[183] Yam R, Tse P, Li L, et al. Intelligent predictive decision support system for condition – based maintenance [J]. The International Journal of Advanced Manufacturing Technology,2001,17(5): 383 –391.

[184] Dong Y,Gu Y,Yang K,et al. A combining condition prediction model and its application in power plant [C]. Proceedings of 2004 International Conference on IEEE,2004,6: 3474 –3478.

[185] Wang W,Golnaraghi M,Ismail F. Prognosis of machine health condition using neuro – fuzzy systems[J]. Mechanical Systems and Signal Processing,2004,18(4): 813 –831.

[186] Chinnam R,Baruah P. A neuro – fuzzy approach for estimating mean residual life in condition – based maintenance systems

[J]. International Journal of Materials and Product Technology,2004,20(1): 166 - 179.

[187] Gertsbakh I,Kordonskiy K. Models of failure[M]. New York: Springer - Verlag,1969.

[188] Lu C,Meeker W. Using degradation measures to estimate a time - to - failure distribution[J]. Technometrics,1993,35(2): 161 - 174.

[189] Wang W. A model to determine the optimal critical level and the monitoring intervals in condition - based maintenance [J]. International Journal of Production Research,2000,38(6): 1425 - 1436.

[190] Bae S,Kvam P. A nonlinear random - coefficients model for degradation testing[J]. Technometrics,2004,46(4): 460 - 469.

[191] Bae S,Kuo W,Kvam P. Degradation models and implied lifetime distributions[J]. Reliability Engineering & System Safety, 2007,92(5): 601 - 608.

[192] Aalen O. Phase - Type Distributions in Survival Analysis[M]. New York: Wiley Online Library,2005.

[193] Jeffrey P,Steven M. Stochastic models for degradation - based reliability[J]. IIE Transactions,2005,37(6): 533 - 542.

[194] Lee M,Whitmore G,Rosner B. Threshold regression for survival data with time - varying covariates[J]. Statistics in medicine, 2010,29(8): 896 - 905.

[195] Singpurwalla N. Survival in dynamic environments[J]. Statistical Science,1995,10(1): 86 - 103.

[196] Singpurwalla N, Wilson S. Failure models indexed by two scales [J]. Advances in Applied Probability, 1998, 30 (4): 1058 - 1072.

[197] Wang W,Scarf P,Smith M. On the application of a model of condition - based maintenance[J]. Journal of the Operational Research Society,2000,51(11): 1218 - 1227.

[198] Park C,Padgett W. New cumulative damage models for failure using stochastic processes as initial damage[J]. IEEE Transactions on Reliability,2005,54(3): 530 - 540.

[199] Park C,Padgett W. Stochastic degradation models with several accelerating variables[J]. IEEE Transactions on Reliability, 2006,55(2): 379 - 390.

[200] Van Noortwijk J,Van der Weide J,Kallen M,et al. Gamma processes and peaks - over - threshold distributions for time - dependent reliability[J]. Reliability Engineering & System Safety,2007,92(12): 1651 - 1658.

[201] Kuniewski S, van der Weide J, van Noortwijk J. Sampling inspection for the evaluation of time - dependent reliability of deteriorating systems under imperfect defect detection [J]. Reliability Engineering & System Safety, 2009, 94 (9): 1480 - 1490.

[202] Van Noortwijk J. A survey of the application of gamma processes in maintenance[J]. Reliability Engineering & System Safety, 2009,94(1): 2 - 21.

[203] Doksum K,Hóyland A. Models for variable - stress accelerated life testing experiments based on Wiener processes and the inverse Gaussian distribution[J]. Technometrics,1992,37(1): 74 - 82.

[204] Whitmore G,Schenkelberg F. Modelling accelerated degradation data using Wiener diffusion with a time scale transformation [J]. Lifetime Data Analysis,1997,3(1): 27 - 45.

[205] Lee M,Tang J. A modified EM - algorithm for estimating the parameters of inverse Gaussian distribution based on time - censored Wiener degradation data[J]. Statistica Sinica,2007,17(3): 873 - 893.

[206] Joseph V, Yu I. Reliability improvement experiments with degradation data [J]. IEEE Transactions on Reliability,2006,55 (1): 149 - 157.

[207] Elwany A,Gebraeel N. Sensor - driven prognostic models for equipment replacement and spare parts inventory[J]. IIE Transactions,2008,40(7): 629 - 639.

[208] Elwany A,Gebraeel N,Maillart L. Structured Replacement Policies for Components with Complex Degradation Processes and Dedicated Sensors[J]. Operations research,2011,59(3): 684 - 695.

[209] Sarma V,Kunhikrishnan K,Ramchand K. A decision theory model for health monitoring of aeroengines[J]. Journal of Aircraft, 1979,16(3): 222 - 224.

[210] Wang W,Scarf P,Sharp J. Modelling condition based maintenance of production plant[C]. VTT SYMPOSIUM. 1997,172: 75 - 84.

[211] Christer A,Wang W,Sharp J. A state space condition monitoring model for furnace erosion prediction and replacement [J]. European Journal of Operational Research,1997,101(1): 1 - 14.

[212] Batzel T, Swanson D. Prognostic health management of aircraft power generators[J]. IEEE Transactions on Aerospace and Electronic Systems, 2009, 45(2): 473 – 482.
[213] Xu Z, Ji Y, Zhou D. Real – time reliability prediction for a dynamic system based on the hidden degradation process identification[J]. IEEE Transactions on Reliability, 2008, 57(2): 230 – 242.
[214] Luo J, Pattipati K, Qiao L, et al. Model – based prognostic techniques applied to a suspension system[J]. IEEE Transactions on Systems, Man and Cybernetics, Part A: Systems and Humans, 2008, 38(5): 1156 – 1168.
[215] Tang L, DeCastro J, Kacprzynski G, et al. Filtering and prediction techniques for model – based prognosis and uncertainty management[C]. Prognostics and Health Management Conference, 2010. PHM10. IEEE, 2010: 1 – 10.
[216] Carr M, Wang W. A case comparison of a proportional hazards model and a stochastic filter for condition – based maintenance applications using oil – based condition monitoring information[J]. Proceedings of the Institution of Mechanical Engineers, Part O: Journal of Risk and Reliability, 2008, 222(1): 47 – 55.
[217] Carr M, Wang W. An approximate algorithm for prognostic modelling using condition monitoring information[J]. European Journal of Operational Research, 2011, 211(1): 90 – 96.
[218] Cox D. Regression models and life – tables[J]. Journal of the Royal Statistical Society. Series B (Methodological), 1972, 34 (2): 187 – 220.
[219] Klein J. The Statistical Analysis of Failure Time Data[J]. Technometrics, 1982, 24(3): 251 – 251.
[220] Vlok P, Wnek M, Zygmunt M. Utilising statistical residual life estimates of bearings to quantify the influence of preventive maintenance actions[J]. Mechanical systems and signal processing, 2004, 18(4): 833 – 847.
[221] Sun Y, Ma L, Mathew J, et al. Mechanical systems hazard estimation using condition monitoring[J]. Mechanical systems and signal processing, 2006, 20(5): 1189 – 1201.
[222] Bunks C, McCarthy D, Al – Ani T. Condition – based maintenance of machines using hidden Markov models. [J]. Mechanical Systems and Signal Processing, 2000, 14(4): 597 – 612.
[223] Rabiner L. A tutorial on hidden Markov models and selected applications in speech recognition[J]. Proceedings of the IEEE, 1989, 77(2): 257 – 286.
[224] Azimi M, Nasiopoulos P, Ward R. Offline and online identification of hidden semi – markov models[J]. IEEE Transactions on Signal Processing, 2005, 53(8): 2658 – 2663.
[225] Lin D, Makis V. State and model parameter estimation for transmissions on heavy hauler trucks using oil data [J]. Proceedings of COMADEM2002, 2002: 339 – 348.
[226] Makis V. Recursive filters for a partially observable system subject to random failure[J]. Advances in Applied Probability, 2003, 35(1): 207 – 227.
[227] Wang W. Modelling the probability assessment of system state prognosis using available condition monitoring information [J]. IMA Journal of Management Mathematics, 2006, 17(3): 225 – 233.
[228] Lu S, Tu Y, Lu H. Predictive condition – based maintenance for continuously deteriorating systems[J]. Quality and Reliability Engineering International, 2007, 23(1): 71 – 81.
[229] You M, Liu F, Wang W, et al. Statistically planned and individually improved predictive maintenance management for continuously monitored degrading systems[J]. IEEE Transactions on Reliability, 2010, 59(4): 744 – 753.
[230] Curcurù G, Galante G, Lombardo A. A predictive maintenance policy with imperfect monitoring[J]. Reliability Engineering & System Safety, 2010, 95(9): 989 – 997.
[231] 周徐昌,沈建森. 惯性导航技术的发展及其应用[J]. 兵工自动化,2006,25(9): 55 – 59.
[232] 张炎华,王立瑞,战兴群,等. 惯性导航技术的新进展及发展趋势[J]. 中国造船(增刊),2008,49(183): 134 – 144.
[233] 冯培德. 论混合式惯性导航系统[J]. 中国惯性技术学报,2016,24(3): 281 – 284.
[234] 崔吉俊. 火箭导弹测试技术[M]. 北京:国防工业出版社,1999.

第2章　多信号模型建模

2.1 引　　言

多信号模型理论由美国康涅狄格大学的 S. Deb 和 K. R. Pattipati 等于 1994 年提出[1]。多信号模型方法是一种以分层有向图表示系统的信号（功能）、组成（故障模式）以及它们之间的相互依赖关系，仅对故障传播建模的模型方法[2]。通过建立系统多信号模型以及建模过程中的测试性设计，可以把专家对系统的理解和测试诊断经验简单直观地转换成专家知识并以模型化的文档形式保存，同时方便系统模型和测试性设计的修改和优化[3]。由于多信号模型在表现系统的故障空间时，克服了需要精确定量关系的缺点，从而使一些复杂大型系统的测试性建模变得可行，目前已广泛应用于复杂系统的测试性评估、故障诊断、TSP 开发及测试性设计等[4]。

本章主要介绍多信号模型理论以及基于其开发的测试性工程和维护系统，在此基础上建立了某型惯性测量组合的多信号模型，并针对其固有测试性进行了分析评估，为下一步故障诊断策略的优化设计奠定基础。

2.2　多信号建模理论与建模方法

2.2.1　多信号建模理论

1. 多信号模型的建模思想

多信号模型是一种通过定义系统的信号、组成、信号与测试之间的关联性，来表征系统的功能、故障和测试之间相关性的一种模型表示方法。多信号模型是相关性模型的一种扩展形式，支持更为复杂的测试性建模，它的主要思想如下[2,4-6]：

（1）仅需要模拟一个故障怎样传播到其他的检测点。对于测试性设计来讲，设计的目的是确保系统具有充分可观测性，以便系统故障的原因可以很容易地被识别，因此不必建立系统完善的模型，只需故障空间建模即可。

（2）系统的故障空间不限于二值性，即简单的通过/失败关系。故障空间与功能空间是互补的，系统的功能空间是多维的，因而故障空间也可是多维的。

（3）无需知道系统精确的定量关系。由于故障状态的不确定性，因而没有必要建立精确的定量关系模型，只需确定系统的重要功能属性，并将其与适当的部件和测试相关联。

（4）组成单元的故障模式根据其作用结果不同分为两类：功能故障（导致系统丧失部分功能的故障，系统工作不完全中断）和完全故障（导致系统丧失主要功能的故障，系统工作完全中断）。

（5）多信号模型中的信号（功能）是指表征系统或组成单元特性的特征、状态、属性及参量。

2. 多信号模型的构成要素

多信号模型包括一系列模块、信号、测试等构成要素，分别描述如下[4,7]：

(1) $C=\{c_1, c_2, \cdots, c_m\}$ 为系统的组成模块集合，其元素称为故障组元，表示系统包含 m 个具有独立和相对完整功能的最小功能模块。

(2) $S=\{s_1, s_2, \cdots, s_l\}$ 为系统的独立信号集合，表示系统具有 l 个独立信号，表示系统传输特性中能够清晰地描述系统功能的特征属性。

(3) 测试点的有限集 $TP=\{TP_1, TP_2, \cdots, TP_p\}$。

(4) 可用测试的有限集 $T=\{t_1, t_2, \cdots, t_n\}$。

(5) 每个测试点 TP_i 可包含一组测试，表示为 $SP(TP_i)$。

(6) 每个功能模块 c_i 相关或影响的信号的有限集，表示为 $SC(c_i)$。

(7) 每个测试 t_i 所能检测到的信号集 $ST(t_i)$ 为 S 的子集。

从概念上讲，多信号模型类似于在结构模型上覆盖依赖模型，更接近系统的物理结构。另外，模型中的信号是独立的，信号之间不会相互影响。这些特征使多信号模型建模方便，模型的集成和验证都相对简单，使得模型的失真有效降低。

3. 分层建模技术

分层建模思想是多信号模型建模的基本思想之一。依据系统内部故障传播关系的复杂程度和实际诊断需求，可以将建模对象由上到下划分为系统（System）级、子系统（Subsystem）级、现场可更换单元（LRU）级、内场可更换单元（SRU）级、模块（Module）级、子模块（Submodule）级、元件（Component）级、故障模式（failure）级 8 个层次。根据所能维修的系统级别，用户可以选择相应故障隔离层次的测试，不仅可以简化分析难度，使系统便于理解，而且可以实现有针对性地故障定位，以更好完成维修任务。系统的层次结构如图 2.1 所示[8]。

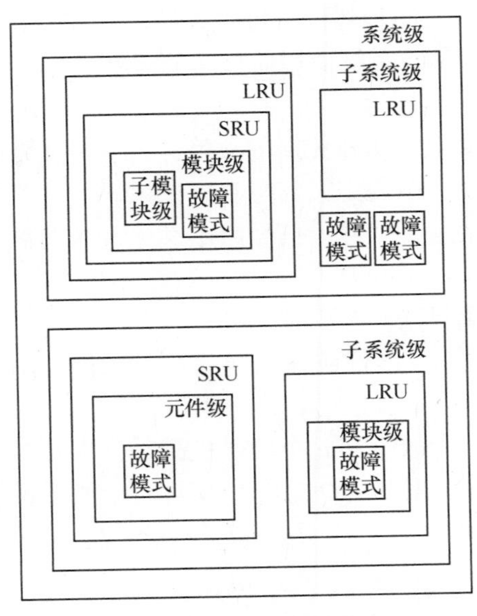

图 2.1　分层建模技术层次结构示意图

2.2.2 多信号建模方法

1. 多信号模型的表示

多信号模型可用一个特定的有向图来表示，它由 4 类不同的节点及连线构成。具体的表示方法及含义如下：

（1）模块用方框表示，每个方框代表实际系统的一个功能模块，方框允许分层嵌套，即一个模型图中的模块可以用包含多个其子模块和其他节点的方框图加以详细描述。

（2）测试点用圆圈表示，表示物理的或逻辑的测量操作位置，一个测试点允许有多项测试。

（3）与节点用电路中与门的符号表示，可以有效地表达实际系统中的冗余结构，应用于容错系统建模。例如，如果 A 和 B 都故障，C 才受影响，A、B 和 C 之间的连接表示需用与节点。

（4）开关节点用电路中开关的符号表示，可以有效地表达实际系统中内部连接的变动关系，可用于系统具有多种工作状态时的建模。

（5）故障的传递关系用带单向箭头的连线表示。

2. 多信号模型的建模步骤

多信号模型的图形化建模过程一般可分为以下 3 个步骤[5]：

（1）熟悉建模对象，识别和提取模型信息（系统组成、功能、测试信息等）。

（2）根据系统组成，构建系统的结构模型（原理图），然后添加信号到相关的系统组成单元，并根据信号的流向确定系统组成单元的输入、输出及相互的连接关系。

（3）调整、修正和校验模型。

建模过程中还须注意以下几点：

（1）建模对象的组成划分应尽可能与实际结构组成相一致，可根据实际情况对最底层的组成单元典型故障模式进行定义，以便于更为精确地进行故障判别。

（2）如果是在系统设计阶段同步建模，可从系统功能需求出发定义信号，并逐步分解细化，落实到最底层模块；如果是在系统使用阶段进行建模，可直接从系统或模块的性能参数中定义信号。

（3）如果系统中存在能够阻断功能传播的故障，则应定义阻断信号集。

（4）如果存在信号的转换，则需定义信号映射关系。

（5）仅能在最底层的模块定义信号、信号阻断关系和信号映射关系，上层模块的信号为其子模块信号的并集。

3. 多信号模型的故障隔离算法

下面以所有故障源故障概率及维修成本相同的情况为例，阐述多信号模型的单故障隔离算法[6]。

当系统的多信号模型有 m 个故障和 n 个信号检测时，由其多信号模型转化而来的“组成单元故障类－信号检测”相关性矩阵（$\boldsymbol{D}$ 矩阵）$\boldsymbol{D}$ 可表示如下：

$$\boldsymbol{D}_{m\times n}=\begin{bmatrix} d_{11} & d_{12} & \cdots & d_{1n} \\ d_{21} & d_{22} & \cdots & d_{2n} \\ \vdots & \vdots & & \vdots \\ d_{m1} & d_{m2} & \cdots & d_{mn} \end{bmatrix} \tag{2.1}$$

行向量 $\boldsymbol{F}_i=[d_{i1}, d_{i2}, \cdots, d_{in}]$ 表示第 i 个组成单元故障类与信号检测之间的关系，列向量 $\boldsymbol{ST}_j=[d_{1j}, d_{2j}, \cdots, d_{mj}]^{\mathrm{T}}$ 表示第 j 个信号检测与组成单元故障类之间的关系。当矩阵元素 $d_{ij}=1$ 时，表示信号检测 st_j 与组成单元故障类 f_i 相关；当矩阵元素 $d_j=0$ 时，表示信号检测 st_j 与组成单元故障类 f_i 无关。

在初步得到系统多信号模型的相关性矩阵之后，应首先对其进行简化，具体步骤描述如下：

（1）找出相关性矩阵中全为0的行。全为0的行表示该行所代表的故障未能被检测，此故障为不可检测故障，可将此行删除。

（2）比较相关性矩阵中的各列。如果有 $\boldsymbol{ST}_i=\boldsymbol{ST}_j$，且 $i\neq j$，即有两个测试所检测的故障完全相同，则对应的测试 st_i 和 st_j 互为冗余测试，可在相关性矩阵中只保留一列。

（3）比较相关性矩阵中的各行。如果有 $\boldsymbol{F}_i=\boldsymbol{F}_j$，且 $i\neq j$，即有两个故障被相同的测试所检测，则所涉及的两个故障间是不可区分的。对于无法区分的故障，在进行故障隔离时，可作为一个故障模糊组处理。因此，在相关性矩阵中将这些相同的行合并为一行。

经过上述处理之后，往往能够简化相关性矩阵的行数与列数，不但能减少计算量，同时也有助于制定简单有效的诊断策略。设按上述规则简化后得到的相关性矩阵大小变为 $u\times v$。

接下来将对系统进行故障的隔离。故障隔离是找出系统的哪个组成单元存在故障的过程，是区分正常和故障组成单元的过程。通过每一次的测试，都能够将组成单元划分为正常和故障的两部分，下一步测试将只针对存在故障的部分进行，直到确定故障的组成单元或模糊组为止。为在任何情况下都能以较少的测试步骤完成故障隔离，测试的选择原则为故障隔离所需平均测试步骤越少越好。

具体做法是，将测试按照关联故障源的数量多少进行排列，每次优先选用关联故障源的数量最接近待隔离故障源数量的中位数的测试。在进行判别时，可以比较每一个测试所关联的故障数量与未关联的故障数量之积。第 j 个测试的故障隔离的权值 W_{FI} 为

$$W_{FIj}=N_j^1\cdot N_j^0=\sum_{i=1}^{u}d_{ij}\cdot\sum_{i=1}^{u}(1-d_{ij}) \tag{2.2}$$

式中：N_j^1 为列 $\boldsymbol{ST}_j$ 中元素为“1”的个数；N_j^0 为列 $\boldsymbol{ST}_j$ 中元素为“0”的个数。

计算出各测试的 $\boldsymbol{W}_{FI}$ 之后，选用 $\boldsymbol{W}_{FI}$ 值最大者对应的测试为优先测试，其对应的列为

$$\boldsymbol{ST}_j=[d_{1j},d_{2j},\cdots,d_{uj}]^{\mathrm{T}} \tag{2.3}$$

用 $\boldsymbol{ST}_j$ 把矩阵 $\boldsymbol{D}$ 一分为二，得到两个子矩阵

$$\boldsymbol{D}_p^0=[d_{ij}]_{z\times(v-1)} \tag{2.4}$$

$$\boldsymbol{D}_p^1=[d_{ij}]_{(u-z)\times(v-1)} \tag{2.5}$$

式中：$\boldsymbol{D}_p^0$ 为 $\boldsymbol{ST}_j$ 中等于“0”的元素所对应的行构成的子矩阵；$\boldsymbol{D}_p^1$ 为 $\boldsymbol{ST}_j$ 中等于“1”的元素所对应的行构成的子矩阵；z 为 $\boldsymbol{ST}_j$ 中等于“0”的元素的个数；p 为所选用测试的序号。

需要指出的是，在选择隔离测试的过程中，若是出现 $\boldsymbol{W}_{FI}$ 的最大值对应多个测试，那么可从中任意选择一个容易实现的测试。

故障隔离的过程描述如下：

（1）在选出一个优先使用的隔离测试后，令 $p=1$，并分割相关性矩阵。

（2）如果测试通过，则排除与该测试相关联的故障存在的可能，并对矩阵 $\boldsymbol{D}_1^0$ 计算 $\boldsymbol{W}_{FI}$ 值，选用其中值最大者对应的测试作为下一个隔离测试；如果测试未通过，说明与其关联的故障至

少有一个发生，则对矩阵 $\boldsymbol{D}_1^1$ 计算 $\boldsymbol{W}_{FI}$ 值，选用其中值最大者对应的测试作为下一个隔离测试。

（3）选出第二个隔离测试后，令 $p=2$，并分割子矩阵，重复上述过程，直至隔离出故障源。

2.3 测试性工程与维护系统（TEAMS）

2.3.1 TEAMS 的功能与组成

测试性工程和维护系统（Testability Engineering and Maintenance System，TEAMS）由美国 Qualtech 系统公司（简称 QSI）开发。TEAMS 是一套特别提供测试性、维护性以及系统健康监视解决方案的商用化软件产品，它利用多信号模型原理，通过反馈的机制和参数更新办法，以及专家输入的手段，使得系统测试与维护解决方案逐步完善，并最终成熟。模型化的方法简便，直观，实用性强，与其他需要复杂昂贵仿真或基于状态模型才能工作的方法相比，有着显著的优势[9,10]。

多信号模型和 TEAMS 软件已经在航空、国防、空间科学和商业等各个领域得到了广泛应用。TEAMS 将建模方法和故障隔离算法集成在一个简便易用的图形化界面里，模型可以直接在 TEAMS 中建立，也可由多种信息源导入。图形化、交互式界面，在面临大型、复杂、可重构的、带有故障容错的多重系统时，能够大大简化系统的创建、集成、验证与修改的步骤。

TEAMS 系列软件有多个部分组成（图 2.2），包括 TEAMS - Designer、TEAMS - RT、TEAMATE、TEAMS - RDS 和 TEAMS - KB。

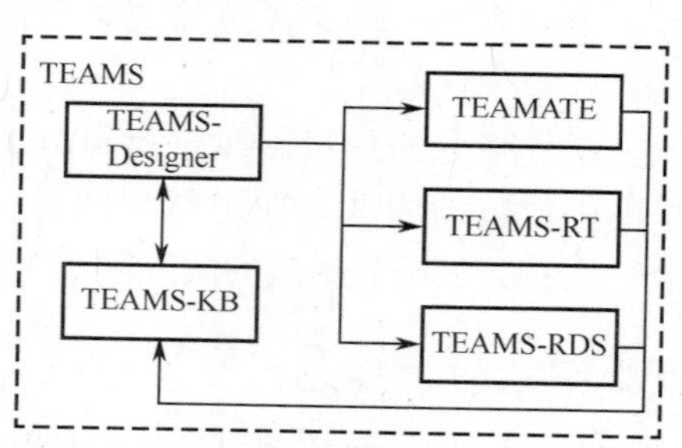

图 2.2 TEAMS 系列软件的相互关系

TEAMS - Designer 是该系列软件的基础，且可单独使用，其余模块需与之配合使用，因此通常所说的 TEAMS，即是指 TEAMS - Designer。软件不但可以实现对系统的建模与测试性分析，还可为失效模式影响及危害度分析（FMECA）、可靠性预计、测试策略树和测试程序设置等提供有力地支持。在 TEAMS 对系统进行分析后，系统测试性的缺点，如未覆盖故障，冗余测试，模糊群组和闭合回路，以及测试建议，如测试点的放置，消除反馈回路的隔离点的放置都在功能模块上直接标注。TEAMS 为使用者提供了精确的图形格式或者文本格式的测试性报告，并且针对系统，给出了多种格式的诊断策略。

TEAMS - KB 模块是实现模型管理和维修数据收集的工具，也是软件的数据库。它可用来进行系统多信号模型的存储和管理、计划和非计划的维护、诊断数据收集、统计数据分析、正常和非正常检测/隔离的数据开采。

TEAMATE 模块是一个智能维护助手。当它获取外场维护数据后，结合由 TEAMS - Designer 产生并存储在 TEAMS - KB 中的模型和报告，可在最短的时间内隔离出故障。它的特别之处在于，它可根据测试资源情况、初始故障征兆和测试人员的意见，自动优化隔离故障源的路径。

TEAMS－RT 是一款面向在线实时诊断和系统在线健康监测的工具。只需获得被测试系统的 TEAMS 模型，并输入在线得来的系统运行状态，通过 TEAMS－RT 的分析，就能识别出系统中的好的、坏的和被怀疑的组件。TEAMS－RT 可在 0.1 s 的时间里处理 1000 个传感器的结果，具有良好的实时计算能力，这使得 TEAMS－RT 还可以安装到嵌入式计算机中连续监视系统的健康状况和识别系统中的故障。

TEAMS－RDS 模块是远程诊断服务器（Remote Diagnostics Server），它可被用来进行远程监视、诊断和维护。通过这种技术，用户可以使用 Internet 上传传感器或测试数据到 TEAMS－RDS，利用系统的多信号模型，经过智能自动处理，在几秒钟内得到诊断结果。

TEAMS 在制定诊断策略时，同样利用了多信号模型的算法。当用户建立多信号模型并设置测试点后，TEAMS 能自动生成 D 矩阵。利用图形化的方式建模，用户只需分清每一个模块的输入信号从何而来，输出信号到哪个模块。对于大型系统，对模型分层次建模，有助于使用者理清各部分的关系，将一个复杂的大系统逐步变为多个简单的小系统。并且，系统越复杂，所形成的 D 矩阵就越庞大，如果依靠人工分析得出 D 矩阵，不但耗费大量的工作，而且极有可能出现错误。TEAMS 的优点在于，软件在利用多信号原理的同时，将使用者从枯燥的计算中解放出来，使其专注于模型本身的各类直接作用关系，而间接的作用关系，TEAMS 软件也能自动判别。图 2.3 为利用 TEAMS 对二级放大器电路建立的模型。

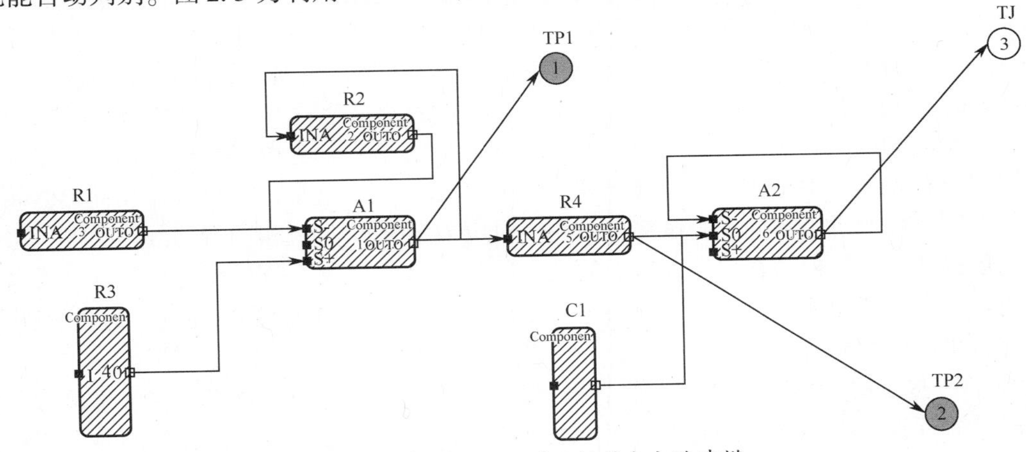

图 2.3　利用 TEAMS 对二级放大电路建模

TEAMS 软件，不但能对系统采用多信号模型方法建模，而且还包括一系列的分析过程。综合起来，整个 TEAMS 软件的工作流程分为 3 个阶段，即图形化建模、测试性分析和制定诊断策略。

第一阶段：图形化建模。该阶段主要包括建立模型和编辑模型。建模人员通过收集整理系统信息，利用 TEAMS 提供的建模环境，能够建立一个完整的多信号模型。TEAMS 建模的基础是多信号模型理论，模块与模块是通过功能函数连接起来的。

第二阶段：测试性分析。该部分主要包括模型导入、故障分析、反馈环分析、测试性分析和模型导出。分析人员通过实际的物理系统，选择模型测试点，设置 TEAMS 分析选项，进行测试性分析。测试性分析通过分析模块功能的影响关系，来确定故障现象的原因和影响的范围。

第三阶段：制定诊断策略。该部分主要包括诊断策略和相关报告的生成。在完成测试性分析之后，分析人员可以得到依据测试点诊断测试报告。诊断测试报告包括：模糊组报告、冗余测试报告、无法诊断的故障源报告、测试诊断回路报告、测试性指标（系统诊断率，隔离率，模糊组直方图，测试使用率直方图）、诊断树报告、测试相关性报告、诊断测试策略导出报告等内容。技术人员在得到这些信息之后，能够直观地评估设备的测试性情况，并可以重新配置分析选项或修改更新多信号模型，以提高模型可靠性和测试性。在系统设计阶段，如果使用 TEAMS 与设计工作同步，进行系统测试性分析，能够提升系统的测试性指标，保证设备的可用性，降低设备定型之后的维护费用和工作强度，从而实现了系统早期的设计优化，并提高系统交付后的可跟踪性、可检测性及维护的可实现性。对成熟的设备使用 TEAMS，能及时整理存储设备的维修经验知识，以图形化的形式、易操作的方法优化设备中的故障隔离路径，降低维修工作的难度，减少维修的成本和时间。在设备运行检测阶段，可通过 TEAMS 中形成的系统模型，与实际系统或分系统单元进行实时检测。

2.3.2 基于 TEAMS 的测试性分析

TEAMS 具有对模型进行测试性分析的能力。TEAMS 的测试性分析包括静态分析（Static analysis）、可测试性分析（Testability analysis）和可靠性分析（Reliability analysis）。静态分析是分析系统固有可测试性，与测试结果无关；可测试性分析是生成一个可测试性报告，同样包含各类统计信息；可靠性分析是计算单个失效点、冗余组件、不可检测故障源以及不可靠性的上下边界等参数[11]。

通过静态分析，可以标识或去除导致测试性能变差的系统设计上的缺陷。静态分析是利用 ***D*** 矩阵计算不能检测（覆盖）的故障、冗余测试和模糊组。通过分析，可以得到模糊组（Ambiguity groups）、模型层次（Model hierarchy）、模型属性（Model properties）、冗余测试（Redundant test）和未检测故障（Undetected faults）的测试报告。未检测故障是指通过现有测试不能检测到的故障源，对应 ***D*** 矩阵中的全零行。冗余测试是指具有相同特征（检测同一个故障源）的测试，对应 ***D*** 矩阵中具有相同列的测试。模糊组是指一组具有相同检测特征的故障源，即故障源可以被同样测试集合检测，对应 ***D*** 矩阵中具有相同行的故障类型。报告从不同角度描述了系统模型在静态分析下的统计特性，为后续故障分析和冗余测试做准备。静态分析是对整个惯性测量组合测试性的初步分析过程，要完整地分析惯性测量组合的测试性，必须进行可测试性分析。

TEAMS 提供的可测试性分析功能，对于使用者具有十分重要的意义。在确定测试点设置方案时，先预设一组测试点与测试内容，通过测试性分析，可以获得该方案的各项指标，如故障覆盖率、模糊组情况。通过对比不同的设置方案，有助于使用人员快速确定最优的测试点安放位置。可测试性分析功能，不仅仅是针对维修人员有效，若是在系统最初设计时就引入 TEAMS，伴随着系统的设计进行建模，充分考虑测试的需求，将大大提高系统的可测试性。与许多先完成设计然后考虑测试方案的系统相比，这种模式具有极大的先天优越性。图 2.4为 TEAMS 给出的模糊组报告。

完成基本选项设置之后，经过 TEAMS 软件分析，得到可测试性分析报告与诊断功能测试反馈报告。其中，测试性分析报告以图表形式展现内容，报告包括测试信息、系统统计信息、测试算法统计信息、测试性直方图、模糊组直方图和诊断使用测试情况等信息。具体形式将在后面论述。

诊断功能测试反馈（Diagnostic Function Test Feedback）报告，是 TEAMS 的测试性分析功能所提供的另一种形式的报告。该报告通过对模型进行各种标记，形象直观地给出模型的各类信息以及测试建议。其主要内容如下：

Group #3:

	Module Name	Module Probability
1	N09[8]<-ED[3]<-ss[1]	0.010417
2	N10[9]<-ED[3]<-ss[1]	0.010417
3	WD-WY-3[5]<-wd-1[1]<-ED[3]<-ss[1]	0.010417
4	JZ-FP[1]<-gd-1[3]<-ED[3]<-ss[1]	0.010417
5	GD-SXD[3]<-gd-1[3]<-ED[3]<-ss[1]	0.010417
6	HD-WY-1[4]<-hd-1[4]<-ED[3]<-ss[1]	0.010417
7	HD-WY-3[6]<-hd-1[4]<-ED[3]<-ss[1]	0.010417

Group #4:

	Module Name	Module Probability
1	V9-V10[13]<-BT[2]<-ss[1]	0.010417
2	IF-Gy[1]<-TB-1-Wy[1]<-DZX[1]<-ss[1]	0.010417
3	ZL-N4[3]<-PW-1[8]<-DZX[1]<-ss[1]	0.010417
4	TDGy[1]<-Gz-TS-1[10]<-BT[2]<-ss[1]	0.010417
5	XQ-Gy[3]<-Gz-TS-1[10]<-BT[2]<-ss[1]	0.010417
6	LJQ-Gz-y[2]<-Gz[15]<-BT[2]<-ss[1]	0.010417

图 2.4　TEAMS 的模糊组报告

（1）未使用的测试（用红圈标记）。

（2）未覆盖的故障（用带斜线的红圈或正方形标记）。

（3）模糊组（用黄圈标记）。

（4）总的反馈回路（绿色标记）。

（5）建议测试点（在输出端标记蓝色圆点）。

该报告在原有模型的基础上，对每个模块进行标记，使用者通过浏览模型，即可对整个系统有一个直观的了解。单击某个模块，报告将显示与该模块相关的具体信息，包括是否被覆盖，或是属于哪个模糊组。如图 2.5 所示，通过单击 JSQ－14 模块，该模块变为蓝色，同时，受其影响的输出信号也变为蓝色。对于测试建议，报告也将通过标注序号的方式显示测试顺序。另外，报告将给出放置测试点的建议，为建模人员提供辅助设计。

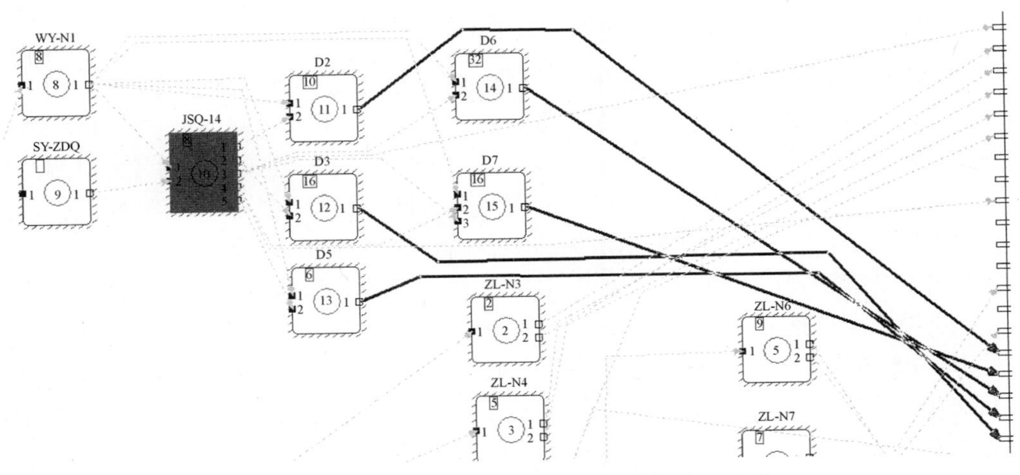

图 2.5　基于模型的诊断功能测试反馈报告示意图

2.3.3 基于 TEAMS 的故障诊断策略

TEAMS 最重要的一项功能是为使用者提供故障诊断策略。TEAMS 软件利用多信号模型原理，通过故障隔离算法，可为使用者提供多种形式的故障诊断策略，包括故障树，PDF 或 RTF 格式的电子表格，以及 XML 文档格式，另外还包括 HTML 等形式。

诊断树是 TEAMS 为用户提供的一种形象直观的诊断策略。诊断树（Diagnostics trees）是以二叉树的形式展示系统故障隔离的诊断方法。诊断树中的节点内容包括需要测试的测试信号，也可以包含测试的具体操作手段，其内容在设置测试点属性时添加。诊断树是由测试结果驱动的，上一步测试得到的结果将决定下一步测试的内容[11,12]。如图 2.6 所示，整个诊断树从上至下如同一棵倒置的树状图，从最上端开始按照所要求的测试内容进行测试，然后根据测试的结果是正常还是异常选择相应的分支。

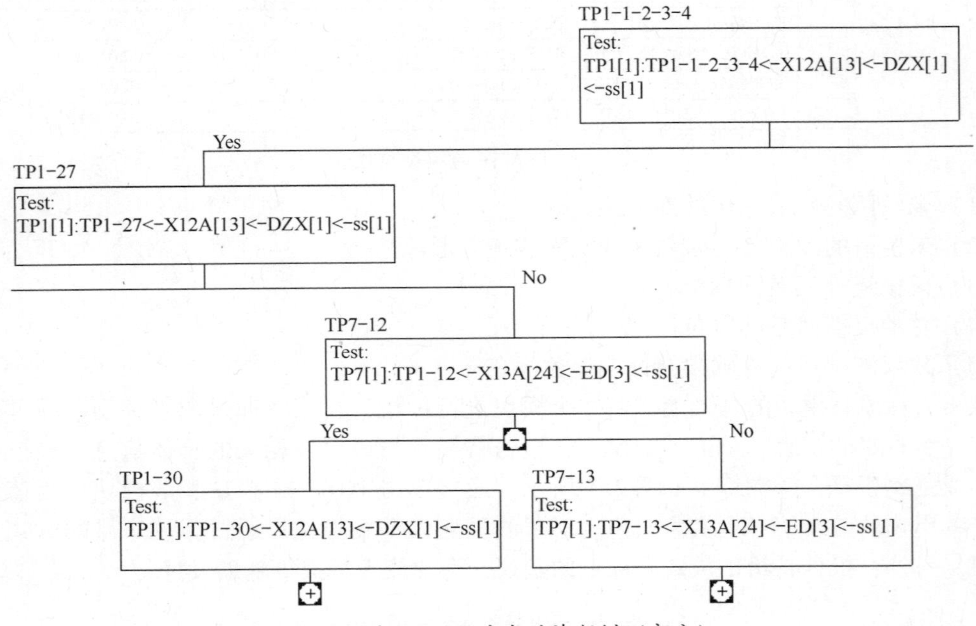

图 2.6 由 TEAMS 生成的诊断树（部分）

虽然诊断树简明直观，但是要使用该诊断树必需运行 TEAMS 软件，或者是将整个诊断树打印成图像使用，无论何种方法，诊断树都无法被其他软件利用，缺乏进一步开发的价值。

电子表格或 XML 格式的诊断策略，可以看作是使用其他的方式向使用者提供测试建议的诊断树。这些诊断策略所反映的内容与诊断树一致，同样是利用多信号模型原理，在进行维修时，给出测试建议，引导用户采用最优的步骤进行故障排查。所不同的是，诊断策略并非以形象的树状结构图表示。例如，PDF 与 RTF 文档，都是采用列表形式，适合制作成维修指导手册，供维修人员查询，而 XML 文档可用于机器阅读，适用于程序之间的信息交流。

将 TEAMS 生成的 PDF 格式的电子表格打印成册，可以制成完整的维修指导手册，当维修人员进行设备维护时，可以按照该手册的提示进行操作。完成一步操作后，按照所测试的内容是否通过测试，查找下一步的操作内容。表格形式的诊断策略，能有效地帮助在维修现场的测试人员，但是如果被测系统模型复杂，测试点众多，所生成的表格将有许多测试条目，不如树状结构简单直观，并且这种格式的诊断策略也只适用人工阅读，同样缺乏进一步开发的价值。

与电子表格形式的诊断策略相反，XML 格式的文档不利于人工阅读，但是却能够被程序“理解”。XML 语言是得到了 Web 标准化组织 W3C 支持的具有严格规范的一种标记语言，近些年普及度越来越高。通过使用 XML，可以在不同的程序和计算机系统间交换信息。XML 技术，具有简洁有效、易学易用、开放的国际化标准和高效可扩充等特点。对于 TEAMS 所生成的 XML 格式的诊断策略，如果人工阅读，根本无法使用，但是由于该文档具有极强的通用性，可以被进一步开发利用。

2.4 惯性测量组合多信号模型的构建

惯性测量组合是一个包含惯性测量元件和众多功能电路板的复杂机电系统，要建立其准确的数学模型十分困难。惯性测量组合，其本体、电子箱和二次电源内部都由多个完成不同功能的集成电路板和其他器件构成，因此按照功能对各部分进行模块化处理后，根据信号传递关系就可以方便地建立惯性测量组合的多信号模型。

2.4.1 建模原则

将惯性测量组合的本体、电子箱和二次电源作为 3 个子系统级模块，在对各子系统内部功能电路板和元器件建模时，从方便建模、利于分析且尽可能贴近实际系统的角度出发，有必要在建模过程中制定相应的处理原则，具体包括：

（1）在技术阵地或维修车间进行惯性测量组合单元测试时，为保证各惯性仪表工作正常，在接通电源后首先需要加温，当各仪表的温控点在额定值处稳定的情况时才能开始后续的测试。加温电路的功能相对独立，因此，建模时对其单独进行处理。

（2）根据实际维修需求，将惯性测量组合组成单元按照系统级—子系统级—LRU 级—SRU 级进行划分。系统级即惯性测量组合整体；子系统级包括本体、电子箱和二次电源三部分；各子系统内部可拔插的功能电路板及完成一定功能的独立器件作为 LRU 级进行处理；LRU 内部完成具体功能的校正网络、滤波及功率放大等电路部分和独立功能元件作为 SRU 级进行模块化处理，各层次分别完成建模后依据信号传递关系连接成一个整体。

（3）根据加速度计和陀螺仪的实际结构，结合维修过程中的处理方法，建立加速度计表头及伺服回路多信号模型时将二者作为一个整体进行处理；此外，建立陀螺仪表头及电感传感器多信号模型时也将二者作为一个整体进行处理。

（4）对于本体中的粗加温电路，由于其对本体进行初步加温是进一步实现对陀螺仪和加速度计精加温的前提和保证，且加温结果无需精确度量，一般只需通过技术人员对加温电流的观察即可判断其状态是否正常，因此，在建立粗加温电路的多信号模型时不考虑其故障属性。

（5）3 个子系统之间的连接电缆及插头、插座不作为故障模块。在通电前，都会对弹上电缆、插头及插座进行严格的绝缘检查、导通测试等检查，以保证测试过程的顺利进行。因此，在建模时电缆、插头及插座不作为故障模块。

（6）由于各模块故障发生概率和维修成本对故障检测率和故障隔离率指标不产生影响，因此，建模时将模块的故障发生概率和维修成本作为非故障因素进行处理。

根据上述 6 个处理原则，下面分别进行本体、电子箱和二次电源的多信号建模。

2.4.2 本体多信号建模

本体是安装执行飞行器运动参数测量任务的惯性仪表的组合体，是惯性测量组合的核心组成部分，主要由温控电路板、陀螺伺服回路板、三个石英挠性加速度计以及两个动力调谐陀螺仪组成。建模时，首先对本体的内部组成单元进行层次划分，将各功能板及陀螺仪、加速度计作为LRU级模块，再根据各模块内部具体结构定义SRU级模块，最后，根据信号传递关系将各模块连接起来，形成本体的完整多信号模型。按照上述思路，本体各部分的模块化处理过程如下：

（1）本体内温控电路主要是对加速度计和陀螺仪工作的环境、电子箱内陀螺仪和加速度计的模/数转换电路等关键部件进行温度控制。温控电路由加热元件、铂金丝热敏元件、平衡温度电桥、信号放大器、校正网络等部分组成。对温控电路各部分进行模块化处理后建立如图2.7所示的多信号模型。

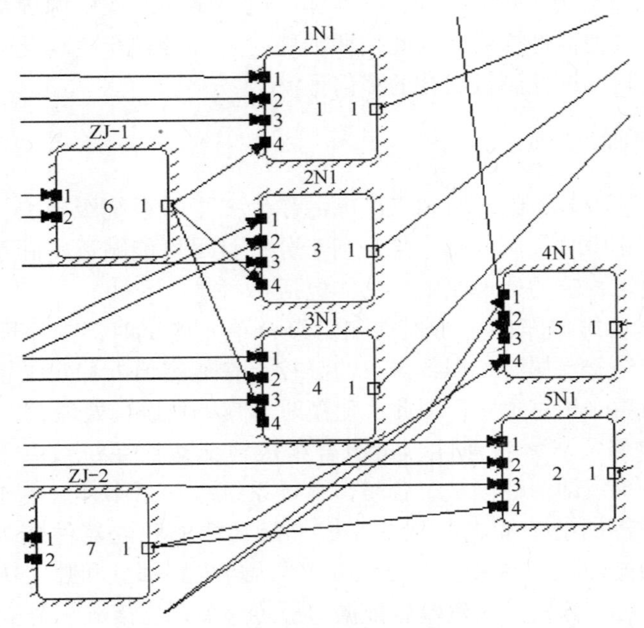

图2.7 温控电路多信号模型

图中1N1～3N1三个模块分别代表完成本体中3个加速度计加温和温度敏感功能的电路，4N1和5N1两个模块分别代表完成两个陀螺仪加温和温度敏感功能的电路，ZJ－1和ZJ－2两个模块分别代表实现对加速度计和陀螺仪加温过程进行控制的电路。

（2）加速度计主要由表头、伺服回路及力矩器三部分组成，用于实现飞行器运动过程中视加速度的测量。根据前述建模原则，以Ax加速度计为例，建立的多信号模型如图2.8所示。

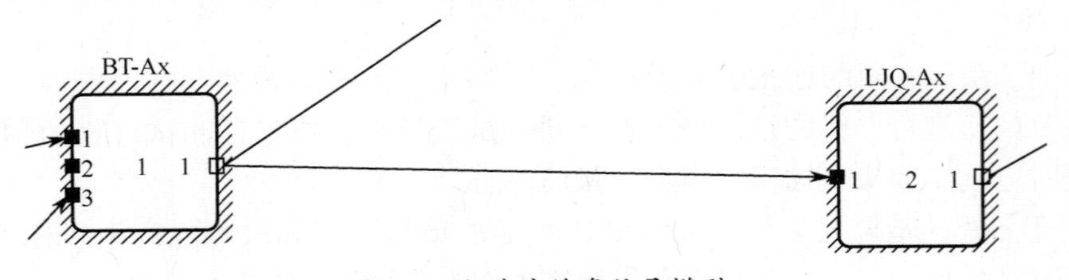

图2.8 加速度计多信号模型

其中 BT－Ax 模块是将沿 x 轴方向加速度计的表头及其伺服回路作为一个整体构建的多信号模型，与其相连的 LJQ－Ax 模块代表该加速度计的力矩器。

（3）通过对动力调谐陀螺仪结构组成分析可知，陀螺仪及其伺服回路是分开的，因此建模时作为两个独立模块分别进行处理。陀螺仪内部由表头、电感传感器和力矩器组成，与伺服回路相配合完成飞行器角加速度的测量。图 2.9 所示为 Gz 陀螺仪的多信号模型。其中 BT－Gz 模块代表陀螺仪的表头和电感传感器，LJQ－Gz－x 模块和 LJQ－Gz－y 模块分别代表 Gz 陀螺仪中敏感 x 方向和 y 方向角运动的力矩器。

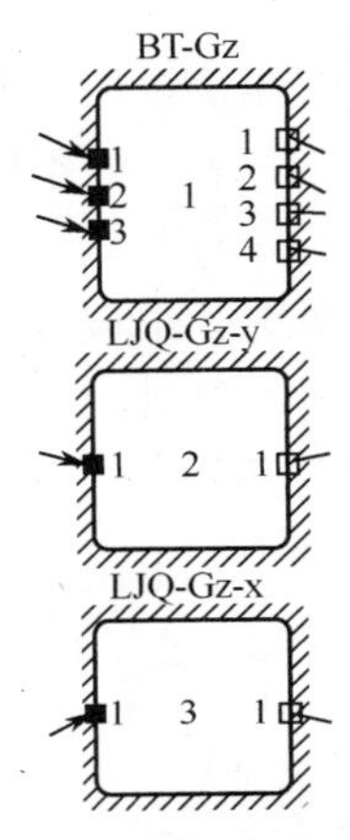

图 2.9 陀螺仪多信号模型

（4）伺服回路板是为适应速率捷联应用状态下的大角度工作条件，为陀螺仪配置的力矩再平衡回路，以保证陀螺仪始终工作在闭环状态下。伺服回路采用模拟加矩电路，包括前置放大器、带通滤波器、交流放大器、相敏解调器、校正网络和功率放大器等电路部分。以 Gz 陀螺仪的伺服回路板为例，按照再平衡回路中各部分电路完成的功能进行模块化处理，建立的多信号模型如图 2.10 所示。

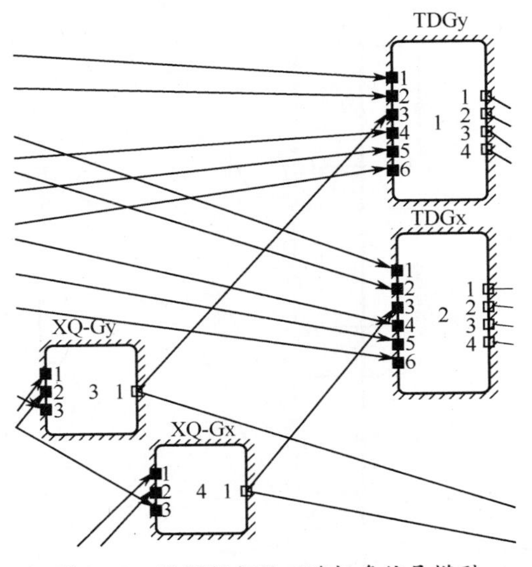

图 2.10 陀螺仪伺服回路板多信号模型

图中，XQ－Gx 和 XQ－Gy 模块代表实际伺服回路中 Gz 陀螺仪 X 通道和 Y 通道的激磁线圈，其输出为经转换得到的与陀螺仪敏感量成正比的电流信号；TDGx 和 TDGy 模块分别代表伺服回路中 Gz 陀螺仪 X、Y 通道的整个再平衡电路。

2.4.3 电子箱多信号建模

电子箱的主要任务是将本体测量出的电流信号变换后送入弹载计算机中，其性能稳定可靠很大程度上影响惯性测量组合工作的可靠性和稳定性。电子箱内部由频率标准板、与 3 块加速度计不同通道对应的模/数转换电路板以及与 3 块陀螺仪不同通道对应的模/数转换电路板组成。按照分层建模的思路，电子箱的建模过程如下：

（1）频率标准板主要用来产生供模/数转换电路工作需要的电压标准信号，以及模/数转换电路和本体工作需要的频标信号。通过分析频标板内部功能结构，发现其主要由电压标准信号产生电路和频率标准信号产生电路两部分组成，因此，对这两部分电路分别进行模块化处理，建立的温控频率标准板多信号模型如图 2.11 所示。

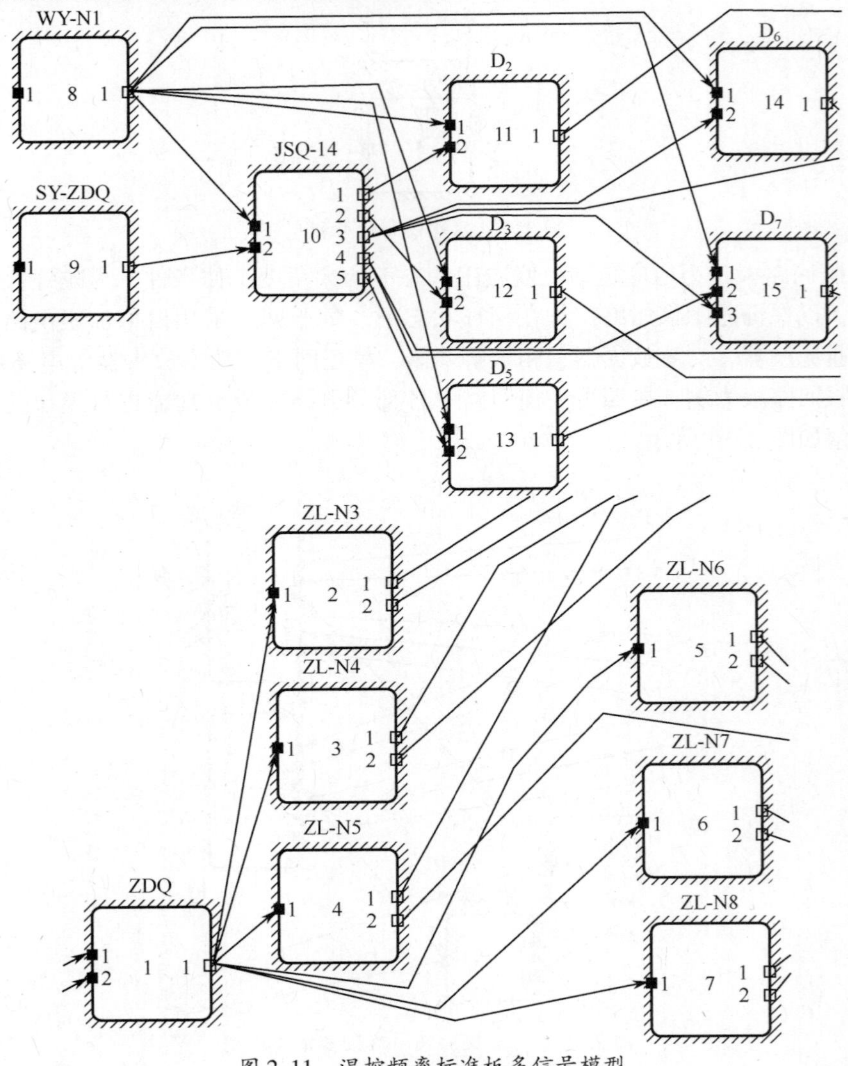

图 2.11 温控频率标准板多信号模型

图中上半部分代表频率标准信号产生电路的多信号模型，其中 SY – ZDQ、WY – N1 和 JSQ – 14 模块分别代表实际温控频标板中的石英振荡器电路、稳压管和 14 位计数器电路，用来产生基准频率信号；$D_2 \sim D_7$ 模块分别代表实际的触发器电路，用来对基准频率信号进行处理，以产生各种频率标准信号；下半部分是电压标准信号产生电路的多信号模型，其中 ZDQ 模块代表晶体振荡器，用来产生交流电压信号，ZL – N3 ~ ZL – N8 模块分别代表 6 路交/直流转换电路，用来产生供 6 路模/数转换电路工作所需的电压标准信号。

（2）模/数转换板由恒流源、锯齿波发生器、电流积分器、电子换向开关、量化逻辑电路和脉冲输出电路等组成，用来完成将本体中加速度计和陀螺仪输出的模拟信号转换成弹载计算机能够识别和处理的数字脉冲信号。模/数转换板内各部分功能电路交叉连接，相互影响，分开建模比较困难，为此，参考实际维修过程中的处理方法，将整个模/数转换电路作为一个整体进行建模。图 2.12 所示模块为建立的代表陀螺仪 X 通道的整个模/数转换电路的多信号模型。

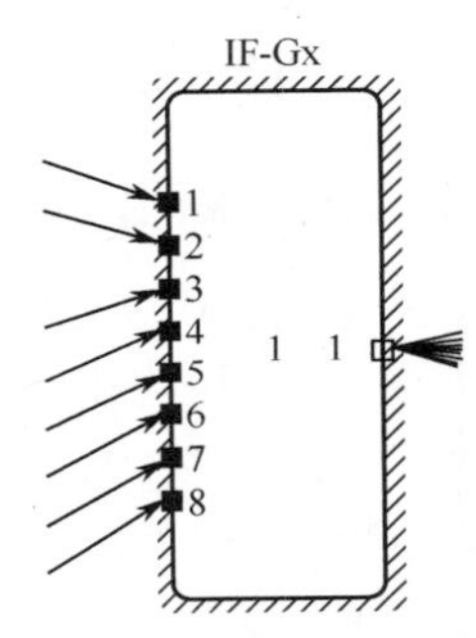

图 2.12　模/数转换板多信号模型

模型的输入为模/数转换板完成整个模/数转换过程需要的全部信号，包括频率标准板提供的电压标准信号和频率标准信号、本体内部惯性测量仪表输出的与加速度或角速度成比例的电流信号以及二次电源提供的电压信号。模型的输出为经转换后生成的脉冲信号，其中一路脉冲信号经弹上电缆送到弹载计算机进行实时解算，另一路经由地测电缆送到地测设备以完成各项测试任务。

2.4.4　二次电源多信号建模

二次电源是为惯性测量组合另外两个组成部分内部仪表和电路提供工作所需电源的能源机构，其性能状态正常与否，直接影响惯性测量组合的任务成功率。二次电源的主要任务是将弹上电池提供的直流电源变换为本体、电子箱和控制系统舵电位计工作所需的各种频率和电压值的电源。其内部主要包括 3 块直流电路板（温控电源板（WD – 1）、回路电源板（HD – 1）、陀螺功放电源板（TD – 1））和一块交流电路板（交流电源板（GD – 1）），各电源板内部模块化处理及多信号模型建立过程如下：

（1）温控电源板主要功能是将直流电源转换成供交流电源板使用的直流电压和温控电路板使用的直流电压。根据温控电源板内部电路的功能结构，可将其划分为直/交变换器、变压器和交/直稳压器等三部分，对各部分模块化处理后建立的温控电源板多信号模型如图 2.13 所示。

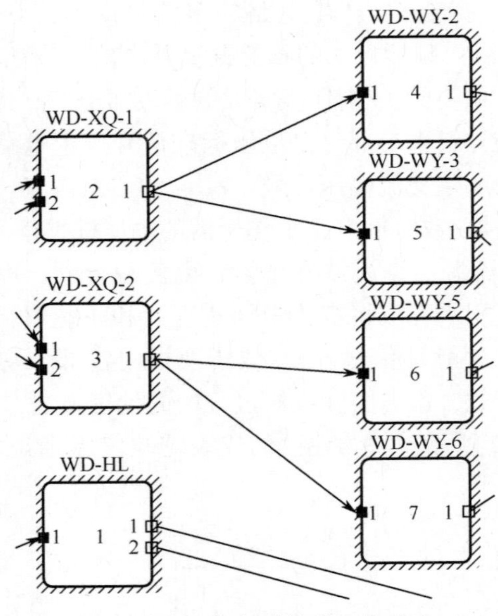

图 2.13　温控电源板多信号模型

图中，WD－HL 代表实际的直/交变换电路，功能是将输入到温控电源板直流电转换成交流电后送入变压器；WD－XQ－1、WD－XQ－2 模块代表实际的变压器电路，功能是将送入的交流电变换为所需要的交流电压；WD－WY－2、WD－WY－3、WD－WY－5 和 WD－WY－6 代表实际的交/直变换及稳压电路，功能是产生两路直流电压，并经过稳压后供交流电源板和温控电路板使用。

（2）回路电源板主要功能是将弹上电池提供的直流电源转换成控制系统舵电位计所需的直流电压和加速度计所需的直流电压。通过对其内部电路组成进行分析，可以发现其内部组成与温控电源板内部结构基本一致，因此通过类似的模块化处理方法建立回路电源板的多信号模型，如图 2.14 所示。

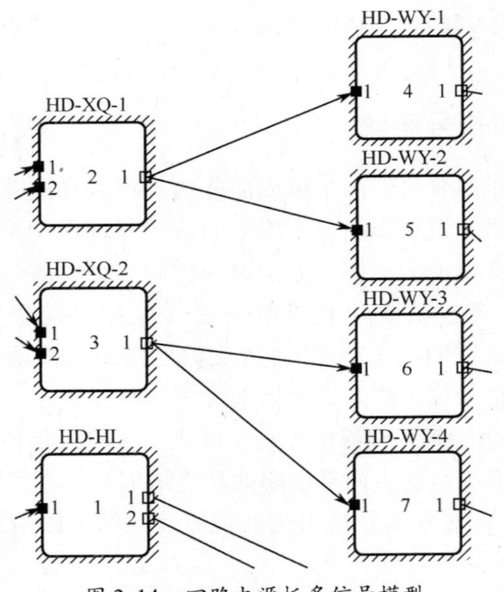

图 2.14　回路电源板多信号模型

图中，HD－HL 代表实际的直/交变换电路，功能是将输入到温控电源板直流电转换成交流电后送入变压器；HD－XQ－1、HD－XQ－2 模块代表实际的变压器电路，功能是产生将送入的交流电变换为所需要的交流电压；HD－WY－1、HD－WY－2、HD－WY－3 和 HD－WY－4 代表实际的交/直变换及稳压电路，功能是产生两路直流电压信号，并经过稳压后供控制系统舵电位计和加速度计使用。

（3）陀螺功放电源板的主要功能是将直流电源转换成陀螺伺服回路板中功放电路工作所需的直流电压和再平衡回路所需的直流电压。陀螺功放电源板内部电路结构也与温控电源板一致，经模块化处理后建立的多信号模型如图 2.15 所示。多信号模型中各模块的功能与前述一致，在此不再详细说明。

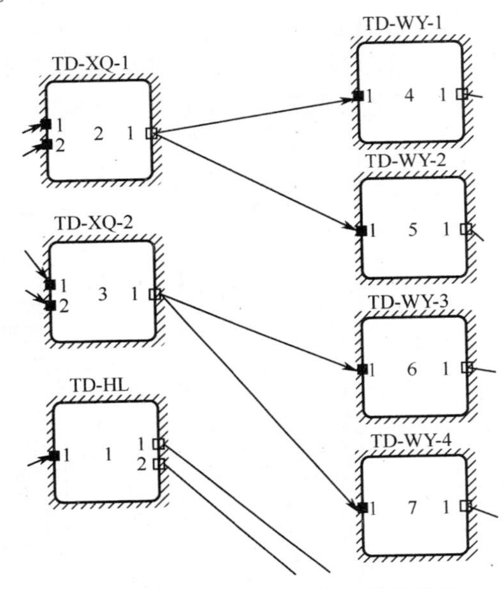

图 2.15　陀螺功放电源板多信号模型

（4）交流电源板主要功能是将直流电源经直/交变换器转换为陀螺仪电动机工作所需的三相交流电、陀螺仪传感器工作所需的激磁电压以及 I/F 转换电路所需的交流电压。分析交流电源板的内部电路结构发现，所有交流电都是经过晶体振荡器、分频器、移相器以及功率放大器变换后产生的。对不同功能的电路部分进行模块化处理后，建立的交流电源板多信号模型如图 2.16 所示。

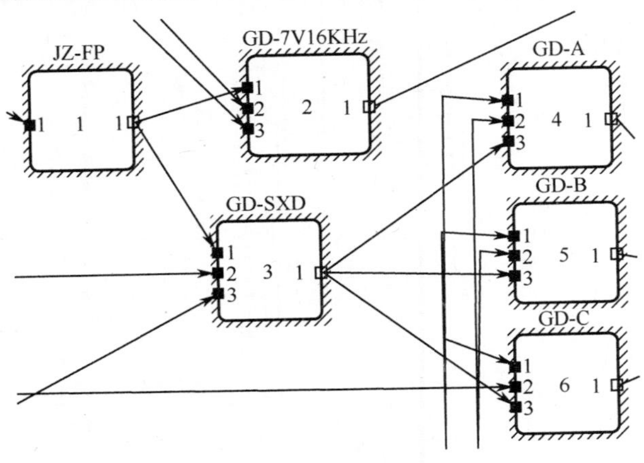

图 2.16　交流电源板多信号模型

图中，JZ－FP 代表实际电路中的晶体振荡器和分频器电路，主要完成基本频率信号的生成和根据需要将其划分为需要的不同频率信号，分频后的信号，一是为变压电路提供控制信号；二是提供基本频率信号；三是产生 I/F 转换电路所需电压。GD－7V/16kHz 代表实际的单相交流电产生电路，功能是将送入的频率信号转换成陀螺仪传感器工作需要的激磁电压；GD－SXD、GD－A、GD－B、GD－C 代表实际的变压器和移相器电路，功能是通过转换产生陀螺电动机工作需要的三相交流电压。

2.4.5 模型合成及属性设置

在完成惯性测量组合本体、电子箱和二次电源 3 个子系统内部模块的多信号建模后，下一步工作就是根据信号传递关系将各自内部模块连接起来，完成子系统级多信号模型的建立。以二次电源为例，在完成其内部 4 块电源板的多信号建模后，根据各模块功能，设置其输入输出信号，并按照信号传递关系将各模块连接起来，完成后的二次电源多信号模型如图 2.17 所示。

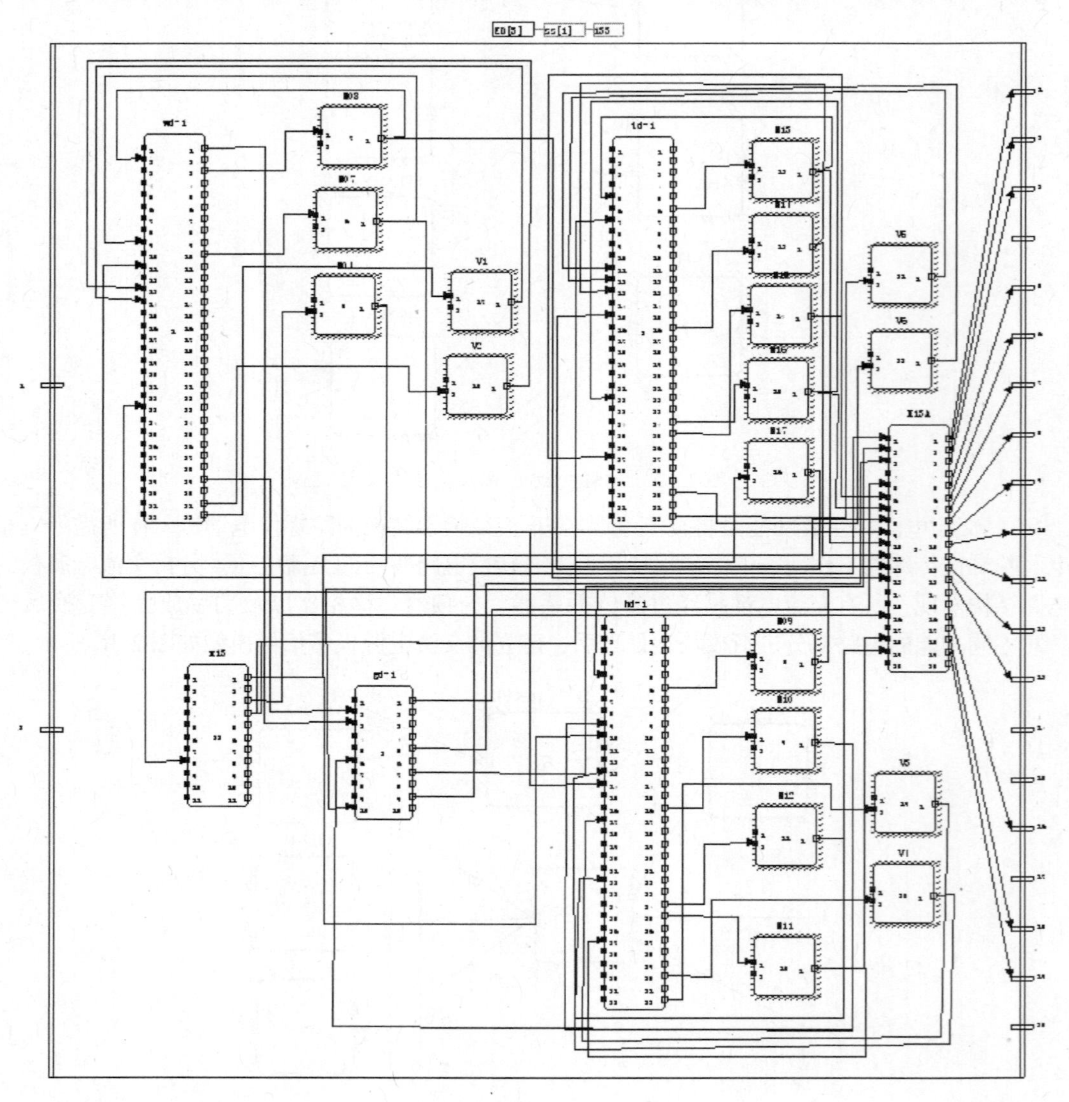

图 2.17　二次电源多信号模型

可以看出，建立的二次电源多信号模型中除了包括前述的4个主要功能板外，其内部的继电器、三极管、集成运放器等元件(如N07和V1等)也作为SRU级模块进行建模。另外，为方便下一步添加测试点，将用于信号转接的插座也进行建模(X13和X13A)，但不作为故障模块考虑。

在完成各子系统内部模块连接，并对各模块属性进行设置后，下一步根据3个子系统之间信号传递关系将各子系统的相应端口连接起来，以完成整个惯性测量组合的多型号模型建立。图2.18所示为建立的惯性测量组合多信号模型，图中，ED、DZX和BT分别代表惯性测量组合中的二次电源、电子箱和本体。

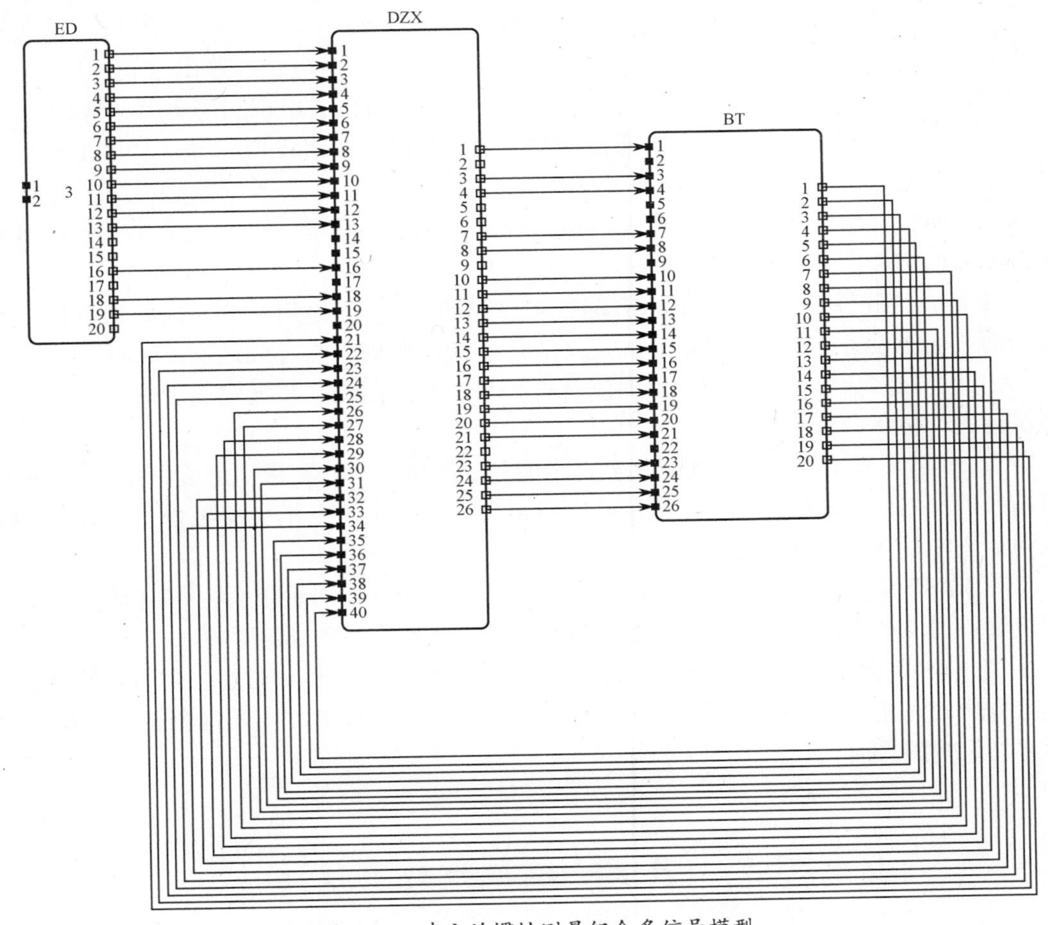

图2.18　建立的惯性测量组合多信号模型

最后，通过与实际惯性测量组合结构进行比对，并逐个对多信号模型的信号传递关系进行检查，对模型做进一步的校正和完善。完成上述过程后，最终建立的惯性测量组合多信号模型中系统级、子系统级、LRU级和SRU级4层分别含有1、3、35和96个模块，模块属性及故障模式设置完成后的惯性测量组合多信号模型共包含96个SRU级模块和976个故障依赖关系。

2.5　惯性测量组合测试性分析与改进

2.5.1　测试点的选取及测试设置

在上节建立的多信号模型基础上，为了对惯性测量组合的测试性进行分析和评估，需要先在建立的多信号模型中相应位置添加测试点和测试。在多信号模型中，测试点指的是进行测试时可以获得所需状态信息的任何物理位置；而测试指的是为确定被测对象的状态并隔离故障所进行的测量与观测过程。一个测试可以利用一个和数个测试点；一个测试点也可以被一个或多个测试利用[13-15]。

立足于为惯性测量组合的故障隔离与维修过程提供指导，在多信号模型中进行测试点与测试的选择时需要坚持两个原则：一是必须能够在实际惯性测量组合装备中方便设置的测试点和可以执行的测试；二是采集的测试信号必须具有一定的状态特征属性，能够根据测试结果对其状态属于正常或故障做出判断。以惯性测量组合电子箱上的A插座为例，第27号针脚输出 X 通道加速度计的到温信号，当温度正常，该针脚处于高电位，输出电流；而21、22、23、24四个针脚负责输出加速度计 Z 通道的脉冲信号。那么当出现加温电路故障时，第27号针脚将不会输出到温信号；若是加速度计某个通道故障，其将没有脉冲信号输出或是输出的脉冲信号与标准信号存在较大偏差。

综上分析，并结合实际维修需求及测试信号的采集难易程度，可按如下步骤实现惯性测量组合测试的选取：

步骤1　可用已用测试是目前进行惯性测量组合标定已经使用的较为成熟的测试，可以通过地面或遥测设备测量，测试信号的定义清楚、指标明确，能有效地反映惯性测量组合的性能。因此，在多信号模型中首先添加包含这类测试的测试点，添加完成后对惯性测量组合的测试性进行初步分析与评估。

步骤2　若步骤1添加的可用已用测试未能满足测试性指标要求，那么根据TEAMS生成的多信号模型测试性指标报告、测试诊断回路报告（DFTFR）及模糊组报告，针对性地添加在电缆插座中存在的可用未用测试。

步骤3　若仍未满足测试性指标要求，则可进一步在惯性测量组合内部电路板或功能器件相应端口增加补充测试，但增加此类测试时需要考虑对装备造成的影响。

在TEAMS平台中，测试点的添加及测试属性的设置可在惯性测量组合多信号模型相应的位置上方便地完成。图2.19和图2.20所示为在电子箱外部插座A上添加测试点TP1及进行测试属性设置的界面。

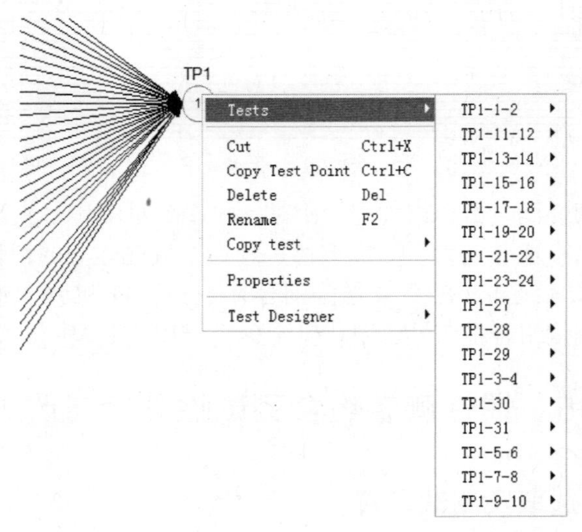

图2.19　测试点和测试添加界面

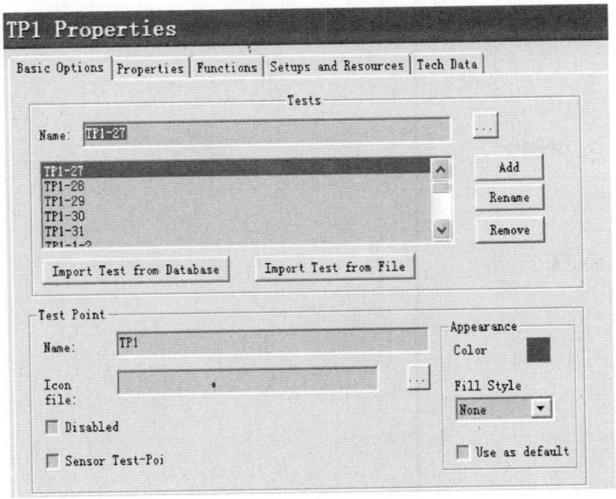

图 2.20 测试属性设置界面

首先如图 2.19 所示，将电缆插座 A 上需要测试的信号连接到 TP1 上，然后在图 2.20 所示的 TP1 属性面板中对各个测试的相关特性进行设置。设置完成后，通过对测试信号进行监测，就可以判断与其相关的模块状态是否正常。如通过监测得到 TP1 - 27 测试信号正常，就可以判断出与 TP1 - 27 信号有关的所有模块均正常，若信号异常，则只需进一步对与其相关的模块进行检测，就可隔离出故障模块。

2.5.2 惯性测量组合固有测试性分析

固有测试性是指仅取决于系统或设备硬件设计，不受测试激励和响应数据影响的测试性[13]。它包括功能和结构的合理划分，测试可控性和可观测性、初始化、元器件选用以及与测试设备兼容性等，即在系统和设备硬件设计上要保证其有方便测试的特性，固有测试性是达到测试性和诊断定量要求的基础，对于新装备的设计和已有装备的测试性改进意义重大。

根据上节测试点的选取原则及步骤，结合惯性测量组合的实际情况，在进行固有测试性分析时仅使用标定条件下的可用已用测试，那么按照前述测试点添加及测试属性的设置方法，在多信号模型中添加两个测试点：TP1 和 TP2，其中 TP1 位于电子箱外部电缆插座 A 上，包括 11 个测试；TP2 位于电子箱外部电缆插座 B 上，包括 9 个测试。2 个测试点共包含 20 个测试。在固有测试条件下得到的惯性测量组合测试性分析结果如表 2.1 和表 2.2 所列。

表 2.1 固有测试条件下的测试性分析结果

指标	故障检测率	故障隔离率	平均模糊组
测试结果	100%	12.57%	4.62

表 2.2 固有测试条件下的模糊组分布情况

模糊度	1	2	3	4	5	6	7	8	>9
所占比例/%	13	25	6	13	5	13	15	0	11

从表 2.1 可以看出，利用可用已用测试就可以实现 SRU 级故障检测率 100%，这说明固有测试能够有效检测出惯性测量组合内部出现的故障；但同时，故障隔离率仅有 12.57%，

说明固有测试条件下无法有效地对引起故障的故障源模块进行隔离和定位；进一步从表2.2可以看出，包含故障源数目不大于3的模糊组所占比例仅为44%，而根据我国《装备测试性大纲》（GJB 2547—95）中的要求，BIT + ATE（机内测试 + 自动测试设备）的测试性指标要求为[16]：隔离到1个SRU时的FIR为70% ~90%；不大于2个SRU时的FIR为80% ~95%；不大于3个SRU时的FIR为90% ~100%，从表2.2的结果来看，固有测试条件下惯性测量组合无法达到测试性指标要求。

2.5.3 改进测试性分析

当固有测试性无法满足需求时，为提高惯性测量组合的测试性，一方面，多信号模型中的反馈回路会造成处于同一回路中的故障模块无法隔离，可通过在反馈环节中添加开关或三态缓存器来断开反馈回路；另一方面，根据前述测试点及测试添加步骤，可以在电缆插座上添加可用未用测试和在惯性测量组合内部功能电路板相应端口添加补充测试。上述两个方面中，断开反馈回路能在已有测试情况下提高故障隔离率；但当系统存在未知故障时，这时就需要考虑增加测试，以进一步提高故障检测率和故障隔离率。通过TEAMS可以得到固有测试性分析结果的详细报告，从中可以得到未覆盖故障、冗余测试、模糊组和反馈回路等信息，从而可针对性地进行改进[17-19]。

由于根据固有测试性分析报告可以较容易地找到模型中的反馈回路，故在增加测试点前首先对反馈回路进行处理，这里采取在反馈回路中直接放置三态缓存器的方式阻止信息的反馈。在消除反馈回路影响后，通过分析该型惯性测量组合的实际结构，发现可以增加5个可用未用测试点，分别定义为TP3、TP4、TP5、TP6及TP7，各测试点中添加的测试分布情况如下：

TP3：其位置在本体外部电缆插座C上，共添加1个测试；

TP4：其位置在本体外部电缆插座D上，共添加2个测试；

TP5：其位置在电子箱外部电缆插座E上，共添加12个测试；

TP6：其位置在二次电源外部电缆插座F上，共添加3个测试；

TP7：其位置在二次电源外部电缆插座G上，共添加4个测试。

上述5个测试点中新增加了22个测试，则此时共计包含42个测试。增加可用未用测试后的测试性分析结果如表2.3和表2.4所列。

表2.3 增加可用未用测试条件下的测试性分析结果

指标	故障检测率	故障隔离率	平均模糊组
测试结果	100%	29.17%	2.13

表2.4 增加可用未用测试条件下的模糊组分布情况

模糊度	1	2	3	4	5	6	7	8	>9
所占比例/%	29	50	3	13	5	0	0	0	0

可以看出，增加可用未用测试后惯性测量组合的测试性相比固有测试条件下有所改善，故障隔离率提高到了29.17%，模糊组中的故障源模块数量集中在5个以下，但模糊度大于3的比例仍达18%，未达到规定的指标，因此，考虑在惯性测量组合内部功能电路板端口上添加测试。考虑到本体中安装有陀螺仪和加速度计等精密惯性仪表，在其内部添加测试点比较困难，故主要在电子箱和二次电源内部寻找合适的测试点。

经过分析惯性测量组合内部结构组成，选择的补充测试点如下：

TP8：其位置在温控电源板输出端口，共添加5个测试；

TP9：其位置在回路电源板输出端口，共添加5个测试；

TP10：其位置在陀螺功放电源板输出端口，共添加5个测试；

TP11：其位置在二次电源母板上，共添加18个测试；

TP12：其位置在电子箱频率变换板输出端口，共添加11个测试。

上述5个测试点中共计添加补充测试44个，则此时共计有86个测试。在对各测试点上添加的相应测试的属性设置完成后执行测试性分析，结果如表2.5和表2.6所列。

表2.5 增加补充测试条件下的测试性分析结果

指标	故障检测率	故障隔离率	平均模糊组
测试结果	100%	82.29%	1.67

表2.6 增加补充测试条件下的模糊组分布情况

模糊度	1	2	3	4	5	6	7	8	>9
所占比例/%	82	15	3	0	0	0	0	0	0

可以看出，故障隔离率达到了82.29%，远高于前两种情况。且从模糊组分布情况看，SRU级模糊度为1的比例为82%，模糊度不大于2的比例为97%，模糊度不大于3的比例达到了100%，达到了测试性大纲规定的指标要求。

通过上述过程，在添加总计86个测试后满足了大纲规定的指标要求，那么借助TEAMS平台就可以得到反映所有故障模块与测试依赖关系的 ***D*** 矩阵，进而通过诊断策略优化完成故障的隔离和定位。

2.6 小　结

本章通过分析惯性测量组合的结构和功能，以TEAMS软件为平台，采用分层建模的方法与模块化的思想，分别建立了惯性测量组合各模块的多信号模型，并对系统各部分模型进行了整合。通过在模型中添加测试点并设置测试点属性，对惯性测量组合固有测试条件下的测试性进行了分析与评估。针对系统固有测试性无法满足测试性指标问题，通过设计测试性改进方案，增加了系统的测试点。改进方案的测试性分析结果表明该方案有效提高了系统的故障检测率和故障隔离率，并在此基础上，提取了改进方案的故障－测试相关矩阵（***D*** 矩阵），为下一步的测试集和故障诊断策略的优化奠定了基础。

参考文献

[1] Deb S, Ghoshal S, Mathur A, et al. Multi-signal modeling for diagnosis, FMECA and reliability[C]. Proceedings of the IEEE International conference on Systems, Man and Cybernetics, 1998: 2555-2559.

[2] Pattipati K R, Deb S, Dontamsetty M, et al. Start: system testability analysis and research tool[C]. Proceedings of IEEE Systems Readiness Technology Conference, 1990, 1: 395-402.

[3] 张士刚,胡政,罗德明,等. 基于多信号模型的某惯测组合测试性分析与改进[J]. 仪器仪表学报, 2008, 29(4): 542-545.

[4] Deb S, Pattipati K R, Raghavan V, et al. Multi-signal flow graphs: a novel approach for system testability analysis and fault diag-

nosis[J]. Aerospace and Electronic System Magazine,1995,10(5):14-25.
[5] Deb S,Pattipati K R,Shrestha R. QSI's integrated diagnostic toolset[A]. Proceedings of the IEEE AUTOTESTCON,1997:408-421.
[6] 刘海明,易晓山. 多信号流图的测试性建模与分析[J]. 中国测试技术,2007,33(1):49-50.
[7] 王成刚,周晓东,彭顺堂. 一种基于多信号模型的测试性评估方法[J]. 测试技术,2006,25(10):13-15.
[8] Qualtech Systems Inc. TEAMS modeling training[EB/OL],2003.
[9] 樊大地,王宏力,侯青剑. TEAMS在故障诊断中的应用研究[J]. 装备制造技术,2008(9):126-128.
[10] 樊大地,王宏力,侯青剑. 基于TEAMS的系统健康评估方法研究[J]. 仪器仪表用户,2009(1):5-7.
[11] 林志文,贺喆,刘松风. 基于多信号模型的系统测试性分析与评估. 计算机测量与控制,2006,14(2):222-224.
[12] 张伟伟,王栋,闫向东. 一种基于多信号流图的故障隔离方法. 传感器与微系统,2008,27(5):81-83.
[13] 田仲,石君友. 系统测试性设计分析与验证[M]. 北京:北京航空航天大学出版社,2003.
[14] 樊大地. 基于TEAMS的惯性测量组合故障诊断与维修方法研究[D]. 西安:第二炮兵工程学院,2003.
[15] 李寅啸. 基于多信号模型的惯性测量组合故障诊断系统研究[D]. 西安:第二炮兵工程学院,2009.
[16] GJB 2547-95 装备测试性大纲[S]. 北京:国防科工委军标出版社,1995.
[17] 何星,王宏力,陆敬辉,姜伟. 基于TEAMS的惯性测量组合测试性建模与分析. 中国测试,2013,39(2):121-124.
[18] He X,Wang H L,Lu J H,et al. Testability Analysis of Inertial Measure Unit Based on Multi-signal Model. Sensors and Transducers,2012,16(SPEC. 1):188-196.
[19] 侯青剑. IMU故障诊断与维修支持系统关键技术研究[D]. 西安:第二炮兵工程学院,2009.

第 3 章　基于计算智能的惯性测量组合诊断策略优化

3.1　引　　言

通常来讲，利用 TEAMS 平台建立待测对象的多信号模型后，通过提取表征故障 - 测试关系的 ***D*** 矩阵，就可以隔离出故障源。如第 2 章建立的某型惯性测量组合的多信号模型，可以得到包含 96 个故障模块和 86 个测试的相关性矩阵，通过逐步检测 86 个测试就可隔离出全部 96 个故障模块。但一般情况下，直接提取的测试集存在冗余测试，可以进一步进行优化，获得惯性测量组合的最小完备测试集。当出现故障时，通过对最小完备测试集中与其相关的测试进行检测即可隔离出故障模块。由于测试费用、模块故障发生率等因素的影响，不同的测试执行顺序产生的维修成本不同，这就需要选择一种最佳的测试执行顺序，即进行诊断策略优化，从而完成模块级故障诊断。

本章从快速维修和节约成本的角度出发，利用计算智能算法，分别研究了惯性测量组合的故障树和相关矩阵诊断策略优化问题。

3.2　测试集优化方法

测试集优化的目的是分析并评估系统各种可行测试方案的效能和有关代价，从中选择一种最佳测试方案。为有效提高状态监测和故障诊断的效率，需要考虑最少的测试点、测试代价以及最大的故障隔离率、检测率等因素，通常可将其转换为组合优化问题中的离散多目标优化问题，在数学上也是一个 NP - hard 问题，当系统的规模较大时，获得最优解通常比较困难。目前，常用的组合优化方法主要有两类：次优类和最优类。顾名思义，最优类方法是指能确保搜索到最优解的算法，目前只有穷举法和分支界定法。穷举法遍历所有的可行域；而分支界定法可以合理地组织搜索过程，使得可以避免搜索某些测试组合却不影响结果最优。但是，最优类方法最大缺点就是均以大量的时间消耗为代价来获得最优解，实际中往往不可行。针对测试数目较大的情况，为了避免大量的时间消耗，必须采用某些搜索技术以缩小搜索区域，获得满足需要的次优解。

当前，以蚁群算法和粒子群算法为代表的人工智能算法在求解多目标优化问题中已广泛应用，并取得了较好的效果。该类算法不依赖于具体问题的数学描述，具有较强的全局搜索能力，参数的设置、选取也较为简单，具有更强的鲁棒性，且易于计算机实现等优点，特别适合于在离散优化问题的解空间进行多点非确定性搜索。

3.2.1　测试集优化的数学描述

为描述各级系统故障和测试的对应关系，采用多信号模型生成的故障 - 测试相关矩阵进行描述。假设待检测对象有 M 个故障源 f_i，其中 $i=1$，2，…，M，N 个可用测试点 t_j，其中，

$j=1, 2, \cdots, N$，则依据多信号模型可以得到故障－测试相关 $\boldsymbol{D}$ 矩阵如下：

$$D_{M\times N}=\begin{matrix} & t_1 & t_2 & \cdots & t_N \\ f_1 & d_{11} & d_{12} & \cdots & d_{1N} \\ f_2 & d_{21} & d_{22} & \cdots & d_{2N} \\ \vdots & \vdots & \vdots & & \vdots \\ f_M & d_{M1} & d_{M2} & \cdots & d_{MN} \end{matrix} \tag{3.1}$$

矩阵中的元素 d_{ij} 表示第 i 个故障能否被第 j 个测试点检测出来，其中 $i=1, 2, \cdots, M$，$j=1, 2, \cdots, N$。如果能检测则 $d_{ij}=1$，不能检测则 $d_{ij}=0$。设需要寻找的测试集为 $\boldsymbol{T}$，用 M 维向量表示：$\boldsymbol{T}=(x_1, x_2, \cdots x_m, \cdots, x_M)$，式中 x_m 值为 0 或 1，当 $x_m=1$ 时表示第 m 个测试被选中，$x_m=0$ 表示第 m 个测试没有入选测试集，则测试集优化的目的就是要找到满足系统要求的故障检测率和故障隔离率的测试集，总希望找到测试代价最低的测试集来检测和隔离所有的故障。

3.2.2 测试性指标

在测试集优化的目标中，主要考虑系统的故障检测率、故障隔离率和测试代价等目标，其参数的具体定义如下：

1. 故障检测率 （FDR）

故障检测率一般定义为：在规定的时间内用规定的方法正确检测到系统的故障数与故障总数之比，用百分数表示为

$$\text{FDR} = \frac{N_{\text{D}}}{N_{\text{T}}} \times 100\% \tag{3.2}$$

式中：N_{D} 为可检测的故障总数；N_{T} 为系统可能发生的故障总数。

2. 故障隔离率 （FIR）

故障隔离率的一般定义为：在规定的时间内，用规定的方法将检测到的故障正确隔离到不大于规定的可更换单元数的故障数与同一时间内检测到的故障总数之比，用百分数表示。

$$\text{FIR} = \frac{N_{\text{L}}}{N_{\text{T}}} \times 100\% \tag{3.3}$$

式中：N_{L} 为在规定条件下用规定方法隔离到小于等于 L 个可更换单元的故障数；N_{T} 为在规定条件下用规定方法检测到的故障总数。

3. 测试代价 （TC）

测试点优化的目的之一就是测试代价的最小化，期望的测试代价计算公式为

$$J = \sum_{l=0}^{M}\left[\left(\sum_{j=1}^{|p_l|} b_{p_l[j]}\right)P(s_l)\right] \tag{3.4}$$

式中：P_l $[j]$ 为序列 P_l 的第 j 个元素；$|P_l|$ 为测试序列 P_l 的个数；M 为故障组成元的个数（$\boldsymbol{D}$ 矩阵的行数）；P (s_l) 为故障模式 s_l 的故障先验概率；$b_{P_l[j]}$ 为序列 P_l 中第 j 个测试所需要的时间、人力或其他经济指标使用的成本[1]。

3.2.3 粒子群优化算法概述

粒子群算法自 20 世纪 90 年代中期提出后，已得到广泛应用，并且在发展过程中，各领

域学者针对基本粒子群算法存在的收敛速度慢、易陷于局部收敛等问题，提出了各种改进的粒子群算法，有效地改善了算法性能[2]。这里对基本粒子群算法原理以及本书涉及的几种改进粒子群算法进行介绍。

1. 基本粒子群优化算法

粒子群优化算法是 J. Kennedy 和 R. C. Eberhart 受鸟群觅食行为的启发于 1995 年提出的一种基于种群的优化算法[3]。二人从诸如鸟类这样的群居性动物的觅食行为中得到启示，发现鸟类在觅食等搜寻活动中，通过群体成员之间分享关于食物位置的信息，可以大大加快找到食物的速度，也即通过合作可以加快发现目标的速度。这说明：当整个群体在搜寻某个目标时，对于其中的某个个体，它往往是参照群体中目前处于最优位置的个体和自身曾经达到的最优位置来调整下一步的搜寻。在充分研究了 Boid（Bird - oid）模型，并吸收以上经验规则之后，J. Kennedy 和 R. C. Eberhart 把这个模拟群体相互作用的模型经过修改，设计成了一种解决优化问题的通用方法，称为粒子群优化（Particle Swarm Optimization，PSO）算法。

PSO 算法采用速度 - 位置模型，即在允许范围内初始化为一群随机粒子（潜在解），每个粒子都有一个速度决定它们的飞行方向和距离，在每一次迭代中通过跟踪两个极值来更新自己：粒子本身迄今为止所找到的个体极值 $P_{\text{best}\,id}$ 与和整个种群迄今为止所找到的全局极值 $G_{\text{best}d}$。所有粒子的优劣由被优化对象所决定的适应度值来衡量。其数学描述如下：

设在一个 M 维的搜索空间，有 N 个粒子组成一个群落，在 PSO 优化算法中第 i 个粒子的位置和速度可表示为：$x_{id} = (x_{i1}, x_{i2}, \cdots, x_{im}, \cdots, x_{iM})$ 和 $v_{id} = (v_{i1}, v_{i2}, \cdots, v_{im}, \cdots, v_{iM})$，其中 $i = 1, 2, \cdots, N$；相应地，第 i 个粒子迄今为止搜索到的最优位置为：$\boldsymbol{P}_{\text{best}id} = (x_{i1\text{best}}, x_{i2\text{best}}, \cdots, x_{im\text{best}}, \cdots, x_{iM\text{best}})$，整个粒子群迄今为止搜索到的最优位置为：$\boldsymbol{G}_{\text{best}d} = (x_{1\text{best}}, x_{2\text{best}}, \cdots, x_{m\text{best}}, \cdots, x_{M\text{best}})$。利用以上信息，算法采用式（3. 5）、式（3. 6）对第 i 个粒子的速度和位置进行更新，即

$$v_{im}^{t+1} = v_{im}^{t} + c_1 r_1^t (x_{im\text{best}}^t - x_{im}^t) + c_2 r_2^t (x_{m\text{best}}^t - x_{im}^t) \tag{3.5}$$

$$x_{im}^{t+1} = x_{im}^{t} + v_{im}^{t+1} \tag{3.6}$$

式中：v_{im}^t 为粒子 i 第 m 维元素在第 t 次迭代的速度，$V_{\min} \leqslant v_{im}^t \leqslant V_{\max}$ 是对粒子速度的限制，粒子速度太高，容易远离目标区域，粒子速度太低，则容易陷入局部最优，不能选出最优粒子；c_j（$j = 1, 2$）为加速常数，通常取为 $c_1 = c_2 = 2$；r_1^t、r_2^t 为 0 到 1 之间的随机数。

PSO 算法的具体步骤可描述如下：

步骤 1 初始化粒子群数量、最大速度等参数，设定搜索范围，并随机初始化粒子群的速度和位置。

步骤 2 计算各粒子的适应度值，把当前粒子作为各粒子的个体极值点，把粒子群中适应度值最优的粒子作为全局极值点。

步骤 3 如果达到最大迭代步数或收敛精度，执行步骤 7，否则执行步骤 4。

步骤 4 按式（3.5）和式（3.6）更新粒子的速度和位置，并对粒子速度和位置的范围进行限制。

步骤 5 计算粒子的适应值，更新粒子的个体极值点和全局极值点。

步骤 6 迭代次数加 1，并执行步骤 3。

步骤 7 输出优化结果，算法结束。

2. 惯性权重粒子群优化算法

PSO 虽然具有快速收敛性，但容易陷入局部最优。为了防止算法陷入局部最优，Shi Y 等[4-6]在基本粒子群算法速度更新公式中引入惯性权重 w，并将 w 设定为线性变化，即将基本粒子群算法中的速度更新公式由式（3.5）变为式（3.7）所示形式：

$$v_{im}^{t+1} = wv_{im}^{t} + c_1 r_1^t (x_{imbest}^t - x_{im}^t) + c_2 r_2^t (x_{mbest}^t - x_{im}^t) \tag{3.7}$$

式中：$w_t = (w_{ini} - w_{end})(T_{max} - t)/T_{max} + w_{end}$，$T_{max}$为最大进化代数，$w_{ini}$为初始惯性权重，$t$ 为迭代次数，w_{end}为进化至最大代数时的惯性权重。惯性权重 w 描述了上一代速度对于当代速度的影响，控制其取值大小可以控制 PSO 其局部与全局寻优能力。线性变化的惯性权重，使得 PSO 在开始时探索较大的区域，较快地定位最优解的大致位置，随着 w 逐渐减小，粒子速度减慢，开始精细的局部搜索。该方法加快了收敛速度，提高了 PSO 算法的性能。

3. 离散粒子群优化算法

为解决离散空间优化问题，J. Kennedy 和 R. C. Eberhart 在 1997 年提出了离散二进制版本的 DPSO 算法[7]。新的模型中将粒子每一维的位置限制为 1 或者 0，而速度不做这种限制。用速度表示位置状态改变的可能性，即更新位置时，如果速度值大一些，粒子的位置更有可能为 1，值小一点则可能为 0。粒子速度更新公式并没有改变，还是式（3.5），而位置式（3.6）变为式（3.8）：

$$x_{im}^{t+1} = \begin{cases} 0(\text{rand} \geqslant \text{sig}(v_{im}^{t+1})) \\ 1(\text{其他}) \end{cases} \tag{3.8}$$

$$\text{sig}(v_{im}^{t+1}) = 1/(1 + \exp(-v_{im}^{t+1}))$$

式中：rand 为生成的 0 – 1 的随机数：x_{im}^t，v_{im}^t与式（3.5）、式（3.6）含义相同。

惯性权重粒子群优化与离散粒子群优化分别在基本算法的基础上，对优化过程中的粒子速度更新和位置更新方式进行改进，从而分别提高算法性能和应用范围。在文献［8，9］中，蒋荣华、连光耀等将两种算法结合，形成带惯性权重的离散粒子群优化算法，并将其应用到测试优化问题中，取得了较为理想的效果。

4. 免疫离散粒子群优化算法

由式（3.8）可以看出，x_{im}^{t+1}在一步更新后取 0 或取 1 与 v_{im}^{t+1}存在一定的相关关系，即 v_{im}^{t+1}越小，x_{im}^{t+1}取 0 的概率就大，反之，x_{im}^{t+1}取 1 的概率就大，这种近似确定性的静态更新方式不利于快速找到最优解。又由于许多组合优化中存在序结构表达和约束条件处理等问题，所以 BPSO 算法不能完全适用于离散优化问题。

针对 BPSO 算法的不足，文献［10］提出了基于免疫系统原理的二进制粒子群优化（AISPSO）算法，对粒子位置的更新引进了二进制变量的逻辑运算来实现，没有速度的概念，算法结构简单，收敛速度快。

在 AISPSO 算法中，各个粒子的初始位置是一组随机生成的维数为 M（待求问题的维数）的二进制位串。个体最优 $P_{best}(t)$ 和全局最优 $G_{best}(t)$ 的定义同一般离散粒子群优化算法，也是二进制位串，t 为当前迭代次数，第 i 个粒子的位置向量为 $\boldsymbol{X}_i(t)$。粒子位置更新流程如图 3.1 所示。

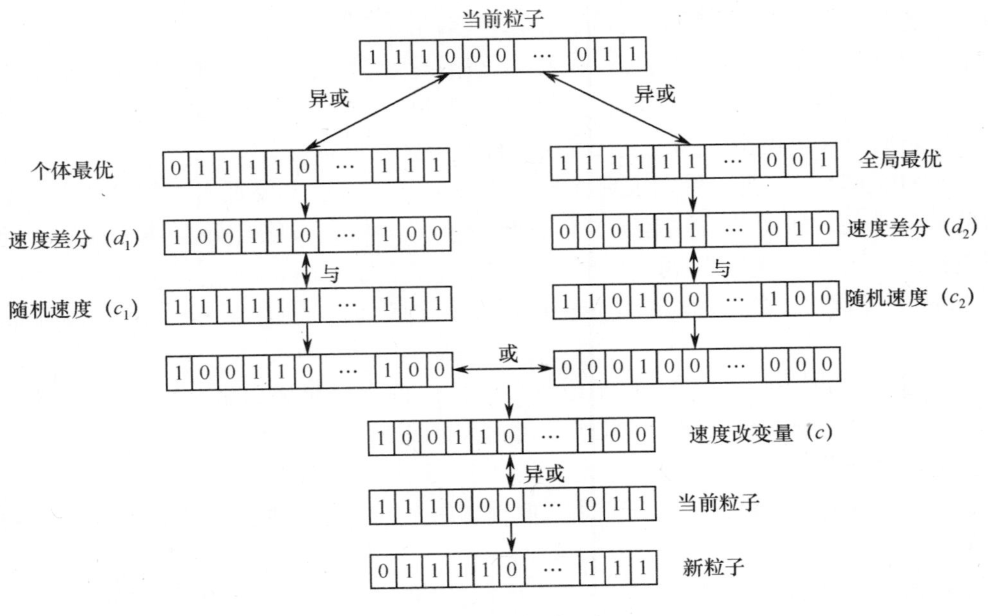

图 3.1　AISPSO 算法流程

在 PSO 算法的速度更新式（3.5）中的后两项表示了粒子当前位置与个体历史最优记忆和群体最优记忆的“差距”，反映了群体智能中个体认知和社会信息共享的思想。可以看出，AISPSO 算法对粒子进行位置更新时，也借鉴了这一思想。首先，找出当前粒子位置同个体最优和全局最优的汉明距离[11]，得到的结果分别记为速度差分 d_1 和 d_2，类似于逻辑运算中的按位“异或”运算（记为⊕）。其次，为了增加粒子的全局搜索能力，将得到的速度差分 d_1 和 d_2 分别与两个随机产生的同维位串 c_1 和 c_2 进行按位“与”操作（记为⊗）后，再进行逻辑“或”运算（记为 +），得到的新的位串即为速度改变量 $V(t+1)$。

AISPSO 算法流程可以表示为

$$d_{1,i}(t) = P_{\text{best}i}(t) \oplus X_i(t) \tag{3.9}$$

$$d_{2,i}(t) = G_{\text{best}}(t) \oplus X_i(t) \tag{3.10}$$

$$c_1 = \text{rand}(1,M), c_2 = \text{rand}(1,M) \tag{3.11}$$

$$V_i(t+1) = c_1 \otimes d_{1,i}(t) + c_2 \otimes d_{2,i}(t) \tag{3.12}$$

$$X_i(t+1) = X_i(t) \oplus V_i(t+1) \tag{3.13}$$

测试集优化问题属于多目标优化问题，而 AISPSO 算法同 BPSO 算法一样只对单目标进行了优化，故不能直接应用。但是，免疫系统原理对改进和提高离散粒子群算法的性能具有重要的启迪作用，可以很好地保持粒子种群的多样性，既能够很好地防止“早熟”现象，又能够有效地提高寻优速度、改善寻优质量。因此，可以考虑以 AISPSO 算法为基础提出新的测试集优化算法[12]。

3.2.4　基于多维并行免疫离散粒子群优化算法的 IMU 测试集优化

1. 算法改进原理

在测试集优化问题中对基于免疫系统原理的二进制粒子群优化（AISPSO）算法[13]的改

进主要考虑以下几点：

(1) 对系统进行测试集优化的目的就是用最少的测试点、最低的测试代价实现最高的故障检测率和故障隔离率等测试性指标，但最小化测试数目、测试代价的同时最大化效益，同时考虑了一对矛盾两个方面，因此测试集优化问题是一个典型的多目标优化问题。针对该问题，引入了新的最优值更新方式，设计了多目标并行优化方案。

(2) AISPSO 算法在迭代后期也存在早熟收敛的问题，这主要是由于搜索过程中粒子间快速的信息流动使粒子聚集在一起，群体多样性下降太快，最终导致群体适应度停滞，陷入局部最优解。为克服这一问题，引入了鲶鱼效应（catfish effect）、交叉变异（crossover and mutation）、并行运算（parallel computation）3 种策略，设计了粒子位置多样性保持方案。

(3) 将多目标并行优化方案、粒子位置多样性保持方案与 AISPSO 算法结合，提出了应用于测试集优化的多维并行免疫离散粒子群优化（MDHBPSO）算法。

2. 多目标并行优化方案

测试点优化虽然属于多目标优化问题，但现有的多目标优化算法很难应用到测试点优化，其原因在于[14]：

(1) 现有多目标优化问题通常是针对连续空间，而测试点优化问题属于离散优化问题。

(2) 现有大部分多目标优化方法都是基于问题的 Pareto 边界的非劣解求解方法[15]，子目标之间的关系可以用具体数学公式表示，其 Pareto 边界容易获取；测试点优化问题中，各子目标虽然关联密切，但较难用数学公式表达。

针对多个测试性指标难以同时优化的问题，这里的多目标并行优化方案考虑到多目标优化问题中各目标的重要性不同，为使多个目标同时进行优化，在优化过程中首先对所有子目标按照其重要性进行排序，将最重要的目标排最前面，在更新时按照各子目标的优先级依次进行更新，从而就得到了算法中局部最优值和全局最优值的更新[16]。具体思路如下：

假设待优化多目标问题由 n 个子目标组成，定义多目标优化的适应度函数为多维的，如式（3.14）所示：

$$\boldsymbol{F} = \{f_1, f_2, \cdots, f_n\} \tag{3.14}$$

式中：f_i（$i=1, 2, \cdots, n$）为每一维适应度函数的返回值。

假设各子目标都是以最大值为最优值，各子目标的优先级为 $f_1, f_2, \cdots, f_n$。全局最优粒子为 $\boldsymbol{G}_{\text{bestd}}$，其对应的全局多维适应度为 $\boldsymbol{F}_{\max} = \{f_{1\max}, f_{2\max}, \cdots, f_{n\max}\}$；第 i 个粒子的个体最优为 $\boldsymbol{P}_{\text{best}\,id}$，其所对应的局部多维适应度为 $\boldsymbol{F}_{i\max} = \{f_{i1\max}, f_{i2\max}, \cdots, f_{in\max}\}$；每次迭代完成以后，第 i 个粒子更新之后的位置对应多维适应度为 $\boldsymbol{F}_i = \{f_{i1}, f_{i2}, \cdots, f_{in}\}$。

将上述多目标并行优化方案同 AISPSO 算法结合，得到了基于 AISPSO 算法的多维免疫离散粒子群优化（MAISPSO）算法。MAISPSO 算法的寻优机制与 AISPSO 算法大致相同，主要区别在于各个粒子适应度的比较过程，以及个体最优和全局最优的更新过程，MAISPSO 算法步骤如下：

步骤 1 ~ 步骤 4：与图 3.1 所示的 AISPSO 算法相同，是一系列逻辑运算的过程。

步骤 5：比较每次迭代中粒子间的适应度值以选出最优粒子，但由于 MAISPSO 算法的粒子适应度是多维的，其具体的比较、更新过程如下（以第 i 个粒子的局部最优更新为例）：

步骤5.1：初始化，令 $k=1$，其中 $k=1,2,\cdots,n$

步骤5.2：比较 f_{ik} 和 $f_{ik\max}$，

if $f_{ik}=f_{ik\max}$，转到步骤5.3；

if $f_{ik}<f_{ik\max}$，$k=k+1$，转到步骤5.6；

if $f_{ik}>f_{ik\max}$，转到步骤5.4；

步骤5.3：$k=k+1$，

if $k\geq n+1$ 转到步骤5.6；

if $(f_{i1}=f_{i1\max})$ & $(f_{i2}=f_{i2\max})$ &…& $(f_{in}=f_{in\max})$ 转到步骤5.5；

if $k<n+1$ 转到步骤5.2；

步骤5.4：更新 $\boldsymbol{G}_{\text{bestd}}$ 及由 $\boldsymbol{G}_{\text{bestd}}$ 对应的 $\boldsymbol{F}_{\max}$，转到步骤5.6；

步骤5.5：将当前粒子加入到最优粒子集中，

if $k<n+1$ 转到步骤5.2；

步骤5.6：结束更新过程。

步骤6：比较每个粒子的个体最优与全局最优粒子的适应度值，其中比较更新的过程同步骤5。

步骤7：如果达到最大迭代次数，算法结束，否则，循环执行上述步骤。

为了对比 MAISPSO 算法的有效性，下面同时将基本离散粒子群优化（BPSO）算法与上述多目标并行优化方案结合，得到了多维基本离散粒子群优化（MBPSO）算法。

3. 粒子位置多样性保持方案

目前，针对离散粒子群算法精度和收敛速度的改进主要有3个方面：

（1）改进算法模型的结构，改善或克服概率模型的不确定性，如 BQPSO[11] 算法。

（2）考虑粒子间相互作用更加合理的规则，如 AISPSO[10] 算法。

（3）从其他进化算法中吸收一些有益的进化机制，保持粒子位置的多样性，如混沌映射[16]。

在离散粒子群优化算法在迭代后期，粒子间信息的共享和粒子的“有向运动”导致了群体的聚集，搜索空间急剧缩小，容易陷入局部最优。鉴于粒子群算法解的精度与粒子位置多样性密切相关，本节从保持粒子位置多样性入手，设计了粒子位置多样性保持方案。具体如下：

1）鲶鱼效应

鲶鱼效应[17] 是心理学中的一种刺激激励机制，当环境趋于平稳、懈怠的时候，通过新个体的“中途介入”，对群体起到竞争作用。这里采用这一思想的主要出发点是当算法中粒子寻优停滞的时候，应用鲶鱼效应，引进一些“极端位置”的粒子替代种群中同等数量的适应度差的粒子，给群体补充一些新的信息，对整个群体的搜索空间重新进行拉伸，通过群体间的信息共享可以有效促进算法后期的寻优效果。

鲶鱼效应的伪代码如下：

```
Catfish_ effect (X)                  % 对当前群体 X 按照优化目标从优到劣的顺序排序。
[m , n] =sort (fitness (X), 'descend');           % fitness 为适应度函数
for   i=0.9*N: N                                  % N 为粒子数目
      if rand () >0.5
```

```
            X(i) = ones(1,M)                          %M 为粒子维数
        else
            X(i) = zeros(1,M)
        end
    end
```

2）交叉变异

交叉变异操作最早出现在遗传算法中，它借鉴了生物界自然选择和进化机制中的“优胜劣汰，适者生存”的原理。采用的是双切点交叉和大变异策略的手段。双切点交叉首先根据轮盘赌策略在种群中挑选两个个体作为交叉对象，即两个父个体经过交换重组产生两个子个体，如图3.2所示。随机产生两个交叉切点位置，父个体1和父个体2在交叉位置之间的部分代码互换，形成子个体1和子个体2。

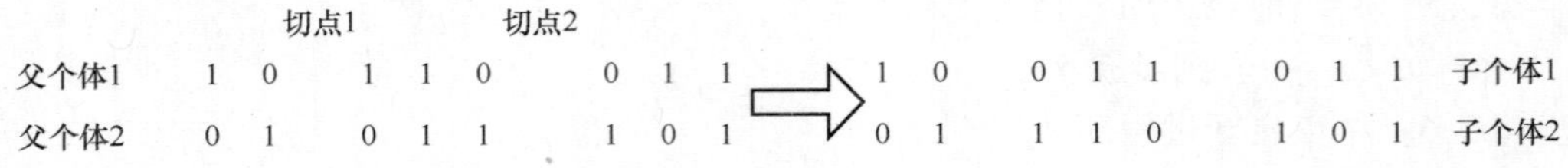

切点1　切点2

父个体1　1 0　1 1 0　0 1 1　⇨　1 0　0 1 1　0 1 1　子个体1

父个体2　0 1　0 1 1　1 0 1　　0 1　1 1 0　1 0 1　子个体2

图3.2　双切点交叉示意图

大变异操作的思路是：当某代中所有个体集中在一起时，以一个远大于通常的变异概率执行一次变异操作，具有大变异概率的变异操作能够随机、独立地产生许多新个体，从而使整个种群脱离“早熟”。具体操作为：当某一代的最大适应度 $f_{\max}$ 与平均适应度 f_{avg} 满足

$$\beta \cdot f_{\max} < f_{\mathrm{avg}} \tag{3.15}$$

执行大变异操作。

式中：$0.5<\beta<1$，称为密集因子，表征个体集中的程度。

3）并行运算

并行运算[18]，也称平行计算，是指同时使用多种计算资源解决计算问题的过程。通过将粒子群划分为有限个子群，每个子群同时独立完成寻优的过程。子群的规模相同且小于粒子群原有规模，不仅计算的难度减小，而且由于子群在解空间的分散特性，并行运算以后得到的子群最优不止一个，粒子的搜索区域不会快速聚集。通过定期的子群最优粒子信息进行通信交流，可以有效地避免整个种群陷入局部最优，节约运算时间。并行计算的步骤如下：

步骤1 初始化种群。

步骤2 将种群随机划分为有限个子群。

步骤3 各个子群按照同一优化方法独立进化。

步骤4 定期子群交流。

步骤5 满足条件，迭代结束。

4. 多维并行免疫离散粒子群优化算法

多目标并行优化方案和粒子位置多样性保持方案分别解决了多目标优化和提高求解精度及收敛速度的问题。将这两种方案同AISPSO算法结合，得到了多维并行免疫离散粒子群优化（MDHBPSO）算法。MDHBPSO算法的实现流程如图3.3所示。

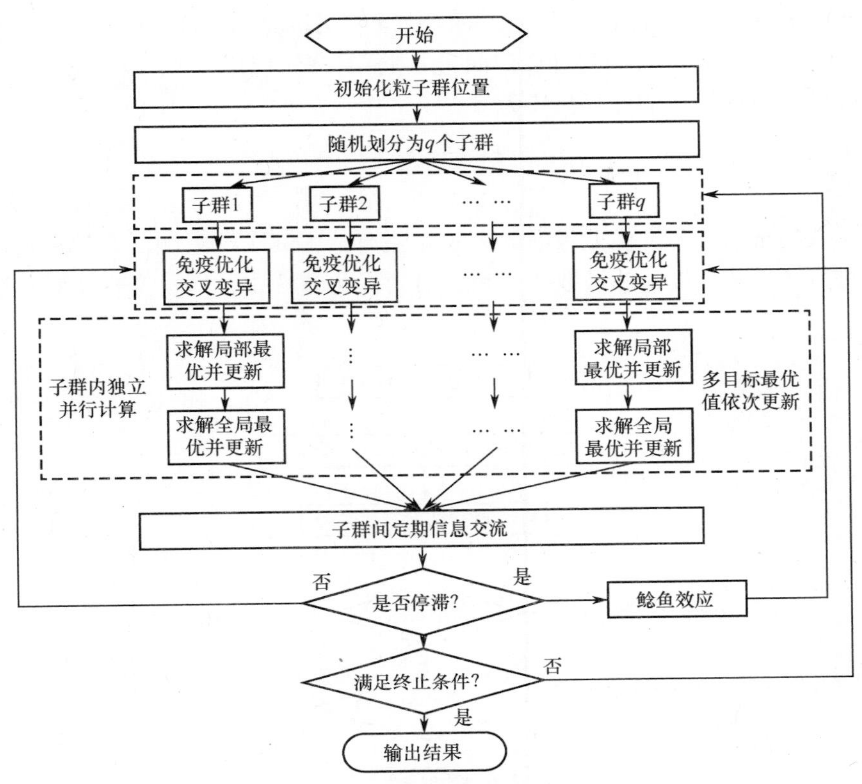

图 3.3　MDHBPSO 算法流程

5. 测试集优化实例分析

1）故障诊断测试集的适应度函数

为实现利用前述提出的多维并行免疫离散粒子群算法优化测试集，首先构造故障诊断测试集的适应度函数。对于故障诊断测试集，其优化的目标及其优先级分别为最大故障隔离数，最小测试数目及最小测试代价。因此，定义故障诊断测试集的适应度函数 $\boldsymbol{F}_d$ 为一个三维向量，即

$$\boldsymbol{F}_d = (\mathrm{FI}, \mathrm{FT}, \mathrm{FC}) \tag{3.16}$$

式中：FI 为测试集所能隔离故障的个数；FT 为其所用测试的个数；FC 为其测试代价。

在系统单故障假设下，两个故障可以被隔离的条件是二者在故障 – 测试相关 $\boldsymbol{D}$ 矩阵中对应的行矢量必须相异，而且相异元素所对应的测试就可以隔离这两个故障。将第 i 个粒子的测试点集合 $\boldsymbol{T}_i$ 中可用测试在 $\boldsymbol{D}$ 矩阵中对应的列元素提取，并组成 $\boldsymbol{D}'$ 矩阵，则该 $\boldsymbol{D}'$ 矩阵中互不相同行向量的个数即为测试集所能隔离出的故障的数目 FI；相同行向量对应的故障构成模糊组。

故障隔离数 FI 具体求解过程如下：

步骤 1 提取测试集 $\boldsymbol{T}_i$ 中元素 1 对应的列序号 s_1，s_2，…，s_j（假设测试集 $\boldsymbol{T}_i$ 中有 j 个可用测试）。

步骤 2 生成由可用测试生成的 $m \times j$ 故障 – 测试相关矩阵 $\boldsymbol{D}'$；

$$D'_{m\times j} = \begin{bmatrix} d_{1,s_1} & d_{1,s_2} & \cdots & d_{1,s_j} \\ d_{2,s_1} & d_{2,s_2} & \cdots & d_{2,s_j} \\ \vdots & \vdots & & \vdots \\ d_{m,s_1} & d_{m,s_2} & \cdots & d_{m,s_j} \end{bmatrix} \tag{3.17}$$

步骤 3 通过对 $D'_{m\times j}$ 矩阵中的各行向量循环比较，求解测试集的故障隔离数 FI。在处理 $D'_{m\times j}$ 的过程中，定义一个 m 维的处理标记向量 flag，具体实现流程如图 3.4 所示。

易得其他两个目标函数的计算公式为

$$\mathrm{FT} = \sum \boldsymbol{T}_i \tag{3.18}$$

$$\mathrm{FC} = \boldsymbol{T}_i \cdot \boldsymbol{C}^{\mathrm{T}} \tag{3.19}$$

适应度函数的更新过程按优先考虑最大故障隔离数，其次考虑测试个数，再次考虑测试成本的次序进行。将适应度目标函数代入到提出的优化算法中，即可实现实时诊断测试集的优化。

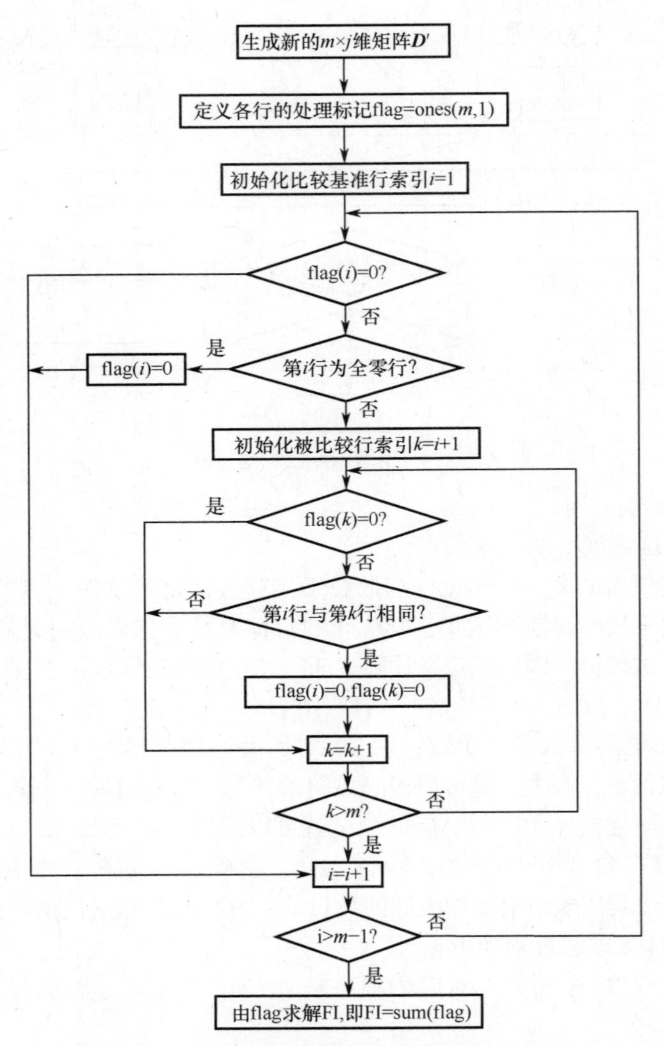

图 3.4　测试集故障隔离数求解流程图

2）试验结果及分析

以某型 IMU 的多信号模型诊断测试集为例，在满足测试性需求要求下，通过添加测试点，对 IMU 固有测试情况下的测试性进行了改进并生成了维数为 86 × 53 的 $\boldsymbol{D}$ 矩阵，通过文献［19］中基于多信号模型的模型封装技术，得到了 SRU 级相关矩阵，将其代入到 MDHBPSO 算法中，以故障隔离数、测试个数、测试成本作为优化目标，求解最优的故障诊断测试集。

将 MDHBPSO 算法应用到 IMU 测试集性能的分析中，根据模型，设定粒子维数 $N=53$，此外设定种群数 $L=40$，最大迭代次数 $T_{\max}=200$，子群个数 $q=8$，密集因子 $\beta=0.6$，替换比例 $r=10\%$，各测试的测试成本都设为 1。对故障隔离测试集进行 30 次优化过程仿真试验，结果如表 3.1 所列。

表 3.1　IMU 诊断测试集优化结果统计指标

指标类别	平　均 故障隔离数	平　均 测试个数	平　均 收敛代数	平均运行 时间/s	最　大 收敛代数	最　小 收敛代数
数值	20	16	71.6	1.044	88	46

30 次优化过程中的指标变化曲线如图 3.5 所示：

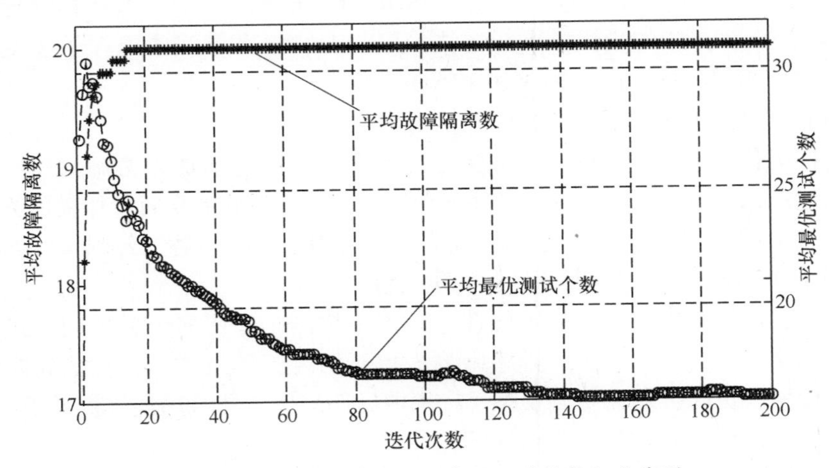

图 3.5　IMU 故障诊断测试集优化平均指标曲线图

优化后的最优粒子为 $\boldsymbol{T}=\{0\ 0\ 0\ 0\ 0\ 0\ 0\ 0\ 0\ 1\ 1\ 0\ 1\ 0\ 1\ 0\ 0\ 0\ 0\ 0\ 1\ 0\ 0\ 0\ 1\ 0\ 0\ 1\ 0\ 0\ 1\ 1\ 0\ 0\ 0\ 0\ 0\ 0\ 0\ 0\ 0\ 1\ 0\ 0\ 0\ 0\ 1\ 1\ 1\ 1\ 1\ 1\ 0\}$，其对应的测试集为 {'TP14－2'　'TP15－1'　'TP16－5'　'TP11－2'　'TP13－2'　'TP3－3'　'TP3－11'　'TP3－12'　'TP1－27'　'TP1－1－2－3－4'　'TP1－5－6－7－8'　'TP1－9－10－11－12'　'TP1－13－14－15－16'　'TP1－17－18－19－20'　'TP1－21－22－23－24'}，即对这 16 个测试信号进行实时采集，确定出测试状态向量，所得到的测试状态向量即可对系统中的 20 个 SRU 级故障源进行隔离，优化后的测试方案能以较少的测试成本达到满足 SRU 级隔离率 100% 的测试性要求，提高了故障诊断的效率。

3.2.5　基于多维动态翻转离散粒子群算法的 IMU 测试集优化

设需要寻找的测试集为 $\boldsymbol{T}$，用 M 维向量表示：$\boldsymbol{T}=(x_1,\ x_2,\ \cdots x_m,\ \cdots,\ x_M)$，式中 x_m 值为 0 或 1，当 $x_m=1$ 时表示第 m 个测试被选中，$x_m=0$ 表示第 m 个测试没有入选测试集。采用基于 DPSO 算法的测试优化，定义一次迭代中第 i 个粒子位置为 $\boldsymbol{T}_i=(x_{i1},\ x_{i2},\ \cdots x_{im},\ \cdots,\ x_{iM})$，其对应的速度 $\boldsymbol{V}_i=(v_{i1},\ v_{i2},\ \cdots v_{im},\ \cdots,\ v_{iM})$，则 x_{im} 代表第 m 个测试被选入测试集的状态。

1. 算法改进原理

在测试集优化问题中对带惯性权重的离散粒子群优化算法的改进考虑以下方面改进：

(1) 对系统进行测试优化的目的就是要找到满足一定故障检测率或隔离率的测试集合，并使得在一定检测率或隔离率的情况下所用测试个数、测试成本等指标达到最优，以提高对系统状态监测和故障诊断的效率。因此，测试集优化是一个多目标优化问题。针对该问题，引入新的最优值更新方式，设计了多维离散粒子群优化（Multidimensional - fitness - function DPSO，MDPSO）算法。

(2) 在式（3.6）中，x_{im}^{t+1}在一步更新后取0或取1与v_{im}^{t+1}存在一定的相关关系，即v_{im}^{t+1}越小，x_{im}^{t+1}取0的概率就大，反之，x_{im}^{t+1}取1的概率就大，这种近似确定性的静态更新方式不利于快速找到最优解。为克服这一问题，提出考虑距离和位置翻转影响关系的距离 - 位置翻转DPSO（distance - position - Reversal DPSO，RDPSO）。同时，测试的故障检测度也影响测试被选择的概率。因此，在RDPSO的基础上，为引入故障检测度对粒子位置翻转的影响，提出了动态翻转DPSO（Dynamic Reversal DPSO，DRDPSO）算法。

(3) 将MDPSO算法中的最优值更新方法分别与DRDPSO算法中的粒子速度位置更新方法结合，提出用于测试集优化问题的MDRDPSO算法[20]。

2. 多维离散粒子群优化算法

针对多目标优化问题，采用的一般方法是在各个子目标之间加以协调和折中，使得各个子目标尽可能地达到系统所需的“最优”情况[21]，这种情况下主要通过加权的方法或者计分的方法，将复杂的多目标问题转化为较简单的单目标优化问题，用成熟的技术加以解决[8,9,22,23]。这种方法不能全面体现各目标的重要性。

由于多目标优化问题中各目标的重要性总是不一样的，为使多个目标同时进行优化，在优化中按每个优化目标的重要性进行排序，将最重要的目标排最前面，在更新时按照各目标的优先顺序进行依次更新，从而得到DPSO算法中局部最优值和全局最优值的更新[14]。

多目标最优值依次更新的具体思路如下：

定义待优化问题的n维目标函数，即多维适应度函数，为$\boldsymbol{F}=\{f_1, f_2, \cdots, f_n\}$，其中$f_i$（$i=1, 2, \cdots, n$）为适应度函数返回的各目标函数值，假设各目标函数以最大值为最优值，各目标的优先级为$f_1, f_2, \cdots, f_n$，当前全局最优粒子为$\boldsymbol{G}_{\mathrm{best}id}$，其对应的各目标的值为$\boldsymbol{F}_{\max}=\{f_{1\max}, f_{2\max}, \cdots, f_{n\max}\}$，第$i$个粒子最优粒子为$\boldsymbol{P}_{\mathrm{best}id}$，其所对应的局部最优值为$\boldsymbol{F}_{i\max}=\{f_{i1\max}, f_{i2\max}, \cdots, f_{in\max}\}$，则完成一次迭代求得当前粒子$\boldsymbol{F}$各值后，对全局最优粒子的更新，采用如下步骤：

步骤1 初始化，令$i=1$；

步骤2 比较f_i和$f_{i\max}$，

if $f_i = f_{i\max}$，转到步骤3；

if $f_i < f_{i\max}$，$i=i+1$，转到步骤6；

if $f_i > f_{i\max}$，转到步骤4；

步骤3 $i=i+1$，

if $i<n+1$ 转到步骤2；

if $i=n+1$ 转到步骤6；

步骤4 更新$\boldsymbol{G}_{\mathrm{best}id}$及由$\boldsymbol{G}_{\mathrm{best}id}$对应的$\boldsymbol{F}_{\max}$，转到步骤6；

步骤5 将当前粒子加入到最优粒子集中；

步骤6 结束更新过程。

对于单个粒子的局部最优目标函数和局部最优粒子的更新过程与上述过程一致。将以上最优值更新过程引入到多目标离散粒子群优化的最优值更新中，位置和速度更新公式采用式（3.7）和式（3.8），形成的算法称为多维粒子群优化（MDPSO）算法。

3. 动态翻转 DPSO 算法

在测试集优化问题中，粒子位置 x_{im}^{t} 取 1 或 0 的概率可以描述为该测试被选入或不被选入测试集的概率。充分考虑与这一概率相关的因素，依次提出以下改进：

1）距离–位置翻转 DPSO 算法

在测试选择问题中 v_{im}^{t+1} 可以描述为该测试点的当前选中（$x_{im}^{t}=1$）或不选中状态（$x_{im}^{t}=0$）距离最优测试集中该测试点的状态的“距离”，即 v_{im}^{t} 越大，则当前 x_{im}^{t} 状态与最优测试集中的 $\boldsymbol{P}_{\text{best}id}$ 和 $\boldsymbol{G}_{\text{best}id}$ 对应位置的状态差异就越大。为达到最优粒子的取值，此时在位置更新时 x_{im}^{t+1} 翻转的概率就会越大，反之，x_{im}^{t+1} 翻转的概率就小。基于此，在文献［24］改进的基础上，考虑当前状态与最优状态的差异大小，提出以下速度位置更新公式：

$$v_{im}^{t+1} = w_t v_{im}^{t} + c_1 r_1^t \left| x_{im\text{best}}^{t} - x_{im}^{t} \right| + c_2 r_2^t \left| x_{m\text{best}}^{t} - x_{im}^{t} \right| \tag{3.20}$$

$$x_{im}^{t+1} = \begin{cases} \bar{x}_{im}^{t}\left(rand < \dfrac{1}{\alpha} \cdot v_{im}^{t+1}\right) \\ x_{im}^{t}(\text{其他}) \end{cases} \tag{3.21}$$

式中：$w_t = (w_{ini} - w_{\text{end}})(T_{\max} - t)/T_{\max} + w_{\text{end}}$，$\alpha$ 是为使得数值匹配而添加的粒子速度的线性归一化系数，其值由式（3.20）中各可变量的中间值代入速度公式中确定，即 $\alpha = ((w_{ini} - w_{\text{end}}) \times 0.5 + w_{\text{end}}) \times 0.5 + c_1 \times 0.5 \times 0.5 + c_2 \times 0.5 \times 0.5$。以式(3.20)、式(3.21)为速度位置更新公式的 DPSO 算法称为 RDPSO 算法。

2）改进动态翻转 DPSO 算法

一个测试是否被选入最优测试集还与该测试所能检测故障的最小可测度有关。将故障可测度定义为一个故障可以被检测的程度，用 R 表示，在 $\boldsymbol{D}_{m \times n}$ 矩阵中，第 i 个故障的可测度可表示为

$$R_i = \sum_{j=1}^{n} d_{ij}/n \tag{3.22}$$

测试集中第 m 个测试对应的最小故障可测度 Q_m 可表示为

$$Q_m = \min(R_{mi0}, R_{mi1}, \cdots, R_{mik}) \tag{3.23}$$

式中：mik 为 $\boldsymbol{D}$ 中第 m 列中为 1 的元素所对应的行编号；R_{mik} 为第 mik 行对应故障的可测度。显然，Q_m 反映了测试本身的价值的大小，Q_m 越小，该测试在测试集中保留的概率就应当越大，否则可测度小的故障被测试集覆盖的概率就小，从而降低整个测试集的检测与诊断能力。

综合考虑粒子状态翻转的实际意义及测试本身的价值，在 RDPSO 算法的基础上，将粒子位置更新公式修改为如下形式：

$$x_{im}^{t+1} = \begin{cases} 1\left(\text{rand} < \dfrac{1}{\alpha} \cdot v_{im}^{t+1} \& x_{im}^{t} = 0 \& C_{01} \times \text{rand} > Q_m\right) \\ \text{or}(C_1 \times \text{rand} > Q_m)) \\ 0\left(\text{rand} < \dfrac{1}{\alpha} \cdot v_{im}^{t+1} \& x_{im}^{t} = 1 \& C_{10} \times \text{rand} < Q_m\right) \\ \text{or } C_0 \times \text{rand} < Q_m)) \\ x_{im}^{t}(\text{其他}) \end{cases} \tag{3.24}$$

式中：C_{01}，C_{10}，C_0，C_1 为粒子状态强制转换的控制系数，即达到一定的阈值，粒子的状态

将强制翻转或强制转换为 0 或 1；Q_m 为当前粒子对应测试的最小故障可测度。

以式（3.20）、式（3.24）为速度位置更新公式的 DPSO 算法称为 DRDPSO 算法。

4. 多维动态翻转 DPSO 算法

将 RDPSO 算法中的粒子速度位置更新思想和 DRDPSO 中考虑故障检测度的粒子速度位置更新思想，分别引入到 MDPSO 算法中，得到的算法分别称为多维 RDPSO（Multidimensional - fitness - function RDPSO，MRDPSO）算法和多维 DRDPSO（Multidimensional - fitness - function DRDPSO，MDRDPSO）算法。MDRDPSO 算法的实现流程如图 3.6 所示，而 MRDPSO 算法只需将 MDRDPSO 算法中的式（3.24）改为式（3.21）。

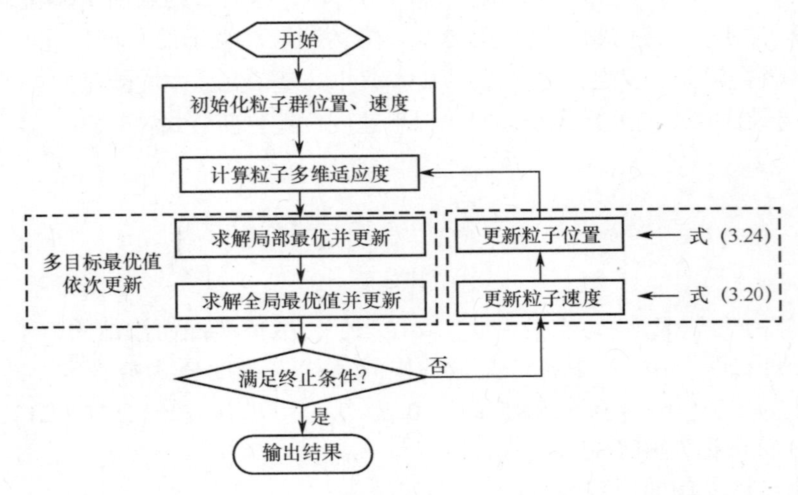

图 3.6 MDRDPSO 算法流程图

5. 测试集优化实例分析

选择第 2 章构建的惯性测量组合多信号模型进行测试集优化，其通过增加测试点，在满足测试性大纲要求的前提下，可得到维数 96 × 86 的 ***D*** 矩阵。优化时首先对 ***D*** 矩阵进行简化，剔除冗余测试，然后利用本节提出的 MDRDPSO 算法进行测试集优化，其中诊断测试集适应度函数构造方法与 3.2.4 节相同。

为便于比较，这里先对直接添加测试点后 ***D*** 矩阵进行简化。在共计有 86 个测试时，所能达到的故障隔离效果如表 3.2 所列。

表 3.2 存在 86 个测试时模糊组分布情况统计表

模糊度	SRU 级		
	模糊组个数	对应 SRU 模块总数	所占比例
1	79	79	82.29%
2	7	14	14.58%
3	1	3	3.13%

由于此时的测试是直接添加的，没有考虑各个测试在测试集的性能差异，虽达到既定的指标要求，但测试的数量较多，这就对监测诊断系统的测试能力要求较高，不利于节约成本。在符合测试性大纲要求的前提下，可以利用算法对测试集进行优化以充分发挥测试集的性能，减少测试的个数，从而可以节约成本并减轻系统的负担，因此利用算法对当前的测试集进行优化。

首先对冗余测试进行剔除以化简测试集，删除位于测试点 TP_ mb－1 处的 9 个冗余测试，重新对模型进行测试性分析，得到 96×77 的 **D** 矩阵，此时的测试集所能达到的故障隔离性能与原来 86 个测试时相同。

其次，采用 MDRDPSO 算法对测试集进行优化，将粒子的维数取为 $M=77$，其他参数选择与前一小节中相同。将优化的目标取为故障隔离数＋测试个数，得到的最优测试集中测试的个数为 66，最优测试集的故障诊断性能结果如表 3.3 所列。

表 3.3　故障隔离数＋测试个数的优化结果对应的模糊组分布

模糊度	SRU 级		
	模糊组个数	对应 SRU 模块总数	所占比例
1	79	79	82.29%
2	7	14	14.58%
3	1	3	3.13%

由表 3.3 可知，优化后 66 个测试的测试集测试性能与 77 个测试时相同，仍满足测试性大纲的要求，但测试数减少了 11 个，一定程度上提高了测试的利用效率。

6. 故障诊断算法

TEAMS 软件中的 TEAMS－RT 模块是为基于多信号模型的实时故障诊断而设计的，而 TEAMS－RT 软件的核心是实时故障诊断程序。算法的基本推理规则为：初始化时假设所有模块状态未知；若检测某模块的某测试通过，则该模块状态修改为正常；若检测某模块的某测试失败，则该模块状态修改为可疑；故障模块从可疑模块中通过去掉正常模块得来。

1）基本算法

为描述方便，记 Ts_j 为测试 t_j 所检测的故障组元（模块）的集合，并且记 A 为所有模块的集合；G，B，S 和 U 表示正常、故障、可疑和未知模块的集合，$F=\{f_j\}$ 为所有失败测试所检测的模块移除正常模块后的集合。

诊断算法的具体实现步骤如下：

步骤 1 初始化：

将所有模块状态置为未知，即 $U=A$，$B=\varnothing$，$S=\varnothing$，$G=\varnothing$，$F=\varnothing$。

步骤 2 处理通过的测试：

（1）求所有通过测试所检测模块集的并集

$$\cup_{tj\,\text{passed}} Ts_j$$

（2）找出新的正常模块

$$\Delta G \leftarrow (\cup_{tj\,\text{passed}} Ts_j) - G$$

（3）更新故障集合，即从可疑模块集合、未知模块集合中移除正常模块

$$G \leftarrow G \cup \Delta G,\ S \leftarrow S - \Delta G,\ U \leftarrow U - \Delta G$$

步骤 3 处理失败测试：

（1）存储失败测试所检测的模块集

$$F=\{f_k\} \leftarrow \{Ts_k - G\}$$

（2）将失败测试所检测的模块集添加到可疑模块集

$$S \leftarrow S \cup \{f_k\},\ U \leftarrow U - \{f_k\}$$

步骤 4 处理状态待定的失败测试所检测的模块集 F：

（1）更新状态待定的失败测试所检测的模块集 F，即从 F 中移除新的正常模块

$$F = \{f_j\} \leftarrow \{f_j - \Delta G\}$$

（2）更新故障模块集 B，即

若 $|f_j| = 1$，则 $B \leftarrow B \cup f_j$，$\Delta B \leftarrow \Delta B \cup f_j$

（3）更新 F，即移除新确认的故障模块

如果 $f_k \cap \Delta B = \varnothing$，则从 F 中移除 f_k，因为 f_k 此时已经属于 ΔB。

由算法推理过程可知，算法在对模块进行分类过程中各集合都进行了多次的更新，实现较为繁琐，在大型的系统中容易产生混乱，基于此，为使诊断过程更加清晰，求解更加简洁，下面提出基于 $\boldsymbol{D}$ 矩阵的新的故障诊断算法。

2）故障诊断算法改进

根据故障诊断的基本思想，改进算法的实现流程如下：

步骤 1 初始化，将所有模块状态置为未知；

步骤 2 处理所有通过的测试，得出所有正常模块集合 G，输出结果；

步骤 3 重构 $\boldsymbol{D}$ 矩阵：提取 $\boldsymbol{D}$ 矩阵中由步骤 2 得到的未知模块 U 所对应的行和未通过测试所对应的列的对应元素组成新的 $\boldsymbol{D}$ 矩阵 $\boldsymbol{D\_ U}$；

步骤 4 查找 $\boldsymbol{D\_ U}$ 矩阵中的全零行，得出所有的未知模块集合 U，输出结果；

步骤 5 删除 $\boldsymbol{D\_ U}$ 中全零行，更新 $\boldsymbol{D\_ U}$；

步骤 6 查找 $\boldsymbol{D\_ U}$ 中只有一个元素不为零的所有列，并将该不为零的元素所在行对应的模块作为故障模块 B 输出；

步骤 7 由 $\boldsymbol{D\_ U}$ 对应的模块中删除 B 中的模块，得到所有的可疑模块集 S，输出结果。

从图 3.7 可以看出，这里的实时诊断算法实现了对可以确定状态的模块的成批一次性处理，避免了重复的计算更新，思路更清晰。通过 MATLAB 仿真，改进算法与基本算法都能获得正确诊断结果，改进算法耗时更少。

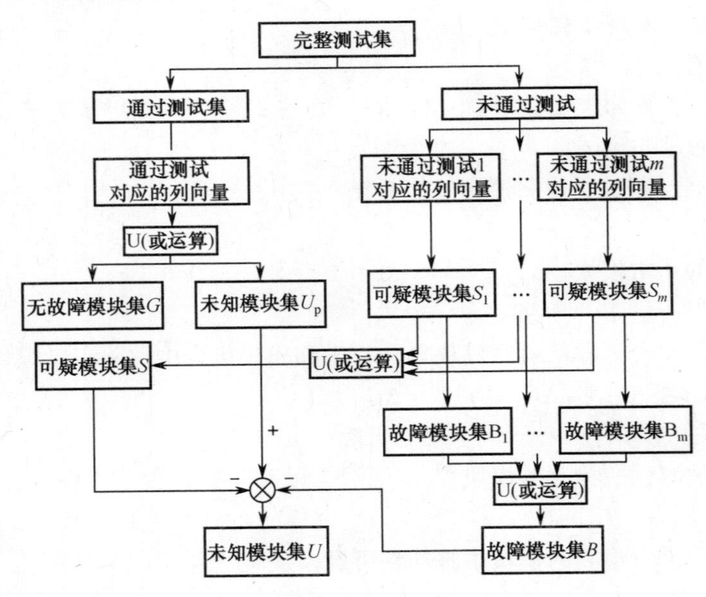

图 3.7　实时诊断算法流程图

3.3 诊断策略优化方法

诊断策略优化就是在根据相关性矩阵确定的最小完备测试集基础上，寻找一种测试序列，使其在花费最低测试代价的前提下快速定位故障模块。

不失一般性，考虑单故障情况，制定诊断策略的过程主要包含3个步骤：

步骤1 相关性矩阵的化简。初始获得的相关性矩阵可能包含无法区分故障及冗余测试，一是对无法区分故障进行合并，生成故障模糊组，并用一个新的故障模式表示；二是对冗余测试进行处理，根据实际情况选择其中一个，删除其余测试。

步骤2 最小完备测试集的选取。在相关性矩阵化简的基础上，以满足规定的故障检测率与隔离率为前提，获取只需最少测试数目的最小完备测试集。

步骤3 最优诊断策略的制定。若不考虑模块故障概率及维修成本，那么最小完备测试集中的任何一个测试序列，都能够实现各故障模块的定位。但实际维修过程中，总是力求找到一个测试步骤少、费用低的最优诊断策略，而如何根据故障发生概率、测试费用等指标进行诊断策略的优化是需要解决的问题。

下面以某电子设备为例说明不同测试执行顺序产生测试成本的差异。该设备的相关性矩阵如表3.4所列，表中，$t_1 \sim t_4$ 为经过测试集优化得到的最小完备测试集，包括4个测试，$f_1 \sim f_8$ 为该电子设备中的8个故障模块。可以看出，该相关性矩阵中不存在不可识别的故障模块、无效或者冗余测试，因此选择4个测试按照任意的执行顺序均可以隔离出所有故障模块。

表3.4 相关性矩阵

故障模块	测试编号			
	t_1	t_2	t_3	t_4
f_1	0	0	1	0
f_2	0	0	1	1
f_3	0	1	1	0
f_4	0	0	0	1
f_5	0	1	0	1
f_6	0	1	1	1
f_7	1	0	0	0
f_8	1	1	0	1

对于表3.4所列的相关性矩阵，按照 $t_1 \to t_2 \to t_3 \to t_4$ 和 $t_4 \to t_1 \to t_3 \to t_2$ 两种不同的测试执行顺序，可分别生成如图3.8(a)、(b) 所示的诊断树。

根据图3.8中的诊断树可分别提取出如式（3.25）所示的故障隔离矩阵 $\boldsymbol{FI}_1$ 和 $\boldsymbol{FI}_2$。

$$\boldsymbol{FI}_1 = \begin{bmatrix} 1 & 1 & 1 & 1 \\ 1 & 1 & 1 & 1 \\ 1 & 1 & 1 & 1 \\ 1 & 1 & 1 & 0 \\ 1 & 1 & 1 & 0 \\ 1 & 1 & 1 & 1 \\ 1 & 1 & 0 & 0 \\ 1 & 1 & 0 & 0 \end{bmatrix} \qquad \boldsymbol{FI}_2 = \begin{bmatrix} 1 & 1 & 0 & 1 \\ 1 & 1 & 1 & 1 \\ 1 & 1 & 0 & 1 \\ 1 & 1 & 1 & 1 \\ 1 & 1 & 1 & 1 \\ 1 & 1 & 1 & 1 \\ 1 & 0 & 0 & 1 \\ 1 & 0 & 0 & 1 \end{bmatrix} \tag{3.25}$$

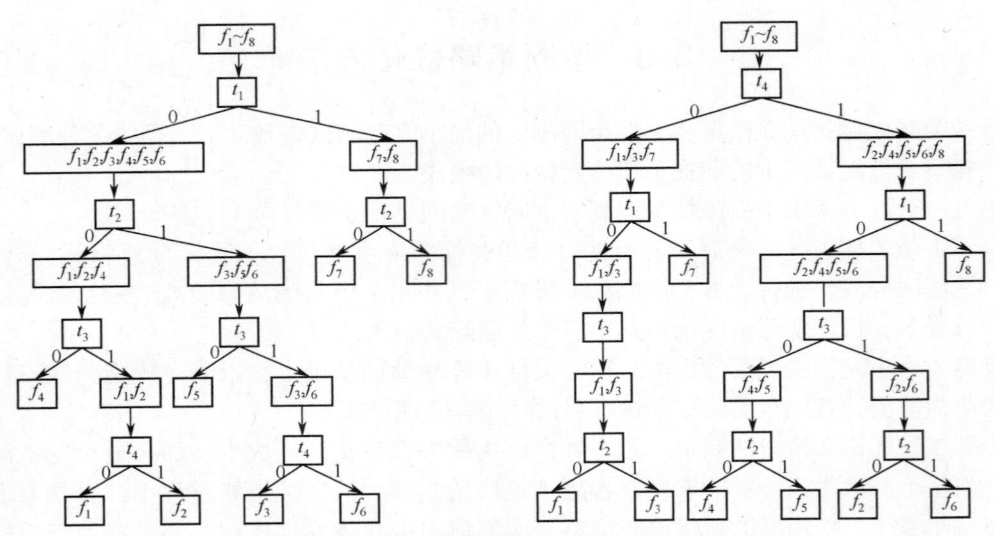

图 3.8　两种不同测试执行顺序生成的诊断树

隔离矩阵 $\boldsymbol{FI}$ 中的元素含义为：如果测试 t_j 用于隔离故障 f_i，那么 $\boldsymbol{FI}$ 第 i 行第 j 列的元素为1，否则为0。显然，不同诊断策略得到的隔离矩阵完全不同。为了选择最优诊断策略，就需要从测试成本的角度考虑，选择测试成本最低的诊断策略。

设 $\boldsymbol{T}=\{t_1, t_2, \cdots, t_n\}$ 表示最小完备测试集，共包含 n 个测试，$\boldsymbol{F}=\{f_1, f_2, \cdots, f_m\}$ 为包括 m 个故障模块的集合，由 $\boldsymbol{F}$ 和 $\boldsymbol{T}$ 构成相关性矩阵 $\boldsymbol{FT}$。其中，$\boldsymbol{F}$ 中各故障模块的故障率分别为 $p_1, p_2, \cdots, p_m$，$\boldsymbol{T}$ 中各测试所需费用分别为 $c_1, c_2, \cdots, c_n$，则可构造如式（3.26）所示的测试成本函数：

$$\mathrm{TC}=\sum_{i=1}^{m}\sum_{j=1}^{n}(a_{ij}\cdot c_j\cdot p_i) \tag{3.26}$$

式中：a_{ij} 为隔离矩阵 $\boldsymbol{FI}$ 中的元素。那么从式（3.26）可以看出，诊断策略优化实际上就是求解式（3.26）中成本函数 TC 的最小值问题。

对上述电子设备，若测试点 $t_1\sim t_4$ 的测试费用分别为3，8，1，2，故障模块 $f_1\sim f_8$ 的故障发生概率分别为0.03，0.02，0.008，0.04，0.09，0.05，0.007，0.002。经计算可得按照图3.8所示两种测试执行顺序 $t_1\to t_2\to t_3\to t_4$ 和 $t_4\to t_1\to t_3\to t_2$ 的测试成本分别为3.171和3.339，显然，前一种测试执行顺序的成本低于第二种，在制定诊断策略时应优先考虑前一种。

3.3.1　惯性测量组合故障树的构建

IMU所包含的元器件较多，要建立以所有元器件为底事件的整个系统故障树必然导致建树过程异常繁杂，所建故障树十分庞大，且不利于维修人员的快速诊断和维修。根据IMU信号连接关系及其标定原理，从有利于指导IMU故障诊断和维修的角度出发，可以将整个系统故障分解为6个输出通道的故障，即3个加速度计通道和3个陀螺仪通道，并选取IMU的独立功能模块为底事件，对6个通道进行分别建树。依据IMU标定得到的结果，可以快速判断哪个通道出现异常，从而方便、准确地判别需要进行故障搜索的故障树，满足了实际工程应用的要求，实现故障的有效定位与隔离。

对于一个系统的建树而言，需要设置合理的边界条件[25]。例如有些部件的失效概率极低，与可靠性差的部件相比可以忽略它们对分析结果的影响。为获得一个在实际工作条件下与主要逻辑关系等效的IMU故障树，对边界条件做如下假设：不考虑操作失误以及外界干扰因素；各插头以及电缆连接完好；IMU 的输入信号符合规定要求；温控电路工作正常；各事件都为二值性。

由于 3 个加速度计通道之间和 3 个陀螺仪通道之间存在极大的相似性，这里仅以一个加速度计通道和一个陀螺仪通道为例阐述 IMU 故障树的建树情况。

1. 加速度计通道故障树

以加速度计 Ax 的 X 通道为例说明 IMU 加速度计通道的建树情况。选取“加速度计 Ax 的 X 通道故障”作为故障树的顶事件 T，根据边界条件的限定和底事件的选取原则，所建立的加速度计通道故障树如图 3.9 所示，故障树的中间事件和底事件定义见表 3.5 和表 3.6。其详细的建树过程不再详述。

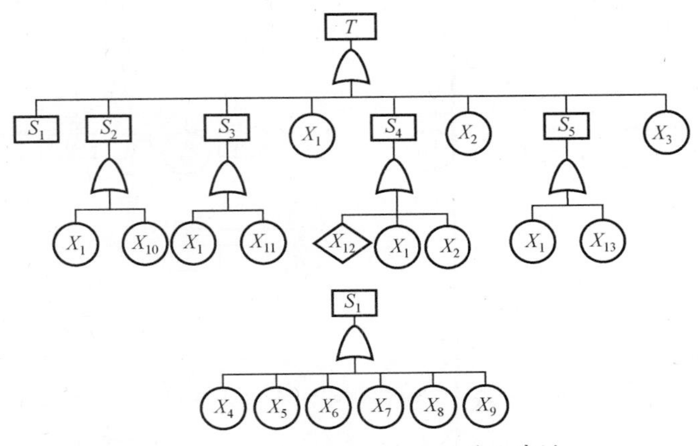

图 3.9 加速度计 Ax 的 X 通道故障树

表 3.5 加速度计 Ax 的 X 通道故障树的中间事件定义

S_i	中间事件定义	S_i	中间事件定义
1	模/数转换电路板故障	4	加速度计 Ax 送到模/数转换电路板的指令电流故障
2	频率标准板送到模/数转换电路板的 1kHz 脉冲信号故障	5	频率标准板送到模/数转换电路板的 16kHz 脉冲信号故障
3	频率标准板送到模/数转换电路板的 1kHz 方波信号故障		

表 3.6 加速度计 Ax 的 X 通道故障树的底事件定义

X_i	底事件定义	X_i	底事件定义
1	回路电源板的 +15V－A 产生电路故障	8	模/数转换电路板的量化逻辑电路故障
2	回路电源板的 －15V－A 产生电路故障	9	模/数转换电路板的脉冲输出器故障
3	频率标准板送到模/数转换电路板的 ±24V 产生电路故障	10	频率标准板的 1kHz 脉冲信号产生电路故障
4	模/数转换电路板的恒流源故障	11	频率标准板的 1kHz 方波信号产生电路故障
5	模/数转换电路板的锯齿波发生器故障	12	加速度计 Ax 故障
6	模/数转换电路板的电流积分器故障	13	频率标准板的 16kHz 脉冲信号产生电路故障
7	模/数转换电路板的电子换向开关故障		

2. 陀螺仪通道故障树

下面以陀螺仪 Gz 的 X 通道为例说明 IMU 陀螺仪通道的建树情况[26]。选取“陀螺仪 Gz 的 X 通道故障”作为故障树的顶事件 T，根据边界条件的限定和底事件的选取原则，所建立的陀螺仪通道故障树如图 3.10 所示，故障树的中间事件和底事件定义见表 3.7 和表 3.8。其详细的建树过程不再详述。

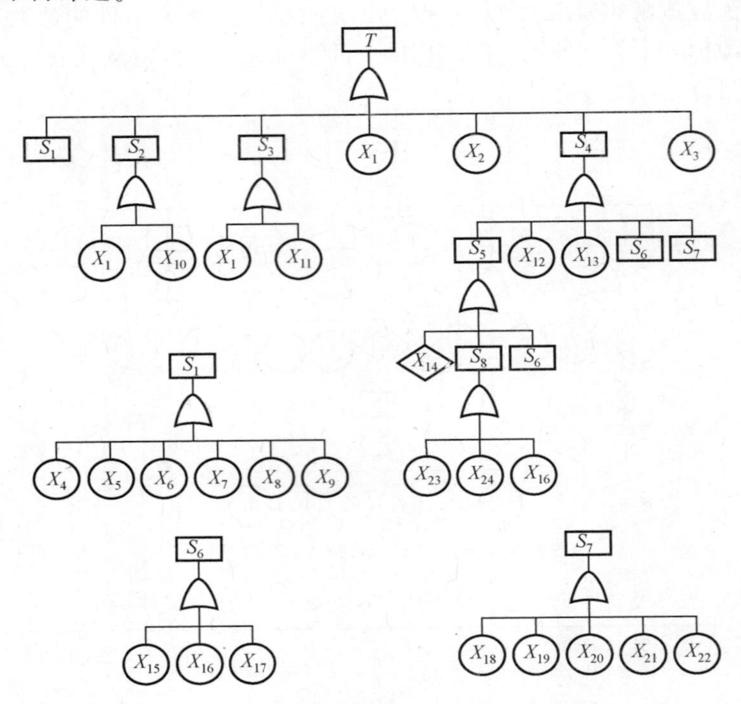

图 3.10 陀螺仪 Gz 的 X 通道故障树

表 3.7 陀螺仪 Gz 的 X 通道故障树的中间事件定义

S_i	中间事件定义	S_i	中间事件定义
1	模/数转换电路板故障	5	陀螺仪 Gz 的 X 通道交流输出故障
2	频率标准板送到模/数转换电路板的特定频率脉冲信号故障	6	交流电源板送到伺服回路板的特定电压信号故障
3	频率标准板送到模/数转换电路板的特定频率脉冲信号故障	7	陀螺仪 Gz 的 X 通道伺服回路故障
4	伺服回路板送到模/数转换电路板的指令电流故障	8	交流电源板送到陀螺仪 Gz 的三相电故障

表 3.8 陀螺仪 Gz 的 X 通道故障树的底事件定义

X_i	底事件定义	X_i	底事件定义
1	回路电源板的正值电压产生电路故障	13	陀螺功放电源板的电压产生电路故障
2	回路电源板的负值电压产生电路故障	14	陀螺仪 Gz 故障
3	频率标准板送到模/数转换电路板的特定电压产生电路故障	15	交流电源板的特定电压频率信号产生电路故障

（续）

X_i	底事件定义	X_i	底事件定义
4	模/数转换电路板的恒流源故障	16	温控电源板送到交流电源板的正值电压产生电路故障
5	模/数转换电路板的锯齿波发生器故障	17	温控电源板送到交流电源板的负值电压产生电路故障
6	模/数转换电路板的电流积分器故障	18	交流放大器故障
7	模/数转换电路板的电子换向开关故障	19	相敏解调器故障
8	模/数转换电路板的量化逻辑电路故障	20	滤波器故障
9	模/数转换电路板的脉冲输出器故障	21	校正网络故障
10	频率标准板的特定频率脉冲信号产生电路故障	22	功率放大器故障
11	频率标准板的特定频率脉冲信号产生电路故障	23	交流电源板的三相电产生电路故障
12	陀螺功放电源板的正值电压产生电路故障	24	回路电源板的特定电压产生电路故障

3.3.2 惯性测量组合故障树诊断策略优化

1. 惯性测量组合故障树分析

由图3.9和图3.10所示的故障树可以看出，故障树中所有逻辑门均为或门，根据下行法分析可知，上述两个故障树的所有底事件均为故障树的最小割集。它们构成了导致故障树顶事件发生的所有可能的故障模式，即描述了什么样的故障及其组合能够导致不希望事件的发生。

下面分别以上述加速度计通道故障树和陀螺仪通道故障树为例进行定量分析。

1）加速度计Ax的X通道故障树

根据大量故障统计资料和专家打分数据得到各底事件发生概率，可通过计算得到各底事件的概率重要度（表3.9）。顶事件的发生概率为

$$P(T) = 1 - (1 - P(x_1))(1 - P(x_2))\cdots(1 - P(x_{13})) = 0.0702 \tag{3.27}$$

表3.9 加速度计Ax的X通道底事件发生概率和重要度

底事件X_i	发生概率	重要度μ_i	底事件X_i	发生概率	重要度μ_i
1	0.0001	0.9299	8	0.0004	0.9302
2	0.0035	0.9331	9	0.0085	0.9378
3	0.0094	0.9387	10	0.0012	0.9310
4	0.0029	0.9325	11	0.0009	0.9307
5	0.0057	0.9352	12	0.0263	0.9550
6	0.0123	0.9414	13	0.0002	0.9300
7	0.0008	0.9306			

2）陀螺仪 Gz 的 X 通道故障树

根据大量故障统计资料和专家打分数据得到各底事件发生概率，可通过计算得到各底事件的概率重要度（表 3.10）。同样，计算得到顶事件的发生概率为 0.0805。

由上述定量分析结果可知，加速度计通道故障树和陀螺仪通道故障树的顶事件发生的概率均较低，两个故障树中重要度最高的底事件分别为"加速度计 Ax 故障"和"陀螺仪 Gz 故障"，这与长期的故障诊断实践经验结果基本吻合。当系统顶事件故障发生时，可以优先考虑重要度高的底事件，并可通过改善重要度高的底事件，提高系统的可靠性。

表 3.10　陀螺仪 Gz 的 X 通道底事件发生概率和重要度

底事件 X_i	发生概率	重要度 μ_i	底事件 X_i	发生概率	重要度 μ_i
1	0.0001	0.91964	13	0.0002	0.91973
2	0.0035	0.92278	14	0.0315	0.9495
3	0.0094	0.92827	15	0.0005	0.9200
4	0.0029	0.92222	16	0.00073	0.92022
5	0.0057	0.92482	17	0.00071	0.9202
6	0.0123	0.93100	18	0.0003	0.91982
7	0.0008	0.92028	19	0.00068	0.92017
8	0.0004	0.91992	20	0.00032	0.91984
9	0.0085	0.9274	21	0.00083	0.92031
10	0.0012	0.9207	22	0.00089	0.92037
11	0.00093	0.9204	23	0.00018	0.91971
12	0.00022	0.91975	24	0.00039	0.91991

2. 基于蚁群算法优化的惯性测量组合故障树诊断策略

1）基本蚁群算法模型及其实现

试验观察表明，蚂蚁在运动过程中会留下一种分泌物（在人工蚂蚁系统中，简称信息素），其后面的蚂蚁会根据前边走过的蚂蚁所留下的分泌物选择其要走的路径，一条路径上的分泌物越多，蚂蚁选择这条路径的概率就越大。蚂蚁之间通过这种信息交流寻求通向食物的最短路径。蚁群优化算法正是模拟了这样的正反馈机制，通过个体之间的信息交流与相互协作最终找到最优解。

为了便于理解，下面以求解平面上 n 个城市的旅行商问题（TSP）（1，2，…，n 表示城市序号）为例说明基本蚁群优化算法模型。n 个城市的 TSP 问题就是寻找通过 n 个城市各一次且最后回到出发点的最短路径。之所以选择 TSP 问题，一方面是因为蚁群优化算法最初是用于求解 TSP 问题，便于比较；另一方面，TSP 是典型的组合优化问题，常常用来验证某一算法的有效性。对于其他问题，通过对此模型稍作修改便可应用。虽然它们从形式上看略有不同，但基本原理是相同的，都是通过模拟蚁群行为达到优化目的。

为模拟实际蚂蚁的行为，首先引入如下记号：设 m 是蚁群中蚂蚁的数量，d_{ij}（i，$j=1$，2，…，n）表示城市 i 和城市 j 之间的距离，$\tau_{ij}(t)$ 表示 t 时刻在城市 i 和 j 之间的信息素。初始时刻，各条路径上信息素相等，设 $\tau_{ij}(0)=C$（C 为常数）。蚂蚁 k（$k=1$，2，…，m）运动过程中，在 t 时刻由位置 i 转移到位置 j 的概率由 $p_{ij}^{k}(t)$ 决定。$p_{ij}^{k}(t)$ 表示如下：

$$p_{ij}^k(t)=\begin{cases}\dfrac{\tau_{ij}^{\alpha}(t)\eta_{ij}^{\beta}(t)}{\sum\limits_{s\in \text{allowed}_k}\tau_{is}^{\alpha}(t)\eta_{is}^{\beta}(t)} & (j\in \text{allowed}_k)\\ 0 & (\text{其他})\end{cases} \tag{3.28}$$

式中：η_{ij}为某种启发信息，一般可取为$1/d_{ij}$；参数α和β体现了信息素和启发信息对蚂蚁决策的影响；$\text{allowed}_k=(1, 2, \cdots, n)-\text{tabu}_k$为蚂蚁$k$下一步允许选择的城市。

与实际蚁群不同，人工蚁群具有记忆功能，tabu_k（$k=1, 2, \cdots, M$）为禁忌表，用以记录蚂蚁k以前所走过的城市，集合tabu_k随着蚂蚁运动作动态调整。随着时间的推移，以前留下的信息素将逐渐消逝，用参数$1-\rho$，$\rho\in(0, 1)$表示信息素挥发程度，经过n个时刻，蚂蚁完成一次循环，各路径上信息素要根据下式作调整：

$$\tau_{ij}(t+1)=(1-\rho)*\tau_{ij}(t)+\Delta\tau_{ij} \tag{3.29}$$

$$\Delta\tau_{ij}=\sum_{k=1}^{M}\Delta\tau_{ij}^k \tag{3.30}$$

$$\Delta\tau_{ij}^k=\begin{cases}Q/L_k & (\text{第}\ k\ \text{只蚂蚁通过}(i,j)\ \text{路径})\\ 0 & (\text{其他})\end{cases} \tag{3.31}$$

式中：Q为常数；L_k为第k只蚂蚁在本次循环中所走路径的长度；$\Delta\tau_{ij}$为本次循环中路径（i，j）上的信息素的增量；$\Delta\tau_{ij}^k$为第k只蚂蚁在本次循环中留在路径（i，j）上的信息素的量。

根据信息素更新策略的不同，Macro Dorigo曾给出3种不同模型，分别称之为ant cycle模型、ant quantity模型和ant density模型。它们的区别在于表达式$\Delta\tau_{ij}^k$的不同。在ant quantity模型和ant density模型中，$\Delta\tau_{ij}^k$分别表示为

$$\Delta\tau_{ij}^k=\begin{cases}Q/d_{ij} & (\text{第}\ k\ \text{只蚂蚁通过}(i,j)\ \text{路径})\\ 0 & (\text{其他})\end{cases} \tag{3.32}$$

$$\Delta\tau_{ij}^k=\begin{cases}Q & (\text{第}\ k\ \text{只蚂蚁通过}(i,j)\ \text{路径})\\ 0 & (\text{其他})\end{cases} \tag{3.33}$$

它们的区别在于后两种模型中利用的是局部信息，而前者利用的是整体信息，在求解TSP问题时，ant cycle system性能较好，因而下面采用它作为基本模型。算法停止条件可以用固定进化代数或者当进化趋势不明显时便停止计算。以上针对求解TSP问题说明了基本蚁群优化算法模型，对该模型稍作修改，便可以应用于其他问题。

2）改进的自适应蚁群优化算法

通过试验发现，基本蚁群优化算法在求解过程中存在容易陷入局部最优值的问题。由于各条路径上的初始信息素相同，第一次循环中所创建的最优路径不能保证为全局最优路径，但随着正反馈机制的作用，使得信息素都积累在这条局部最优路径上，使得蚁群的搜索范围变小，算法出现停滞现象，这是基本蚁群优化算法容易陷入局部最优值的主要原因。

避免算法停滞的方法就是要增加解的多样性。分析发现，信息素之间的相对大小会直接影响城市之间的转移概率，从而影响解的质量。因此，增加解的多样性关键在于形成和保持一个合理的信息素分布，既充分利用正反馈机制加快搜索，又尽可能地扩大算法的搜索范围。

信息素的挥发对信息素的分布有着较大的影响。如何确定挥发系数的大小是应用蚁群优化算法的一个关键。在基本蚁群优化算法中，挥发系数被设置成常数，且每条边的挥发率相同。实际上，不一定每次每条边上的信息素都要挥发，各个边之间也应有所差别。例如，在

搜索开始的一段时间内，让所有边上的信息素的挥发程度较小或不挥发，以进行较快搜索；经过一段时间后，各条边上的信息素会有所不同，改变各条边上信息素的挥发率，扩大搜索范围，以期望得到最优解。一般情况下，信息素较大的边用于构造可行解的概率较高，但为了防止部分边上的信息素过大而限制搜索范围，这些边上的信息素应挥发快一些；为了避免某些边由于信息素过小而失去选择机会，这些边上的信息素应挥发慢一些。因此，下面提出一种根据各条边上信息素浓度大小自适应地调整挥发率大小的改进蚁群算法[27]。

自适应调整挥发系数的具体方法是：在算法的初始阶段，挥发系数 ρ 取为一个较小的定值（例如，$\rho=0.1$ 或0），使一些较优路径的边上的信息素快速得到增强；经过一段时间后，各条边上的信息素 τ_{ij}（$i\neq j$, $j=1, 2, \cdots, n$）将会不同，其最小值可取为 $\tau_{\min}=\min(\tau_{ij} \mid i\neq j, j=1, 2, \cdots, n)$，各边上挥发系数可取为 $\rho_{ij}=e^{-\tau_{\min}/\tau_{ij}}-e^{-1}$，通过这样的调整使得更多的边进入可行解域中。因此，ρ 的取值可表示为

$$\rho_{ij}=\begin{cases}0.1 \text{ 或 } 0 & (t\leqslant T)\\ e^{-\tau_{\min}/\tau_{ij}}-e^{-1} & (t>T)\end{cases} \tag{3.34}$$

式中：T 为阈值，决定开始根据信息素调整挥发程度的时间节点。

改进后算法的具体步骤如下：

步骤1 设置蚂蚁数量 m、信息素影响系数 α、启发信息影响系数 β、信息素常数 Q、循环次数 N_c、初始挥发系数 ρ_0、时间阈值 T 等参数，令 $t=1$，对算法进行初始化。

步骤2 随机选择每只蚂蚁的初始位置。

步骤3 计算每只蚂蚁 k 将要转移的位置，假设为 j，上一个位置假设为 i。

步骤4 更新禁忌表，重复步骤3，直至每只蚂蚁完成一次循环，并清空禁忌表。

步骤5 当 $t\leqslant T$ 时，转向步骤6，否则，转向步骤7。

步骤6 按 $\rho=\rho_0$ 更新每条边上的信息素，令 $t=t+1$，并转向步骤8。

步骤7 根据各条边上信息素的相对大小，按照式（3.33）计算 ρ_{ij}，并更新每条边上的信息素，令 $t=t+1$，并转向步骤8。

步骤8 如果 $t\leqslant N_c$，转向步骤2，否则，转向步骤9。

步骤9 输出优化结果。

3）惯性测量组合故障树诊断策略优化实例

综合考虑故障树最小故障割集的重要度和故障检测点的难易程度两个因素，利用前述提出的自适应蚁群优化算法确定故障诊断搜索的最优检测次序。

设故障树具有 n 个最小故障割集，即一个故障现象 P 对应 n 条故障检测路径（l_1, l_2, $\cdots$, l_n）和 n 个可能故障原因（R_1, R_2, $\cdots$, R_n）。第 i 条检测路径具有 m_i 个检测点（T_{im_1}, T_{im_2}, $\cdots$, T_{im_i}），通过分别检测第 i 条路径 l_i 便可确定第 i 个故障原因 R_i。

在综合考虑故障树最小故障割集的重要度和故障检测点的难易程度的情况下，对于某一选定的检测路径，可按检测难易程度由易至难的次序进行检测，而优化的关键问题是对 n 条检测路径的最优次序选择。

假设有一群蚂蚁在故障现象 P 处觅得食物，每一只蚂蚁可以选择 n 条路径中的一条 l_k 爬行回到自己的巢穴 R_k（$k=1, 2, \cdots, n$）。当蚂蚁爬过某一条路径时，会在该路径上留下一定量的信息素。往后的蚂蚁可以根据路径上的信息素浓度，并考虑各故障源的重要度因素，按照一定的概率选择路径。

设第 i 条路径 l_i 上第 j 个故障检测点 T_{ij} 的难易度为 d_{ij}（$i=1, 2, \cdots, n$; $j=1, 2, \cdots,$

m_i)。其中，$1 \leqslant d_{ij} \leqslant 10$，$d_{ij}$越大表示越难检测。由于若需要确定故障源 R_j，最多需要进行 m_i 次检测，最少只需要一次检测，故该路径检测的最大代价为：

$$\max(i) = \sum_{j=1}^{m_i} d_{ij} \tag{3.35}$$

最小代价为

$$\min(i) = \min(d_{i1}, d_{i2}, \cdots, d_{im_i}) \tag{3.36}$$

定义单位蚂蚁在该路径上释放的信息素为

$$\Delta Q(i) = \frac{Q}{\max(i) + \min(i)} \tag{3.37}$$

设 t 时刻第 i 条路径上信息素为 $\tau(t, i)$，该路径对应的故障源 R_i 的重要度为 $\eta(i)$，则 t 时刻蚁群对第 i 条路径 l_i 选择的概率为

$$p(t,i) = ([\tau(t,i)]^\alpha \times [\eta(i)]^\beta)/(\sum_{i=1}^{n}([\tau(t,i)]^\alpha \times [\eta(i)]^\beta)) \tag{3.38}$$

设 t 至 $t+1$ 时刻有 s 只蚂蚁选择通过第 i 条路径，则该路径信息素的增量为

$$\Delta\tau(i) = s \times \Delta Q(i) \tag{3.39}$$

故 $t+1$ 时刻第 i 条路径的信息素更新为

$$\tau(t+1,i) = (1-\rho) * \tau(t,i) + \Delta\tau(i) \tag{3.40}$$

通过一定规模的蚁群一段时间的爬行，最终蚁群总可以找到一条最优的回巢路径。因此可以根据各路径上蚁群留下的信息素决定故障检测时路径选择的优先次序。信息素越多，该路径在故障检测时优先级越高，从而实现检测次序的最优化。

各路径所对应故障源 R_i 的重要度 $\eta(i)$ 可由故障概率 $p(i)$ 计算而得，但其相对大小保持不变。因此，重要度 $\eta(i)$ 可直接取为故障概率 $p(i)$ 或经故障概率 $p(i)$ 变换而得。变换公式为

$$\eta(i) = 0.1 + \frac{p(i) - p_{\min}}{p_{\max} - p_{\min}} * 0.8 \tag{3.41}$$

以加速度计 Ax 的 X 通道故障树（如图 3.9 所示）为例，进行基于蚁群优化算法的故障树检测次序优化仿真试验。取不重复且最接近顶事件的故障树的 13 个底事件作为搜索的故障源，则该故障树具有 13 条检测路径 l_1，l_2，…，l_{13}，即 $n=13$。根据专家经验，各检测点的难易度的取值如表 3.11 所列。重要度值由表 3.9 中故障概率经式（3.41）变换而得。

表 3.11 各检测点的难易度

检测点	难易度	检测点	难易度	检测点	难易度
S_1	7	X_1	1	X_7	7
S_2	3	X_2	1	X_8	8
S_3	3	X_3	3	X_9	9
S_4	8	X_4	4	X_{10}	2
S_5	3	X_5	5	X_{11}	2
		X_6	6	X_{12}	10
				X_{13}	2

取蚁群大小为 26，$\alpha=0.2$，$\beta=0.5$，$\rho_0=0.1$，$N_c=500$，$Q=10$，$C=1$，$T=50$，经仿真

计算，最终各检测路径上的信息素浓度如表3.12所列。

表3.12 各路径信息素浓度

检测路径	最终信息素浓度	检测路径	最终信息素浓度
l_1	234.2658	l_8	222.6442
l_2	238.6753	l_9	223.0628
l_3	225.1595	l_{10}	223.3872
l_4	222.9113	l_{11}	226.3420
l_5	222.8254	l_{12}	225.0991
l_6	222.9668	l_{13}	223.6145
l_7	222.5952		

根据上述各故障源的检测路径上信息素浓度的大小，可以得到此故障树的最优检测次序如下：$l_2 \to l_1 \to l_{11} \to l_3 \to l_{12} \to l_{13} \to l_{10} \to l_9 \to l_6 \to l_4 \to l_5 \to l_8 \to l_7$。此试验结果与长期故障检测实践中的检测次序基本吻合，说明将改进的蚁群算法与故障树分析法相结合，能够很好地指导故障的快速搜索和定位。

3.3.3 基于蚁群算法优化的惯性测量组合相关矩阵诊断策略

1. 第一种改进的蚁群优化算法

1）算法改进

通过对蚂蚁巡游路径的逐步分析，在基本蚁群算法求解过程中，由于各条路径上的初始信息素相同，第一次循环中所创建的最优路径不能保证为全局最优路径，但随着正反馈机制的作用，使得信息素都积累在这条局部最优路径上，使得蚁群的搜索范围变小，算法容易出现停滞现象。此外，在蚂蚁一次巡游过程中，随着蚂蚁访问城市的增加，禁忌表 tabu_k 中的元素逐渐增加，而蚂蚁对于路径的选择越来越受到禁忌表的制约，后期的路径选择受转移概率的支配越来越小，路径选择的效果比前期的差。但是，这些非优路径同样进行了信息素的更新，因此弱化了信息素的正反馈作用。蚁群算法容易局部收敛的另一个原因是迭代后期路径上的信息素浓度相差过大，使得蚂蚁搜索空间越来越小，最后陷入局部最优解。特别是对于大规模TSP问题，问题更加明显。这些都是基本蚁群优化算法容易陷入局部最优的重要原因。

避免算法停滞及陷入局部最优的一个有效方法就是要增加解的多样性。分析发现，信息素之间的相对大小会直接影响城市之间的转移概率，从而影响解的质量。因此，增加解的多样性关键在于形成和保持一个合理的信息素分布，既充分利用正反馈机制加快搜索，又尽可能地扩大算法的搜索范围。基于此，下面在考虑改进蚁群算法时，提出了以下3个改进措施，包括括 α、β 参数动态调整策略、信息素压缩策略和拥挤度自适应调整[13]。

（1）α、β 参数动态调整策略。α 和 β 两个参数分别决定了信息素和启发信息对蚂蚁决策的相对重要性。在基本蚁群算法中，α 和 β 是常数；而在路径规划问题中，由于蚂蚁可经过的路径很多（n 个城市之间的路径有 $(n-1)!/2$ 条），很难保证每两个城市之间的路径都能获得信息素。因此，α 和 β 应该随着循环次数的增加而做相应的调整，具体策略如下：

$$\alpha = \begin{cases} \dfrac{\alpha_0 t}{t_p} & (0 \leqslant t < t_p) \\ \alpha_1 & (t_p \leqslant t < T) \end{cases} \tag{3.42}$$

$$\beta = \begin{cases} \frac{\beta_0 t_p - \beta_1 t}{t_p} (0 \leqslant t < t_p) \\ \beta_1 \qquad (t_p \leqslant t \leqslant T) \end{cases} \tag{3.43}$$

式中：t_p 为临界循环次数；α_0，α_1，β_0，β_1 分别为 α 和 β 初始值和最终值。在 t_p 之前，由于各条路径上的信息量较少，蚂蚁寻路过程中的主导因素为启发式因素，这样能使更多的路径获得信息素，α 值随循环次数增加线性递增，β 值随循环次数增加线性递减；在 t_p 之后，蚂蚁寻路过程中的主导因素变为信息素因素，α 和 β 值均为常数。

（2）信息素压缩策略。为了解决算法迭代后期路径上的信息素浓度相差过大问题，Stutzle 等[28]提出了最大－最小蚂蚁系统，通过在算法中设置信息素浓度上限 τ_{max} 和下限 τ_{min}，抑制信息素浓度相差过大的情况。但是，如果 τ_{max} 设置过大或者 τ_{min} 设置过小，仍然会导致信息素浓度相差过大；如果 τ_{max} 设置过小或者 τ_{min} 设置过大，会使得优势路径上的信息素浓度都等于 τ_{max}，较差路径上的信息素浓度都等于 τ_{min}，从而失去信息素的区分作用，算法趋近于随机算法，不利于算法收敛。为了弥补这一缺陷，付治政等[29]提出了一种压缩信息素浓度的方法，但其算法需要对信息素浓度分段考虑，并且采用的分段参数不容易控制，且不能保证压缩后信息素的顺序。

这里采用一种信息素压缩方法[30]，既能保持信息素浓度的小顺序，又能避免浓度相差过大。算法中只设置一个信息素浓度下限 τ_{min}，不设置信息素浓度上限 τ_{max}。当路径上的最大信息素浓度 max（τ）和最小信息素浓度 min（τ）的比值大于固定阈值 R 时，所有路径上的信息素执行以下压缩操作：

$$\tau_{ij} = \tau_{min} \cdot (1 + \log_2(\tau_{ij}/\tau_{min})) \tag{3.44}$$

经过压缩以后，各路径上的信息素浓度顺序仍保持不变，但是比值被大幅减小，有利于为下一次迭代提供均等的机会。

（3）拥挤度自适应调整。拥挤度一词来自于鱼群算法[31]中描述人工鱼聚群行为某一位置拥挤程度的一个概念。蚂蚁按照式（3.28）计算出城市间的转移概率时，并不会考虑下一个城市蚂蚁的数目，如果当前城市的蚂蚁数目较大，释放的信息素会增多，影响后续蚂蚁自主随机地选择移动路线。城市 i 与城市 j 之间蚂蚁的拥挤度 q_{ij} 定义为

$$q_{ij} = 2\tau_{ij}(t) \Big/ \sum_{i \neq j} \tau_{ij}(t) \tag{3.45}$$

如果 q_{ij} 较小，则表明路径不太拥挤，从增加算法遍历寻优能力出发，蚂蚁应该在同等转移概率下选择这条路径；否则，表示该路径过于拥挤，蚂蚁应该在可行邻域内重新选择一条路径。可以将路径的拥挤度添加到位置转移概率公式中，改进后的位置转移概率计算由式（3.28）变为

$$P_{ij}^k(t) = \begin{cases} \sigma * \frac{\tau_{ij}^{\alpha}(t)\eta_{ij}^{\beta}(t)}{\sum\limits_{s \in \text{allowed}_k} \tau_{is}^{\alpha}(t)\eta_{is}^{\beta}(t)} + (1-\sigma) * e^{-q_{ij}} & (j \in \text{allowed}_k) \\ 0 & (\text{其他}) \end{cases} \tag{3.46}$$

式中，σ 为信息素和启发因子在转移概率中的影响权重；$1-\sigma$ 为拥挤度在转移概率中的影响权重。

改进后蚁群算法的具体步骤如下：

步骤 1 设置蚂蚁数量 M 、信息素影响系数 α 、启发信息影响系数 β 、信息素常数 Q 、循环次数 T 、信息素浓度下限 $t_{\min}$ 、固定阈值 R 、挥发系数 ρ 、临界循环次数 t_p 、α 和 β 的初始值和最终值（ α_0 、α_1 、β_0 、β_1 ）等参数，令 $t = 1$ ，对算法进行初始化。

步骤 2 随机选择每只蚂蚁的初始位置，信息素影响系数 α 和启发信息影响系数 β 按照式（3.42）和式（3.43）动态调整。

步骤 3 计算每只蚂蚁 k 将要转移的位置，假设为 j ，上一个位置假设为 i ，按照式（3.45）和式（3.46）计算位置转移概率。

步骤 4 更新禁忌表，重复步骤 3，直至每只蚂蚁完成一次循环，并清空禁忌表。

步骤 5 更新每条路径上的信息素，并按照式（3.44）判断是否要进行信息素压缩。

步骤 6 如果 $t \leqslant T$ ，转向步骤 2，否则，转向步骤 7。

步骤 7 输出优化结果，并退出循环。

2）诊断策略优化实现过程

在利用改进蚁群算法进行诊断策略优化时，将每个测试 t_i 都视为蚂蚁途经的一个节点，那么测试 $t_i \rightarrow t_j$ 就可形成供蚂蚁移动的一条路径，当蚂蚁遍历完所有测试后就能生成一个完整的测试执行顺序，即诊断策略。可以看出，诊断策略优化问题与 TSP 问题极为类似，首先将蚂蚁随机放置于各个测试上，然后通过计算转移概率选择每只蚂蚁下一步需要途经的测试，这样直至每只蚂蚁无重复地遍历完最小完备测试集中的所有测试，即可形成一组测试执行顺序。在每次循环结束后，记录所有蚂蚁形成的测试顺序中最优的一组顺序，循环完设定的次数后便可得到一组最优的诊断策略。

（1）状态转移规则。初始时刻，各条路径上的信息素量相等，设 $\tau_{ij}(0) = C$（ C 为常数）。蚂蚁 k（ $k = 1,2,\cdots,M$ ）在运动过程中根据各条路径上的信息素量决定转移方向。在 t 时刻，蚂蚁 k 由测试 i 选择移动到 j 的转移概率 $P_{ij}^k(t)$ 为

$$P_{ij}^k(t) = \begin{cases} \sigma * \dfrac{[\tau(i,j)]^\alpha \times [\eta(j)]^\beta}{\left(\sum\limits_{s \in \text{allowed}_k} ([\tau(i,s)]^\alpha \times [\eta(s)]^\beta)\right)} + (1-\sigma) * \mathrm{e}^{-q_{ij}} (j \in \text{allowed}_k) \\ 0 \quad (\text{其他}) \end{cases} \tag{3.47}$$

式中：$\eta(j)$ 为第 j 个测试的启发信息，可以取为该测试难易度量化值的倒数；参数 α 和 β 体现了信息素和启发信息对蚂蚁决策的相对重要性，按照式（3.42）和式（3.43）动态调整；$\text{allowed}_k = \{1,2,\cdots,n\} - \text{tabu}_k$ 为蚂蚁 k 下一步允许选择的测试。与真实蚁群不同，人工蚁群具有一定的记忆功能，tabu_k（ $k = 1,2,\cdots,m$ ）为禁忌表，用以记录蚂蚁 k 以前所走过的城市，集合 tabu_k 随着蚂蚁运动做动态调整。σ 为依据信息素和启发信息在转移概率中的影响权重；q_{ij} 为路径（i,j）的拥挤度，$1 - \sigma$ 为拥挤度在转移概率中的影响权重，按照式（3.45）可以调整为

$$q_{ij} = 2\tau(i,j) \Big/ \sum_{i \neq j}^{n} \tau(i,j) \tag{3.48}$$

（2）信息素更新。信息素的更新按照式（3.29）、式（3.30）和式（3.39）进行。

$$\Delta\tau_{ij}^k = \sum_{i=1}^{n} c_i \Big/ J_k \tag{3.49}$$

式中：$\Delta\tau_{ij}^{k}$ 为蚂蚁 k 在本次循环中路径（i,j）的信息素增量；$\sum_{i=1}^{n} c_i$ 为所有测试点的测试费用的总和，是个常数；J_k 为测试序列成本函数。根据蚂蚁 k 完成一次循环确定的测试执行顺序 L_k，由 L_k 获得诊断树的隔离矩阵 $\boldsymbol{FI}_k$。依据式（3.26），可以得到其成本函数为

$$J_k = \sum_{i=1}^{m} \sum_{j=1}^{n} (a_{ij} \cdot c_j \cdot p_i) \tag{3.50}$$

式中：m 为故障源总数；a_{ij} 为 $\boldsymbol{FI}_k$ 中各元素的值。当路径上的最大信息素浓度 $\max(\tau(i,j))$ 和最小信息素浓度 $\min(\tau(i,j))$ 的比值大于固定阈值 R 时，所有路径上的信息素按照式（3.44）执行压缩操作。

3）相关矩阵的简化

3.2.4 节利用 MDHBPSO 算法优化得到某型惯性测量组合多信号模型最优测试集和故障源间的相关矩阵，如表 3.13 所列。表中的 $f_1 \sim f_{20}$ 是 IMU 中定义的 20 个 SRU 级故障源，$t_1 \sim t_{16}$ 是优化后的测试集。为了减少计算的工作量及识别冗余测试点和故障隔离的模糊组，以故障 - 测试相关 $\boldsymbol{D}_{m\times n}$ 矩阵为基础，首先对相关矩阵按照下面 3 条规则进行简化[32]：

（1）找出相关 $\boldsymbol{D}_{m\times n}$ 矩阵中全为 0 的行，这表示该行所代表的故障未被任何信号检测，因此，可在矩阵中去掉该行。

（2）比较相关 $\boldsymbol{D}_{m\times n}$ 矩阵中各列 $\boldsymbol{ST}$。如果有 $ST_i = ST_j$，且 $i \neq j$，即有两个以上的信号所检测的故障完全相同，则对应的信号测试 ST_i 和 ST_j 互为冗余测试，只需选用其中容易实现和测试费用少的一个即可，在多信号模型的计算过程中可以作为一个测试信号使用。所以，在 $\boldsymbol{D}_{m\times n}$ 矩阵中只保留一个冗余信号检测对应的列。

（3）比较相关 $\boldsymbol{D}_{m\times n}$ 矩阵中各行 $\boldsymbol{F}$，如果有 $F_i = F_j$，且 $i \neq j$，即有两个以上的故障被相同的信号所检测，则所涉及的各个故障间是不可区分的。对于无法区别的故障，在进行故障隔离时，可作为一个故障模糊组处理。因此，在 $\boldsymbol{D}_{m\times n}$ 矩阵中合并这些相同的行为一行。

经过上述处理之后，往往能够简化 $\boldsymbol{D}_{m\times n}$ 矩阵的行数与列数，有助于制定简单有效的诊断策略。通过比对上述相关矩阵简化规则，表 3.13 所列矩阵没有全 0 行，没有相同的行和列，已经是最简化的矩阵，说明了测试集优化结果的有效性。

表 3.13 IMU 故障 - 测试相关矩阵

故障状态	测试编号															
	t_1	t_2	t_3	t_4	t_5	t_6	t_7	t_8	t_9	t_{10}	t_{11}	t_{12}	t_{13}	t_{14}	t_{15}	t_{16}
f_1	0	0	0	0	0	0	0	0	0	0	0	**1**	0	0	0	0
f_2	0	0	0	0	0	0	0	0	0	0	**1**	0	0	0	0	0
f_3	0	0	0	0	0	0	0	0	0	0	0	0	0	**1**	0	0
f_4	0	0	0	0	0	0	0	0	0	0	0	0	0	0	**1**	0
f_5	0	0	0	0	0	0	0	0	0	0	0	0	0	0	0	**1**
f_6	0	0	0	0	0	0	0	0	0	0	**1**	**1**	**1**	**1**	**1**	**1**
f_7	0	0	0	0	0	0	0	0	0	0	0	0	**1**	**1**	0	0

（续）

故障状态	测试编号															
	t_1	t_2	t_3	t_4	t_5	t_6	t_7	t_8	t_9	t_{10}	t_{11}	t_{12}	t_{13}	t_{14}	t_{15}	t_{16}
f_8	0	0	0	0	0	0	**1**	0	0	0	0	0	0	**1**	0	0
f_9	0	0	0	0	0	0	0	**1**	0	0	0	0	0	0	**1**	0
f_{10}	0	0	0	0	0	0	0	0	**1**	0	0	0	0	0	0	**1**
f_{11}	0	0	0	0	0	0	0	0	0	**1**	0	0	0	0	0	0
f_{12}	0	**1**	0	0	0	0	0	0	0	0	0	0	0	0	0	0
f_{13}	0	0	**1**	0	0	0	0	0	0	0	0	0	0	0	0	0
f_{14}	**1**	**1**	0	0	0	0	0	0	0	0	0	0	0	0	0	0
f_{15}	0	0	**1**	0	0	0	0	0	0	0	0	**1**	**1**	**1**	0	0
f_{16}	**1**	**1**	**1**	**1**	0	0	0	0	0	0	0	0	0	0	0	0
f_{17}	0	0	0	0	**1**	0	0	0	0	0	0	0	0	0	0	0
f_{18}	**1**	**1**	**1**	0	0	0	0	0	0	0	0	0	0	0	0	0
f_{19}	0	0	0	0	0	**1**	0	0	0	0	0	0	0	0	0	0
f_{20}	0	0	0	0	**1**	**1**	0	0	0	**1**	**1**	**1**	**1**	**1**	**1**	**1**

4）诊断策略优化实例

以上述 IMU 为例，利用本节提出的改进蚁群算法进行诊断策略优化。由最小完备测试集 $T=(t_1,t_2,\cdots,t_{16})$ 和故障源（$f_1 \sim f_{20}$）构成的相关矩阵 $\boldsymbol{FT}$ 如表 3.13 所列，简化后矩阵不变。假设每个测试为可靠测试，每一个测试的费用均为 1，根据专家经验，各个测试的难易度量化值如表 3.14 所列。根据大量故障统计资料和专家打分数据得到各故障源发生概率如表 3.15 所列。

表 3.14　测试难易度量化值

测试点	t_1	t_2	t_3	t_4	t_5	t_6	t_7	t_8	t_9	t_{10}	t_{11}	t_{12}	t_{13}	t_{14}	t_{15}	t_{16}
难易度	7	3	3	6	2	8	5	3	9	5	4	2	6	1	2	5

表 3.15　故障源发生概率

故障源	f_1	f_2	f_3	f_4	f_5	f_6	f_7	f_8	f_9	f_{10}
概率	0.002	0.003	0.009	0.002	0.005	0.004	0.001	0.004	0.007	0.002
故障源	f_{11}	f_{12}	f_{13}	f_{14}	f_{15}	f_{16}	f_{17}	f_{18}	f_{19}	f_{20}
概率	0.003	0.008	0.006	0.025	0.002	0.001	0.007	0.007	0.001	0.001

为了直观比较，这里分别用基本蚁群算法和改进蚁群算法对 IMU 制定诊断策略。模型参数

为 $M = 20$，$\alpha = 1$，$\beta = 4$，$\alpha_0 = 1.2$，$\alpha_1 = 0.8$，$\beta_0 = 5$，$\beta_1 = 3$，$\rho = 0.1$，$T = 100$，$\tau_{\min} = 1$，$R = 12$，$t_p = 30$，$\sigma = 0.7$。经仿真计算，改进蚁群算法最优结果值为［2　3　16　14　15　12　5　11　8　9　7　10　13　4　6　1］，即测试执行顺序为：$t_2 \to t_3 \to t_{16} \to t_{14} \to t_{15} \to t_{12} \to t_5 \to t_{11} \to t_8 \to t_9 \to t_7 \to t_{10} \to t_{13} \to t_4 \to t_6 \to t_1$，其平均测试成本为 0.5137。而基本蚁群算法的最优结果为［2　16　14　15　5　13　12　8　10　3　7　11　1　6　4　9］，平均测试成本为 0.5376。

图 3.11 所示为两种算法中所有蚂蚁各代平均测试成本进化曲线，图 3.12 所示为两种算法各代最优测试成本进化曲线。从图 3.11 和图 3.12 可以看出，基本蚁群算法在迭代后期由于信息素浓度差太大，蚂蚁趋于固定路径搜索，容易陷入局部最优；而改进蚁群算法采用参数动态调整、信息素压缩和拥挤度自适应调整策略，能够使信息素分布更加合理，随机搜索和正反馈作用贯穿整个过程，算法可以较好地跳出局部最优解，继续在解空间内进行搜索以获得更优解。

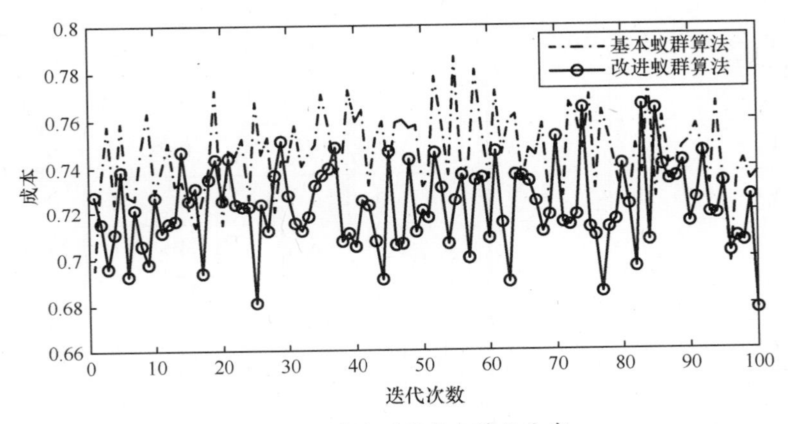

图 3.11　平均测试成本进化曲线

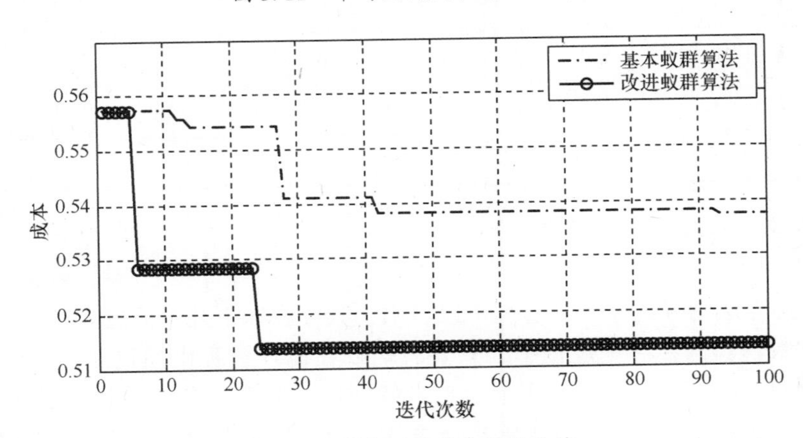

图 3.12　最优测试成本进化曲线

诊断策略的制定是以测试的结果为驱动的，当已知被测对象存在故障，可以用优选的测试集进行故障隔离。表 3.16 所列为经改进蚁群算法优化得到的 IMU 的故障隔离矩阵 $\boldsymbol{FI}$，矩阵 $\boldsymbol{FI}$ 的行分别代表 20 个 SRU 级故障源中第 i 个故障源，矩阵 $\boldsymbol{FI}$ 的列代表 MDHBPSO 优化后的测试集，已经按照蚁群优化算法优化后的诊断策略，即测试执行顺序重新排序。矩阵 $\boldsymbol{FI}$ 的元素 $FI_{ij} = 1$ 表示隔离第 i 个故障源需要执行矩阵 $\boldsymbol{FI}$ 中第 j 列对应的测试。

表 3.16　IMU 故障隔离矩阵 ***FI***

	t_2	t_3	t_{16}	t_{14}	t_{15}	t_{12}	t_5	t_{11}	t_8	t_9	t_7	t_{10}	t_{13}	t_4	t_6	t_1
f_1	1	1	1	1	1	1	0	0	0	0	0	0	0	0	0	0
f_2	1	1	1	1	1	1	1	1	0	0	0	0	0	0	0	0
f_3	1	1	1	1	0	0	0	0	0	0	1	0	1	0	0	0
f_4	1	1	1	1	1	0	0	0	1	0	0	0	0	0	0	0
f_5	1	1	1	1	0	0	0	0	0	1	0	0	0	0	0	0
f_6	1	1	1	1	0	0	1	0	0	0	0	0	0	0	0	0
f_7	1	1	1	1	0	0	0	0	0	0	1	0	1	0	0	0
f_8	1	1	1	1	0	0	0	0	0	0	1	0	0	0	0	0
f_9	1	1	1	1	1	0	0	0	1	0	0	0	0	0	0	0
f_{10}	1	1	1	1	0	0	0	0	0	1	0	0	0	0	0	0
f_{11}	1	1	1	1	1	1	1	1	0	0	0	1	0	0	0	0
f_{12}	1	1	0	0	0	0	0	0	0	0	0	0	0	0	0	1
f_{13}	1	1	0	1	0	0	0	0	0	0	0	0	0	0	0	0
f_{14}	1	1	0	0	0	0	0	0	0	0	0	0	0	0	0	1
f_{15}	1	1	0	1	0	0	0	0	0	0	0	0	0	0	0	0
f_{16}	1	1	0	0	0	0	0	0	0	0	0	0	0	1	0	0
f_{17}	1	1	1	1	1	1	1	0	0	0	0	0	0	0	0	0
f_{18}	1	1	0	0	0	0	0	0	0	0	0	0	0	1	0	0
f_{19}	1	1	1	1	1	1	1	1	1	1	1	1	0	0	0	0
f_{20}	1	1	1	1	0	0	1	0	0	0	0	0	0	0	1	0

2. 第二种改进的蚁群优化算法

1）算法改进

从基本蚁群算法的寻优原理和过程可以看出，其存在以下几个问题：

（1）基本蚁群算法在寻优过程中，只要有蚂蚁在循环过程中通过路径（i,j），都会按照式（3.29）调整该路径的信息素，引起信息素的增加，然而，实际中并非所有通过该路径的解都是最优解，这种信息素均匀分配策略会造成大量无效的搜索，致使收敛速度变慢和出现停滞现象而容易陷入局部最优解。

（2）如式（3.28）所示，α、β 两个参数在基本蚁群算法中都是预先设定的常数，且在整个循环过程中保持不变，α 代表着信息素在选择下一节点时的重要程度，α 值越大，蚂蚁选择以前经过的路径的概率就越大，但过大会使搜索过早陷于局部最优解；β 代表着启发性信息的重要程度，β 值越大，蚂蚁选择离它近的城市的概率就越大。从信息素和启发性信息在循环过程中的作用来看，在循环刚开始时，由于路径中信息素较低，此时蚂蚁选择路径应以启发性信息影响为主；随着循环次数的增加，各条路径上累积的信息量差别逐渐明显，此时蚂蚁选择路径则应以信息量影响为主。

（3）在预设循环次数内，每次循环各蚂蚁都是重复的沿着累积信息素浓度最高的路径运动，且每次循环都要重新遍历整个新路径，这导致计算的时间过长且收敛较慢。

结合上述分析的3点问题，借鉴已有改进算法的优点并针对存在的不足，本节提出一种带记忆自适应混沌蚁群算法[33]，对基本蚁群算法从3个方面进行改进：

（1）信息素的混沌扰动。通过在信息素浓度更新过程中引入混沌扰动，增加解的多样性，增强算法跳出局部最优解的能力。这里选择典型的Logistic映射混沌加入扰动，其迭代式为

$$x_{i+1} = \mu x_i(1 - x_i) \tag{3.51}$$

式中：μ 为控制参量，当 $\mu \geqslant 4, 0 \leqslant x_0 \leqslant 1$ 时，Logistic进入完全混沌状态，这里取 $\mu = 4$ 。

则加入混沌扰动后，信息素更新式（3.29）变为

$$\tau_{ij}(t + n) = (1 - \rho) \cdot \tau_{ij}(t) + \Delta\tau_{ij} + \lambda x_{ij} \tag{3.52}$$

式中：x_{ij} 为混沌变量；λ 为调节系数。

（2）动态调整 α 和 β 的取值。根据循环次数自适应动态调整参数 α 和 β 的取值，提高算法收敛速度及解的质量。调整方式如式（3.53）和式（3.54）所示。

$$\alpha = \begin{cases} \dfrac{\alpha_0 t}{t_b} & (0 \leqslant t < t_b) \\ \alpha_1 & (t_b \leqslant t < T) \end{cases} \tag{3.53}$$

$$\beta = \begin{cases} \dfrac{\beta_0 t_b - \beta_1 t}{t_b} & (0 \leqslant t < t_b) \\ \beta_1 & (t_b \leqslant t \leqslant T) \end{cases} \tag{3.54}$$

式中：t_b 为预设的循环次数阈值；α_0，α_1，β_0，β_1 分别为 α 和 β 的初值和最终值。在循环次数未达到 t_b 之前，由于各条路径上的累积的信息量较少，蚂蚁在选择路径时的主导因素以启发信息为主，以使更多的路径获得信息素增加的机会，随着循环次数的增加，α 逐渐变大，β 则逐渐减小；循环次数达到 t_b 之后，各路径上累积的信息量出现明显差异，蚂蚁选择路径时的主导因素变为信息素，α 和 β 保持不变。

（3）引入记忆搜索策略。每只蚂蚁在选择路径时除考虑信息素和启发信息外，还考虑上一次循环已找到的路径信息，保证本次选择的路径结果不会变差。

记忆搜索策略的原理如下：

步骤1 当一次循环完成后，每只蚂蚁将当前最优解作为储备解，如对5个城市一次循环完毕后蚂蚁的储备解 MS：4→2→1→3→5→4，路径长度为 L_{MS}。

步骤2 开始下一次循环过程，对第 k 只蚂蚁，首先随机选择初始出发点，如3，然后按照式（3.28）选择下一个节点，如4，则此时第 k 只蚂蚁选择的路径为3→4，发现其与储备解不一致（储备解中为3→5），那么按照新路径调整储备解中节点顺序形成临时解 TS：3→4→5→2→1→3，比较临时解与储备解的路径长度，若 $L_{TS} < L_{MS}$，则认为临时解 TS 为蚂蚁本次循环的最优解，并用其替换当前储备解 MS，循环结束，转入下一次循环；若 $L_{TS} > L_{MS}$，则继续根据式（3.28）选择下一个节点，如3→4→1，那么重新调整得到 TS 为：3→4→1→2→5→3，并与储备解进行比较，而如果此时选择的下一节点为5，即路径为3→4→5，与临时解

一致，则直接按式（3.28）选择下一节点并继续，如此直到路径长度小于 L_{MS} 或者遍历完所有节点；

步骤3 当未达到规定的循环次数时，更新储备解，转入步骤2继续寻优过程。

通过上述3个方面的改进，可有效减少每只蚂蚁在循环过程中的盲目性，同时避免陷入局部最优解及后期求解结果变差的问题，提高了蚁群算法的鲁棒性和收敛速度。

综上所述，提出的带记忆自适应混沌蚁群算法的寻优步骤如下：

步骤1 初始化参数，设置蚂蚁数量 M 、信息素和启发信息的权重系数初值和最终值 α_0 、α_1 、β_0 、β_1 、信息素常数 Q 、循环次数 T 、循环次数阈值 t_b 、挥发系数 ρ ，混沌扰动系数 λ ，令 $t = 1$ 。

步骤2 每只蚂蚁随机选择出发位置，α 和 β 根据式（3.53）和式（3.54）进行动态调整。

步骤3 根据式（3.28）计算每只蚂蚁在当前位置 i 选择下一步可能途经位置的转移概率，将转移概率最大的位置作为蚂蚁转移的目标位置。

步骤4 随着进化过程即时更新禁忌表，并不断重复步骤3，直到所有蚂蚁均完成一次循环过程，记录本次循环中各蚂蚁找到的路径结果并清空禁忌表。

步骤5 按照式（3.52）对各条路径上的信息素进行调整。

步骤6 如果 $t < T$ ，则令 $t = t + 1$ ，并按照前述（3）引入记忆搜索策略中记忆搜索的步骤进行，否则，转向步骤步骤7。

步骤7 循环结束，输出最优路径结果。

在利用改进蚁群算法进行诊断策略优化时，将每个测试 t_i 都视为蚂蚁途经的一个节点，那么测试 $t_i \rightarrow t_j$ 就可形成供蚂蚁移动的一条路径，当蚂蚁遍历完所有测试后就能生成一个完整的测试执行顺序，即诊断策略。可以看出，诊断策略优化问题与TSP问题极为类似，首先将蚂蚁随机放置于各个测试上，然后通过计算转移概率选择每只蚂蚁下一步需要途经的测试，这样直至每只蚂蚁无重复地遍历完最小完备测试集中的所有测试，即可形成一组测试执行顺序。在每次循环结束后，记录所有蚂蚁形成的测试顺序中最优的一组顺序，循环完设定的次数后便可得到一组最优的诊断策略。

2）诊断策略优化的实现过程

在TSP问题中，以最短路径长度作为目标函数来衡量蚂蚁选择路径的优劣，只需把蚂蚁经过的路径长度相加，选择长度最短对应的路径即可。而在诊断策略优化中，一般以完成测试过程所需成本作为目标函数，需要考虑各测试的费用、故障模块的故障率等影响，因此构造的成本函数为

$$\mathrm{TC} = \sum_{i=1}^{m}\sum_{j=1}^{n}(a_{ij} \cdot c_j \cdot p_i) \tag{3.55}$$

式中：m 为测试总数；n 为故障源数目；$(p_1, p_2, \cdots, p_m)$ 分别为各故障模块的故障率；$(c_1, c_2, \cdots, c_n)$ 分别为最小完备测试集 T 中各测试所需的费用；a_{ij} 为第 k 只蚂蚁一次循环结束生成的隔离矩阵 $\boldsymbol{FI}_k$ 中的元素。

那么通过比较每次循环后各蚂蚁根据式（3.55）得到的测试成本的大小，选择其中测试成本最小的作为当次的最优测试顺序，经过若干次循环，最终就可以得到一组最优的测试顺序。整个循环过程按照3.2.2节带记忆自适应混沌蚁群算法的步骤完成，下面对几个参数的设置进行说明。

（1）转移概率规则。在TSP问题中，按照式（3.28）计算转移概率时，启发性信息为

$\eta_{ij}=1/d_{ij}$，d_{ij} 为 (i,j) 之间的距离，而在诊断策略优化中将其重新定义为 $\eta(j)=1/f_j$，f_j 为测试点 j 的难易度，一般根据专家经验确定。则在诊断策略优化中式（3.28）可表示为

$$p_{ij}^{k}(t)=\begin{cases}\dfrac{\tau_{ij}^{\alpha}(t)\eta^{\beta}(j)}{\sum\limits_{s\in \text{allowed}_k}\tau_{is}^{\alpha}(t)\eta^{\beta}(s)} & (j\in \text{allowed}_k)\\ 0 & (\text{其他})\end{cases} \tag{3.56}$$

（2）信息素更新规则。在 TSP 问题中，信息素更新按照式（3.30）、式（3.31）及式（3.52）完成，其中在式（3.31）中，有

$$\Delta\tau_{ij}^{k}=\begin{cases}Q/L_k & (\text{第 } k \text{ 只蚂蚁通过}(i,j)\text{ 路径})\\ 0 & (\text{其他})\end{cases}$$

式中：$\Delta\tau_{ij}^{k}$ 为第 k 只蚂蚁在本次循环中在路径 (i,j) 上释放的信息素量，L_k 为其途经的路径长度。而在诊断策略优化中，将 $\Delta\tau_{ij}^{k}$ 重新定义为

$$\Delta\tau_{ij}^{k}=\sum_{i=1}^{n}c_i\Big/TC_k \tag{3.57}$$

式中：$\sum\limits_{i=1}^{n}c_i$ 为所有测试所需的总费用，设为常数；TC_k 为第 k 只蚂蚁遍历完所有测试所需的测试成本，通过式（3.55）计算得到。

3）惯性测量组合模块级诊断策略优化

选择第 2 章某型惯性测量组合为对象，利用这里提出的改进蚁群算法进行诊断策略优化。建立的惯性测量组合多信号模型中共包括 SRU 级故障模块 96 个，以及 86 个测试，通过设置满足测试性大纲要求的故障检测率与隔离率指标，3.2.5 节通过诊断集优化得到了该惯性测量组合的最小完备测试集，测试数目减少到 66 个。在获取最小完备测试集基础上，就可以利用本节提出的带记忆自适应混沌蚁群算法来实现惯性测量组合诊断策略的优化。成本函数按照式（3.55）构造，以各测试的难易度来代替测试费用指标。根据积累的专家经验，该型惯性测量组合中各个测试的难易度量化值如表 3.17 所列，各模块故障率如表 3.18 所列。

表 3.17　最小完备测试集中各测试的难易度

测试点	t_1	t_2	t_3	t_4	t_5	t_6	t_7	t_8	t_9	t_{10}	t_{11}	t_{12}	t_{13}	t_{14}	t_{15}
难易度	1	3	5	2	5	4	8	2	7	5	9	4	3	8	2
测试点	t_{16}	t_{17}	t_{18}	t_{19}	t_{20}	t_{21}	t_{22}	t_{23}	t_{24}	t_{25}	t_{26}	t_{27}	t_{28}	t_{29}	t_{30}
难易度	6	4	9	4	7	2	5	6	2	5	4	1	1	3	7
测试点	t_{31}	t_{32}	t_{33}	t_{34}	t_{35}	t_{36}	t_{37}	t_{38}	t_{39}	t_{40}	t_{41}	t_{42}	t_{43}	t_{44}	t_{45}
难易度	5	8	9	2	7	6	9	1	3	9	2	4	8	5	7
测试点	t_{46}	t_{47}	t_{48}	t_{49}	t_{50}	t_{51}	t_{52}	t_{53}	t_{54}	t_{55}	t_{56}	t_{57}	t_{58}	t_{59}	t_{60}
难易度	6	4	9	1	7	5	1	1	3	9	6	5	4	6	5
测试点	t_{61}	t_{62}	t_{63}	t_{64}	t_{65}	t_{66}									
难易度	9	1	3	9	8	3									

表 3.18 各故障模块的故障发生率

故障源	f_1	f_2	f_3	f_4	f_5	f_6	f_7	f_8	f_9
概率	0.0023	0.0027	0.0036	0.0043	0.0068	0.0059	0.0017	0.0042	0.0057
故障源	f_{10}	f_{11}	f_{12}	f_{13}	f_{14}	f_{15}	f_{16}	f_{17}	f_{18}
概率	0.009	0.0048	0.0057	0.0018	0.0045	0.0011	0.0008	0.0035	0.0079
故障源	f_{19}	f_{20}	f_{21}	f_{22}	f_{23}	f_{24}	f_{25}	f_{26}	f_{27}
概率	0.0088	0.0045	0.0012	0.0059	0.0044	0.0089	0.0091	0.0057	0.0045
故障源	f_{28}	f_{29}	f_{30}	f_{31}	f_{32}	f_{33}	f_{34}	f_{35}	f_{36}
概率	0.0013	0.0014	0.0022	0.0047	0.0046	0.0079	0.0076	0.0072	0.0027
故障源	f_{37}	f_{38}	f_{39}	f_{40}	f_{41}	f_{42}	f_{43}	f_{44}	f_{45}
概率	0.0017	0.0015	0.0063	0.0031	0.0079	0.0047	0.0022	0.0041	0.0016
故障源	f_{46}	f_{47}	f_{48}	f_{49}	f_{50}	f_{51}	f_{52}	f_{53}	f_{54}
概率	0.0029	0.0077	0.0058	0.0064	0.0043	0.0017	0.0046	0.0042	0.0081
故障源	f_{55}	f_{56}	f_{57}	f_{58}	f_{59}	f_{60}	f_{61}	f_{62}	f_{63}
概率	0.0090	0.0059	0.0052	0.0034	0.0041	0.0074	0.0078	0.0024	0.0016
故障源	f_{64}	f_{65}	f_{66}	f_{67}	f_{68}	f_{69}	f_{70}	f_{71}	f_{72}
概率	0.0038	0.0025	0.0067	0.0049	0.0018	0.0052	0.0034	0.0069	0.0062
故障源	f_{73}	f_{74}	f_{75}	f_{76}	f_{77}	f_{78}	f_{79}	f_{80}	f_{81}
概率	0.0028	0.0036	0.0041	0.0019	0.0057	0.0098	0.0043	0.0034	0.0046
故障源	f_{82}	f_{83}	f_{84}	f_{85}	f_{86}	f_{87}	f_{88}	f_{89}	f_{90}
概率	0.0027	0.0064	0.0028	0.0045	0.0073	0.0056	0.0071	0.0084	0.0039
故障源	f_{91}	f_{92}	f_{93}	f_{94}	f_{95}	f_{96}			
概率	0.0047	0.0023	0.0035	0.0026	0.0087	0.0036			

为了对优化结果进行比较，仍然选择基本蚁群算法、Max - Min 蚁群算法和这里的带记忆自适应混沌蚁群算法进行惯性测量组合的诊断策略优化。算法中的模型参数分别设为：$M=66$，$\alpha=2$，$\beta=4$，$\alpha_0=1.2$，$\alpha_1=0.8$，$\beta_0=5$，$\beta_1=3$，$\rho=0.1$，$T=100$，$\lambda=0.4$，$t_p=30$。基本蚁群算法优化结果为：12→14→10→36→17→2→22→13→37→28→30→1→41→48→24→51→49→50→38→43→27→40→21→42→46→39→55→53→56→52→54→60→58→61→47→57→26→32→29→33→6→7→3→23→5→11→8→18→4→9→35→16→45→31→64→62→66→63→65→59→34→44→15→25→19→20，最优测试成本为 8.2535；最大最小蚁群算法优化结果为：23→15→1→16→8→14→2→66→28→38→40→27→49→62→53→52→60→34→46→21→47→4→50→12→33→24→39→44→41→54→61→57→29→31→13→32→17→25→6→20→19→59→51→26→64→63→65→58→7→5→35→22→56→3→43→42→55→36→45→10→18→9→30→37→11→48，最优测试成本为 8.3405；这里提出的改进蚁群算法最优结果为：13→23→2→1→16→4→10→8→46→38→48→41→27→54→52→28→40→24→21→50→49→51→55→53→57→15→25→35→34→60→18→32→12→37→22→17→63→62→65→29→61→58→39→56→47→31→26→36→19→30→6→9→59→44→42→43→5→7→3→45→14→66→33→20→11→64，

最优测试成本为7.9846。可以看出，这里提出的带记忆自适应混沌蚁群算法得到的最优测试成本最低，利用其制定的诊断策略要优于另两种算法。

图3.13所示为3种算法最优测试成本进化曲线。可以看出，基本蚁群算法和最大最小蚁群算法容易出现停滞而陷入局部最优解，而本节所提算法采取信息素和启发信息权重参数自适应调整、混沌扰动以及记忆搜索策略能够有效地跳出局部最优解，同时加快收敛的速度。

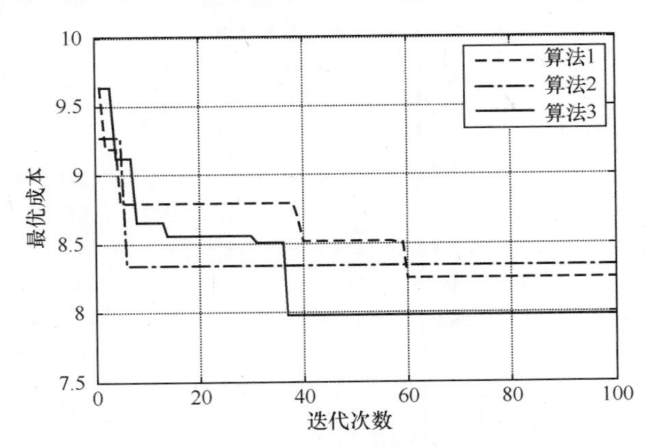

图3.13 三种算法最优测试成本进化曲线

3.4 小 结

本章将测试集优化问题转化为离散多目标优化问题，提出了两种用于系统测试集优化算法：多维并行免疫离散粒子群优化（MDHBPSO）算法和一种多维动态翻转离散粒子群优化（MDRDPSO）算法。该算法将测试集优化的多个优化目标定义为算法的每一维适应度函数，能够使多个测试性目标同时得到优化。仿真实例表明，MDHBPSO算法和MDRDPSO算法用于测试集优化具有较高效率，能够保证算法的全局最优。此外，通过该算法得到的惯性测量组合满足测试性指标的最优测试集，将为诊断策略的优化设计奠定基础[34]。

诊断策略优化的重点是对测试的执行顺序进行排序。本章在描述诊断策略问题的基础上构造了测试成本函数、蚁群的状态转移规则及信息素反馈机制，结合惯性测量组合的测试集优化结果，实现了故障诊断策略优化设计。针对基本蚁群算法存在“早熟”收敛的不足，提出了一种基于参数动态调整、信息素压缩和拥挤度自适应调整3种策略的改进蚁群算法和一种带记忆自适应混沌蚁群算法，并分别将其应用到故障诊断策略优化问题上。仿真结果表明，基于改进蚁群算法的诊断策略优化方法提高了诊断效率，鲁棒性好，为惯性测量组合故障诊断策略优化提供了一种有效方法。

参考文献

[1] 林志文，贺喆，郭丽华．D-矩阵在舰船超短波设备综合诊断中的应用[J]．计算机测量与控制，2009，17(11)：2105-2108.

[2] 杨维，李歧强．粒子群优化算法综述[J]．中国工程科学，2004，6(5)：87-94.

[3] Kennedy J, Eberhart R C. Particle swarm optimization[J]. Proceedings of IEEE International Conference on Neural Networks, 1995, 4: 1942-1948.

[4] Eberhart R C, Shi Y. Guest editorial special issue on particle swarm optimization[J]. IEEE Transactions on Evolutionary Computation, 2004, 8(3): 201-203.

[5] Shi Y, Eberhart R C. A modified particle swarm optimizer[J]. Proceedings of IEEE World Congress on Computational Intelli-

gence,1998,1:69 - 73.
[6] Eberhart R C,Shi Y. Comparing inertia weights and constriction factors in particle swarm optimization[J]. Proceedings of IEEE Congress on Evolutionary Computation,2000,1:84 - 88.
[7] Kennedy J,Eberhart R C. A discrete binary version of the particle swarm algorithm[C]. Proceedings of IEEE Conference on Systems,Man,and Cybernetics,1997,5:4104 - 4108.
[8] 蒋荣华,王厚军,龙兵. 基于离散粒子群算法的测试选择[J]. 电子测量与仪器学报,2008,22(4):11 - 15.
[9] 连光耀,王卫国,黄考利,等. 基于粒子群优化算法的测试选择优化方法研究[J]. 计算机测量与控制,2008,16(10):1387 - 1389.
[10] Afshinmanesh F,Marandi A. A novel binary particle swarm optimization method using artificial immune system. Serbia & Montenegro,Belgrade,November 2005:22 - 24.
[11] 奚茂龙,孙俊,吴勇. 一种二进制编码的量子粒子群优化算法[J]. 控制与决策,2010,5(1):99 - 104.
[12] 姜伟,王宏力,何星,等. 并行免疫离散粒子群优化算法求解背包问题[J]. 系统仿真学报,2014,26(1):56 - 61.
[13] 姜伟. 基于多信号模型的IMU故障诊断技术研究[D]. 西安:第二炮兵工程大学,2012.
[14] 蒋荣华. 基于粒子群算法的电子系统可测性研究[D]. 成都:电子科技大学,2009.
[15] Zitzler E,Thiele L. Multiobjective evolutionary algorithms:A comparative case study and the strength pareto approach. IEEE transactions on evolutionary compution,1999,3(4):257 - 271.
[16] Yang C S,Chuang L Y,Li J C. Chaotic maps in binary particle swarm optimization for feature selection. IEEE Conference on Soft Computing in Industrial Applications. 2008:107 - 112.
[17] Chuang L Y,Tsai S W, Yang C H. Improved binary particle swarm optimization using catfish effect for feature selection. Expert Systems with Applications,2011(38):12699 - 12707.
[18] Ma Y,Liu Y,Chen Y P,et al. PQPSO:A new parallel quantum - behaved particle swarm optimization. International Symposium on Distributed Computing and Application for Business Engineering and Science,2008:46 - 51.
[19] 吕政良,王红. 基于多信号流图的高层模块描述[J]. 清华大学学报(自然科学版),2011,7(51):884 - 888.
[20] 王宏力,张忠泉,崔祥祥,宋涛. 基于改进PSO算法的实时故障监测诊断测试集优化[J]. 系统工程与电子技术,2011,33(4):958 - 962.
[21] 金欣磊. 基于PSO的多目标优化算法研究及应用[D],杭州:浙江大学,2006.
[22] 蒋荣华,王厚军,龙兵. 基于DPSO的改进AO*算法在大型复杂电子系统最优序贯测试中的应用[J]. 计算机学报,2008,31(10):1835 - 1840.
[23] 安伟刚. 多目标优化方法研究及其工程应用[D]. 西安:西北工业大学,2005.
[24] 张超杰,贺国,梁述海,等. 基于改进粒子群算法的模拟电路测试点选择[J]. 华中科技大学学报(自然科学版),2009,37(11):31 - 34.
[25] 胡昌华,许化龙. 控制系统故障诊断与容错控制的分析与设计[M]. 北京:国防工业出版社,2001.
[26] 付云朋,王宏力,侯青剑. 基于标定信息的惯性测量组合故障树分析方法[J]. 四川兵工学报,2009(9):57 - 59.
[27] 付云朋,王宏力,侯青剑. 一种新的自适应蚁群算法及仿真[J]. 信息系统工程,2009(8):104 - 107.
[28] St S T,Hoos H. Max - Min ant system[J]. Future Generation Computer System,2000,16(9):889 - 914.
[29] 付治政,肖菁,张军. 基于信息素调整的蚁群算法求解JSP问题[J]. 计算机工程与设计,2010,31(2):378 - 381.
[30] 杜振鑫,王兆青,王枝楠. 基于二次退火机制的改进多态蚁群算法[J]. 中南大学学报,2011,42(10):3112 - 3117.
[31] 修春波,张雨虹. 基于蚁群与鱼群的混合优化算法[J]. 计算机工程,2008,34(14):206 - 207.
[32] 田仲,石君友. 系统测试性设计分析与验证[M]. 北京:北京航空航天大学出版社,2003.
[33] 何星. 惯性测量组合智能故障诊断与预测方法研究[D]. 西安:第二炮兵工程大学,2014.
[34] 张忠泉. 基于多信号模型的IMU状态监测与故障诊断技术研究[D]. 西安:第二炮兵工程大学,2010.

第4章　基于人工智能方法的惯性测量组合模拟电路故障诊断

4.1 引　言

从返厂维修的惯性测量组合一类复杂机电系统故障统计情况可以发现，出现的故障很大部分是由于内部功能板中电路出现故障引起的，尤其是其中的模拟电路部分最易出现故障，占到电路故障总数的80%以上。因此，快速准确地诊断出模拟电路中的故障元件对保证惯性测量组合的正常运行十分重要。

对于实际电路（可测节点数有限、元件参数有容差）而言，一个好的诊断方法应该具备故障定位率高、测后计算量小、所需测试点少、容差鲁棒性好、软故障诊断性强等特点。几种传统的故障诊断方法有以下特点：参数辨识法不受容差影响，但往往因信息不足而无法应用，且测后的计算量也非常大；故障证实法只需少量的可测端口，但却被容差问题困扰，故障诊断的测后计算量急剧增加；故障字典法需要测试点少，适合于各种类型电路，可以较好地应用于实际的模拟电路故障诊断，但考虑到测前模拟的工作量和字典容量的限度，以及实际电路的容差、噪声等因素，故障字典法一般仅用于单、硬故障的诊断；概率统计法也并不是一种实用的故障诊断方法。

现代模拟电路故障诊断方法从模式识别的角度出发，主要利用先进的人工智能理论，无需建立准确的数学模型，而是依靠以往故障数据训练设计出故障分类器，突破了模拟电路的容差和软故障问题对故障诊断带来的困难，较好地克服了传统模拟电路故障诊断方法的不足，成为模拟电路故障诊断研究领域的主要方向，具有广阔的发展前景。本章以惯性测量组合内部电子电路为对象，讨论了几种基于人工智能的故障诊断方法。

4.2 基于人工神经网络的模拟电路故障诊断

4.2.1 神经网络的故障诊断能力

不论是模拟电路还是其他系统的故障诊断，其核心技术是模式识别，而神经网络由于自身的诸多优势，能够出色解决那些传统模式识别方法难以圆满解决的复杂问题，所以神经网络是一种解决模拟电路故障诊断的有效方法。

与其他经典的诊断方法相比较，神经网络在模拟电路故障诊断中具有以下显著的优势[1,2]：

（1）神经网络在训练阶段能够自动推导出故障症状和故障原因之间的关系，无需明确的规则形式。解决了基于规则的系统在模拟电路故障诊断中的不足。

（2）对于基于模型的诊断系统而言，通常要求掌握电路原理及其动作模型的全面知识，神经网络方法则可以避免计算模拟电路参数和故障建模等问题。

（3）神经网络具有一定的推理能力，故可以识别那些未明确包含在训练集中的故障。而传统的故障字典法仅能识别预先存储在字典中的故障，因此神经网络优于故障字典法。

基于神经网络在故障诊断领域的巨大优势，越来越多的研究者将其应用于故障诊断领域，取得了较好的效果。

4.2.2 径向基函数神经网络

径向基函数神经网络（Radial Basis Function Neural Net，RBFNN）是由 J. Moody 和 C. Darken 于 20 世纪 80 年代末提出的一种具有单隐层的三层前向神经网络结构，RBF 网络是一种性能良好的前向网络，具有最佳逼近、最佳分类的性能。另外，RBF 网络的有关参数（如具有重要性能的隐含层神经元的中心向量和宽度向量）是根据训练样本集中的样本模式按照一定的规则来确定或者初始化的。这就可能使 RBF 网络在训练过程中不易陷入局部极小值的解域中。如果要实现分类的功能，RBF 网络的神经元个数可能比较多，但是，RBF 网络的训练速度却非常快。

当 RBF 网络本身的参数选定后，它的权值可以用最小二乘法直接计算出来。径向基函数中的参数 σ 可以事先选取固定的值，也可以通过学习获得。对于 RBF 的中心，主要有以下几种选取方法[3]：

（1）随机选取 RBF 中心。在该方法中，隐单元 RBF 的中心是随机的在输入样本数据中选取，且中心固定。RBF 的中心确定后，隐单元的输出是已知的。这样，网络的连接权就可以通过求解线性方程组来确定。如果样本数据的分布具有代表性，则该方法不失为一种简单可行的方法。

（2）根据经验选取中心。根据样本的分布来均匀选择若干个中心，这种方法要求对样本的分布状态及径向基函数的作用原理有深入的理解。

（3）自组织学习选取 RBF 中心。在这种方法中，RBF 的中心是可以移动的，并通过自组织学习确定其位置。而输出层的线性加权则可以通过有监督学习规则计算。由此可见，这是一种混合的学习方法。自组织学习在某种意义上是对网络的资源进行分配，学习的目的是使 RBF 的中心位于输入空间重要的区域。

（4）采用 k 均值聚类算法选择 RBF 中心。首先从输入样本数据中选择 M 个样本作为聚类的中心，其次将输入样本按照最近邻规则分组，得到输入样本聚类集合 θ_i（$i=1, 2, \cdots, M$），然后计算 θ_i 中样本的平均值，重复以上计算直到聚类中心的分布不再变化。

由上述分析可知，径向基函数神经网络具有较好的分类能力和较快的学习速度，根据径向基函数神经网络的这些优点，将它应用于模拟电路的硬故障诊断，能够实现快速故障诊断，具有准确率高的特点。

4.2.3 基于遗传 RBF 网络的惯性测量组合模拟电路故障诊断

目前各维修厂家对惯性测量组合模拟电路的故障诊断方法单一，一般利用自行研制的单板测试仪将故障定位到电路板的某个环节，然后依据人工经验，辅以相应的测量设备测量各个元器件的参数，与标称值相比较，最后诊断出环节内发生故障的元件。这种人工测试的方法过多地依赖维修人员的经验，并且测试工作相当繁琐，增加了故障诊断的工作量。本节为解决定位到环节后的人工诊断方法存在的问题，提出了一种基于遗传 RBF 网络的智能诊断方法，将遗传算法（Genetic Algorithm，GA）与径向基函数（Radial Basis Function，RBF）神经网络结合，以 RBF 网络的训练均方误差为适应度函数，首先对故障特征进行压缩，然后利用寻优过程中训练好的均方误差最小的最优 RBF 网络完成故障识别[4]。

1. 基本思想

作为一类特殊的 3 层前馈神经网络，RBF 网络具有较好的分类识别能力和泛化能力以及较快的识别速度，将其应用于模拟电路故障诊断，能够快速诊断故障及实现故障元件的辨识，具有准确率高的特点。但是由于惯性测量组合模拟电路的结构非常复杂，元器件众多导致故障种类繁多，利用 RBF 网络诊断其故障时，为全面地反映故障信息，不仅需要构造大量的样本集进行训练，而且需要提取的电路特征维数很高，由此导致特征的冗余和交叉影响，最终反而降低了故障识别率。为解决此问题，必须对特征进行选择，剔除冗余特征，简化 RBF 网络的输入，才能保证其能够较好地诊断惯性测量组合模拟电路的故障。

遗传算法是一种模拟生物界自然选择规律的优化算法，其对优化问题基本上没有限制，对目标函数及约束既不要求连续，也不要求可微，仅要求该问题能够计算即可；且其搜索空间遍及整个解空间，能够较好地克服寻优过程中易陷入局部极小的困境。由于遗传算法强大的全局寻优能力，下面将其应用于解决惯性测量组合模拟电路的特征选择问题，但在应用中主要面临两个问题，一是染色体如何编码；二是适应度函数如何选择。对于特征选择，多采用二进制的编码方式；而适应度函数的选择没有特定的准则，西安交通大学的史东锋[5]采用类内－类间距离判据为适应度函数，国防科技大学的谢涛[6]采用数据矢量几何分布的类内、类间离散度作为适应度函数，都取得了较好的特征选择效果，进而提高了故障识别率。由此可见，正确选择适应度函数可大大提高故障识别率。基于此，下面利用 RBF 网络识别速度快的特点，以 RBF 网络的训练均方误差作为适应度函数，提出了一种遗传 RBF 网络。

2. 算法实现过程

遗传 RBF 网络利用了遗传算法强大的全局寻优能力和 RBF 网络快速准确识别故障的能力。首先，利用遗传算法对输入数据原始特征进行选择，在缩短特征选择时间的同时，为保证故障的高识别率，在特征选择过程中，以 RBF 网络的训练均方误差为适应度函数，利用其训练、识别速度较快的优势快速实现特征压缩，并在特征选择过程中冻结训练好的训练均方误差最小的最优 RBF 网络；然后将去除冗余特征的测试数据送入 RBF 网络测试，诊断出惯性测量组合模拟电路的故障。具体算法如图 4.1 所示。

原始特征的编码方式采用二进制，设 x 为染色体位串。如果 x 的第 i 位为 1，则此特征被选中；如果为 0，则此特征未被选中，x 的位数为总的原始特征数。

由图 4.1 可知，确定原始特征的编码方式之后，产生初始种群，种群中个体的编码结果可能不同也可能相同，然后按每一初始个体的编码结果，依据“个体第 i 位为 1 则保留对应特征”的原则对训练数据进行重构，送入 RBF 网络进行训练，得到训练均方误差，即个体的适应度。将适应度进行排序并按照流程图所给出的步骤循环进行特征选择，直到循环次数达到最大，运算结束，返回总的最优个体，该个体的解码即为特征选择的结果，对应的网络即为训练好的均方误差最小的最优 RBF 网络。最后将根据特征选择结果去除相应冗余特征的测试数据送入最优 RBF 网络进行测试，诊断故障。

本节仅采用基本遗传算法，但以 RBF 网络训练均方误差为适应度函数，可大大提高其寻优能力，再利用已训练的最优 RBF 网络诊断故障，可显著提高其诊断正确率。

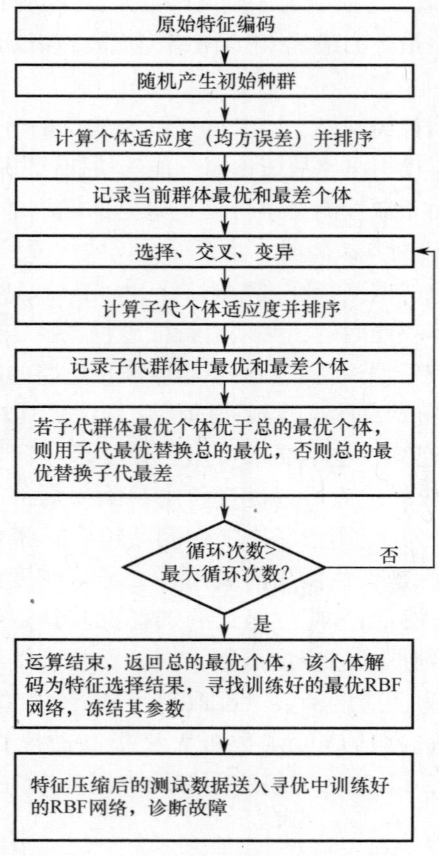

图 4.1　算法实现过程

3. 应用实例

惯性测量组合力矩反馈回路由多个环节串联构成，当一个环节出现故障，会造成整个回路工作不正常。以诊断硬故障为目的，假设已经将故障通过单板测试仪定位到某环节，接下来利用这里所提方法将故障定位到元器件。该环节为惯性测量组合力矩反馈回路的某部分电路，如图 4.2 所示。

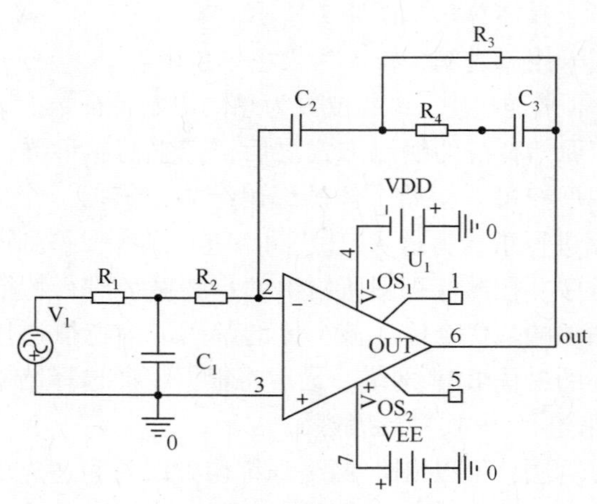

图 4.2　待诊断电路

1）选择激励信号

电路含有 3 个电容，若选择直流信号则 3 个电容同时工作于开路状态。为全面诊断故障，选取 10Hz 正弦交流信号作为电路的激励源。

2）确定故障模式

电路中共有电阻 4 个，电容 3 个，运算放大器 1 个。对于电阻电容，可设置其短路（SC）、开路（OC）故障；对于运放，不考虑其内部电路，可设置两种故障，即运放输出钳位于正供电电源电压附近或限制在负供电电源电压。此外，由于 R_4 与 C_3 串联，{R_4 OC} 与 {C_3 OC} 时的电路特性完全相同，两种故障不可区分，因此只需设置其中一种。由上述分析可知，在只考虑单故障的情况下，电路共有硬故障（包括正常状态）16 种。

3）获取故障样本

输出端电压参数是表征电路运行状态的重要信息，模拟电路发生故障时，输出端的电压将随之发生变化，输出端的电压是时间函数，需要提取表征电路状态的重要特征。文献［7］采用傅里叶变换，提取电路输出的直流与 9 次谐波分量作为特征，取得较好的诊断效果。这里采用傅里叶变换，为充分表征电路运行特征，提取电路输出直流分量、基波和前 2 ~ 19 次谐波分量，构成输入数据的原始特征。对每一种故障模式，利用 PSpice 软件运行 20 次 M – C 分析，得到各个故障的原始训练样本集（每种故障 15 个 20 维样本）和原始测试样本集（每种故障 5 个 20 维样本）。

4）诊断结果

将故障数据送入遗传 RBF 网络，初始种群规模为 50，最大遗传代数为 20，杂交率为 0.5，突变率为 0.05，寻优结果如图 4.3 所示。

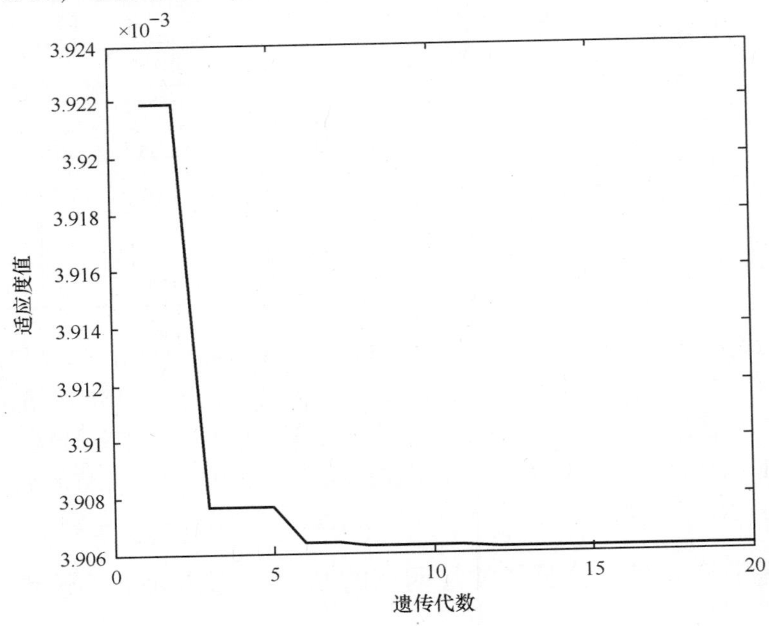

图 4.3　进化中最优个体的适应度变化趋势

由图 4.4 可知，经遗传算法特征被压缩到了 12 维，此时训练好的最优 RBF 网络的均方误差达到最小，说明经过选择的 12 维特征使网络的性能达到了最优，因此将特征选择后的测试数据送入此网络进行测试，为验证其抗干扰能力，加入不同的高斯噪声，与单一 RBF 网络进行比较，结果如表 4.1 所列。

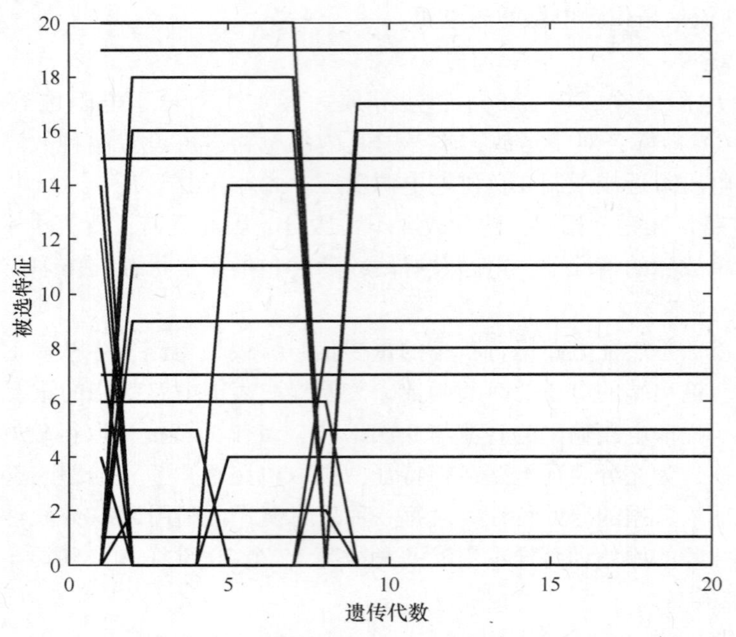

图 4.4　被选特征随遗传代数变化情况

表 4.1　各算法诊断结果

高斯噪声水平	遗传 RBF 网络		RBF 网络	
	识别率	正确个数	识别率	正确个数
0	98.75%	79	91.25%	73
0.01	92%	74	82.25%	66
0.05	91.75%	73	71%	57
0.1	86.75%	69	64.5%	52
0.2	80.5%	64	58.5%	47

上述结果为 5 次试验的平均值。由表 4.1 可知，在没有噪声的情况下，遗传 RBF 网络的识别率达到了 98.75%；在高斯噪声水平逐渐加大的情况下，遗传 RBF 网络仍能保持较高的识别率，说明该方法有一定的抗噪能力，可以有效地消除诊断过程中各种噪声带来的影响。

与单一 RBF 网络相比，遗传 RBF 网络不仅提高了故障识别率，并且增加了网络的抗噪能力，验证了该方法用于模拟电路硬故障诊断的可行性与有效性。

4.2.4　基于经验模式分解和神经网络的 IMU 模拟电路故障诊断

1. 小波分析故障特征提取方法的不足

故障特征的提取是故障诊断的关键步骤之一。当电路出现故障时，其传递函数的幅频特性将会改变，对于相同的输入，其输出将会发生改变，各频率成分的能量将会发生改变。因此，具有多分辨率分析特性的小波变换被用于故障特征的提取[8]。经过小波包分解，提取各频带能量作为故障特征被证实可以用于模拟电路的故障诊断。但小波包分解存在着严重的混频现象，对故障特征的提取带来了不利的影响。

下面将以式（4.1）所示的仿真信号为例进行仿真试验。

$$X(t) = 0.6\cos\left(\frac{2\pi}{10}t\right) + \cos\left(\frac{2\pi}{20}t\right) + 0.5\sin\left(\frac{2\pi}{80}t\right) \tag{4.1}$$

令 $t \in [-57,57]$，采样频率为1Hz。其波形如图4.5所示。对仿真信号进行4层db1小波包分解，在尺度4上形成16个频带，以文献［9］的方法计算各频带信号的能量，图4.6为各频带能量直方图。

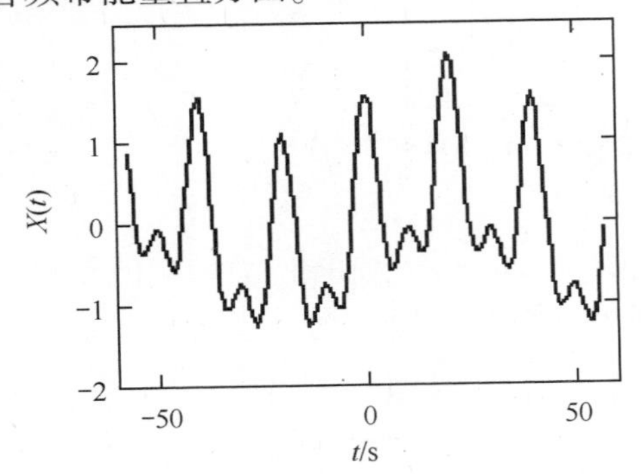

图4.5 仿真信号的时域波形图

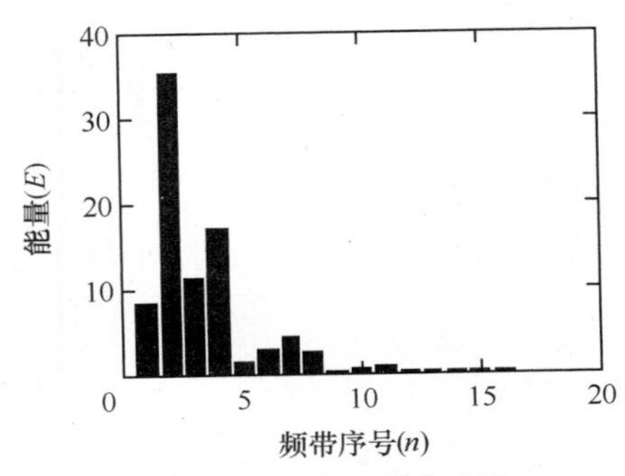

图4.6 频带能量直方图

由仿真信号可知，小波包分解出现了较为严重的混频现象，为故障特征的提取带来了不利影响。

2. 基于经验模式分解的故障特征提取算法

根据上述提取故障特征的思想，利用经验模式分解（Empirical Mode Decomposition，EMD）方法在信号时频分析方面的优点，提出了基于EMD的故障特征提取算法[10]。其主要思想可归纳如下：

根据待诊断电路的频率响应分析，选择能够反映电路主要特性的若干个频率点，在电路处于不同故障情况下，分别对电路施加多频率成分的混合信号，对采集的输出电压信号运用EMD方法进行处理，得到与频率成分数目相同的若干个本征模态函数，然后根据定义计算各本征模态函数的能量，并以此组成故障特征向量作为识别故障的依据。

各IMF分量的能量 E_i 定义为

$$E_i = \sum_{j=1}^{M_i} |C_i^j|^2 \tag{4.2}$$

式中：$i = 1,\cdots,n$，n 为IMF分量的个数；M_i 为第 i 个IMF分量的数据长度；C_i^j 为第 i 个IMF分量的第 j 个数据。

3. 基于EMD和神经网络的故障诊断过程

根据上述基于EMD方法的模拟电路故障特征提取算法，可得到如下的基于EMD和神经网络的模拟电路故障诊断过程：

（1）电路特性分析。根据待诊断电路频率响应分析，确定待诊断电路中对频率响应有较大影响的电路元件及特征频率点。

（2）信号采集。根据对电路特性的分析结果，在待诊断电路处于不同故障情况下，对待诊断电路施加包含若干频率成分的混合信号，并采集电路输出信号。

（3）故障特征提取。对待诊断电路处于不同故障情况下采集的输出信号，采用EMD方法计算各本征模态函数的能量，以此得到待诊断电路的故障特征向量。

（4）神经网络分类器。根据上述过程中得到的待诊断电路的故障特征向量，构造神经网络样本集，然后设计合适的网络结构和参数并利用样本集对神经网络进行训练，训练完毕后固化网络参数，将未知样本送入神经网络，即可识别故障。

其过程如图 4.7 所示。

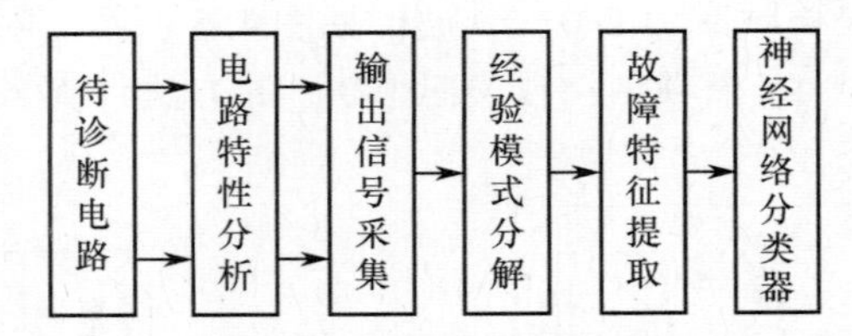

图 4.7　基于 EMD 和神经网络的故障诊断过程

4. 诊断实例

试验电路选自 IMU 中的一个带通滤波器电路，如图 4.8 所示。在输入为 1V 的频率扫描信号时，利用 PSpice9.1 得到电路输出端电压的频率响应如图 4.9 所示。

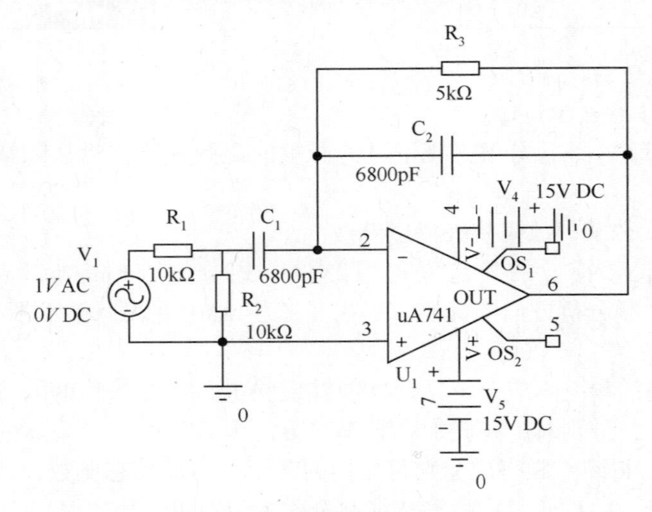

图 4.8　带通滤波器电路

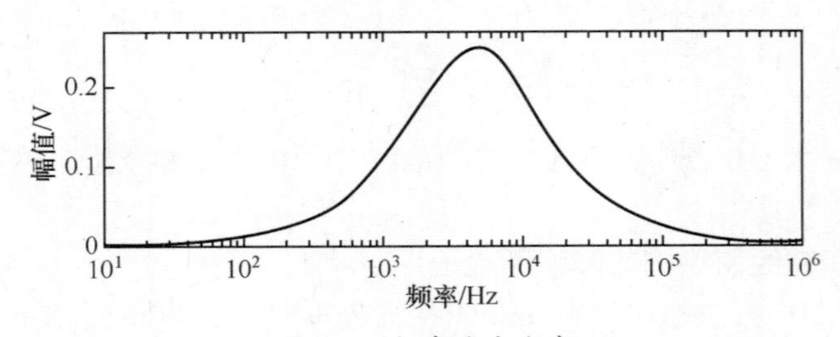

图 4.9　频率响应曲线

该带通滤波器电路中的电阻容差为 10%，电容容差为 5%。经灵敏度分析发现，该电路中的 3 个电阻和 2 个电容对电路输出有不同程度的影响。设故障源为电路中的 3 个电阻和 2 个电容，且每次出现单一软故障，则共有 11 种状态。根据超差 50% 为例进行故障模拟，故障模式的设定如表 4.2 所列。

表 4.2　电路故障模式设定表

电路状态	故障类型	故障模式	故障类别
正常	—	正常	1
R_1 故障	⇑	超差 50%	2
R_1 故障	⇓	超差 -50%	3
R_2 故障	⇑	超差 50%	4
R_2 故障	⇓	超差 -50%	5
R_3 故障	⇑	超差 50%	6
R_3 故障	⇓	超差 -50%	7
C_1 故障	⇑	超差 50%	8
C_1 故障	⇓	超差 -50%	9
C_2 故障	⇑	超差 50%	10
C_2 故障	⇓	超差 -50%	11

(1) 特征提取及样本集构造。考虑电路元件参数变化对电路频率响应曲线的影响，选取频率分别为 1kHz、4kHz 和 16kHz 的 3 种正弦电压信号之和为电路的激励信号，其幅值均为 1V。在考虑容差的情况下，分别设定电路处于不同故障状态，通过 PSpice 软件对各故障模式下的电路进行 30 次蒙特卡罗分析，并采集电路的输出电压信号，可得到电路在 11 种状态下的 330 组输出信号。因信号为周期信号，可进行数个周期的采样或一至两个整周期的采样，下面在试验中进行了 10 个整周期的采样，每个周期采样 200 个点。

利用基于 EMD 方法的特征提取算法，对 330 组数据进行 EMD 分解并计算各 IMF 分量的两个整周期信号能量，得到 330 个 3 维的电路故障特征。将 330 个故障特征分为两组构成训练样本集和测试样本集，其中，训练样本集共 220 个样本（每种故障状态 20 个样本），测试样本集共 110 个样本（每种故障状态 10 个样本）。

(2) 神经网络结构确定。考虑电路故障特征的提取方法及维数，结合 BP 网络结构确定的一般原则，本试验中 BP 神经网络的结构可依如下方法确定：输入节点的数目取为特征维数，即 3 个输入节点；隐层节点的数目依据经验公式 $h \geq \sqrt{n+m}+a$ 确定（n 为输入神经元数，m 为输出神经元数，a 为 1 ~ 10 之间的常数），经试探后选取为 7 个隐层节点；输出节点的数目的选取一般可根据故障类别数进行确定，并通过 0 和 1 来表示，本试验中用“N 中取 1”法表示，即输出节点确定为 11 个；隐层节点的传递函数为 tansig 函数；输出层节点的传递函数为 logsig 函数；训练算法采用 trainlm 算法。

(3) 试验结果及分析。在确定网络结构之后，将训练样本集和测试样本集进行归一化，并利用训练样本集和测试集进行训练和测试。试验环境为：Windows XP 操作系统，MATLAB 2007a 软件，CPU 频率 1.8G，512M 内存。为验证方法的有效性，对同样的输出信号数据利用小波包方法进行分解，计算相应 3 个频带的信号能量作为故障特征，并按同样方法和过程进行训练和识别试验。试验的详细结果见表 4.3 和表 4.4。其中，表 4.4 中，每一列中的数字若处于对角线上，则表示此列所对应故障模式中被正确诊断的个数，反之，则为此列所对应故障模式中被误诊断为数字所在行所对应故障模式的个数。

表 4.3　两种方法的识别结果对比

特征提取方法	识别效果	故障类别											识别率
		1	2	3	4	5	6	7	8	9	10	11	
小波方法	正确个数	9	7	8	9	9	4	7	6	6	8	8	73.64%
	错误个数	1	3	2	1	1	6	3	4	4	2	2	
本节方法	正确个数	10	10	10	10	10	9	9	8	8	10	10	94. 55%
	错误个数	0	0	0	0	0	1	1	2	2	0	0	

表 4.4　EMD 方法的详细分类情况

故障类别	1	2	3	4	5	6	7	8	9	10	11
1	10					1	1	1	1		
2		10									
3			10								
4				10							
5					10						
6						9		1			
7							9		1		
8								8			
9									8		
10										10	
11											10

由表 4.3 可以看出，由于小波方法对信号分解的不精确性，导致故障的识别率很低，甚至对个别故障类别已经失去了识别的能力，本节方法与小波分解方法相比大大提高了故障识别率，再次说明了 EMD 在信号分析方面的优越性，也验证了基于 EMD 分解的故障特征提取方法的有效性。

由表 4.4 可以看出，故障的误分类情况主要出现在电路无故障、R_3 故障和 C_1 故障的情况下，说明 R_3 和 C_1 所导致的电路故障在电路的输出端有相似的影响但影响不明显，且电路具有容差，因此，对个别故障的识别会出现误诊断的情况。

4.3　基于支持向量机的模拟电路故障诊断

4.3.1　支持向量机基本理论

支持向量机（Support Vector Machine，SVM）是统计学习理论中最年轻的部分，是 Vapnik 等根据统计学习理论中的结构风险最小化原则提出的[11]。其主要内容在 1992 到 1995 年间才基本完成，目前仍处在不断发展阶段。可以说，统计学习理论之所以从 20 世纪 90 年代以来受到越来越多的重视，很大程度上是因为它发展出了支持向量机这一通用学习方法。支持向量机不仅有效地解决了模型选择与过学习问题、非线性和维数灾难问题、局部极小点问题等难点，并且具有良好的推广能力。而且，很多传统的机器学习方法都可以看作是支持向量机方法的一种实现，因而统计学习理论和支持向量机被很多人认为是研究机器学习问题的一个基本框架。

最小二乘支持向量机（Least Squares Support Vector Machine，LSSVM）是 Suyken 等于 1999 年提出的[12]。LSSVM 和 SVM 的区别主要在于优化函数不同：SVM 的优化函数受不等式约束，而 LSSVM 的优化函数只受等式约束。由于 SVM 的训练问题本质上是一个凸规划问题或二次规划问题，当样本数目较大时，标准 SVM 训练速度慢，内存需求大。与之相比，LSSVM 只需求解一个线性方程组，学习速度快，而且内存需求少。

类似于 SVM，LSSVM 也是通过构造最优分类面实现分类的。设 n 个样本 $x_1,x_2,\cdots,x_n$ 对应的类别为 $y_1,y_2,\cdots,y_n$，其中 $x_i \in R^d$，$y_i \in \{1,-1\}$，$i=1,\cdots,n$，d 为输入空间维数。LSSVM用二次损失函数取代 SVM 中的不敏感损失函数，将不等式约束变为等式约束，寻优目标函数变为

$$\min\Phi(\boldsymbol{\omega},\xi)=\frac{1}{2}\boldsymbol{\omega}^{\mathrm{T}}\cdot\boldsymbol{\omega}+\frac{1}{2}\gamma\sum_{i=1}^{n}\xi_i^2 \tag{4.3}$$

$$\text{s.t.}\quad y_i(\boldsymbol{\omega}^{\mathrm{T}}\cdot\phi(x_i)+b)=1-\xi_i \tag{4.4}$$

定义拉格朗日函数：

$$L(\boldsymbol{\omega},b,\xi,a,\gamma)=\frac{1}{2}\boldsymbol{\omega}^{\mathrm{T}}\cdot\boldsymbol{\omega}+\frac{1}{2}\gamma\sum_{i=1}^{n}\xi_i^2-\sum_{i=1}^{n}\alpha_i((\boldsymbol{\omega}^{\mathrm{T}}\cdot\phi(x_i)+b)-1+\xi_i) \tag{4.5}$$

式中：α_i 为拉格朗日 a 乘子。

根据下面的优化条件：

$$\frac{\partial L}{\partial\omega}=0,\quad\frac{\partial L}{\partial b}=0,\quad\frac{\partial L}{\partial\xi_i}=0,\quad\frac{\partial L}{\partial\alpha_i}=0 \tag{4.6}$$

得

$$\omega=\sum_{i=1}^{n}\alpha_i y_i\phi(x_i),\quad\sum_{i=1}^{n}\alpha_i y_i=0,\quad\alpha_i=\gamma\xi_i \tag{4.7}$$

定义 $K(x_i,x_j)=\phi(x_i)\phi(x_j)$，$K(x,x_i)$ 为满足 Mercer 条件的核函数。

最小二乘支持向量机优化问题转化为求解线性方程：

$$\begin{bmatrix}0 & y_1 & \cdots & y_n\\ y_1 & y_1y_1K(x_1,x_1)+1/\gamma & \cdots & y_1y_nK(x_1,x_n)\\ \vdots & \vdots & & \vdots\\ y_n & y_ny_1K(x_n,x_1) & \cdots & y_ny_nK(x_n,x_n)+1/\gamma\end{bmatrix}\begin{bmatrix}b\\ \alpha_1\\ \vdots\\ \alpha_n\end{bmatrix}=\begin{bmatrix}0\\ 1\\ \vdots\\ 1\end{bmatrix} \tag{4.8}$$

最后，可得最优分类面为

$$\sum_{\text{支持向量}}\alpha_i y_i K(x,x_i)+b=0 \tag{4.9}$$

非线性分类器为

$$f(x)=\mathrm{sgn}(\sum_{\text{支持向量}}\alpha_i y_i K(x,x_i)+b) \tag{4.10}$$

可见，LSSVM 将二次规划问题转化为线性方程组的求解，简化了计算的复杂性。

4.3.2 层次聚类 LSSVM 多分类算法

1. 支持向量机多分类算法的建立

支持向量机最初是针对两类分类问题提出的，只能解决两类别的识别问题，而故障诊断经常面临多故障的情况，一个电路包含很多的元器件，故障种类不止两种，因此为解决模拟电路的故障诊断问题，必须研究支持向量机的多分类算法。目前，研究者们已提出了一些卓有成效的方法，主要有如下几种：

1）解决 n 类问题的直接方法

该方法是以 Weston 在 1998 年提出的多值分类算法为代表[13]。这个算法在经典 SVM 理论的基础上重新构造多值分类模型，并对新模型的目标函数进行优化，实现多值分类，它实际上是标准 SVM 中二次优化问题的一种自然推广：

$$\min \frac{1}{2}\sum_{m=1}^{n}(\omega_m \cdot \omega_m) + C\sum_{i=1}^{l}\sum_{m\neq y_i}\xi_i^m \tag{4.11}$$

其约束条件为

$$(\omega_{y_i} \cdot \phi(x_i)) + b_{y_i} \geqslant (\omega_m \cdot \phi(x_i)) + b_m + 2 - \xi_i^m \tag{4.12}$$

$$\xi_i^m \geqslant 0(i = 1,2,\cdots,l) \tag{4.13}$$

其中：$m, y_i \in \{1,2,\cdots n\}$。由此，得到下面的 n 类 SVM 分类器的决策函数：

$$f(x) = \mathrm{argmax}[\omega_i \cdot \phi(x) + b_i](i = 1,2,\cdots,n) \tag{4.14}$$

直接方法涉及的目标函数过于复杂，实现困难，计算复杂度高，训练样本数目较大时需要很长的运算时间，而且分类效果没有明显的提高，所以随着越来越多的多分类算法的出现，这种直接计算法逐渐被研究者所淘汰。

2）1 对多算法

1 对多算法是由 Vapnik 提出[14]。其基本思想是对于 k 个类别的样本数据，构造 k 个 SVM 二值子分类器。在构造第 i 个 SVM 子分类器时，将属于第 i 类别的样本数据标记为正类，其他不属于 i 类别的样本数据标记为负类。因此，第 i 个 SVM 子分类器所需解决的问题就是：

$$\min_{\boldsymbol{\omega}^i, b^i, \xi^i} \frac{1}{2}(\boldsymbol{\omega}^i)^{\mathrm{T}}\boldsymbol{\omega}^i + C\sum_{j=1}^{n}\xi_j^i \tag{4.15}$$

$$\text{s.t.}\ (\boldsymbol{\omega}^i)^{\mathrm{T}}\phi(x_j) + b^i \geqslant -1 + \xi_j^i\ (y_j = i)$$

$$(\boldsymbol{\omega}^i)^{\mathrm{T}}\phi(x_j) + b^i \leqslant -1 + \xi_j^i\ (y_j \neq i)$$

$$\xi_j^i \geqslant 0(j = 1,\cdots,n)$$

此处训练数据 x_i 由函数 ϕ 映射到高维特征空间，C 为惩罚因子。求解式（4.15）的对偶问题可得到 k 个判别函数：

$$\begin{gathered}(\boldsymbol{\omega}^1)^{\mathrm{T}}\phi(x_j) + b^1 \\ \vdots \\ (\boldsymbol{\omega}^k)^{\mathrm{T}}\phi(x_j) + b^k\end{gathered} \tag{4.16}$$

测试时，对测试数据分别计算各判别函数值，并选取最大判别函数值所对应的类别为测试数据的类别。此时，两类分类器的分类决策函数不用符号函数 $\mathrm{sgn}(\cdot)$，而是采用下式进行计算：

$$f(x) = \arg[\max((\boldsymbol{\omega}_i)^{\mathrm{T}}\phi(x) + b^i)](i = 1,2,\cdots,k) \tag{4.17}$$

1 对多算法简单、有效、训练时间较短，可用于大规模数据，但其缺点在于[15]：①当类别数较大时，某一类的训练样本将大大少于其他训练样本的总和，这种训练样本间的不均衡有可能对精度产生影响；②存在误分、拒分区域；③泛化能力较 1 对 1 算法差。

3）1 对 1 算法

1 对 1 算法是由 Kressel 提出[16]。在该分类方法中，各个类别之间构造分类器，对 k 个类别共需构造 $k(k-1)/2$ 个分类器，在构造类别 i 和类别 j 的 SVM 子分类器时，从样本集中选取属于类别 i 和类别 j 的样本作为训练样本，并将属于类别 i 的样本标记为正，将属于类别 j 的样本标记为负，对应的二值分类问题为

$$\min_{\boldsymbol{\omega}^{ij},b^{ij},\xi^{ij}} \frac{1}{2}(\boldsymbol{\omega}^{ij})^{\mathrm{T}}\boldsymbol{\omega}^{ij} + C\sum_{t}\xi_{t}^{ij} \tag{4.18}$$

$$\text{s.t.}\ (\boldsymbol{\omega}^{ij})^{\mathrm{T}}\phi(x_t) + b^{ij} \geqslant -1 + \xi_j^{ij}\ (y_t = j)$$

$$(\boldsymbol{\omega}^{ij})^{\mathrm{T}}\phi(x_t) + b^{ij} \leqslant -1 + \xi_j^{ij}\ (y_t \neq j)$$

$$\xi_j^{ij} \geqslant 0$$

测试时，采用投票法，将测试数据对 $k(k-1)/2$ 个 SVM 子分类器分别进行测试，若属于第 i 类，则第 i 类投票数加 1，属于第 j 类，则第 j 类投票数加 1。累计各类别的得分，选择得分最高者所对应的类别为测试数据的类别。若存在多个最高得分的类别，从而出现不可分区域，此时可选择小序号的类别作为测试数据的类别。

该算法的优点是：由于每个 SVM 只考虑两类样本，故单个 SVM 容易训练，且其决策边界较 1 对多算法简单；缺点是：①如果单个两类分类器不规范化，则整个 K 类分类器将趋向于过学习；②该算法的推广误差无界；③分类器的数目随类别数的增加而急剧增加，导致在决策时速度较慢；④存在误分、拒分区域。

4）基于二叉树结构的多分类算法[17]

基于二叉树的多类 SVM 首先将所有类别分成两个子类，再将子类进一步划分成两个次级子类，如此循环下去，直到所有的节点都只包含一个单独的类别为止，此节点也是二叉树中的叶子，这样就得到一个倒立的二叉分类树。该方法将原有的多类问题同样分解成了一系列的两类分类问题，其中两个子类间的分类函数采用 SVM。二叉树方法可以避免传统方法的不可分情况，并且只需构造 $k-1$ 个 SVM 分类器，测试时并不一定需要计算所有的分类器判别函数，从而可以节省测试时间。

二叉树的拓扑结构有两种，一种是在每个内节点处，由一个类与剩下的类构造分割面，即每次分割出一类，如图 4.10(a)所示；另一种结构是在内节点处，可以是多个类与多个类的分割，也称为完全二叉树结构，如图 4.10(b)所示。基于二叉树的多类 SVM 在测试阶段类似 DAGSVM，从根节点开始计算决策函数，根据值的正负决定下一节点，如此下去，自到达某一叶节点为止，此叶节点所代表的类别就是测试样本的所属类别[18]。

图 4.10 说明二叉树有多种不同的生成结构，并且其生成结构对整个分类模型的分类精度有很大的影响，那么，二叉树的生成结构有哪些方法呢？目前，研究者主要通过两种途径来构造二叉树：①类距离法。类距离法的思想是让与其他类相隔较远的类最先分割出来，此时构造的最优超平面也应具有较好的推广性。在实际运用过程中，可以选取最短距离法，重心法等来定义类与类之间的距离。②类样本分布范围法。分割顺序不同，每个类的分割区域是不一样的，先分割出来的类更容易有较大的分割区域。为了让分布广的类拥有较大的分割区域，就应该最先把这些类分割出来。由于各类数据的真实分布无法得知，所以用有限样本数

据的分布来对真实分布做近似估计。样本分布范围的度量可采用包含某一类所有样本的最小超长方体和超球体，超长方体（或超球体）的体积就是此类样本的分布度量。

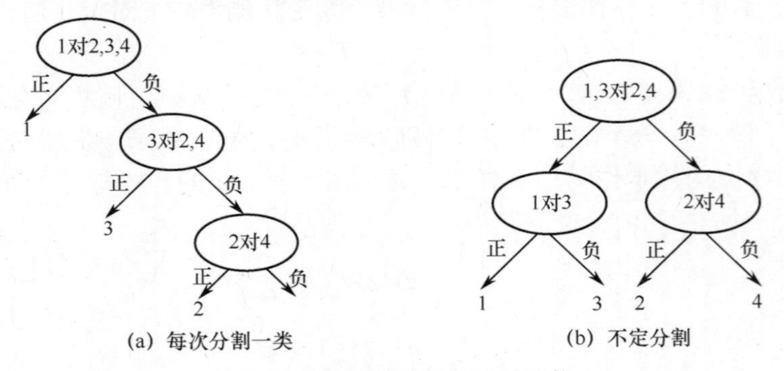

(a) 每次分割一类　　(b) 不定分割

图 4.10　两种不同的二叉树结构

由上述论述可知，类距离法是构造二叉树结构的一种方法，但是，类距离法用于构造这种倒立的二叉树有其自身的缺点：①“与其他类相隔最远的类”没有很好的度量方法，第 i 类与第 j 类距离最远，不代表第 i 类与其他所有的类相隔都较远；②当样本数较多时（一般多于 10 种），应用类距离法构造倒立二叉树的过程非常繁琐，容易造成错误，一般不采用此种方法。考虑如下两个问题：①应用类距离法不容易找出与其他类相隔较远的类，但却很容易找到相隔距离最近的两个类；②上面所论述的多类算法一般都与标准的支持向量机相结合，当类别数较多时，可考虑与其他类型的支持向量机相结合，达到节省训练时间的目的。基于此，下面设计一种层次聚类最小二乘支持向量机多分类算法[19]。

2. 层次聚类 LSSVM 多分类算法

层次聚类是聚类分析方法的一种，首先将所有样本自成一类，然后根据类间距离的不同合并距离最小的类，在每一步都减少聚类中心的数量，聚类产生的结果来自于前一步的两个聚类的合并。基于此思路，结合最小二乘支持向量机的优点，构造的层次聚类多分类算法分为训练和测试两个部分。

（1）训练过程。借鉴层次聚类的思想，以每类样本的类中心为一个聚类中心，以两类样本之间的距离最小为原则，找出距离最小的两类样本作为正负样本训练对应的 LSSVM，然后将此两类合并为一类，转入下一级继续寻找距离最小的两类，同样的方法训练对应的 LSSVM，直到最后一级，将所有的样本总体上合并为两类，训练对应的最后一个 LSSVM。由此看出，训练阶段实际上构造了一个正的二叉树结构。

（2）测试过程。采用相反的顺序，即按照倒立的二叉树结构，一级一级识别，直到得出最后的判别结果。算法的具体流程如图 4.11 所示。

该算法以类中心距离即重心法为类与类之间距离的度量原则。

定义 4.1　类 S_t 的重心 $\bar{x}_t$ 为类 S_t 中所有样本向量的平均值，即

$$\bar{x}_t = \frac{1}{n_t}\sum_{x_i \in S_t} x_i \tag{4.19}$$

式中：n_t 为类 S_t 的样本数。

类 S_p 的重心 $\bar{x}_q$ 与类 S_p 的重心 $\bar{x}_q$ 之间的欧几里得距离即为两类之间的重心距离 d_{pq}，即

$$d_{pq} = \| \bar{x}_p - \bar{x}_q \| \tag{4.20}$$

根据以上定义，显然有 $d_{ii} = 0$，$d_{ij} = d_{ji}$。

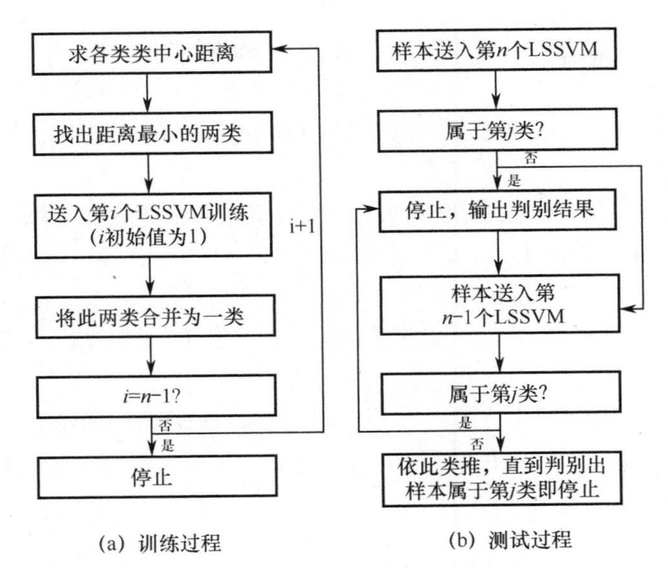

图 4.11　层次聚类 LSSVM 多分类算法流程图

算法的具体训练过程可描述如下：

步骤 1 根据式（4.19）与式（4.20）计算类与类之间的距离。

步骤 2 比较各距离的大小，找出距离最小的两类。

步骤 3 以距离最小的两类样本为正负训练样本，训练与之对应的 LSSVM，并记录训练后 LSSVM 的相关参数。

步骤 4 将距离最小的两类样本合并为一类。

步骤 5 重复上述步骤，直到只剩两类样本，用其训练最后一个 LSSVM。

步骤 6 结束。

测试时，采用相反的顺序，逐级向上判别，直到得出最后的判别结果。

4.3.3　基于层次聚类 LSSVM 的惯性测量组合模拟电路故障诊断

图 4.12 所示为某型惯性测量组合内部 I/F 转换电路的恒流源，它通过电子换向开关向积分器输入和输出电源，其内部电路的一些元器件容差很小，小的波动就会造成恒流源输出的不稳定。

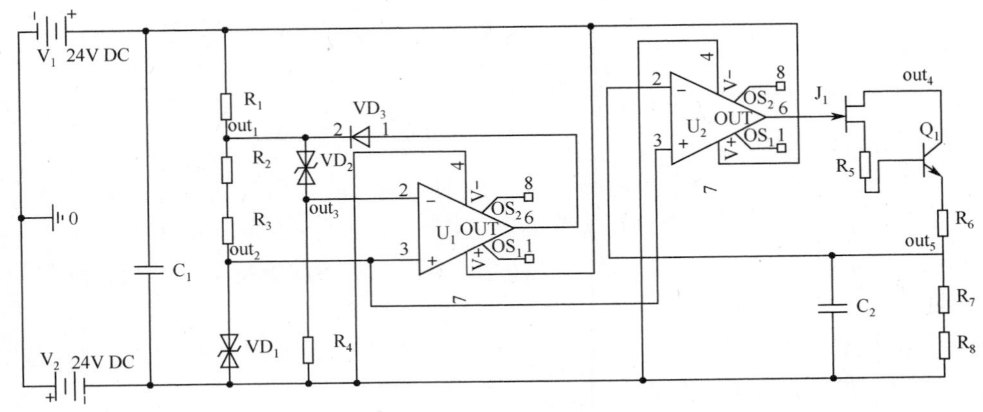

图 4.12　恒流源

1. 诊断思路

IMU 恒流源电路中，R_2，R_3，R_4，R_5，R_6，R_7，R_8 六个电阻的容差相对较小，随着使用时间的增加，很容易发生参数漂移导致电路中发生软故障，以图 4.12 中的 $R_6 = 0.18\ \mathrm{k\Omega}$ 为例，其容差为 0.5%：

（1）当电阻 $R_6 \in [0.1791, 0.1809]\ \mathrm{k\Omega}$ 时，电阻是正常的变化范围。

（2）电阻 $R_6 < 0.1791\ \mathrm{k\Omega}$ 时，发生软故障，用⇓表示，其极限情况是 $R_6 = 0\ \mathrm{k\Omega}$，此时转化为短路硬故障。

（3）电阻 $R_6 > 0.1809\ \mathrm{k\Omega}$ 时，发生软故障，用⇑表示，极限情况为 $R_6 = \infty$，此时转化为开路硬故障。

可知，软故障是一个连续变化的值，要实现其故障诊断非常困难，为拓宽分类器的诊断范围，增加其泛化能力，下面在正常值的［−25%，+25%］整个区间上进行软故障诊断研究。

2. 诊断过程

1）确定故障模式

考虑 R_2，R_3，R_4，R_5，R_6，R_7，R_8 六个电阻发生软故障，并且只考虑单故障，可得 12 种故障模式，如表 4.5 所列。

表 4.5　故障模式设定表

故障元件	故障模式	故障类别
R_2	⇑	1
R_2	⇓	2
R_3	⇑	3
R_3	⇓	4
R_4	⇑	5
R_4	⇓	6
R_6	⇑	7
R_6	⇓	8
R_7	⇑	9
R_7	⇓	10
R_8	⇑	11
R_8	⇓	12

2）故障特征提取

考虑到恒流源电路是一个电源电路，其输入为 ±24V 的直流电压，下面分析恒流源电路的静态工作点，通过 PSpice 软件测得电路静态工作时的节点电压表征故障特征，如图 4.12 所示，选取 out_1、out_2、out_3、out_4、out_5 的节点电压表征电路的故障特征，即特征维数为 5。

3）构造样本集

在元件参数正常值的［−25%　+25%］上取 10 个点，为拓宽诊断范围，要求这 10 个点遍布整个区间，得到样本取点如下：

⇓：−5%　−10%　−15%　−20%　−25%

⇑：+5%　+10%　+15%　+20%　+25%

百分数代表元件参数相对正常值的变化幅度。这样，得到各个故障模式的训练样本集（每种故障3个样本）和测试样本集（每种故障2个样本）。

4）故障识别

应用这里所提出的层次聚类LSSVM诊断故障的结构图如图4.13所示。

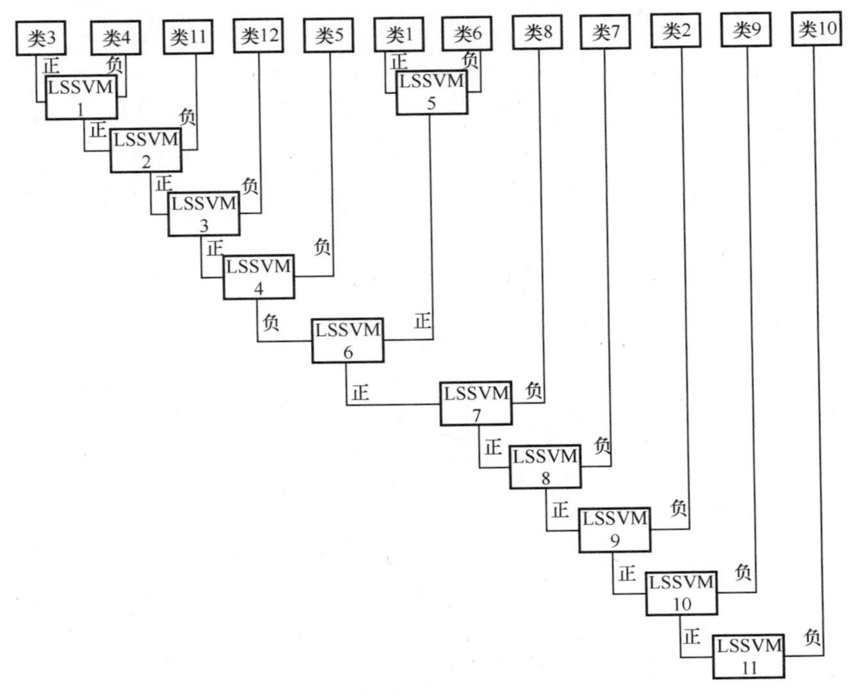

图4.13　层次聚类LSSVM诊断流程图

首先计算类中心距离最小的两类为类别3与类别4，以这两类为正负训练样本训练第一个LSSVM，即LSSVM1；然后将两类样本合并为一类，继续寻找到距离最小的两类：类别3、4与类别11，同样将这两类作为正负训练样本训练LSSVM2，依此原理，直到训练LSSVM11完毕。

测试过程采用相反的顺序，首先将测试样本送入LSSVM11，根据决策函数输出决定下一步输出值，直到判定出样本属于最顶端12个类别中的某一类即停止。

无论是SVM还是LSSVM，其识别效果的好坏与核函数、核参数以及惩罚因子C的选取有很大关系，如果选取不当，设计的分类器性能便会达不到要求。径向基函数$K(x,x_i) = \exp\{-|x-x_i|^2/2\sigma^2\}$是一种应用较为广泛，且效果较好的函数，因此这里选取径向基函数为核函数，其核参数为σ，目前核参数与惩罚因子C的选取没有具体的理论指导，但其基本原则是选取的核参数与C应使分类器识别率较高，这里采用试凑法，首先确定一个大致的选取范围，然后以定步长的取值方法经过多次试验比较取使分类器识别率最高的参数值。具体实现：因惩罚因子C对分类器的精度影响相对较小，首先赋予C一个确定的值：$C = 300$；然后确定σ选取范围：$\sigma \in [0.1,50]$，以0.1为初始值，每次以定步长0.1的幅度增加，即可供选择500个参数，以1对多SVM和层次聚类LSSVM为例，选取结果如图4.14与图4.15所示。

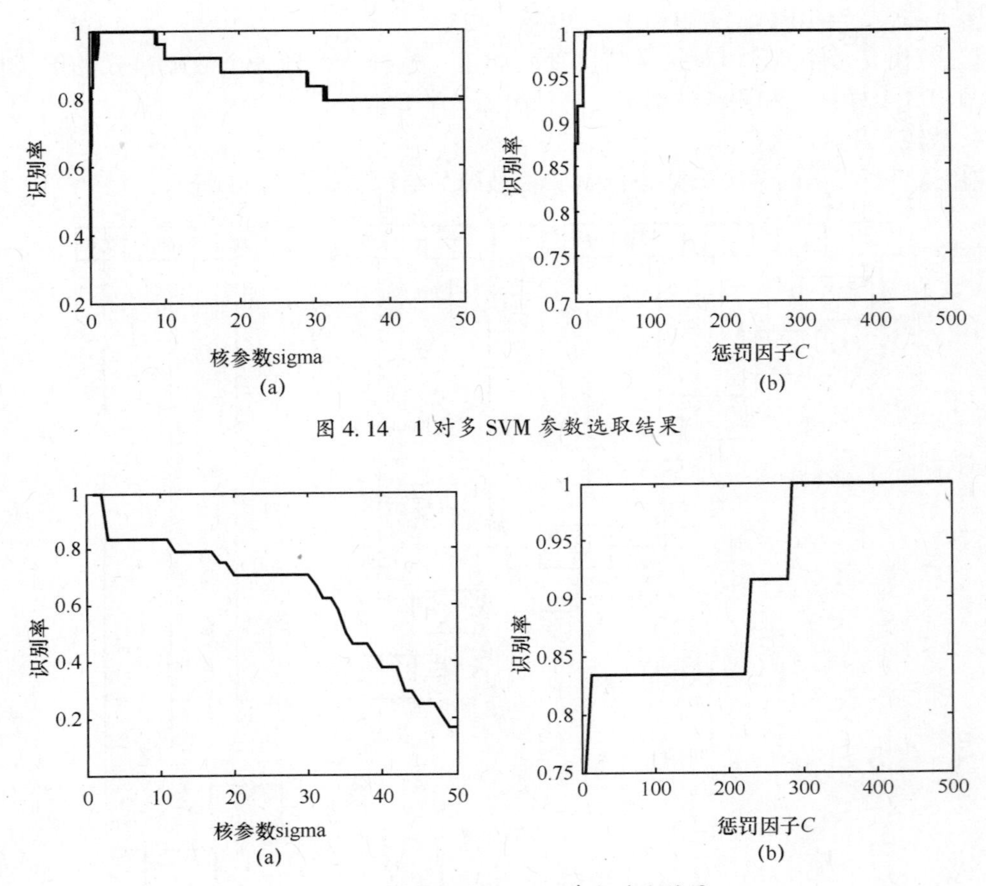

图 4.14　1 对多 SVM 参数选取结果

图 4.15　层次聚类 LSSVM 参数选取结果

从图 4.14（a）与图 4.15（a）可以看出，在惩罚因子 C 确定的情况下，σ 取较小的值（小于 10）便可使分类器识别率较高，因此，1 对多 SVM 中取 $\sigma = 2$，层次聚类 LSSVM 中也取 $\sigma = 2$；图 4.14（b）与图 4.15（b）表示 σ 取定后，识别率随 C 的变化情况，可知惩罚因子对分类器的影响相对较小，选取较为容易，识别结果如表 4.6 所列。

表 4.6　各算法识别结果比较

识别结果 算法	参数选取	训练时间/s	识别率	所需支持向量机个数
1 对 1 SVM	$\sigma = 2.5$ C = 200	2.343	91.67%	66
1 对多 SVM	$\sigma = 2$ C = 300	0.656	100%	12
层次聚类 SVM	$\sigma = 1$ C = 47	0.468	100%	11
层次聚类 LSSVM	$\sigma = 2$ C = 300	0.141	100%	11

由表 4.6 可知：

（1）4 种算法的参数选取相差不大，且合适的 σ 集中在 [1,10]，合适的惩罚因子 C 集中于 [10,500]，说明对不同的算法，输入相同的训练样本和测试样本，其参数的选取较为接近。

（2）故障模式设置为 12 种，因此，4 种算法所需要的支持向量机个数分别为 66、12、11 和 11，显然 1 对 1 算法的训练时间最长，其次是 1 对多算法。当复杂电路中存在几十种甚至上百种故障时，两种算法所需支持向量机个数更多，训练时间更长，不符合及时快速诊断设备故障的要求；而层次聚类 SVM 与层次聚类 LSSVM 所需分类器个数相同，但 LSSVM 计算简便，因此，后者训练时间相对较短。

（3）4 种算法都能够较为准确地识别恒流源的软故障，特别是表中后 3 种算法，识别率达到了 100%，说明支持向量机能够较好的应用于 IMU 模拟电路的软故障诊断。

4.3.4 基于故障残差和 SVM 的惯性测量组合模拟电路故障诊断

通过输入输出数据建立系统的数学模型，然后经残差评估实现故障诊断是基于模型的故障诊断方法的重要形式之一。本节设计了一种基于 LSSVM 的残差生成器，进而提出一种基于残差高阶统计量的特征提取方法，并通过层次聚类 LSSVM 分类器实现故障的判别。基于模型的故障诊断可由残差产生及残差评估两个阶段组成，其诊断原理可用图 4.16 来表示。

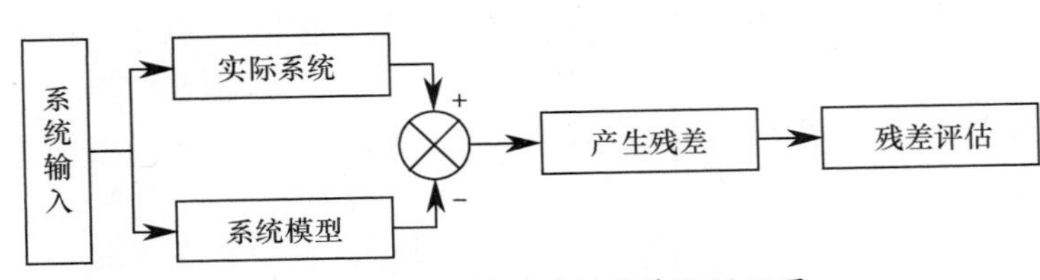

图 4.16 基于模型的故障诊断原理图

1. 基于 LSSVM 的残差生成器设计

动态过程的拟合是一个多变量函数拟合问题。设系统的输入和输出分别为

$$\begin{cases} u = [u(k), u(k-1), \cdots, u(k-m)] \\ y = [y(k), y(k-1), \cdots, y(k-n)] \end{cases} \tag{4.21}$$

式中：m,n 分别为输入、输出的延迟。

记 LSSVM 的输入和输出分别为 $[u(k), u(k-1), u(k-2), y(k-1), y(k-2)]$ 和 $y(k)$。利用系统在正常时的数据对 LSSVM 进行离线训练并实现对系统的建模。结束后，将 LSSVM 放入到实际系统中，通过比较得到残差。其残差生成器原理如图 4.17 所示。

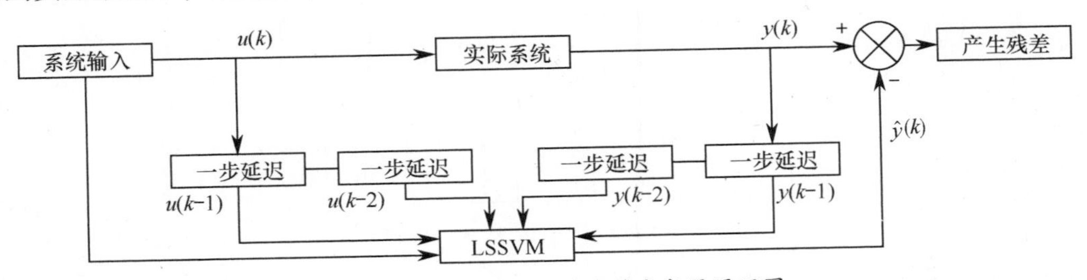

图 4.17 基于 LSSVM 的残差生成器原理图

2. 基于残差高阶统计量的故障特征提取

高阶统计量是一种能够很好地描述信号统计特征的方法，可以作为特征提取的统计方法。在实际的信号处理中，为了计算上的简便，常常使用零滞后量的高阶统计量。

对于信号 $x(k)$，它的前四阶矩定义为

$$m_n = E\{x(k)^n\} = \frac{1}{N}\sum_{k=1}^{K} x(k)^n (n = 1 \sim 4) \tag{4.22}$$

式中，N 为数据点数。

利用得到的前四阶矩，计算前四阶零滞后量的累积量为

$$C_1 = m_1 \tag{4.23}$$

$$C_2 = m_2 - m_1^2 \tag{4.24}$$

$$C_3 = m_3 - 3m_2m_1 + 2m_1^3 \tag{4.25}$$

$$C_4 = m_4 - 3m_2^2 - 4m_1m_3 + 12m_1^2m_2 - 6m_1^4 \tag{4.26}$$

式中：$C_1 \sim C_4$分别为均值、方差、偏斜度和峭度。

为了消除幅值差别对统计结果造成的影响，对信号进行归一化处理，即

$$x'(k) = \frac{x(k)}{\max(|x(k)|)} \tag{4.27}$$

然后对 $x'(k)$ 进行高阶统计量的计算，并作为故障诊断的特征向量。

3. 故障诊断过程

根据上述残差生成器设计方法及残差高阶统计量特征的提取算法，可将基于故障残差和 SVM 的模拟电路故障诊断过程归纳如下：

（1）电路特性分析。根据待诊断电路频率响应分析，确定待诊断电路中对频率响应有较大影响的电路元件及特征频率点。

（2）残差生成器设计。根据对电路特性的分析结果，在电路正常状态下，选择含有特征频率成分的混合信号对电路进行激励，采集电路的输入及输出信号，确定残差生成器的结构，并利用采集的信号数据，选择优化算法确定残差生成器的相关参数。

（3）残差特征提取。在待诊断电路处于不同故障情况下，对待诊断电路施加包含特征频率成分的混合信号，并采集电路输出信号。利用设计的残差生成器产生残差，根据高阶统计量特征算法获取故障特征，并构成故障特征向量。

（4）SVM 分类器。根据上述过程中得到的待诊断电路的故障特征向量，构造训练样本集，根据故障类别数设计合适的层次聚类 LSSVM 多类分类器，利用训练样本集并通过优化算法对分类器进行训练，训练完毕后固化分类器参数，将未知样本送入分类器，即可识别故障。其过程如图 4.18 所示。

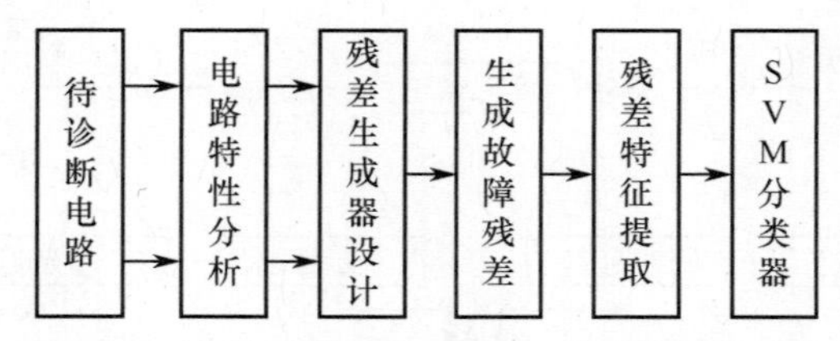

图 4.18　基于故障残差和 SVM 的故障诊断过程

4. 诊断实例

1）试验电路及故障模式设定

试验电路选自某型惯性测量组合中的一个带通滤波器电路，如图4.19所示。使用PSpice9.1软件环境对电路进行建模及仿真。在输入为1V的频率扫描信号时，其输出端电压的频率响应如图4.20所示。

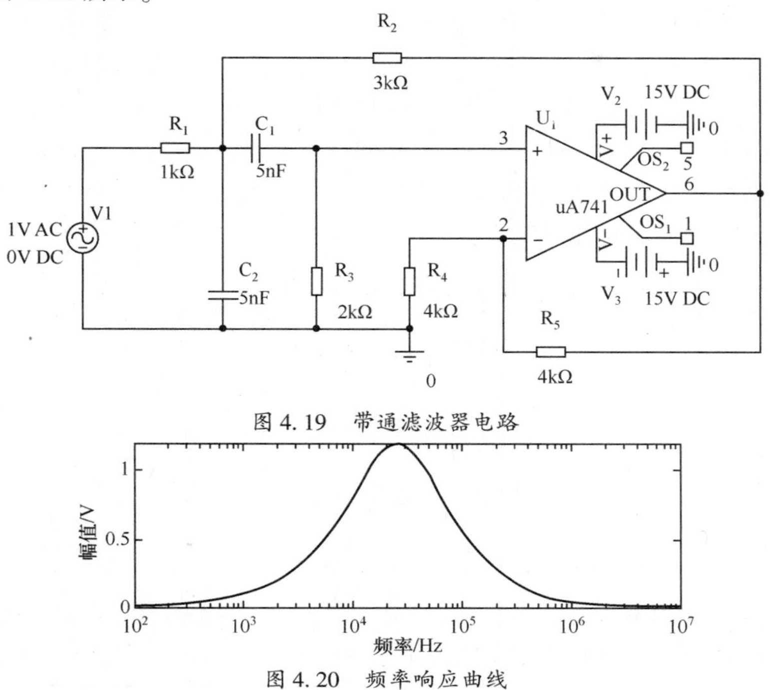

图4.19 带通滤波器电路

图4.20 频率响应曲线

该带通滤波器电路中的电阻容差为10%，电容容差为5%。通过对该带通滤波器电路中的5个电阻和2个电容进行灵敏度分析发现，该带通滤波器电路中的电阻R_2、R_3和电容C_1、C_2对电路性能有较大影响。设故障源为带通滤波器电路中的电阻R_2、R_3和电容C_1、C_2，且每次出现单一软故障，则共有9种状态（包括正常状态）。同样，以超差50%为例进行故障模拟。故障模式的设定如表4.7所列。

表4.7 电路故障模式设定表

电路状态	故障类型	故障模式	故障类别
正常	—	正常	1
R_2 故障	⇑	超差50%	2
R_2 故障	⇓	超差-50%	3
R_3 故障	⇑	超差50%	4
R_3 故障	⇓	超差-50%	5
C_1 故障	⇑	超差50%	6
C_1 故障	⇓	超差-50%	7
C_2 故障	⇑	超差50%	8
C_2 故障	⇓	超差-50%	9

2）特征提取及样本集构造

根据电路元件参数变化与电路频率响应曲线之间的影响关系，电路的激励信号选取为频率分别为10kHz、20kHz和80kHz，幅值均为1V的3种正弦电压信号之和。在考虑容差的情况下，分别设定电路处于不同故障状态，通过PSpice仿真，对各故障模式下的电路进行30次蒙特卡罗分析，并采集电路的输出电压信号，可得到电路在9种状态下的270组输出信号。因信号为周期信号，因而在试验中进行了5个整周期的采样，每个周期采样84个点。

利用前面提出的基于LSSVM的残差生成器设计方法，以电路正常状态下，元件参数取标称值时的输入输出数据为依据，对系统进行建模。这里选择课题组前期提出的一种改进粒子群算法优化选取LSSVM参数[20]。PSO算法参数设置如下：粒子群数目为10，γ 和 σ^2 的搜索范围为［1，1000］和［0.1，10］，γ 和 σ^2 的初始化范围为［1，100］和［9，10］，V_{max} 为参数 γ 和 σ^2 搜索范围的1/2，$c_1 = c_2 = 2$，初始惯性权重为0.9，$T_i = T_g = 1$，进化代数为30。通过PSO优化算法最终确定的LSSVM参数为：$\gamma = 997.13$，$\sigma^2 = 0.34$。图4.21所示为建模过程中最优LSSVM参数的进化曲线。

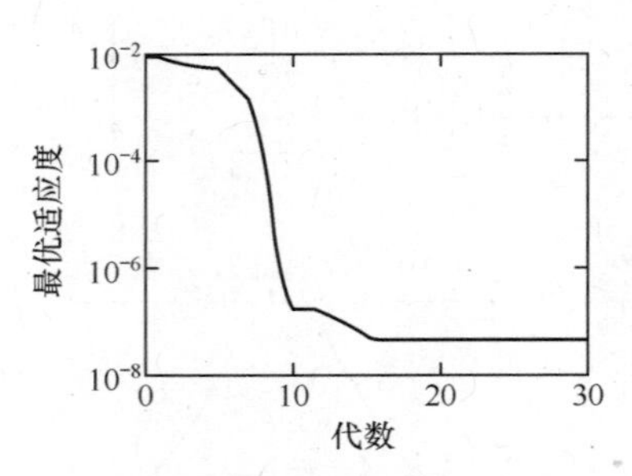

图4.21　最优适应度进化曲线

将采样数据作为所建模型的输入信息，可以得到270组残差数据。电路在8种故障状态下，元件取标称值时的残差信号如图4.22所示。图4.22中，(a)~(h)分别对应故障类别2~9。

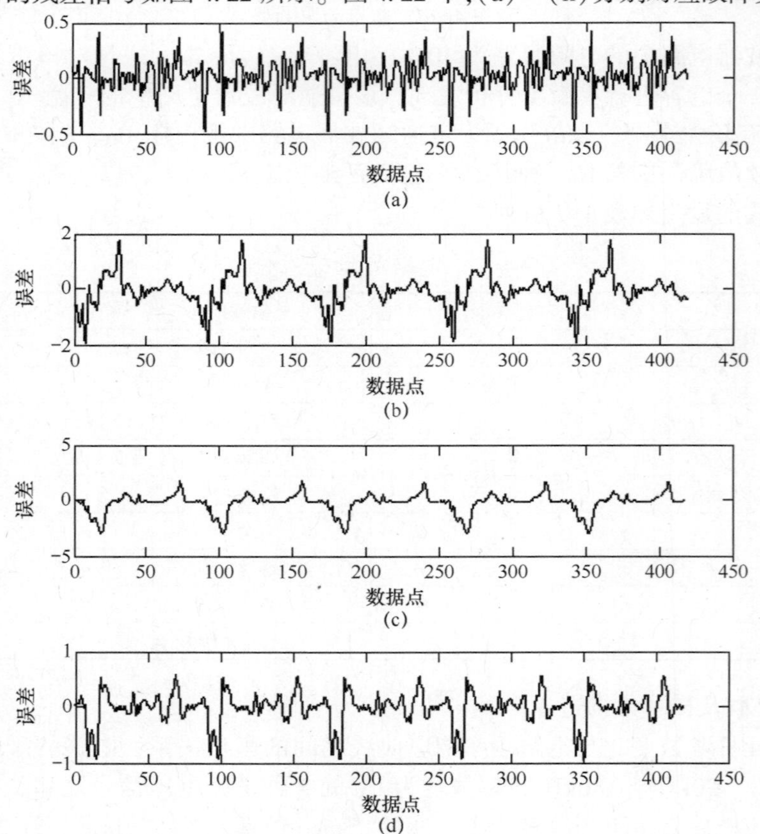

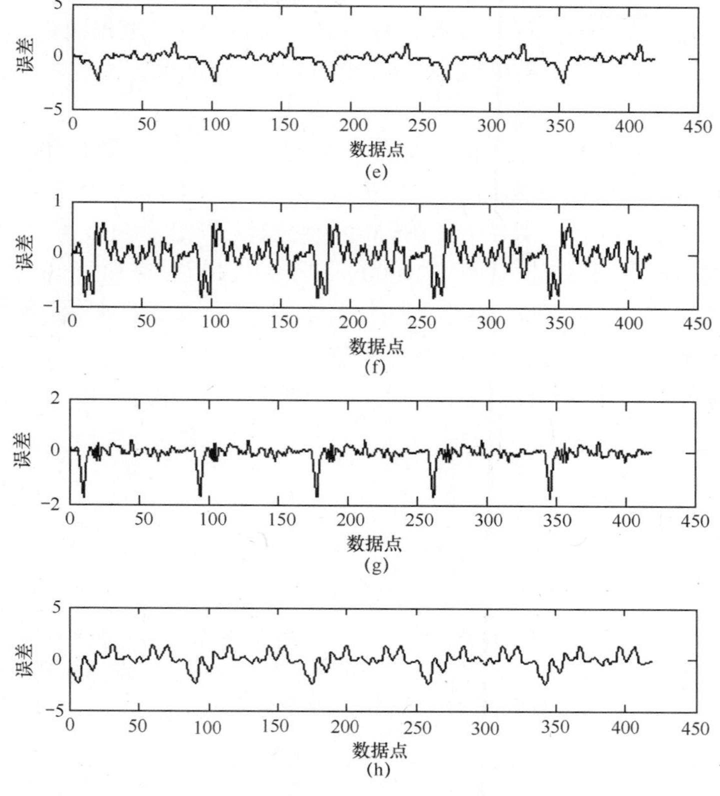

图 4.22　不同故障情况下的残差曲线

由于上述残差信号具有同样的周期性，取残差信号的一个整周期数据，计算高阶统计量，可以得到 9 种模式的 270 个残差高阶统计量特征向量，特征维数为 4。将 270 个故障特征分为两组构成训练样本集和测试样本集，其中，训练样本集共 180 个样本（每种故障状态 20 个样本），测试样本集共 90 个样本（每种故障状态 10 个样本）。

3）分类器设计

根据层次聚类 LSSVM 多分类器设计方法，对 9 种故障模式共需要 8 个两类 LSSVM 分类器，本试验中所设计的层次聚类 LSSVM 多分类器如图 4.23 所示。

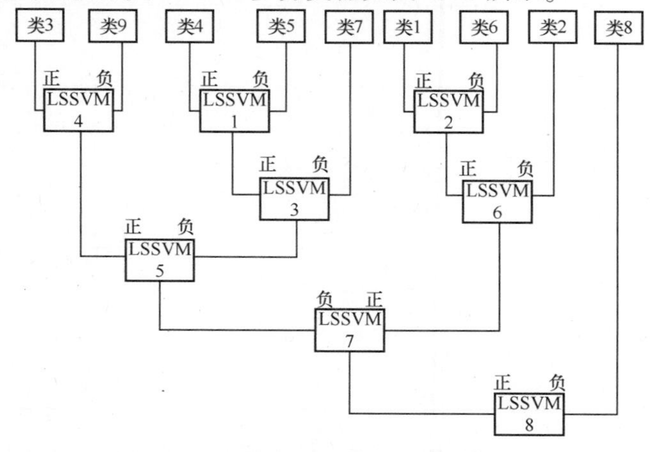

图 4.23　层次聚类 LSSVM 多分类器结构

根据设计的分类器依次构造每个分类器的训练样本，对分类器进行训练并固化分类器参数。测试过程采用相反的顺序，首先将测试样本送入 LSSVM8，根据决策函数输出决定下一步输出值，直到判定出样本属于最顶端 9 个类别中的某一类即停止。

4）试验结果及分析

在确定了分类器结构之后，分别利用训练样本集和测试集进行训练和测试。试验环境为：Windows XP 操作系统，MATLAB 2012a 软件，CPU 频率 1.8GHz，512MB 内存。以 10 重交叉验证识别率为适应度，通过 PSO 算法对 LSSVM 的参数进行优化。PSO 算法参数设置如下：粒子群数目为 10，γ 和 σ^2 的搜索范围为 [1,1000] 和 [0.1,10]，γ 和 σ^2 的初始化范围为 [1,100] 和 [9,10]，V_{max} 为参数 γ 和 σ^2 搜索范围的1/2，$c_1 = c_2 = 2$，初始惯性权重为0.9，$T_i = T_g = 1$，进化代数为 30。通过 PSO 优化算法最终确定的 LSSVM 参数为：$\gamma = 9.8992$，$\sigma^2 = 2.2187$。最优适应度变化曲线如图 4.24 所示。诊断实验结果见表 4.8 和表 4.9。

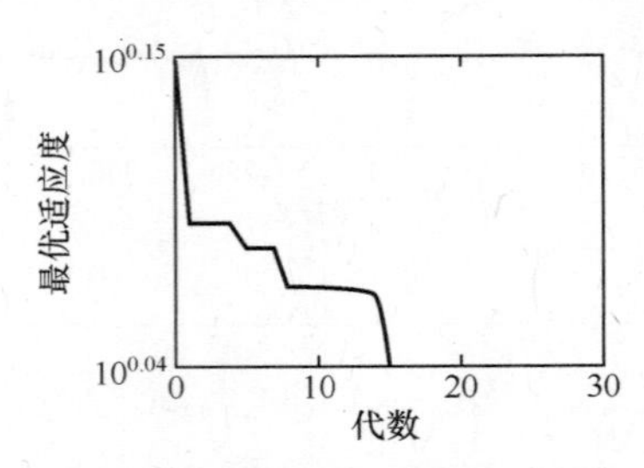

图 4.24 最优适应度变化曲线

表 4.8 基于残差高阶统计量的诊断实验结果

特征维数	样本数量	识别效果	故障模式									识别率/%
			1	2	3	4	5	6	7	8	9	
4	90	正确	9	10	10	10	10	9	10	10	10	97.78
		错误	1	0	0	0	0	1	0	0	0	
		识别率/%	90	100	100	100	100	90	100	100	100	

表 4.9 基于残差高阶统计量的诊断试验误分类情况表

故障模式	误分类数	被误分的故障模式及数量								
		1	2	3	4	5	6	7	8	9
1	1							1		
2	0									
3	0									
4	0									
5	0									
6	1		1							
7	0									
8	0									
9	0									

由表 4.8 可以看出，9 种故障模式中只有模式 1 和模式 6 各出现了 1 个误分类的情况，总

体识别率达到了97.78%，因此，也证明了残差生成器设计的合理性和残差高阶统计量特征的有效性。另外，通过PSO算法对SVM参数的优选对建模的精确性和故障识别的正确率也起到了十分重要的作用。

由表4.9可以看出，故障的误分类情况主要出现在电路无故障和C_1故障的情况下，说明C_1所导致的电路故障在电路输出端的影响较其他故障模式不十分明显，且电路存在容差特性，因此，对电路无故障和C_1故障时的识别会出现误诊断的情况。

4.4 基于极端学习机的模拟电路故障诊断

极端学习机（Extreme Learning Machine，ELM）是2006年由Huang等学者提出的一种新型单隐层前馈神经网络（SLFN），由于其无需反复调整隐层参数，并且将传统单隐层前馈神经网络参数训练问题转化为求解线性方程组，利用求得的最小范数最小二乘解作为网络输出权值，整个训练过程一次完成[21]。因此，与传统神经网络方法相比，训练速度得到极大的提高，且泛化性能更好，已在模式识别领域得到应用[22,23]。但是，在模拟电路故障诊断中引入极端学习机的报道很少，正是基于极端学习机的众多优点，本节将对利用极端学习机进行模拟电路故障诊断进行探索和研究。

4.4.1 ELM基本理论

与传统前馈神经网络中所有参数需要不断调整以使得代价函数最小的途径不同，极端学习机理论指出其隐层学习参数（隐层权值和偏差）可以随机生成，并且其输出权值经由求解线性方程得到。这使得极端学习机的训练速度大大提高，且能够取得更好的泛化性能。

给定任意N个不同样本$\{(\boldsymbol{x}_i,t_i)\}_{i=1}^{N}$，其中输入样本$\boldsymbol{x}_i=[x_{i1},x_{i2},\cdots,x_{in}]^{\mathrm{T}}\in R^n$，输出样本$\boldsymbol{t}_i=[t_{i1},\ t_{i2},\ \cdots,\ t_{im}]^{\mathrm{T}}\in R^m$，具有$L$个隐层神经元和激活函数为$G(w_j,b_j,x_i)$的SLFN，其数学模型为

$$o_i=\sum_{j=1}^{L}\boldsymbol{\beta}_j G(\boldsymbol{w}_j,b_j,\boldsymbol{x}_i)(i=1,\cdots,N) \tag{4.28}$$

式中：$\boldsymbol{w}_j=[w_{j1},w_{j2},\cdots,w_{jn}]^{\mathrm{T}}$为连接第$j$个隐层神经元和输入神经元的权值向量，$\boldsymbol{\beta}_j=[\beta_{j1},\beta_{j2},\cdots,\beta_{jm}]^{\mathrm{T}}$为连接第$j$个隐层神经元和输出神经元的权值向量，$b_j$为第$j$个隐层神经元的偏差。

要使得具有L个隐层神经元和激活函数为$G(\boldsymbol{w}_j,b_j,\boldsymbol{x}_i)$的SLFN能够零误差地逼近这$N$个样本，等同于下式成立：$\sum_{j=1}^{L}\|\mathrm{o}_i-\mathrm{t}_i\|=0$，即，存在$\boldsymbol{\beta}_j$，$\boldsymbol{w}_j$和$b_j$使得下式成立：

$$\sum_{j=1}^{L}\boldsymbol{\beta}_j G(\boldsymbol{w}_j,b_j,\boldsymbol{x}_i)=\boldsymbol{t}_i(i=1,\cdots,N) \tag{4.29}$$

上式N个方程可以简写为

$$\boldsymbol{H\beta}=\boldsymbol{T} \tag{4.30}$$

其中

$$H(\boldsymbol{w}_1,\cdots,\boldsymbol{w}_L,b_1,\cdots,b_L,\boldsymbol{x}_1,\cdots,\boldsymbol{x}_N)=\begin{bmatrix}G(\boldsymbol{w}_1,b_1,\boldsymbol{x}_1) & \cdots & G(\boldsymbol{w}_L,b_L,\boldsymbol{x}_1)\\ \vdots & \cdots & \vdots\\ G(\boldsymbol{w}_1,b_1,\boldsymbol{x}_N) & \cdots & G(\boldsymbol{w}_L,b_L,\boldsymbol{x}_N)\end{bmatrix}_{N\times L}=\begin{bmatrix}h_1\\ h_2\\ \vdots\\ h_N\end{bmatrix},$$

$$\boldsymbol{\beta} = \begin{bmatrix} \boldsymbol{\beta}_1^{\mathrm{T}} \\ \vdots \\ \boldsymbol{\beta}_L^{\mathrm{T}} \end{bmatrix}_{L\times m}, \boldsymbol{T} = \begin{bmatrix} \boldsymbol{t}_1^{\mathrm{T}} \\ \vdots \\ \boldsymbol{t}_N^{\mathrm{T}} \end{bmatrix}_{N\times m}$$

$\boldsymbol{H}$ 称为神经网络的隐层输出矩阵；$\boldsymbol{H}$ 的第 j 列表示第 j 个隐层节点关于 $x_1,x_2,\cdots,x_N$ 的输出矩阵。

大多数情况下，隐层节点数目远远小于训练样本数目，即 $L \leqslant N$，此时 $\boldsymbol{H}$ 是非方阵，也就不存在 $\boldsymbol{w}_j$，$\hat{\boldsymbol{\beta}}$ 和 b_j 满足 $\boldsymbol{H\beta} = \boldsymbol{T}$。根据广义逆引理，上述线性系统的最小范数最小二乘解为

$$\hat{\boldsymbol{\beta}} = \boldsymbol{H}^{\dagger}\boldsymbol{T} \tag{4.31}$$

式中：$\boldsymbol{H}^{\dagger}$ 为矩阵 $\boldsymbol{H}$ 的 Moore - Penrose 广义逆。

综上所述，给定一个训练样本集，激活函数为 $G(x)$，隐层节点数目为 L。ELM 学习算法步骤如下：

步骤 1 随机指定输入权值 w_j 和隐层偏差 b_i，$i = 1,\cdots,L$。

步骤 2 计算隐层输出矩阵 $\boldsymbol{H}$。

步骤 3 按照式（4.31）计算输出权值 $\boldsymbol{\beta} = \boldsymbol{H}^{\dagger}\boldsymbol{T}$，其中 $\boldsymbol{T} = [t_1,\cdots,t_N]^{\mathrm{T}}$。

对于多分类问题，ELM 采用多输出回归算法实现。其原理如下：

假设对于一个 s 类的分类问题，其样本集为

$$\aleph = \{(\boldsymbol{x}_{\mathrm{i}},\boldsymbol{y}_{\mathrm{i}})\}_{\mathrm{i}=1}^{\mathrm{N}}$$

$$\boldsymbol{x}_i \in R^d, \boldsymbol{y}_i \in \{1,2,\cdots,s\}$$

定义新的多维目标向量

$$\boldsymbol{c}_i = [c_{i1}c_{i2}\cdots c_{is}] \tag{4.32}$$

式中，$\boldsymbol{c}_{ij} = \begin{cases} 1 & (t_i = j) \\ -1 & (\text{其他}) \end{cases}$。

对待测新样本集 $\{(\boldsymbol{x}_i,\boldsymbol{c}_i)\}_{i=1}^{N}$，按照 ELM 算法步骤完成模型训练后，由式（4.33）得出样本的最终分类结果，即

$$\hat{\boldsymbol{y}}_i = \max(\hat{\boldsymbol{c}}_i) \tag{4.33}$$

式中：$\hat{c}_i$ 为 c_i 经 ELM 测试后的结果；max（ ）表示向量“ ”中最大元素的下标。

4.4.2 基于优选小波包和 ELM 的模拟电路故障诊断

1. 基于小波包变换的故障特征提取

小波包分析是多分辨率分析的推广，对信号进行更加精细的分析。它将频带进行多层次划分，在继承了小波变换所具有的良好的时频局部化优点的同时，对多分辨分析没有细分的高频部分进行进一步的分解，从而具有更好的时频特性。

由于小波变化只对信号的低频部分做进一步分解，而对高频部分，即信号的细节部分不再继续分解，所以小波变换能够很好地表征一大类以低频信息为主要成分的信号，但它不能很好地分解和表示包含大量细节信息的信号。与之不同的是，小波包变化可以对高频部分提供更精细的分解，而且这种分解无冗余、无疏漏，能够同时在信号的高频和低频带做频率和时间分辨率的分析，提高了时频的分辨率，能够有效地提取故障特征。

小波包函数 $\mu_{j,k}^{n}(t)$ 的定义为

$$\mu_{j,k}^{n}(t) = 2^{j/2}\mu^{n}(2^{j}t - k) \tag{4.34}$$

式中：$n=0$，1，2，…为振荡参数；$j \in Z$，$k \in Z$ 分别为尺度参数和平移参数。

当 $n=0$，1；$j=k=0$ 时，初始的两个小波包函数定义为

$$\mu_0(t) = \phi(t), \mu_1(t) = \psi(t) \tag{4.35}$$

式中，$\phi(t)$，$\psi(t)$ 分别为正交尺度函数和正交小波函数。

初始小波包函数满足双尺度方程：

$$\begin{cases} \mu_0(t) = \sqrt{2}\sum_{k \in Z} h(k)\mu_0(2t - k) \\ \mu_1(t) = \sqrt{2}\sum_{k \in Z} g(k)\mu_0(2t - k) \end{cases} \tag{4.36}$$

式中：$h(k)$，$g(k)$ 分别为相应的多尺度分析中低通滤波系数和高通滤波系数。则当 $n=2$，3，…时，其他的小波包函数满足：

$$\begin{cases} \mu_{2n}(t) = \sqrt{2}\sum_{k \in Z} h(k)\mu_n(2t - k) \\ \mu_{2n+1}(t) = \sqrt{2}\sum_{k \in Z} g(k)\mu_n(2t - k) \end{cases} \tag{4.37}$$

那么，由式（4.37）所定义的函数集合 $\{\mu_n(t)\}$，$n=0$，1，2…，就称为关于正交尺度函数 $\phi(t)$ 的小波包。对于一组离散信号 $x(t)$，小波包分解与重构算法如式（4.38）和式（4.39）所示。

$$\begin{aligned} d_{j+1}^{2n} &= \sum_{k} h(k - 2t)d_{j}^{n}(k) \\ d_{j+1}^{2n+1} &= \sum_{k} g(k - 2t)d_{j}^{n}(k) \end{aligned} \tag{4.38}$$

$$d_{j}^{n}(k) = 2\left[\sum_{\tau} h(k - 2\tau)d_{j+1}^{2n+1}(k) + \sum_{\tau} g(k - 2\tau)d_{j+1}^{2n}(k)\right] \tag{4.39}$$

式中：$d_{j}^{n}(k)$ 为经小波包分解后节点（j，n）所对应的第 k 个系数，节点（j，n）表示第 j 层的第 n 个频带，小波包分解图如图 4.25 所示。

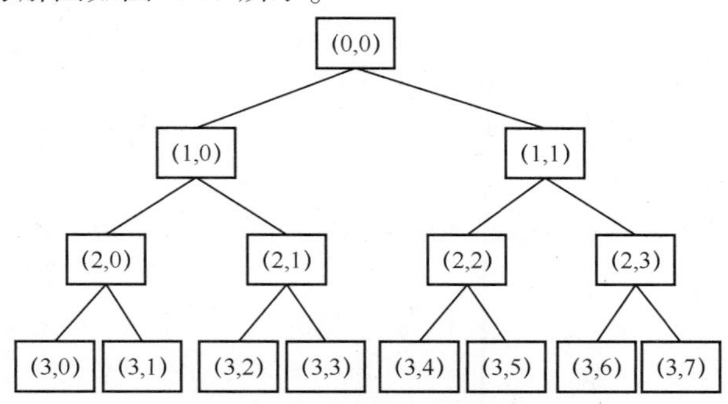

图 4.25　3 层小波包分解树结构

利用上述小波包过程进行模拟电路故障特征提取，主要通过对模拟电路正常及故障状态下输出响应信号进行小波包分解，而后以分解得到的各频带归一化能量作为特征输入极端学习机进行训练和测试。第 i 个频带对应的能量值为

$$E_i = \sum_{k=1}^{N} |d_{j}^{n}(k)|^2 (i = 1, 2, \cdots, 2^{j}) \tag{4.40}$$

N 为第 i 个频带的长度。则总能量值为 $E = \sum_{i=1}^{2j} E_i$，以各状态归一化后能量组成故障特征向量 T:

$$T = [E_1/E, E_2/E, \cdots, E_{2j}/E] \tag{4.41}$$

2. 优选小波包选取故障特征

在利用小波对电路响应进行分解时，选择不同的小波基函数会得到不同的结果。为了提取电路的有效特征，必须选择最优小波基进行小波包分解。因此，这里提出特征偏离度的概念作为选择测度来确定最优小波基，其定义为：故障特征与正常状态特征之间的偏离程度，可利用式（4.42）进行计算。

$$D_b = \sum_{i=1}^{s} \sum_{j=1}^{N} P_i (m_j^i - m_j)(m_j^i - m_j)^{\mathrm{T}} \tag{4.42}$$

式中：P_i为第 i 类故障的先验概率，m_j^i为第 i 类故障特征样本集中的第 j 个数据；m_j为正常状态故障样本集第 j 个数据。

特征偏离度越大，表明该故障特征越有效，更有利于隔离不同类故障。

自适应确定小波基函数的过程如下：

步骤 1 利用不同小波基对电路输出响应进行分解，利用得到的故障特征按照式（4.42）计算特征偏离度，D_b最大时对应的小波基即为最优小波基。

步骤 2 选择最优小波基对各状态电路输出响应进行分解，获得最优故障特征。

3. 优选小波包和 ELM 诊断过程

作为一类性能出色的单隐层前馈神经网络，尤其是其较少的待定参数及极少的学习时间，因此将其引入模拟电路故障诊断领域有望取得较目前方法更好的结果。首先利用小波包分解提取模拟电路输出响应的故障特征向量，而后输入到极端学习机进行训练，最后利用训练好的极端学习机对新样本属于哪类故障进行判定[24]，流程图及步骤如图 4.26 所示。

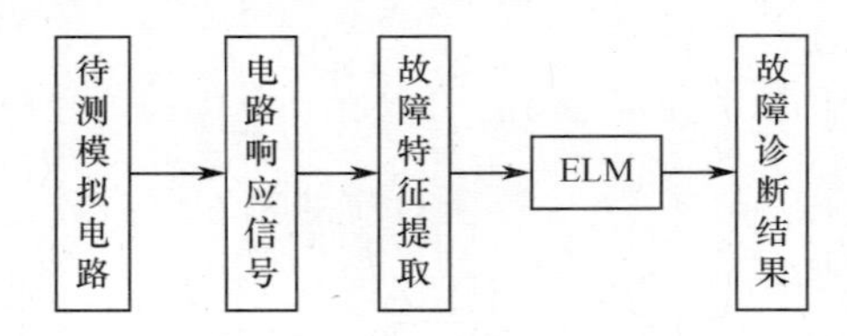

图 4.26　小波极端学习机诊断流程图

步骤 1 对待测电路进行灵敏度分析，选择对输出影响较大的元件作为故障元件，设置故障并提取各状态下的输出响应。

步骤 2 选择最优小波基函数对输出响应信号进行 3 层小波包分解，得到各状态下故障特征样本。

步骤 3 将各故障特征样本输入 ELM 中进行训练。

步骤 4 将新故障特征样本输入训练好的 ELM 中进行故障判别。

4. 诊断实例

仍选择如图 4.19 所示惯性测量组合内部带通滤波器电路进行试验，电路中电阻及电容的容差分别为 5% 及 10%，这里仅选择电路中电阻和电容出现单一故障进行仿真试验。同样选择 R_2、R_3、C_1 和 C_2 这 4 个元件进行诊断分析，设置发生故障元件取值范围为 $[50\%\mu, (1-t)\mu] \cup [(1+t)\mu, 150\%\mu]$，$t$ 为元件容差，μ 为元件标称值。则可获得包括正常状态在内的共计 9 种故障模式，各故障标称值及故障值范围如表 4.10 所列。

表 4.10 故障模式

故障模式	标称值	故障值范围
$C_1\Uparrow$	5nF	[5.5nF，7.5nF]
$C_1\Downarrow$	5nF	[2.5nF，4.5nF]
$C_2\Uparrow$	5nF	[5.5nF，7.5nF]
$C_2\Downarrow$	5nF	[2.5nF，4.5nF]
$R_2\Uparrow$	3kΩ	[3.15kΩ，4.5kΩ]
$R_2\Downarrow$	3kΩ	[1.5kΩ，2.75kΩ]
$R_3\Uparrow$	2kΩ	[2.1kΩ，3kΩ]
$R_3\Downarrow$	2kΩ	[1kΩ，1.9kΩ]

对电路在包括正常状态在内的 9 种故障模式进行仿真，电路激励信号为 1V，频率为 1kHz 的正弦信号，采集 0～0.5s 时间段内，间隔为 0.1ms 的电路输出电压。选择 haar、db2 和 db3 三种小波基函数分别对特征样本进行分解，各故障发生概率相等，先验概率取为 1/8，并按式（4.42）计算 8 种故障特征与正常状态特征之间的特征偏离度。结果如表 4.11 所列。从结果看，利用 db3 小波进行分解的各故障特征偏离度大于另两种小波基得到的结果，db3 小波为最优小波基。因此，选择 db3 小波进行各状态输出响应的分解，以获得最优故障特征集。

表 4.11 3 种小波基对应的特征偏离度

小波基	$C_1\Uparrow$	$C_1\Downarrow$	$C_2\Uparrow$	$C_2\Downarrow$	$R_2\Uparrow$	$R_2\Downarrow$	$R_3\Uparrow$	$R_3\Downarrow$
haar	0.3305	4.4593	0.0002	0.022	0.0659	0.4759	19.6051	5.2957
db2	0.4777	6.4567	0.0003	0.0314	0.0951	0.6897	28.3846	7.6689
db3	0.5521	7.4665	0.0004	0.0365	0.1097	0.7977	32.8016	8.8667

对每种故障模式进行 30 次蒙特卡罗分析，共获得 270 个输出响应信号样本。利用 db3 小波对样本进行 3 层小波包分解，可得到对应 8 个频带的能量值，将其进行归一化后作为故障特征。选择其中 180 组故障特征作为训练样本，其余 90 组作为测试样本。为与小波极端学习机进行比较，另外选择 BPNN、RBFNN 以及 LSSVM 分别对待测电路进行诊断，其中，WELM 的隐层神经元数目、BPNN 的隐层节点数以及 RBF 的扩展系数取值利用交叉验证方法获得，LSSVM 中核函数为高斯核函数，正则化参数 γ 及核函数参数 σ_2 利用遗传算法优化获得，多类问题采用 1 对多方法。

4 种方法得到的诊断结果如表 4.12 所列。从诊断结果看，ELM 的诊断精度明显高于其他 3 种方法，且训练时间和测试时间明显少于另外 3 种方法，利用 ELM 进行模拟电路故障诊断能够取得精度最高的结果，且由于其需要人工干预参数只有一个，通过求解线性方程的方式获得输出权值，相比其他 3 种方法，更适合将其用于在线故障诊断，这也是下一步需要研究的内容。

表 4.12　4 种方法诊断结果

方法	训练时间	测试时间	诊断精度
BP	6.2458	0.013	85.81%
RBF	0.0406	0.0089	86.67%
LSSVM	0.0546	0.0499	91.11%
ELM	0.00154	0.000788	94.44%

表 4.13 中给出了利用前述 3 种小波基函数进行故障特征提取，然后送入极端学习机进行故障诊断的结果，可以看出，3 种小波分解得到的故障特征进行诊断准确率从高到低依次为 db3、db2、haar，这与前面计算得到的特征偏离度结果一致，说明提出的特征隔离度可作为选择最优小波基的有效测度。

表 4.13　不同小波基的诊断结果

小波基	haar	db2	db3
诊断精度	90%	92.22%	94.44%

从 ELM 的原理可知，对 ELM 泛化性能影响较大的是激活函数和隐层节点数两个需要人为指定的参数，图 4.27 分析了二者对本文诊断结果的影响。从对训练时间的影响可以看出，随着隐层节点数目的增加，4 种激活函数消耗的训练时间都呈现逐步增加的趋势，且在隐藏节点数小于 120 时训练时间相差很少；从对诊断精度的影响看，4 种激活函数在隐藏节点达到 20 个后诊断精度基本趋于稳定，其中 sigmoid 型激活函数诊断精度最高，基本稳定在 94.44%，上述试验即选择 sigmoid 型激活函数，隐藏节点数取 20。

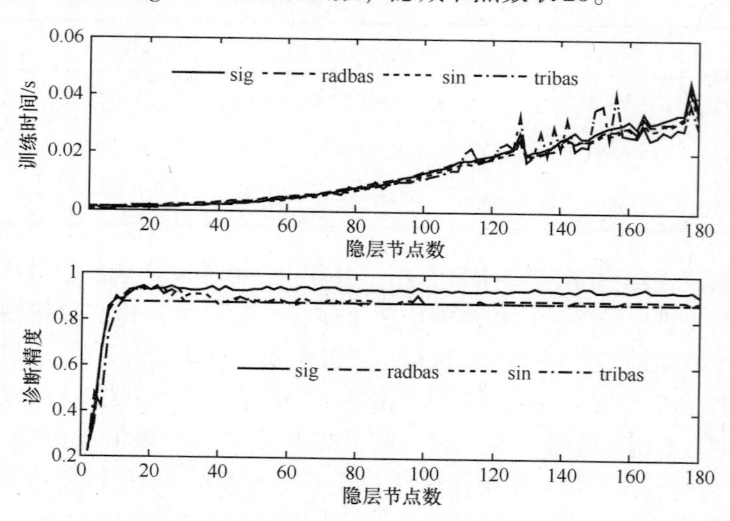

图 4.27　隐层节点数和激活函数对训练时间和诊断精度的影响

4.4.3　基于固定尺寸序贯极端学习机的模拟电路在线故障诊断

1. 在线序贯极端学习机

从 ELM 的原理可以看出，在训练样本全部参与的情况下 ELM 能够建立精确的分类模型。但实际分类中，训练样本大多数情况下不可能一次性采集完，都是随着系统性能变化分批进行采集，这时 ELM 只能通过重新训练得到新的分类模型，由于 ELM 输入权值及隐层偏差都是随机选取，重新训练不仅耗费较长时间，同时无法保证分类的准确性，因此，ELM 不适合进行在线故障诊断。针对此问题，文献［25］中提出了一种可实现训练样本分批到来时输出权值递推更新的 OS－ELM，其原理表述如下：

步骤 1 初始化阶段：从给定的训练集 $\aleph=\{(\boldsymbol{x}_i,\ t_i)\mid \boldsymbol{x}_i\in R^n,\ \boldsymbol{t}_i\in R^m,\ i=1,\ \cdots,\ N\}$ 中选择一小批作为初始训练数据 $\aleph_0=\{(\boldsymbol{x}_i,\ \boldsymbol{t}_i)\}_{i=1}^{N_0}$，$N_0\geqslant L$。

（1）随机生成隐藏神经元参数 $(\boldsymbol{a}_i,b_i),i=1,\cdots,L$

（2）计算初始隐层输出矩阵 $\boldsymbol{H}_0$：

$$\boldsymbol{H}_0=\begin{bmatrix} G(a_1,b_1,x_1) & \cdots & G(a_L,b_L,x_1) \\ \vdots & & \vdots \\ G(a_1,b_1,x_{N_0}) & \cdots & G(a_L,b_L,x_{N_0}) \end{bmatrix}_{N_0\times L}$$

（3）估计初始输出权值

$$\boldsymbol{\beta}^{(0)}=\boldsymbol{P}_0\boldsymbol{H}_0^{\mathrm{T}}\boldsymbol{T}_0 \tag{4.43}$$

式中：$\boldsymbol{P}_0=(\boldsymbol{H}_0^{\mathrm{T}}\boldsymbol{H}_0)^{-1}$，$\boldsymbol{T}_0=[t_1,\ \cdots,\ t_{N_0}]^{\mathrm{T}}$。

（4）设 $k=0$。

步骤 2 序贯学习阶段

（1）当第 $k+1$ 批新的观测数据出现，数据样本变为：$\aleph_0=\{(x_i,t_i)\}_{i=(\sum_{j=0}^{k}N_j)+1}^{\sum_{j=0}^{k+1}N_{j_k}}$；$N_{k+1}$ 代表 $(k+1)$ 批观察数据的数目。

（2）计算部分隐层第 $k+1$ 批数据 $\aleph_{k+1}$ 的输出矩阵 $\boldsymbol{H}_{k+1}$：

$$\boldsymbol{H}_{k+1}=\begin{bmatrix} G(a_1,b_1,x_{(\sum_{j=0}^{k}N_j)+1}) & \cdots & G(a_L,b_L,x_{(\sum_{j=0}^{k}N_j)+1}) \\ \vdots & \cdots & \vdots \\ G(a_1,b_1,x_{\sum_{j=0}^{k+1}N_j}) & \cdots & G(a_L,b_L,x_{\sum_{j=0}^{k+1}N_j}) \end{bmatrix}_{N_{k+1}\times L}$$

令 $\boldsymbol{T}_{k+1}=[t_{(\sum_{j=0}^{k}N_j)+1},\cdots,t_{\sum_{j=0}^{k+1}N_j}]^{\mathrm{T}}$。

（3）计算输出权值 $\beta^{(k+1)}$：

$$\begin{aligned} P_{k+1}&=P_k-P_k\boldsymbol{H}_{k+1}^{\mathrm{T}}(I+\boldsymbol{H}_{k+1}P_k\boldsymbol{H}_{k+1}^{\mathrm{T}})^{-1}\boldsymbol{H}_{k+1}P_k \\ \beta^{(k+1)}&=\beta^{(k)}+P_{k+1}\boldsymbol{H}_{k+1}^{\mathrm{T}}(T_{k+1}-\boldsymbol{H}_{k+1}\beta^{(k)}) \end{aligned} \tag{4.44}$$

（4）令 $k=k+1$，转向步骤（1）。

从上述 OS－ELM 算法可以看出，当 $N_0=N$，OS－ELM 就退化变为 ELM 算法。

2. 固定尺寸序贯正则极端学习机及其诊断过程

ELM 是一种批处理神经网络学习方法，即需要利用全部训练样本进行训练，但大多数情况下，训练样本是逐步加入的，这时就必须反复利用 ELM 进行训练，使得训练时间成倍增加，不利于实现在线故障诊断。为解决此问题提出的 OS－ELM 通过递推求解输出权值的方式不断利用新样本对极端学习机进行更新训练，大大减少了 ELM 的训练时间。但是，OS－ELM 不断添加新样本，在样本数量巨大的情况下对计算机的存储空间需求很大，而且，其将新旧样本赋予同等地位用于输出权值的更新，而此时旧样本的信息作用已基本丧失，反而可能影响分类模型对当前系统状态的准确判别。

随着新样本的不断加入，若新样本与样本集内同类中的某一样本相似性很高，那么说明完全可以利用新样本取代其来描述系统当前的状态，可以考虑将该旧样本剔除，这样不但使得训练样本通过不断更新从而更好地跟踪系统变化，而且可以维持样本集容量不变，减少了不必要的存储空间。

综上所述，本书提出的基于在线序贯极端学习机改进的固定尺寸序贯极端学习机（Fix - size sequence extreme learning machine，FSSELM）[26]，其主要思路为：初始化阶段训练完毕后，当在序贯学习阶段加入一个新特征样本后，找出训练集同一类别中与其相似度最高的旧样本进行剔除，从而实现在不增加样本容量的同时更新样本信息。假设当前训练样本集（$\boldsymbol{X}_k$，$\boldsymbol{T}_k$），特征向量 $\boldsymbol{X}_k = [x_k, x_{k+1}, \cdots, x_{k+s-1}]^{\mathrm{T}}$，类别向量为 $\boldsymbol{T}_k = [t_k, t_{k+1}, \cdots, t_{k+s-1}]^{\mathrm{T}}$。对应的隐层输出矩阵为 $\boldsymbol{H}_k = [\boldsymbol{h}_k^{\mathrm{T}}, \boldsymbol{h}_{k+1}^{\mathrm{T}}, \cdots, \boldsymbol{h}_{k+s-1}^{\mathrm{T}}]^{\mathrm{T}}$。在其基础上，为了避免隐层输出矩阵出现病态导致伪逆计算结果错误，借鉴岭回归的思想[27]，将其输出权值加入正则化参数后进一步表示为

$$\beta_k = \left(\frac{\boldsymbol{I}}{\lambda} + \boldsymbol{H}_k^{\mathrm{T}}\boldsymbol{H}_k\right)^{-1}\boldsymbol{H}_k^{\mathrm{T}}\boldsymbol{T}_k \tag{4.45}$$

从而得到了固定尺寸序贯正则极端学习机（Fix - size sequence regularized extreme learning machine，FS - SRELM），为实现训练样本集始终保持适度规模，需要重新计算加入新样本和剔除与其最相似的旧样本之后的输出权值，即当新样本（x_{k+s}, t_{k+s}）加入训练样本集后，通过比较同类各样本与其相似度，剔除相似度最高的旧样本（x_{k+i}, t_{k+i}），此时，隐层输出矩阵变为 $\boldsymbol{H}_{k+1} = [\boldsymbol{h}_k^{\mathrm{T}}, \cdots, \boldsymbol{h}_{k+i-1}^{\mathrm{T}}, \boldsymbol{h}_{k+i+1}^{\mathrm{T}}, \cdots, \boldsymbol{h}_{k+s}^{\mathrm{T}}]^{\mathrm{T}}$，类别向量为 $\boldsymbol{T}_{k+1} = [t_k, \cdots, t_{k+i-1}, t_{k+i+1}, \cdots, t_{k+s}]^{\mathrm{T}}$，输出权值变为

$$\beta_{k+1} = \left(\frac{\boldsymbol{I}}{\lambda} + \boldsymbol{H}_{k+1}^{\mathrm{T}}\boldsymbol{H}_{k+1}\right)^{-1}\boldsymbol{H}_{k+1}^{\mathrm{T}}\boldsymbol{T}_{k+1} \tag{4.46}$$

式中

$$\begin{aligned}\frac{\boldsymbol{I}}{\lambda} + \boldsymbol{H}_{k+1}^{\mathrm{T}}\boldsymbol{H}_{k+1} &= [\boldsymbol{h}_k^{\mathrm{T}}\cdots\boldsymbol{h}_{k+i-1}^{\mathrm{T}}\boldsymbol{h}_{k+i+1}^{\mathrm{T}}\cdots\boldsymbol{h}_{k+s}^{\mathrm{T}}][\boldsymbol{h}_k^{\mathrm{T}}\cdots\boldsymbol{h}_{k+i-1}^{\mathrm{T}}\boldsymbol{h}_{k+i+1}^{\mathrm{T}}\cdots\boldsymbol{h}_{k+s}^{\mathrm{T}}]^{\mathrm{T}} \\ &= \boldsymbol{h}_k^{\mathrm{T}}\boldsymbol{h}_k + \cdots + \boldsymbol{h}_{k+i-1}^{\mathrm{T}}\boldsymbol{h}_{k+i-1} + \boldsymbol{h}_{k+i+1}^{\mathrm{T}}\boldsymbol{h}_{k+i+1} + \cdots + \boldsymbol{h}_{k+s}^{\mathrm{T}}\boldsymbol{h}_{k+s} \\ &= \frac{\boldsymbol{I}}{\lambda} + \boldsymbol{H}_k^{\mathrm{T}}\boldsymbol{H}_k + \boldsymbol{h}_{k+s}^{\mathrm{T}}\boldsymbol{h}_{k+s} - \boldsymbol{h}_{k+i}^{\mathrm{T}}\boldsymbol{h}_{k+i}\end{aligned} \tag{4.47}$$

$$\begin{aligned}\boldsymbol{H}_{k+1}^{\mathrm{T}}\boldsymbol{T}_{k+1} &= [\boldsymbol{h}_k^{\mathrm{T}}, \cdots, \boldsymbol{h}_{k+i-1}^{\mathrm{T}}\boldsymbol{h}_{k+i+1}^{\mathrm{T}}\cdots\boldsymbol{h}_{k+s}^{\mathrm{T}}][t_k\cdots t_{k+i-1}t_{k+i+1}\cdots t_{k+s}]^{\mathrm{T}} \\ &= \boldsymbol{H}_k^{\mathrm{T}}\boldsymbol{T}_k + \boldsymbol{h}_{k+s}^{\mathrm{T}}\boldsymbol{t}_{k+s}^{\mathrm{T}} - \boldsymbol{h}_{k+i}^{\mathrm{T}}\boldsymbol{t}_{k+i}^{\mathrm{T}}\end{aligned} \tag{4.48}$$

借鉴 OS - ELM 做法，令 $\boldsymbol{P}_k = \left(\frac{\boldsymbol{I}}{\lambda} + \boldsymbol{H}_k^{\mathrm{T}}\boldsymbol{H}_k\right)^{-1}$，$\boldsymbol{P}_{k+1} = \left(\frac{\boldsymbol{I}}{\lambda} + \boldsymbol{H}_{k+1}^{\mathrm{T}}\boldsymbol{H}_{k+1}\right)^{-1}$，那么式（4.47）可表示为

$$\boldsymbol{P}_{k+1}^{-1} = \boldsymbol{P}_k^{-1} + \boldsymbol{h}_{k+s}^{\mathrm{T}}\boldsymbol{h}_{k+s} - \boldsymbol{h}_{k+i}^{\mathrm{T}}\boldsymbol{h}_{k+i} \tag{4.49}$$

令 $\boldsymbol{W} = \boldsymbol{P}_k^{-1} + \boldsymbol{h}_{k+s}^{\mathrm{T}}\boldsymbol{h}_{k+s}$，则式（4.49）变为

$$\boldsymbol{P}_{k+1}^{-1} = \boldsymbol{W} - \boldsymbol{h}_{k+i}^{\mathrm{T}}\boldsymbol{h}_{k+i} \tag{4.50}$$

根据 Sherman - Morrison 矩阵求逆引理，得

$$\boldsymbol{W}^{-1} = (\boldsymbol{P}_k^{-1} + \boldsymbol{h}_{k+s}^{\mathrm{T}}\boldsymbol{h}_{k+s})^{-1} = \boldsymbol{P}_k - \frac{\boldsymbol{P}_k\boldsymbol{h}_{k+s}^{\mathrm{T}}\boldsymbol{h}_{k+s}\boldsymbol{P}_k}{1 + \boldsymbol{h}_{k+s}\boldsymbol{P}_k\boldsymbol{h}_{k+s}^{\mathrm{T}}} \tag{4.51}$$

$$\boldsymbol{P}_{k+1} = (\boldsymbol{W} - \boldsymbol{h}_{k+i}^{\mathrm{T}}\boldsymbol{h}_{k+i})^{-1} = \boldsymbol{W}^{-1} + \frac{\boldsymbol{W}^{-1}\boldsymbol{h}_{k+i}^{\mathrm{T}}\boldsymbol{h}_{k+i}\boldsymbol{W}^{-1}}{1 - \boldsymbol{h}_{k+i}\boldsymbol{W}^{-1}\boldsymbol{h}_{k+i}^{\mathrm{T}}} \tag{4.52}$$

将式（4.45）、式（4.47）、式（4.48）、式（4.51）和式（4.52）代入式（4.46）中，可得训练样本更新后输出权值为

$$
\begin{aligned}
\beta_{k+1} &= \boldsymbol{P}_{k+1}\boldsymbol{H}_{k+1}^{\mathrm{T}}\boldsymbol{T}_{k+1} \\
&= \boldsymbol{P}_{k+1}(\boldsymbol{P}_k^{-1}\boldsymbol{P}_k\boldsymbol{H}_k^{\mathrm{T}}\boldsymbol{T}_k + \boldsymbol{h}_{k+s}^{\mathrm{T}}\boldsymbol{t}_{k+s}^{\mathrm{T}} - \boldsymbol{h}_{k+i}^{\mathrm{T}}\boldsymbol{t}_{k+i}^{\mathrm{T}}) \\
&= \boldsymbol{P}_{k+1}(\boldsymbol{P}_k^{-1}\beta_k + \boldsymbol{h}_{k+s}^{\mathrm{T}}\boldsymbol{t}_{k+s}^{\mathrm{T}} - \boldsymbol{h}_{k+i}^{\mathrm{T}}\boldsymbol{t}_{k+i}^{\mathrm{T}}) \\
&= \beta_k - \boldsymbol{P}_{k+1}\boldsymbol{h}_{k+s}^{\mathrm{T}}(\boldsymbol{h}_{k+s}\beta_k - \boldsymbol{t}_{k+s}^{\mathrm{T}}) + \boldsymbol{P}_{k+1}\boldsymbol{h}_{k+i}^{\mathrm{T}}(\boldsymbol{h}_{k+i}\beta_k - \boldsymbol{t}_{k+i}^{\mathrm{T}})
\end{aligned} \tag{4.53}
$$

从上述过程可以看出，β_{k+1} 可以通过前一时刻输出权值 β_k 递推得到，而不需要通过式（4.31）反复进行求逆运算。FS－SRELM 的训练过程描述如下：

步骤 1 利用初始 s 个样本训练 FS－SRELM，得到 P_0 和初始输出权值。令 $k=0$。

步骤 2 将新样本 (x_{k+s}, t_{k+s}) 添加至训练样本集中，计算与 t_{k+s} 取值相同的类中和 x_{k+s} 相似度最高的样本，剔除此相似度最高的旧样本。这里选择夹角余弦作为衡量样本间相似程度的度量，任意两样本间夹角余弦为

$$
c = \frac{\sum_{l=1}^{m} x_o(l)x_n(l)}{\sqrt{\sum_{l=1}^{m}[x_o(l)]^2 \sum_{l=1}^{m}[x_n(l)]^2}} \tag{4.54}
$$

式中：$x_o(l)$ 为初始样本集中与新样本同一类的样本包含的特征；$x_n(l)$ 为新样本包含的特征。

步骤 3 利用式（4.52）求解样本集更新后的 $\boldsymbol{P}_{k+1}$，进而利用式（4.53）计算得到更新后的输出权值 β_{k+1}。

步骤 4 令 $k=k+1$，转至步骤 2。

上述训练过程结束后，利用更新后的输出权值建立分类模型，就可用来进行故障诊断。具体诊断过程如图 4.28 所示。

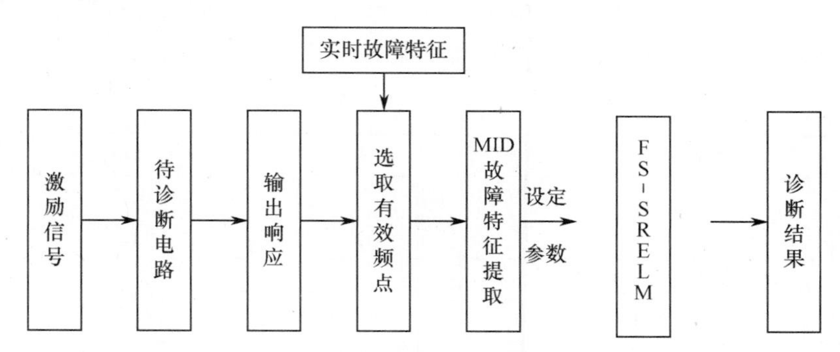

图 4.28 固定尺寸序贯正则极端学习机在线诊断流程图

具体步骤包括：

步骤 1 通过灵敏度分析，确定对输出响应影响较大的元件作为故障元件。

步骤 2 设定故障模式，并针对每种故障模式进行交流小信号分析，选择若干频率变化明显的频响数据作为特征样本，并通过蒙特卡罗方法获取各故障模式下多组特征样本。

步骤 3 利用最大异类距离特征（Maximum Interclass Distance，MID）对特征样本进行压缩[28]。将提取到的维数更低可分性更好的故障特征作为 FS－SRELM 的输入，按照前述 FS－SRELM 训练过程训练诊断模型。

步骤 4 当新样本出现，利用新样本在线更新 FS－SRELM 诊断模型。

步骤 5 利用训练好的分类模型对在线采集并经预处理得到的故障特征分类，完成故障诊断过程。

3. 诊断实例

试验电路为惯性测量组合内部带阻滤波器电路，如图 4.29 所示。在输入为 2V/1kHz 的正弦交流信号情况下，对电路中各元件进行灵敏度分析，确定故障元件后，分单故障和多故障两种情况进行在线故障诊断。试验选取的故障设置如表 4.14 和表 4.15 所列，其中单故障共计 11 种故障模式，多故障共 9 种故障模式。电路中电阻容差为 5%，电容容差为 10%。

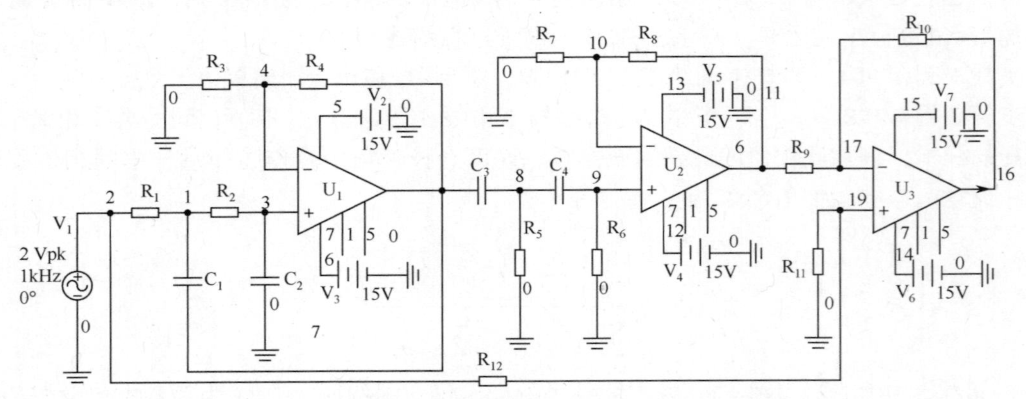

图 4.29 惯性测量组合带阻滤波器电路

1）故障特征提取

情形一：单故障

如表 4.14 所示单故障情况，包括无故障状态在内共计 11 种故障模式。仿真频率范围 100Hz ~ 10kHz，设定每 10 倍频范围仿真 15 个点，则可获得每种故障模式 31 个特征属性，对每种故障模式分别选择元件参数超差 30%、40% 和 50% 三种取值情况进行蒙特卡罗仿真，共仿真 50 次，则可获得 550 × 31 的初始故障特征集。

表 4.14 电路单故障模式设定表

故障模式	故障描述	类别	故障模式	故障模式	类别
f_1	无故障	1	f_7	R_9 ⇓	7
f_2	R_2 ⇑	2	f_8	R_{10} ⇑	8
f_3	R_2 ⇓	3	f_9	C_1 ⇑	9
f_4	R_6 ⇑	4	f_{10}	C_1 ⇓	10
f_5	R_7 ⇓	5	f_{11}	C_3 ⇓	11
f_6	R_9 ⇑	6			

对 31 维经标准化处理的初始训练样本进行降维处理，这里选择 KLDA、KPCA 以及 MID 三种方法进行降维效果的对比，其中 KLDA 和 KPCA 的核函数都取 RBF 函数，交叉验证选取最优核参数。3 种方法分别选取前 3 个主元来表征故障类别分布。图 4.30 所示为单故障情形时各故障模式的特征样本的分布结果。可以看出，特征样本在 KLDA 提取的主元上的分布效果很不理想，f_4、f_5、f_6 和 f_9，f_1、f_2 和 f_3 都发生了不同程度的类别重叠，尤其是 f_4、f_6 和 f_9，f_1 和 f_2 重叠较为严重，基本已丧失分辨能力；KPCA 相比 KLDA 效果稍好，但 f_1 和 f_{10}，f_4、f_5、f_6 和 f_9 仍然存在一定程度的类别重叠；而从 MID 的结果可以看出，只在 f_4 和 f_5 之间存在

轻微的重叠。可以看出，3 种方法中 MID 提取的故障特征对故障判别最为有利。但同时，KLDA 的样本聚类效果要优于 KPCA 和 MID。

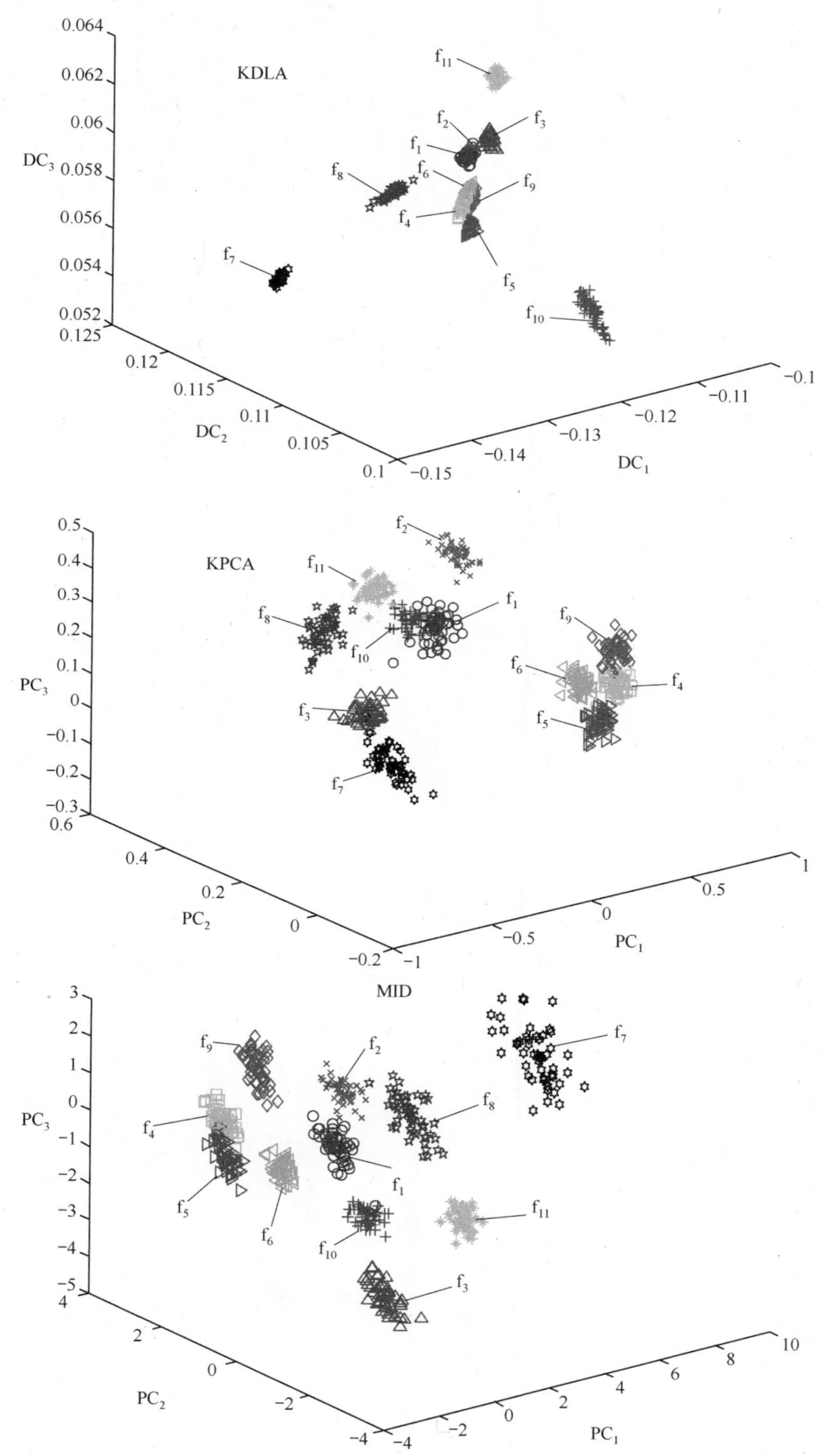

图 4.30　KLDA、KPCA 和 MID 提取主元表征的单故障类别分布图

情形二：多故障

虽然发生单故障的情况在模拟电路故障中占主要部分，但是实际中也会出现两个元件或者两个以上元件同时发生故障的情况。因此，在单故障诊断的基础上，进一步对发生多故障时的诊断问题进行研究。限于篇幅，这里选取的多故障模式共 9 种，加上无故障模式共 10 种故障模式，如表 4.15 所列。仿真设置条件与单故障相同，通过同样 50 次蒙特卡罗仿真，可获得大小为 500 × 31 的初始故障特征集。图 4.31 所示为多故障情形时分别利用 KLDA、KPCA 和 MID 三种特征提取方法提取得到的前 3 个主元上的故障类别分布图。

表 4.15　电路多故障模式设定表

故障模式	故障描述	类别	故障模式	故障描述	类别
df_1	无故障	1	df_6	$C_1 \Downarrow \& C_2 \Uparrow$	6
df_2	$R_1 \Uparrow \& R_2 \Uparrow$	2	df_7	$C_2 \Uparrow \& C_4 \Uparrow$	7
df_3	$R_2 \Downarrow \& R_{10} \Uparrow$	3	df_8	$R_1 \Uparrow \& R_2 \Uparrow \& C_4 \Downarrow$	8
df_4	$R_4 \Uparrow \& R_5 \Downarrow$	4	df_9	$R_8 \Downarrow \& R_{10} \Uparrow \& C_2 \Downarrow$	9
df_5	$R_8 \Downarrow \& R_9 \Downarrow$	5	df_{10}	$R_5 \Uparrow \& R_9 \Downarrow \& C_1 \Downarrow$	10

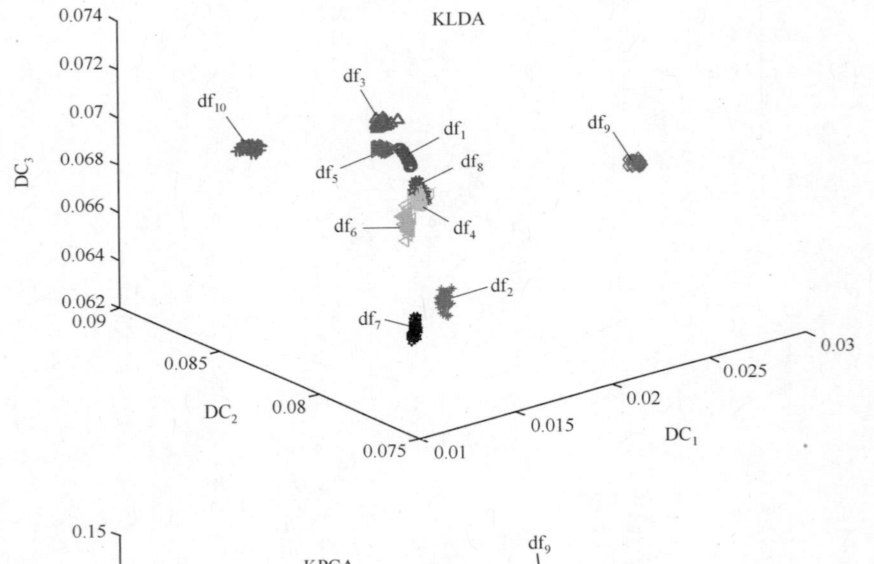

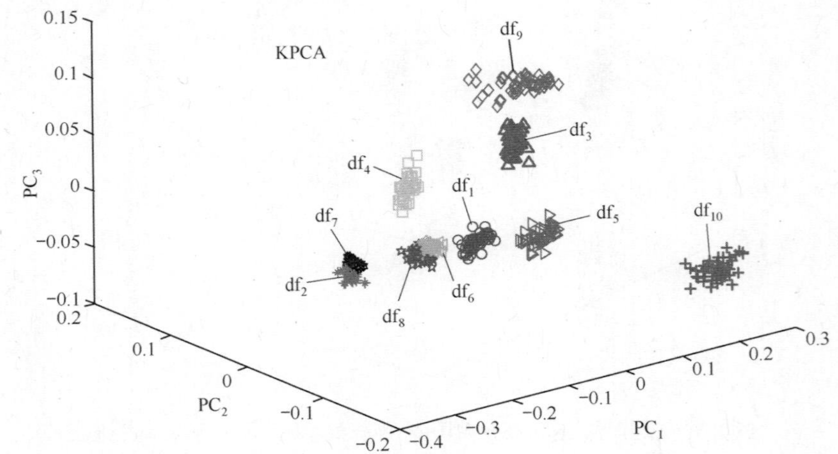

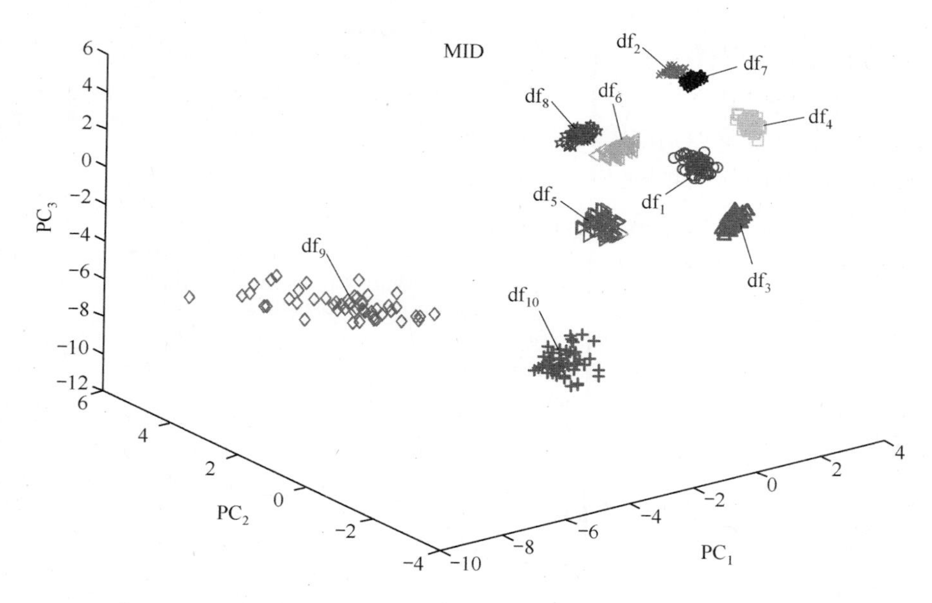

图 4.31 KLDA、KPCA 和 MID 提取的主元表征的多故障类别分布图

可以看出，故障类别在 KLDA 提取的主元上的分布中，df_1 和 df_5，df_4、df_6 和 df_8 存在一定程度的类别重叠；而 KPCA 中 df_2 和 df_7，df_6 和 df_8 存在较严重的类别重叠；相比之下，MID 提取结果各类别之间基本不存在重叠，可分性最好。

为了验证 3 种方法提取的故障特征的有效性，选择 RBFNN 和 RELM 进行故障诊断。在各故障模式 50 个特征样本中选择 30 个作为初始训练样本，即单故障时为 330×31 维，多故障时为 300×31 维；其余 20 个为测试样本，单故障时为 220×31 维，多故障时为 200×31 维。首先通过 3 种特征提取方法获取训练样本和测试样本，然后利用训练样本对神经网络进行训练建立分类模型，最后用来对测试样本进行诊断。诊断时 RBFNN 扩展系数经多次试验确定，RELM 激活函数为 Sigmoid 型，隐层神经元数目为 20，正则化参数为 2^{10}。通过上述过程，单故障及多故障情形下的诊断结果如表 4.16 和表 4.17 所列。

表 4.16 单故障诊断结果

方法		训练时间	测试时间	训练精度	测试精度
KPCA	RBF	0.0764	0.0218	100%	93.18%
	RELM	0.0015	0.00093	100%	99.09%
KLDA	RBF	0.2758	0.083	100%	90%
	RELM	0.0064	0.003	99.09%	95.45%
MID	RBF	0.0794	0.0228	100%	95.91%
	RELM	0.0019	0.0012	99.7%	99.55%

从表 4.16 可以看出，MID 提取的故障特征可分性最好，RBFNN 和 RELM 的诊断结果均

优于 KPCA 和 KLDA，KLDA 提取的故障特征诊断结果最差，这与前述故障特征在 3 种方法提取的主元上的分布结果一致；从 RBFNN 和 RELM 运行效率看，RELM 明显优于 RBFNN，RELM 的训练时间不到 RBFNN 的 1/40，测试时间不到 RBFNN 的 1/20，同时，测试精度也高于 RBFNN，在利用 MID 提取的故障特征进行诊断时，测试精度达到了 99.55%，说明 RELM 用于模拟电路故障诊断具有明显优势。

表 4.17　多故障诊断结果

方法		训练时间	测试时间	训练精度	测试精度
KPCA	RBF	0.0652	0.0192	100%	95.55%
	RELM	0.0014	0.00087	100%	98.5%
KLDA	RBF	0.257	0.0791	100%	93%
	RELM	0.0064	0.003	99%	94.5%
MID	RBF	0.0678	0.0195	100%	96.5%
	RELM	0.0017	0.00086	100%	100%

从表 4.17 同样可以看出，3 种方法中，MID 提取的故障特征诊断结果最好，KLDA 最差；另一方面，从诊断结果看，RELM 明显优于 RBFNN，消耗的训练时间和测试时间明显少于 RBFNN，同时，其测试精度较 RBFNN 更高，在利用 MID 提取的故障特征进行诊断时，测试精度达到了 100%。接下来的研究是利用提出的在线诊断流程，将 MID 方法与 FS－SRELM 结合起来用于在线故障诊断。

2）在线故障诊断

选取故障模式如表 4.18 所列，设定各故障模式元件超差水平分别为 30%、50%。对各故障模式进行 100 次蒙特卡罗仿真，其中两种超差水平分别仿真 50 次。初始训练阶段选择超差 30% 的特征样本，然后在线训练阶段逐步加入超差 50% 的特征样本。重新对各故障模式元件超差 50% 的情况仿真 30 次，然后分别选择 30 次正常状态数据和 30 次某故障模式数据作为测试样本用来进行在线故障诊断，设定每次到来一个测试样本，各故障模式训练样本与上节中相同。FS－SRELM 中激活函数仍为 sigmoid 型，隐层神经元数目取 20，其正则化参数λ通过留一法在［2^{-20}，2^{-19}，…，2^{19}，2^{20}］中选择。

表 4.18　在线故障诊断故障模式设定

故障模式	故障描述	故障模式	故障描述
f_2	$R_2\Uparrow$	df_6	$C_1\Downarrow\&C_2\Uparrow$
f_{10}	$C_1\Downarrow$	df_8	$R_1\Uparrow\&R_2\Uparrow\&C_4$
df_5	$R_8\Downarrow\&R_9\Downarrow$	df_{10}	$R_5\Uparrow\&R_9\Downarrow\&C_1$

分别利用 FS－SRELM 和 OS－ELM 方法对表 4.18 中 6 种故障进行在线诊断，结果如图 4.32 和图 4.33 所示。

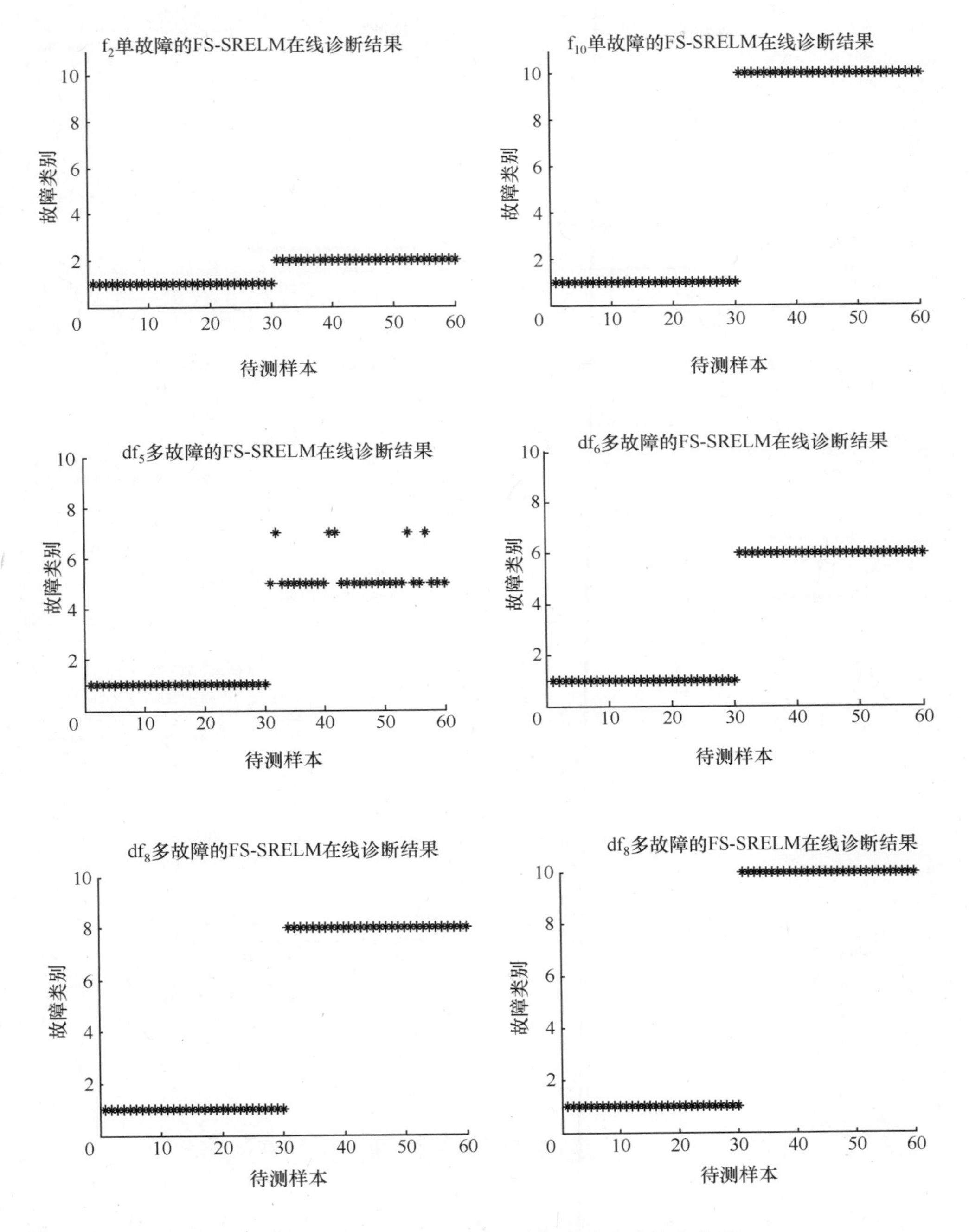

图 4.32 利用 FS－SRELM 进行在线故障诊断结果

可以看出，使用 FS－SRELM 对 6 种故障进行在线诊断，仅对 df_5 故障诊断时出现了 5 次误诊；而使用 OS－ELM 对 6 种故障进行在线诊断，df_5、df_6 和 df_8 都出现了不同程度的误诊，其中 df_5 仅有 9 次正确诊断结果，已基本丧失诊断能力。因此，相比 OS－ELM，FS－SRELM 由于增加了类似新陈代谢的功能，能够摆脱旧的故障特征样本的影响，有效提高了分类模型的动态适应能力，能够更好地适应电路中元件参数变化时的故障诊断。

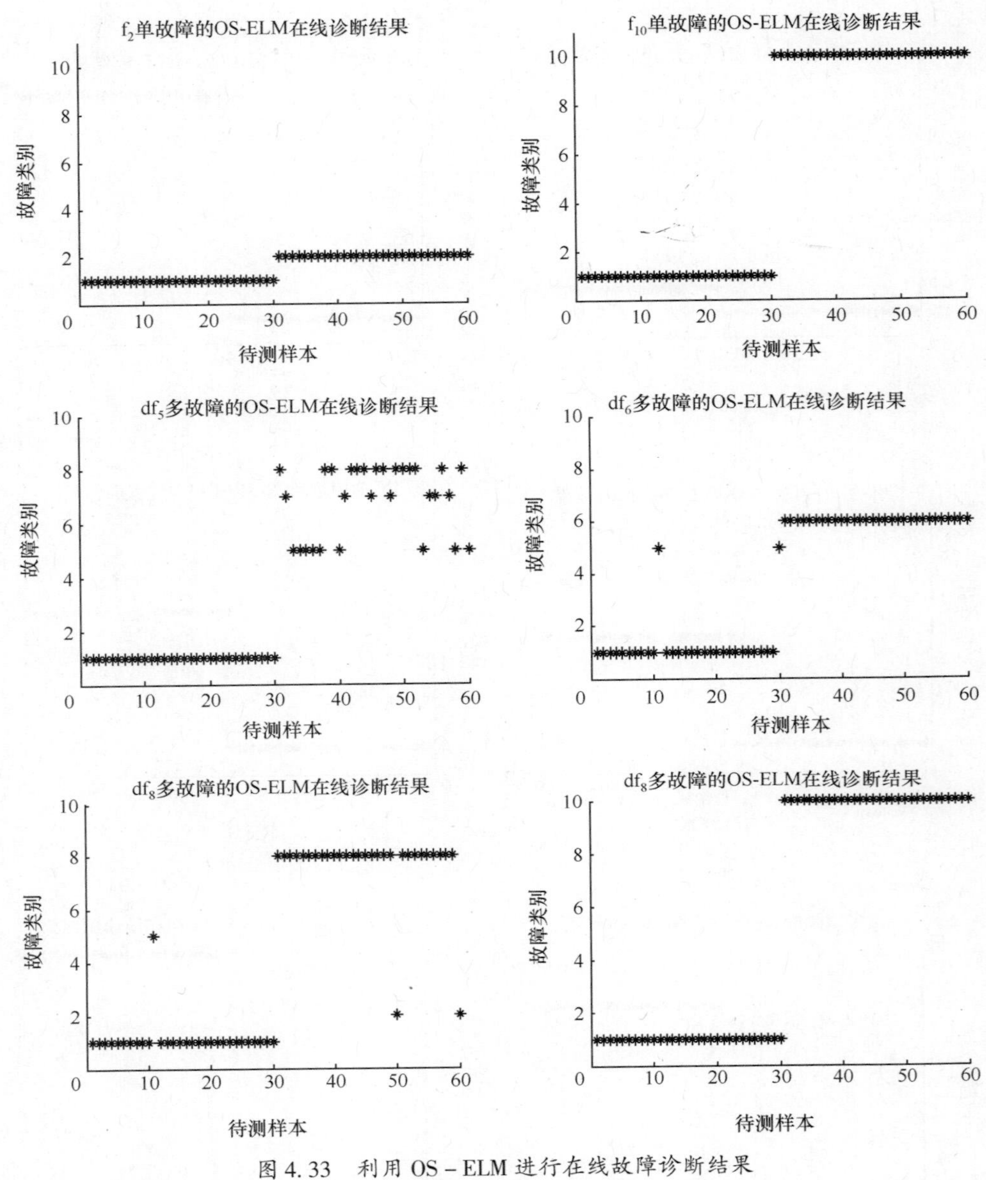

图 4.33　利用 OS – ELM 进行在线故障诊断结果

4.5　基于信息融合的模拟电路故障诊断

模拟电路发生故障时，其电路运行状态与各种故障信息如电压、电流和温度之间存在着因果关系，如果单纯利用一种信息诊断故障，那么得到的结果有时是不准确的。只有从多方面获得关于电路的多维信息，并加以融合处理，才能进行更准确地诊断。因此，研究基于信息融合的模拟电路故障诊断技术是十分必要的。

4.5.1　信息融合的级别

按照融合系统中数据抽象的层次，融合可划分为 3 个级别，即数据级融合、特征级融合以及决策级融合。

1. 数据级融合

数据级融合是最低层次的融合，直接对传感器的观测数据进行融合处理，然后基于融合后的结果进行特征提取和判断决策，如图 4. 34 所示。

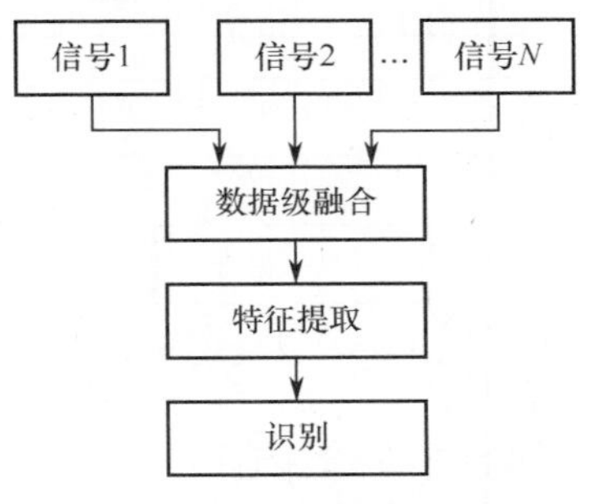

图 4. 34　数据级融合

这种融合处理方法的主要优点是：能够保持尽可能多的现场数据，并能提供其他融合层次所不能提供的其他细微信息。

这种融合处理方法的主要缺点是：

（1）所要处理的传感器数据量大，故处理代价高，处理时间长，实时性差。

（2）这种融合是在信息的最低层进行的，传感器信息的不确定性、不完全性和不稳定性要求在融合时有较高的纠错处理能力。

（3）它要求传感器是同类的，即提供对同一观测对象的同类观测数据。

（4）数据通信量大，抗干扰能力差。

2. 特征级融合

特征级融合属于中间层次的融合，如图 4. 35 所示，它首先对来自传感器的信息进行特征提取，然后对信息进行综合分析和处理。特征级融合的优点在于实现了可观的信息压缩，有利于实时处理，并且由于所提取的特征直接与决策分析相关，因而融合结果能够最大限度地给出决策信息所需要的特征信息。特征级融合主要用于目标的跟踪与识别领域。

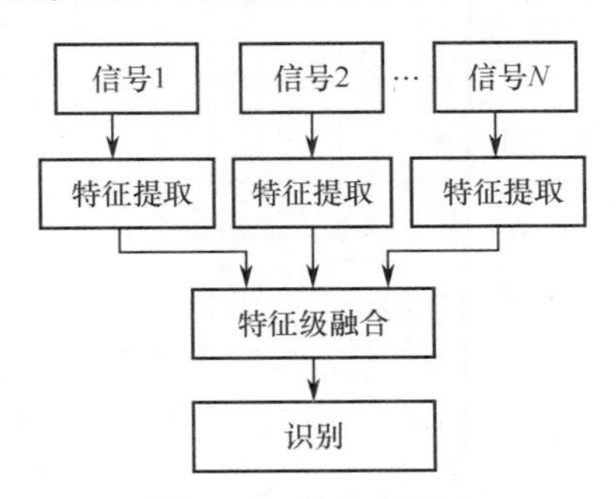

图 4. 35　特征级融合

3. 决策级融合

决策级融合是一种高层次的融合方式，如图 4. 36 所示，先由每个传感器基于自己的数据作出决策，然后在融合中心完成的是局部决策的融合处理。决策级融合是三级融合的最终结果，是直接针对具体决策目标的，融合结果直接影响决策水平。决策级融合具有很高的灵活性、容错性和抗干扰性，对传感器依赖小，不要求是同质传感器，但是需要对原传感器进行预处理获得各自的判定结果，而预处理过程的代价很高，相对计算量较大。

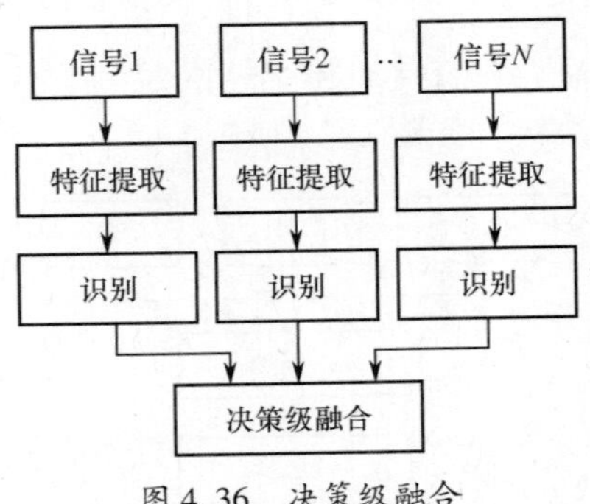

图 4.36　决策级融合

4.5.2　基于特征级信息融合的故障诊断

信息融合技术在故障诊断领域的应用主要是利用多个传感器所获得的检测信息经过融合处理得到待诊断对象所需要的状态。因此，信息融合可视为在一定条件下信息空间的一种非线性推理过程，即把检测到的多源信息作为一个空间 M，所需要的状态信息作为另一个空间 N，信息融合技术就是实现的映射推理过程，即 f: $M \to N$。由于各传感器提供的信息都具有一定程度的不确定性，对这些不确定信息的融合过程实质上是一个不确定的推理过程。而神经网络以及支持向量机、极端学习机等机器学习方法，具有很强的处理非线性与不确定性信息的能力。可根据当前系统所接受的样本的各种信息，通过特定的学习算法获取分类知识，得到不确定性推理机制，确定分类标准，非常适合信息融合技术的要求。

模拟电路发生故障时，不仅输出端的电压信号包含丰富的故障信息，电路中的电源电流同样含有丰富的故障信息，基于特征级的信息融合诊断策略就是对输出端电压信号与电源电流进行融合处理，然后通过机器学习方法进行训练，达到准确识别故障的目的。其实现过程如图 4.37 所示。

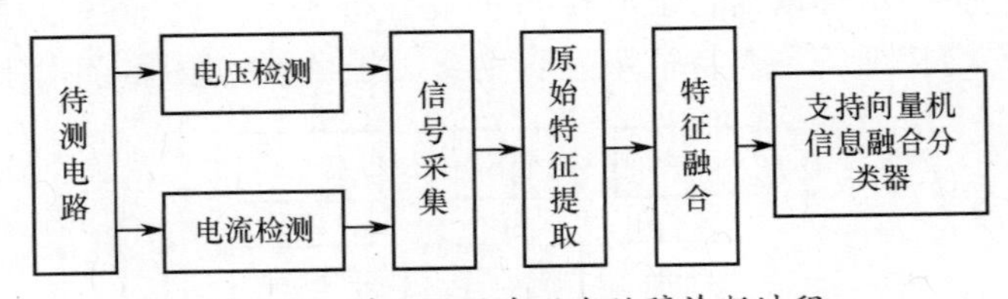

图 4.37　特征级信息融合故障诊断过程

（1）信号采集。无论是基于单源信息还是多源信息融合的模拟电路故障诊断，原始信号的采集是必不可少的首要工作。对于模拟电路故障诊断而言，输出端的电压信号和电源电流信号包含了丰富的故障信息，测量也十分方便，因此，应该最大限度地利用这些信息诊断模拟电路的故障。

（2）原始特征提取。采集到的输出电压和电源电流信号虽然包含丰富的故障信息，却也包含大量的冗余信息，如果不加以处理不仅会对后续的处理带来庞大的计算量，影响诊断速度，而且会降低诊断的正确率。待诊断电路发生故障时，其输出电压的频率响应和电源电流的频率响应会发生相应的变化，经过波形曲线的对比，在波形曲线变化较大的频率范围内提取所需的特征信息。

（3）特征融合及压缩。对特征向量进行关联处理，将电源电流特征向量与输出电压特征向量进行合成，构成联合特征向量，经过必要的特征压缩后构造样本集，以有效减少后续工作的计算量，提高故障诊断的效率。

（4）神经网络分类器。将经过特征融合压缩后的样本集送入神经网络分类器进行训练，训练完毕，固化神经网络分类器的参数，对未知样本进行识别，即可得出判别结果。

4.5.3 基于响应曲线有效点的特征提取方法

模拟电路的各种响应曲线（时域响应曲线和频域响应曲线）从不同角度反映了电路的工作状态，在适当的条件下，设定的故障特征均能单值地在响应曲线上反映出来。因此，通过采样电路响应曲线的波形有效点能充分反映电路的状态变化，由此提取到的故障特征能够用于故障识别。

在输入激励信号情况下，提取电路响应曲线在各区间分界点的值作为分类器的输入，各输入分量的下标代表输入值在波形中的位置，分量编号严格有序，如图4.38所示。将图中曲线按一定间隔采样，共得 $n+1$ 个样本值，于是特征向量可以表示为

$$\boldsymbol{X}^p = (x_0^p, x_1^p, \cdots, x_n^p)^T, p = 1,2,\cdots,m \tag{4.55}$$

式中，m 为曲线类型总数。

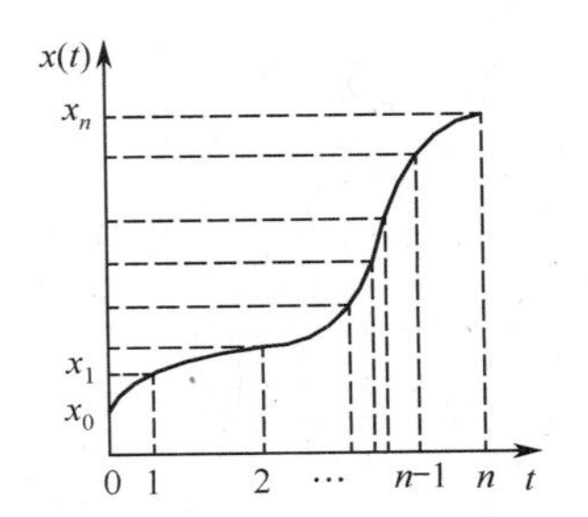

图4.38 响应曲线有效点特征提取

为了有效提取响应信号的特征，必须尽量保持采样值能如实反映曲线变化趋势，所以采样区间可采用不等分划分。对于曲线变化较大部分或能提供重要信息的部分，可以将区间分得很细，而对于曲线较平缓部分，可将区间放宽。

但是，有效点个数的确定存在较大的人为因素，较多的有效点将造成有效点冗余和计算量过大。因此，通常需要对特征维数进行压缩，从而降低分类器的复杂程度和计算量，提高故障的识别效率。

4.5.4 改进的模糊聚类特征压缩算法

聚类分析（Cluster Analysis）属于信息科学这棵大树上模式识别分支中的一片树叶。传统的聚类分析是一种硬划分，模糊集理论的提出为软划分提供了有力的分析工具，称为模糊聚类分析[29]。同时，基于模糊聚类提出了模糊聚类特征压缩算法。

1. 模糊聚类特征压缩算法

假设有 s 类模式的训练样本特征测量集，对应每一类模式有 n 个 p 维矢量的训练样本 $x_i^{(k)}$（$i=1,2,\cdots,n$；$k=1,2,\cdots,s$），即有 $x_i^{(k)} = (x_{i1}^{(k)}, x_{i2}^{(k)}, \cdots, x_{ip}^{(k)})$。特征压缩的目的是选取 R^p 中的一个 q 维子空间作为分类空间，以减小冗余特征和对分类无关甚至有干扰的特征。

基于模糊聚类的特征压缩方法包括3个步骤[30]：一是类内处理，用来删除对分类无关的

特征；二是类间处理，压缩类间相关特征以减小对分类的干扰；三是特征数目的确定，根据类间特征的相似性度量，确定特征数目。

1）类内处理

对于每类目标的 n 个训练样本而言，只有类内相似的特征对分类才有利，越不相似的特征对分类越不利。在训练样本较好时，n 个样本在每一维上都应近似呈高斯分布，每个样本的同一维特征聚集在其均值附近的一定范围内，偏差越小，则说明该维特征越典型；反之，偏差越大，其代表性越差，该特征对分类就越不利，属于分类无关特征。因此，类内处理首先要计算每维特征上的方差：

$$\sigma_j^{(k)} = \frac{1}{n}\sum_{i=1}^{n}(x_{ij}^{(k)} - m_j^{(k)})^2 \tag{4.56}$$

式中：$j = 1,2,\cdots,p$；$i = ,2,\cdots,n$；$m_j^{(k)}$ 为 $x_{ij}^{(k)}$ 的均值。

对每类样本的 p 个特征，给定一个阈值 $T^{(k)}$，记录超过该阈值的特征序列号：

$$I^{(k)} = \{j \mid \sigma_j^{(k)} \geqslant T^{(k)}\} \tag{4.57}$$

一般情况下阈值可按下式选取：

$$T^{(k)} = \min_{j=1}^{p}\{\sigma_j^{(k)}\} + \gamma\left(\max_{j=1}^{p}\{\sigma_j^{(k)}\} - \min_{j=1}^{p}\{\sigma_j^{(k)}\}\right) \tag{4.58}$$

式中：$\gamma \in [0,1]$，实际应用中一般取0.9左右。

为了保证各类模式样本集特征的一致性，必须保证各类模式的特征集中删除相同的特征项。因此，每类要删除的特征的并集即为全体训练样本删除的公共特征集，即

$$I = \bigcup_{k=1}^{s}\{I^{(k)}\} \tag{4.59}$$

把每类目标的 n 个样本中特征序号属于集合 I 的特征删除，即完成了第一步操作。

假设删除后的特征数目变成 t 维（$t < p$），则训练样本成为 t 维空间中的矢量 $x_i^{(k)} \in R^t (i = ,2,\cdots,n;k = ,2,\cdots,s)$。

2）类间处理

类内处理删除了分类无关特征，属于典型特征的选择，即保证类内特征的相似性。为了便于分类，还需要选取最优分类特征，以增大类间差异性；否则大量的类间相关特征的存在将严重影响分类性能，降低类别可分性。

经过类内处理后，每类模式的 n 个训练样本的每维特征都聚集在各自均值附近很小的区域，其均值矢量可很好地表征其类模式原型，因此，在以下的操作中，将用均值矢量表征类模式，可得

$$m_j^{(k)} = \frac{1}{n}\sum_{i=1}^{n}x_{ij}^{(k)}(j = 1,2,\cdots,t;\ k = 1,2,\cdots,s) \tag{4.60}$$

为了进行类间操作，压缩类间的相关特征，首先需要用每类样本的均值矢量构造类间特征集 $\{y_i \mid j=1,\ 2,\ \cdots,\ t\}$，其中：

$$y_i = (m_j^{(1)},m_j^{(2)},\cdots,m_j^{(s)}) \in R^s, j = 1,2,\cdots,t \tag{4.61}$$

如此一来，就得到了 t 个 s 维的类间特征矢量。为了便于下一步的操作，还需要对类间特征矢量 y_i 做归一化处理：

$$y_j' = \frac{y_j}{\max_{k=1}^{s}\{m_j^{(k)}\}}(j = 1,2,\cdots,t) \tag{4.62}$$

归一化后，类间相关性强的矢量变为相似的矢量，则可以借助模糊聚类技术来压缩类间相似

矢量，把 t 个样本划分到 q 个子集中，相似的矢量被划分到同一子集中，并得到样本的隶属度函数 $U = [\mu(y')]_{q\times t}$：

$$\mu_i(y_j') = \mathrm{FCM}(\{y_j' \mid j = 1,2,\cdots,t\}) \tag{4.63}$$

式中：$i = 1,2,\cdots,q$；FCM 为模糊 c 均值聚类算法，这里 $c = q$。

模糊聚类压缩了类间的相似特征，从而把原先的 p 维特征缩减为 q 维。通过下式即可获得最终的特征样本集 $\{z_i^{(k)} \in R^q \mid i = 1,2,\cdots,n;k = 1,2,\cdots,s\}$：

$$z_{ij}^{(k)} = \frac{\sum_{l=1}^{t}\mu_j^m(y_l') \cdot x_{il}^{(k)}}{\sum_{l=1}^{t}\mu_j^m(y_l')} \tag{4.64}$$

式中：$j = 1,2,\cdots,q$；m 为模糊 c 均值聚类算法中的加权指数。

这样，原先 $s \times n$ 个 p 维的原始训练样本集 $\{\boldsymbol{x}_i^{(k)} \in R^P \mid i = 1,2,\cdots,n;k = 1,2,\cdots,s\}$ 通过类内和类间处理后，完成特征维数的压缩操作，得到 $s \times n$ 个 q 维的特征样本集 $\{\boldsymbol{z}_i^{(k)} \in R^q \mid i =1,2,\cdots,n;k = 1,2,\cdots,s\}$。

3）特征数目的确定

从以上步骤可以看出，最终选取的特征数目 q 是事先给定的。在实际应用中，事先往往并不清楚最优特征的准确数目。这里给出一种确定特征数目的方法。

由于基于模糊聚类的特征压缩所得到的特征数目取决于对类间特征的相似性度量，因此，用类间特征之间的距离定义其相似性：

$$S(y_i',y_j') = \frac{1}{D^2(y_i',y_j') + 1},S(y_i',y_j') \in (0,1] \tag{4.65}$$

式中：$D(\cdot)$ 可以是欧几里得距离，也可以是其他距离。可见两个矢量间距离越小，其相似性越大。假如取一门限 S_{T}，当相似性大于 S_{T}，则需要压缩，否则保留。在聚类分析时，首先取 $q = t/2$，计算每个聚类的类内均方误差：

$$\varepsilon(y',\beta_i) = \sum_{j=1}^{n}\mu_{ij}^m \cdot D^2(y',\beta_i) \tag{4.66}$$

式中：$\beta_i(i = 1,2,\cdots,q)$ 为每个聚类的原型模式。

得到每个聚类的类内均方误差后，判断 $\max_{i=1}^{q}\{\varepsilon(y',\beta_i)\}$ 是否小于 $1/S_{\mathrm{T}} - 1$，不满足则增大 q 再做聚类分析，满足则减小 q 再做聚类分析，直到达临界点为止，得

$$\max_{i=1}^{q}\{\varepsilon(y',\beta_i)\} \leqslant \frac{1 - S_{\mathrm{T}}}{S_{\mathrm{T}}} \leqslant \max_{i=1}^{q-1}\{\varepsilon(y',\beta_i)\} \tag{4.67}$$

则此时的 q 即为符合条件的特征数目。

2. 特征压缩算法的改进

在上一节的模糊聚类特征压缩算法中，最优特征数目的确定依赖于人为指定的门限值 S_{T}，指定不同的门限值将会得到不同的最优特征数目，并不能自动确定符合数据实际情况的最优特征数目。在得到聚类结构后，分析聚类的结果是否合理属于聚类的有效性研究。

下面在模糊聚类特征压缩算法中引入式（4.68）所示的聚类有效性函数[31]。通过聚类有效性函数的判别，可以根据数据的实际情况，消除人为因素的影响，自动确定最优的特征数目。

$$S = \frac{\mathrm{sep}}{\mathrm{comp}} = \frac{d_{\min}^2}{\frac{1}{c}\sum_{i=1}^{c}\sum_{j=1}^{N}U_{ij}\ \|\boldsymbol{x}_j - \boldsymbol{m}_i\|^2} = \frac{\min_{i,j}\ \|\boldsymbol{m}_i - \boldsymbol{m}_j\|^2}{\frac{1}{c}\sum_{i=1}^{c}\sum_{j=1}^{N}U_{ij}\ \|\boldsymbol{x}_j - \boldsymbol{m}_i\|^2} \tag{4.68}$$

式中：c 为聚类数；m_i 为第 i 个模式原型；U_{ij} 为样本 $\boldsymbol{x}_j$ 属于第 i 类的隶属度；sep 定义了聚类的分离性，各类别间越独立，sep 越大；comp 定义了聚类的紧密性，各类别内越紧密，comp 越小。因此，最大化 S 就代表了一个有效的最优划分。

在类内处理和类间处理的基础上，通过上述聚类有效性函数自动确定最优特征数目，构成一种能够自动确定最优特征数目的改进模糊聚类特征压缩算法[32]。

4.5.5 诊断实例

1. 试验电路及故障模式设定

试验电路选自 IMU 中的一个低通滤波器电路，如图 4.39 所示。使用 PSpice 9.1 软件环境对电路进行建模及仿真。在输入为 1V 的频率扫描信号时，其输出端电压的频率响应如图 4.40 所示，其电源电流的频率响应如图 4.41 所示。

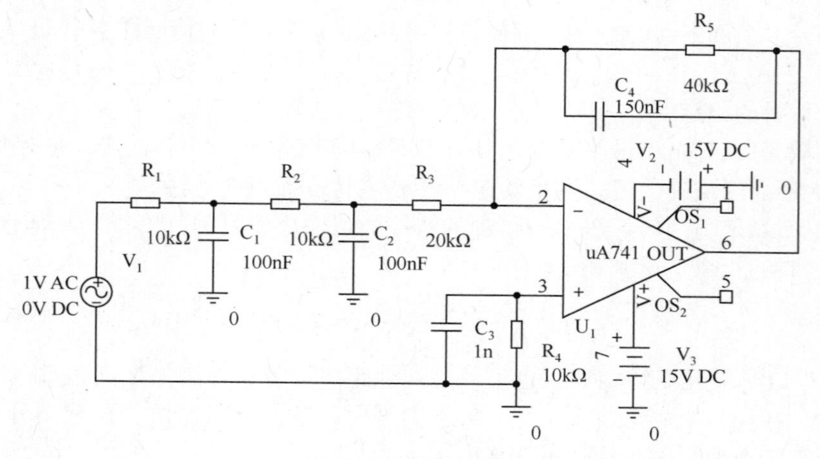

图 4.39　低通滤波器电路

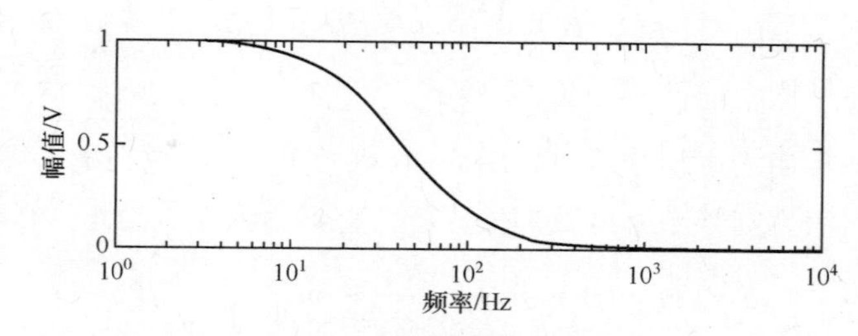

图 4.40　输出电压频率响应曲线

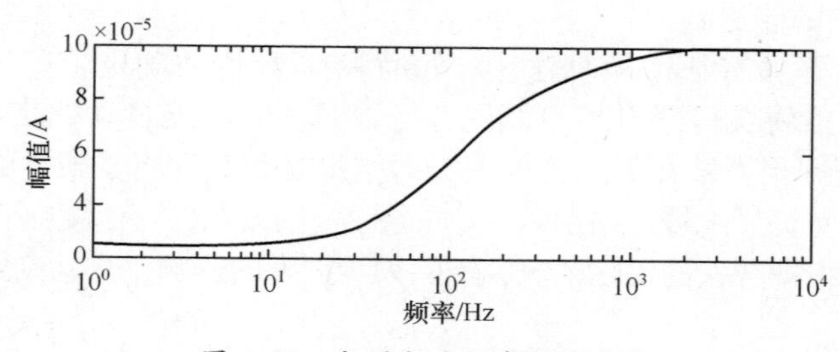

图 4.41　电源电流频率响应曲线

该低通滤波器电路中的电阻容差为 10%，电容容差为 5%。通过对该低通滤波器电路中的 5 个电阻和 4 个电容进行灵敏度分析发现，该低通滤波器电路中的电阻 R_4 和电容 C_3 的元件值发生变化时，对输出电压和电源电流影响很小。因此，设故障源为低通滤波器电路中的电阻 R_1、R_2、R_3、R_5 和电容 C_1、C_2、C_4，且每次出现单一软故障，则共有 15 种状态（包括正常状态）。以超差 50% 为例进行故障模拟，故障模式的设定如表 4.19 所列。

表 4.19　电路故障模式设定表

电路状态	故障类型	故障模式	故障类别	电路状态	故障类型	故障模式	故障类别
正常	—	正常	1	R_5 故障	⇓	超差 -50%	9
R_1 故障	⇑	超差 50%	2	C_1 故障	⇑	超差 50%	10
R_1 故障	⇓	超差 -50%	3	C_1 故障	⇓	超差 -50%	11
R_2 故障	⇑	超差 50%	4	C_2 故障	⇑	超差 50%	12
R_2 故障	⇓	超差 -50%	5	C_2 故障	⇓	超差 -50%	13
R_3 故障	⇑	超差 50%	6	C_4 故障	⇑	超差 50%	14
R_3 故障	⇓	超差 -50%	7	C_4 故障	⇓	超差 -50%	15
R_5 故障	⇑	超差 50%	8				

2. 故障原始特征提取

根据电路在 1V 扫频信号激励下的电路输出电压频率响应曲线和电源电流频率响应曲线的特点，在曲线变化较大的频率范围内进行有效点的选取，这里频率范围取为［1Hz，1kHz］，在其频率响应曲线上每 10 倍频内等间距选取 10 个点，因此，每条响应曲线上各选取 31 个点作为原始特征，即输出电压特征和电源电流特征的维数均为 31。考虑电路的容差，对每种故障模式进行 30 次蒙特卡罗分析，从而得到每种故障特征的 450 组故障样本。

3. 特征融合压缩及样本集构造

为充分利用电路的故障信息，将输出电压特征和电源电流特征进行融合后，可构成 61 维的融合特征。但特征维数太大将对故障分类器的设计和故障识别率带来不利的影响，因此，利用这里提出的模糊聚类特征压缩算法，对输出电压特征、电源电流特征和融合后的特征分别进行压缩，并将样本分为两组：训练样本集和测试样本集。训练样本集中每种故障模式 20 个样本，测试样本集中每种故障模式 10 个样本。

4. 信息融合分类器结构确定

考虑电路故障特征的提取方法及维数，本节选择神经网络作为故障分类器，这里采用训练速度更快的 RBF 网络。隐层节点的数目由训练学习确定；输出向量仍用“N 中取 1”法表示；在 MATLAB 工具箱中，参数 SPREAD 值由试探选取而得。

5. 试验结果及分析

为验证特征压缩算法的有效性和信息融合对故障识别率的影响，下面对单一信息及原始特征情况下的故障诊断情况也进行了试验，并将各种情况进行了对比。试验环境为：Windows XP 操作系统，MATLAB 2007a 软件，CPU 频率 1.8GHz，512MB 内存。

（1）利用单一输出电压信息的故障诊断试验。聚类有效性函数曲线如图 4.42 所示，压缩后特征维数为 2。输出电压法故障诊断试验的详细结果如表 4.20 和表 4.21 所列。

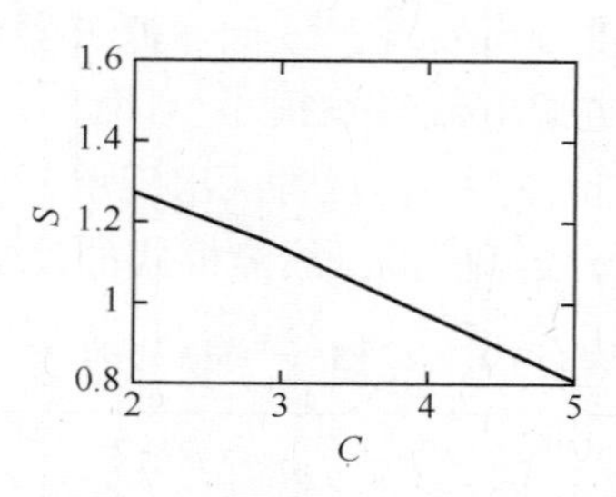

图 4.42　输出电压法中聚类有效性函数曲线

表 4.20　输出电压法故障诊断结果

特征类型	特征维数	SPREAD	训练时间/s	总样本数	正确识别数	识别率
原始特征	31	3.5	34.21	150	116	77.33%
压缩特征	2	2	20.34	150	128	85.33%

表 4.21　输出电压法诊断的具体识别情况

故障类别	样本总数	正确识别数	
		原始特征	压缩特征
1	10	10	10
2	10	8	10
3	10	9	9
4	10	10	10
5	10	9	9
6	10	9	9
7	10	9	10
8	10	10	10
9	10	10	9
10	10	3	5
11	10	3	5
12	10	5	7
13	10	2	5
14	10	9	10
15	10	10	10

由表 4.20 可以看出，对特征进行压缩后，特征维数由 31 降为 2 维，使得分类器的训练时间减少为原来的约 60%，而且特征经过变换压缩后，对故障模式更为敏感，故障的识别率

由 77.33% 提高到 85.33%。但是，由于仅仅采用了单一的输出电压信息进行故障的识别，由于信息的缺失，导致故障的识别率并不高。

由表 4.21 可以看出，导致故障识别率较低的原因主要是对 C_1 和 C_2 故障的识别效果较差，说明仅仅利用单一的输出电压信息不能够很好地区别这 4 种故障模式。

图 4.43 给出了输出电压特征压缩后 C_1 和 C_2 故障情况下 4 种故障的二维投影图，可以看出，即使对特征进行了压缩变换，但是这 4 种故障模式还是存在较严重的交叉重合，所以导致最终的识别效果不理想。

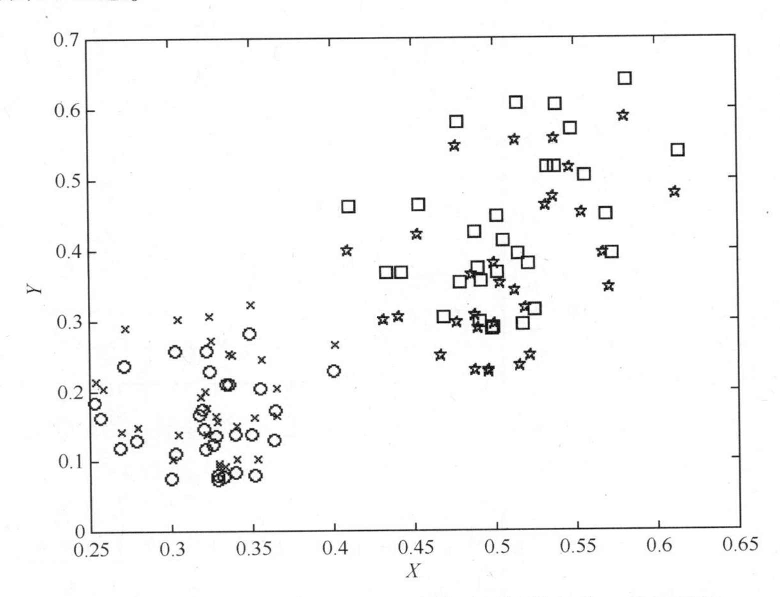

图 4.43 输出电压法中 C_1 和 C_2 故障时压缩特征的二维投影图

（2）利用单一电源电流信息的故障诊断试验。在特征压缩算法中，聚类有效性函数曲线如图 4.44 所示，因此，压缩后特征维数为 4。电源电流法故障诊断试验的详细结果如表 4.22 和表 4.23 所列。

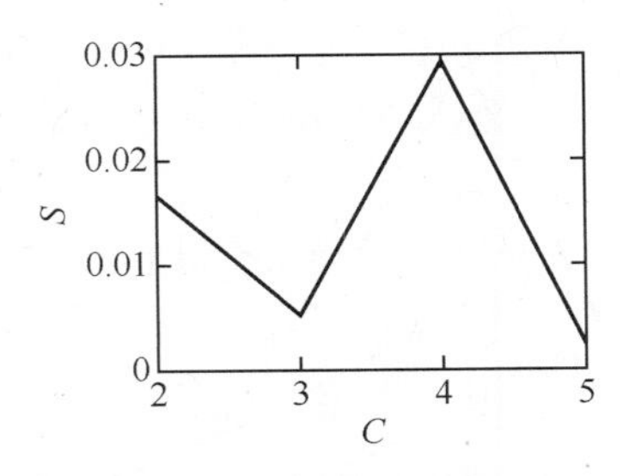

图 4.44 电源电流法中聚类有效性函数曲线

表 4.22 电源电流法故障诊断结果

特征类型	特征维数	SPREAD	训练时间/s	总样本数	正确识别数	识别率
原始特征	31	4.0	38.94	150	106	70.67%
压缩特征	4	2.5	22.76	150	117	78.00%

表 4.23　电源电流法诊断的具体识别情况

故障类别	样本总数	正确识别数	
		原始特征	压缩特征
1	10	6	8
2	10	10	10
3	10	10	9
4	10	6	8
5	10	5	7
6	10	9	9
7	10	10	10
8	10	1	3
9	10	0	2
10	10	10	10
11	10	10	10
12	10	10	10
13	10	10	10
14	10	4	6
15	10	5	5

由表 4.22 可以看出，对电源电流特征进行压缩后，特征维数由 31 维降为 4 维，使得分类器的训练时间减少了约 45%，而且特征的变换压缩更加突出了故障的信息，故障的识别率由 70.67% 提高到 78.00%。但是，由于仅仅采用了单一的电源电流信息进行故障诊断，导致故障的识别率较低。另外，与单一输出电压相比，两种信息的识别能力差别较大，说明各个检测信息对故障的敏感程度不同。

由表 4.23 可以看出，导致故障识别率较低的原因主要是对 R_5 和 C_4 故障的识别效果较差，说明仅仅利用单一的电源电流信息无法准确识别这 4 种故障模式。

由此可见，输出电压特征和电源电流特征在故障的表征上存在互补性，因此，充分利用电路的所有信息，可以有效地提高对故障的覆盖率。

（3）利用融合信息进行了故障诊断试验。特征压缩算法中，聚类有效性函数曲线如图 4.45 所示，因此，压缩后特征维数为 2。信息融合法故障诊断实验的详细结果如表 4.24 和表 4.25 所列。

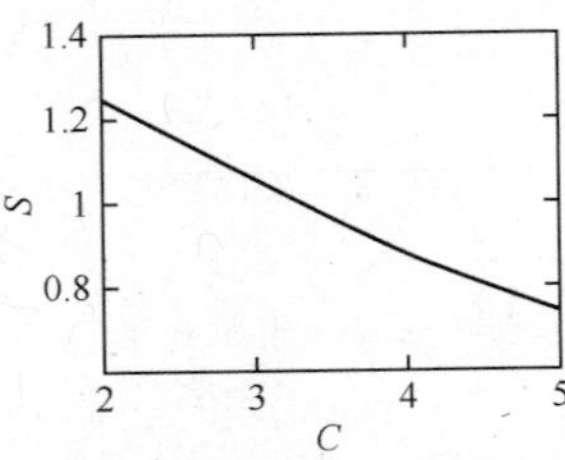

图 4.45　信息融合法中聚类有效性函数曲线

表 4.24　信息融合法故障诊断结果

特征类型	特征维数	SPREAD	训练时间/s	总样本数	正确识别数	识别率
原始特征	62	5.5	47.97	150	145	96.67%
压缩特征	2	3.0	20.32	150	149	99.33%

表 4.25　信息融合法诊断的具体识别情况

故障类别	样本总数	正确识别数	
		原始特征	压缩特征
1	10	10	10
2	10	10	10
3	10	8	9
4	10	10	10
5	10	10	10
6	10	9	10
7	10	10	10
8	10	9	10
9	10	10	10
10	10	10	10
11	10	10	10
12	10	10	10
13	10	10	10
14	10	9	10
15	10	10	10

由表 4.24 和表 4.25 可以看出，在充分利用电路输出电压信息和电源电流信息的情况下，故障的识别率达到了 96.67%，比使用单一信息得到了极大地提高，另外，将输出电压信息和电源电流信息进行融合处理后，经过特征压缩，特征维数由 62 维变为 2 维，使得特征维数极大地减小，使得训练时间下降了约 60%，而且进一步提高了故障的识别准确率，使得识别率达到了 99.33%，几乎能够正确识别所有故障。

图 4.46 给出了压缩后融合特征的 C_1 和 C_2 故障模式的二维投影图，可以看出，由于使用了融合信息，并对特征进行了压缩变换，使得这 4 种故障模式变为可分。

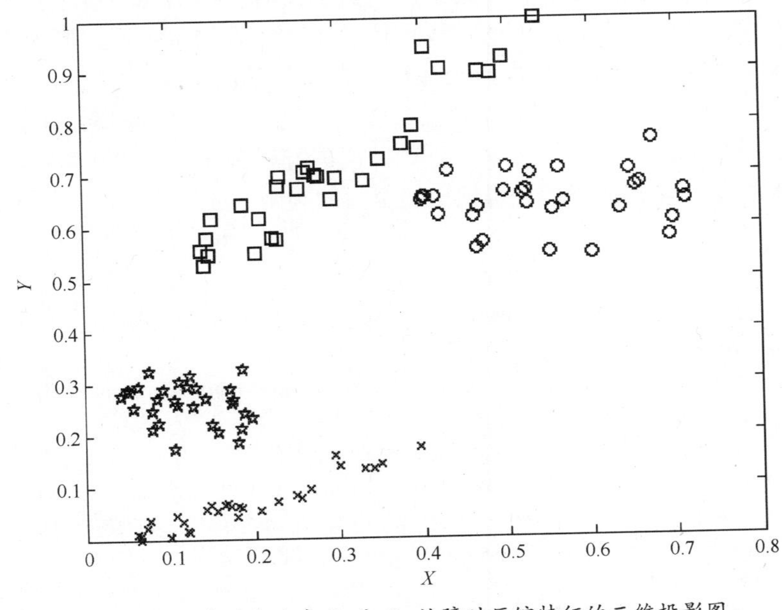

图 4.46　信息融合法中 C_1 和 C_2 故障时压缩特征的二维投影图

由此可见，信息的互补性有效地提高了单一信息中交叉故障的可分性，减少了诊断中信息的不确定性，使得信息具有更高的精度和可靠性，进而能够获得对故障状态的最优判决，提高了故障的覆盖率。

4.6 小　结

本章主要研究了惯性测量组合中易发生故障的模拟电路元件级故障诊断方法，内容包括：

（1）系统研究了神经网络故障诊断技术及其在模拟电路故障诊断中的应用。重点研究了RBF神经网络，利用其诊断快速的特点，解决模拟电路的硬故障诊断问题，仿真表明RBF网络不仅能够正确诊断故障，并具有一定的抗噪能力。

（2）为克服小波分析在特征提取中的不足，基于先进的经验模式分解算法，以本征模态函数的能量为故障特征，提出了基于经验模式分解的故障诊断算法，增强了故障特征对电路状态的表达能力，较大地提高了故障识别率；基于残差评估的故障诊断思想，设计了残差生成器并以残差高阶统计量为特征向量，利用改进的粒子群优化算法对支持向量机参数进行优选，提出了基于残差高阶统计量的故障诊断算法，试验结果表明，该方法生成的残差包含了丰富的故障信息且高阶统计量特征对故障信息进行了有效的提取，取得了很好的识别效果。

（3）针对小波包分解提取故障特征时小波基函数选择问题，提出利用特征偏离度作为选择的测度，将故障偏离度最大的小波基作为最优小波基用于故障特征提取，然后与ELM相结合完成故障诊断。通过与4种常用的神经网络方法进行比较，ELM方法在诊断速度和精度上具有明显优势。

（4）针对有效采样点法提取故障特征时存在需要人为选点及维数过高的缺点，引入MID方法对初始特征样本进行降维，通过与KLDA和KPCA方法相比，MID提取的故障特征具有更好的可分性；进一步，为实现特征样本分批加入时的分类模型在线更新，提出了一种基于固定尺寸序贯正则极端学习机的模拟电路故障诊断方法，其主要思想是在序贯学习阶段，当加入新样本时，通过计算其与当前样本集中同一类别所有样本的相似度，对相似度最高的旧特征样本进行剔除，以提高分类模型的在线训练效率。仿真结果表明，所提方法有效提高了分类模型的动态适应性，能够取得优于OS-ELM的在线诊断精度。

（5）鉴于单一特征信息对电路故障信息表达的不完全性，将电路输出电压信息和电源电流信息相融合，并应用改进的特征压缩算法对特征进行合理压缩，提出了基于频响曲线特征融合的故障诊断算法，使得故障信息得到更加全面的利用，故障覆盖率有了极大的提高。

参考文献

[1] Kirkland L V, Wright R G. Using neural networks to solve testing problem[J]. IEEE Aerospace and Electronic Systems Magazine, 12(8), 1997, 36-40.

[2] El-Gamal M A. A knowledge-based approach for fault detection and isolation in analog circuits[C]. International Conference on Neural Networks, 1997(3), 1580-1584.

[3] 杨淑莹. 模式识别与智能计算—Matlab技术实现[M]. 北京：电子工业出版社，2008.

[4] 王宏力，冯磊，侯青剑. 基于遗传RBF网络的IMU模拟电路故障诊断[J]. 中国惯性技术学报，2008，16(5)：627-630.

[5] 史东锋，屈梁生. 遗传算法在故障特征选择中的应用研究[J]. 振动、测试与诊断，2000，20(3)：173-176.

[6] 谢涛，张育林. 基于遗传算法与最大最小原理的故障模式特征选择[J]. 国防科技大学学报，1998，20(2)：18-21.

[7] 万九卿，李行善. 基于串行支持向量机分类器的模拟电路故障诊断[J]. 北京航空航天大学学报，2003，29(9)：789-792.

[8] 谭阳红，叶佳卓. 模拟电路故障诊断的小波方法[J]. 电子与信息学报，2006，28(9)：1748-1751.

[9] 王奉涛,马孝江,邹岩崑,等. 基于小波包分解的频带局部能量特征提取方法[J]. 农业机械学报,2004,35(5):177-180.
[10] 侯青剑,王宏力. 一种基于EMD的模拟电路故障特征提取方法[J]. 系统工程与电子技术,2009(6):1525-1528.
[11] Vapnik V N. The Nature of Statistical Learning Theory[M]. New York:Springer-Verlag,1995.
[12] Suykens J,Vandewale J. Least squares support vector machine classifiers[J]. Neural Processing Letters,1999,9(3):293-300.
[13] Weston J,Watkins C. Multi-class support vector machines[R]. Technical Report CSD-TR-98-04,Dept. of Computer Science,University of London,1998,1-10.
[14] Bottou L,Cortes C,Denker,et al. Comparision of Classifier Methods:A Case Study in Handwriting Digit Recognition [C]. International Conference on Pattern Recognition,IEEE Computer Society Press,1994:77-87.
[15] Vladimir N. Vapnik 统计学习理论的本质[M]. 张学工,译. 北京:清华大学出版社,2000.
[16] Kressel U. Pairwise classification and support vector machines. Advances in Kernel Methods-Support Vector Learning[M]. MIT Press,Cambrifge,Massachusetts,1999,255-268.
[17] 马笑潇,黄席樾,柴毅. 基于SVM的二叉树多类分类算法及其在故障诊断中的应用[J]. 控制与决策,2003,18(3):273-276.
[18] Platt J,Cristianini N,Shawe-Taylor J. Large margin dags for multiclass classification[C]. Advances in Neural Information Processing Systems,2000,547-553.
[19] 冯磊,王宏力,侯青剑,等. 层次聚类LSSVM在模拟电路故障诊断中的应用[J]. 计算机测量与控制,2009,17(2):296-298.
[20] 王宏力,侯青剑. 一种改进的粒子群优化算法及其仿真[J]. 自动化仪表,2009,30(7):28-30.
[21] Huang G B,Zhu Q Y,Siew C K. Extreme learning machine:Theory and applications[J]. Neurocomputing. 2006,70:489-501.
[22] Huang G,Ding X J,Zhou H M. Optimization method based extreme learning machine for classification[J]. Neurocomputing. 2010,74:155-163.
[23] Cao J,Lin Z,Huang G,et al. Voting based extreme learning machine[J]. Information Sciences,2012,185:66-77.
[24] 何星,王宏力,陆敬辉,等. 基于优选小波包和ELM的模拟电路故障诊断[J]. 仪器仪表学报,2013,34(11):2614-2619.
[25] Liang N Y,Huang G B,Saratchandran P. A Fast and Accurate Online Sequential Learning Algorithm for Feedforward Networks [J]. IEEE Transactions on Neural Netwaorks,2006,17(6):1411-1422.
[26] 王宏力,何星,陆敬辉,等. 基于固定尺寸序贯极端学习机的模拟电路在线故障诊断[J]. 仪器仪表学报,2014,35(4):738-746.
[27] Hoerl A E,Kennard R W. Ridge regression:biased estimation for nonorthogonal problems[J]. Technometrics,1970,12(1):55-67.
[28] 王兵,黄钰林,杨建宇,等. 基于最大异类距离特征提取的SAR目标识别方法[J]. 中国科学:技术科学,2011,41(10):1388-1392.
[29] Catelani M,Fort A. Soft Fault Detection and Isolation in Analog Circuits:Some Results and a Comparison between a Fuzzy Approach and Radial Basis Function Networks[J]. IEEE Trans. on Instrumentation and Measurement,2002,51(2):196-202.
[30] 高新波. 模糊聚类分析及其应用[M]. 西安:西安电子科技大学出版社,2004.
[31] 吴月娴,葛临东,许志勇,等. 基于遗传算法的自适应聚类与MQAM星座识别[J]. 计算机工程,2007,33(22):39-41.
[32] 王宏力,侯青剑. 改进的模糊聚类特征压缩及其应用[J]. 微计算机信息,2009,25(13):170-171.

第 5 章　基于数据驱动的惯性测量组合智能故障预测

5.1 引　　言

目前针对惯性测量组合的故障维修，主要以事后维修和定期检修为主，但是，由于未考虑惯性测量组合实际运行及部件老化的状况，这两种维修方式效果并不理想。一方面，事后维修由于事先无法了解惯性测量组合的健康状态，只能在故障发生之后进行维修，这往往无法有效地避免灾难性事故的发生，造成装备的严重损坏；另一方面，定期检修属于保守维修，一般严格按照时间计划进行检查维护，但这种维修方式未考虑惯性组合的实际运行状况，例如在惯性测量组合使用时间较短，健康状态良好的情况下仍然要进行定期检修，这无疑会对惯性测量组合造成不必要的损耗，并造成维修资源的浪费。因此，通过故障预测技术，及时了解和掌握惯性测量组合的健康状态，合理进行视情维修，对提高惯性测量组合的使用效率和节约维修成本具有十分重要的意义。

惯性测量组合中故障主要由电路元件故障以及惯性器件故障引起，二者最终表现为惯性器件的输出异常。目前，对于电路元件和惯性器件的突发性故障无法进行预测，而对于元件和器件老化、磨损等引起的渐变性故障则可以利用其历史数据建立预测模型进行预测。对于飞行器惯性测量组合，从部队和维修厂长期积累的维修数据资料发现，出现故障较多的是其中的陀螺仪和电路部分。如对于动力调谐陀螺仪，正常情况下陀螺漂移系数会在一定范围内变化，而随着使用时间的增长，陀螺仪中转子的高速旋转必然会造成转轴的磨损，从而导致陀螺仪性能逐渐下降，引起其原有变化规律的偏移，直接表现为漂移系数逐渐增大，而如果漂移系数超出正常范围，就会引起陀螺状态异常，进而导致惯性测量组合出现故障[1]；另一方面，惯性测量组合内部各功能板上的电路部分主要对惯性器件的测量信号进行校正、放大及模/数转换等处理，而电路中的元件由于老化及环境影响会引起参数的漂移，使得电路出现故障，从而对敏感到的飞行器运动参数带来影响，最终也会反映为惯性器件输出出现异常。此时，若对惯性测量组合中惯性器件输出数据进行监测并建立预测模型，便可提前预知惯性测量组合的故障状态。

综上分析，本章选取惯性测量元件输出作为衡量惯性测量组合健康状态的性能指标，利用惯性测量组合输出历史数据，选择人工智能方法训练预测模型，对惯性测量组合健康状态的发展趋势做出评估，以便合理地做出维修决策。

5.2　基于数据驱动的故障预测方法

关于故障预测方法目前国内外尚无统一的分类标准，本书参考 Pecht 在 PHM 专著中的分类，将其分为基于机理模型的故障预测方法和基于数据驱动的故障预测方法，其中基于数据驱动的故障预测方法又可划分为基于人工智能的方法以及基于统计的方法两大分支[2]。

对于惯性测量组合一类复杂机电系统而言，由于内部包含复杂的电子系统，要建立其准确的数学模型或者物理模型十分困难，且由于整个系统故障演化机理复杂，可能引起故障的因素很多，因此基于模型的故障预测技术难以满足维修决策需求。

基于数据驱动的故障预测技术是目前应用最广泛，研究最深入的一类故障预测方法。其不依赖于系统的物理或数学模型，无需对系统内部故障传播机理进行深入地研究，仅需要通过获取系统测试或传感器的历史数据，从中挖掘出包含的故障信息，据此建立预测模型，完成对系统故障趋势和剩余寿命的预测。

基于人工智能的故障预测不需要对象系统的先验知识（数学模型和专家经验），以测试或传感器采集的数据为基础，通过取合适的人工智能方法挖掘其中的隐含信息建立预测模型，从而避免了基于模型的故障预测技术的缺点。当前，使用较为广泛的人工智能方法主有神经网络、支持向量机等方法，其都具有较强的非线性映射能力，通过不断地训练能以较高精度逼近任意非线性函数，较好地反映出设备或系统实际工作状态的发展趋势与状态信号之间的关系，已受到众多研究学者的关注。但是，实际应用中一些关键设备的典型数据（历史工作数据、故障注入数据以及仿真试验数据）的获取代价通常十分高昂；而且即使能够获得需要的故障样本数据，其往往具有很强的不确定性和不完整性，甚至有些设备故障数据样本数量很少，如何选择人工智能方法建立适应性较强的预测模型仍要进一步研究。

基于统计的故障预测通过从大量故障历史数据中得出统计特性，进而实现故障预测。相比于基于模型的方法，这种方法的关键在于通过分析统计数据得到不同的概率密度函数，再根据概率密度函数预测故障发生概率或者剩余寿命，无需建立整个系统的数学或物理模型。另外，基于统计的故障预测方法给出的预测结果含有置信水平，该指标可作为表征预测结果准确度的度量。典型的基于统计的故障概率曲线为“浴盆曲线”，该曲线表征在设备或系统运行初始阶段，故障率相对较高，运行一段时间状态稳定后，故障率一般保持在相对较低的水准，然后再运行一段时间后，故障率又开始增高，这样一直到所有的部件或设备出现故障或失效。在利用统计特性进行故障预测时，系统或设备的设计特性、历史任务的变化、寿命周期内的性能退化等因素，使得故障预测变得更加复杂，尤其是对于惯性测量组合，其工作环境变化大，内部精密器件受外界因素影响较大，这些因素均会对预测结果产生一定概率的影响。除此之外，减小和降低故障预测的虚警率也是提高预测精度需要考虑的重要因素。通过大量的工程产品和系统的可靠性分析，一般产品或系统的失效与时间数据趋势很好地服从威布尔分布，因此，威布尔模型被大量用于系统或设备的剩余寿命预计[3]。

5.3 基于支持向量机的惯性测量组合故障预测

在支持向量机分类算法的基础上，Vapnik 通过引入 ε 不敏感损失函数，将其推广应用到非线性回归估计中，并表现出了很好的学习能力。在用于回归估计的标准 SVR 学习算法中，学习的目的在于构造一个回归估计函数 $f(x)$，使它与目标值的距离小于 ε，同时函数的 VC 维最小。从而将线性或非线性函数 $f(x)$ 的回归估计问题转化为一个具有线性等式约束和线性不等式约束的二次规划问题，可以得到唯一的全局最优解。为了提高回归模型的建模速度，最小二乘支持向量机的回归模型被提出，该模型的求解方式为解一个线性方程组，与 SVR 的求解方式相比比较简单[4]。

5.3.1 最小二乘支持向量机回归

LSSVM 对于给定的训练集 $(\boldsymbol{x}_i, y_i)$，$\boldsymbol{x}_i \in \mathrm{R}^n$、$\boldsymbol{y} \in \mathrm{R}$、$i = 1,2,\cdots,l$，利用 k（$k \geqslant n$）维

特征空间 F 中式（5.1）所示的线性函数来拟合样本集。

$$y(x) = \boldsymbol{w}^{\mathrm{T}}\boldsymbol{\Phi}(x) + b \tag{5.1}$$

其中非线性映射 $\boldsymbol{\Phi}(\cdot)$ 把数据集从输入空间映射到高维特征空间，以便使输入空间中的非线性拟合问题变成高维特征空间中的线性拟合问题。根据结构风险最小化原理，综合考虑函数复杂度和拟合误差，回归问题可以表示为约束优化问题：

$$\begin{cases} \min J = \dfrac{1}{2}\boldsymbol{w}^{\mathrm{T}} \cdot \boldsymbol{w} + \dfrac{1}{2}c\sum_{i=1}^{l}\xi_i^2 \\ \mathrm{s.\,t.}\; y_i = \boldsymbol{w}^{\mathrm{T}} \cdot \boldsymbol{\Phi}(c_i) + b + \xi_i \end{cases} \tag{5.2}$$

式中：c 为正则化参数；b 为常值偏差。

为了求解上述优化问题，把约束优化问题变成无约束优化问题，建立相应的拉格朗日函数为

$$L(a,b,\boldsymbol{w},\xi) = J - \sum_{i=1}^{l} a_i[\boldsymbol{w}^{\mathrm{T}} \cdot \boldsymbol{\Phi}(x_i) + b + \xi_i - y_i] \tag{5.3}$$

式中：a_i 为拉格朗日乘子，对拉格朗日函数各变量求偏导并令偏导数为0，得到如下方程：

$$\frac{\partial L}{\partial \boldsymbol{w}} = 0 \Rightarrow \boldsymbol{w} = \sum_{i=1}^{l} a_i\boldsymbol{\Phi}(x_i), \quad \frac{\partial L}{\partial \xi_i} = 0 \Rightarrow a_i = c\xi_i$$

$$\frac{\partial L}{\partial a_i} = 0 \Rightarrow \boldsymbol{w}^{\mathrm{T}} \cdot \boldsymbol{\Phi}(x_i) + b + \xi_i - y_i = 0, \quad \frac{\partial L}{\partial b} = 0 \Rightarrow \sum_{i=1}^{l} a_i = 0$$

在消去变量 $\boldsymbol{w}$ 和 ξ 后将求解的优化问题转化为求解线性方程：

$$\begin{pmatrix} 0 & \boldsymbol{I}^{\mathrm{T}} \\ \boldsymbol{I} & \boldsymbol{\Omega} + \boldsymbol{c}^{-1}\boldsymbol{I} \end{pmatrix}\begin{pmatrix} b \\ \boldsymbol{a} \end{pmatrix} = \begin{pmatrix} 0 \\ \boldsymbol{y} \end{pmatrix} \tag{5.4}$$

式中：$\boldsymbol{y} = (y_1,\cdots,y_l)^{\mathrm{T}}$；$\boldsymbol{a} = (a_1,\cdots,a_l)^{\mathrm{T}}$；$\Omega_{ij} = K(x_i,x_j)$，$K(x_i,x_j)$ 为核函数；$\boldsymbol{I}$ 为单位矩阵。

因此，基于 LS－SVM 的回归函数表达式为

$$\hat{y}(x) = \sum_{i=1}^{l} a_i K(x,x_i) + b \tag{5.5}$$

LS－SVM 在训练时需事先确定核函数参数和正则化参数 c，目前常用的参数选择方法包括试凑法、交叉验证法和计算智能优化法。常见 LS－SVM 核函数包括：①RBF 核函数：$K(\boldsymbol{x},\boldsymbol{y}) = \exp(-\|\boldsymbol{x}-\boldsymbol{y}\|^2/2\sigma^2)$，$\sigma$ 为核函数宽度；②线性核函数：$K(\boldsymbol{x},\boldsymbol{y}) = \boldsymbol{x} \cdot \boldsymbol{y}^{\mathrm{T}}$。

5.3.2 基于 EMD－LSSVM 的故障预测方法

陀螺仪作为惯性导航系统的核心敏感器件与计算导航信息的基础，其精度直接影响到惯性导航系统的导航精确性。陀螺漂移是影响陀螺精度及可靠性的主要因素，同时构成惯性导航系统的主要误差来源。因此，利用陀螺漂移时间序列建立预测模型，以实现对于陀螺漂移的预测，对于陀螺漂移补偿、故障预报与可靠性诊断的实现具有重要的理论与工程应用价值。

由于影响因素众多，形成机理复杂，捷联惯性测量组合中的陀螺漂移表现为典型非平稳、非线性的时间序列，且往往包含多种复杂频率成分。目前已有的多种针对陀螺漂移误差的预测方法，如时间序列方法、神经网络方法和支持向量机方法等均为单一模型预测方法。有研究表明，对于此类变化异常复杂的非线性、非平稳时间序列，使用单一的模型将难以进行有效预测[5]。如果可以寻求一种适当的数据处理方法，将蕴含多种频率成分的陀螺漂移时间序列分解为若干个规律性较强的不同频率子时间序列分量，并针对其频率特性选择适当的数学

工具建立预测模型，通过预测子序列使预测风险分散化，则能够进一步提高预测精度。

经验模态分解（Empirical Mode Decomposition，EMD）是一种基于信号局部特征的信号分解新方法，该方法吸取了小波变换的多分辨的优势，同时克服了小波变换中需要选取小波基和确定分解尺度的困难，可以根据被分析信号本身的特点，自适应确定信号在不同频段的分辨率，因此更加适用于非线性、非平稳的信号分析，是一种自适应的信号分解方法[6]。最小二乘支持向量机根据有限样本信息在模型复杂性和学习能力之间寻求最佳折中，避免了经典学习中存在的局部极值、过学习与维数灾难等困难，获得了最好的推广能力，其优化指标采用平方项，并用等式约束代替了标准支持向量机的不等式约束，将二次规划问题转变成线性方程组求解，减小了计算代价且算法简练。基于此，本节考虑将经验模态分解和最小二乘支持向量机相结合，构造了一种多尺度预测模型[7]。首先运用经验模态分解将非平稳的时间序列分解成具有不同特征尺度的本征模态，然后依据各本征模态的时域和频域特性，自适应选择具有不同核函数的最小二乘支持向量机建立预测模型，以等权求和方式得出综合预测结果。

1. 经验模态分解基本理论

EMD的基本思想认为任何复杂的信号都是由一些相互不同的、简单的、非正弦函数的分量信号组成。因此可从复杂的信号中直接分离出从高频到低频的若干基本信号，即固有模态函数（Intrinsic Mode Function，IMF）。IMF需满足以下两个条件：①对于一列数据，极值点和过零点数目必须相等或至多相差一点；②在任意点由局部极大点构成的包络线和局部极小点构成的包络线的平均值为零。这种方法的本质是通过特征时间尺度获得IMF，然后由IMF来分解时间序列数据，时间序列$x(t)$的经验模态分解算法如下：

步骤1 确定$x(t)$的所有局部极值点，将所有极大值点和极小值点分别用3次样条拟合形成上包络线和下包络线，上下包络线的均值为平均包络线m_1，将原数据序列减去可得到一个去掉低频的新数据序列即$h_1(t) = x(t) - m_1$。

步骤2 判断$h_1(t)$是否满足IMF条件，若不满足则将$h_1(t)$作为原始数据，重复执行步骤1直到$h_1(t)$满足IMF条件，记$h_1(t) = c_1(t)$，则$c_1(t)$为信号$x(t)$的第一个IMF分量，它代表信号$x(t)$中最高频率的分量，将$c_1(t)$从$x(t)$中分离出来，即得到一个去掉高频分量的差值信号$r_1(t)$，即有$r_1(t) = x(t) - c_1(t)$。

步骤3 将$r_1(t)$作为原始数据，重复步骤1和2得到第二个IMF分量$c_2(t)$，重复n次得到n个IMF分量。经过一系列分解，$x(t)$可表示成n个本征模式分量$c_i(t)$和一个余项$r_n(t)$之和，即$x(t) = \sum_{i=1}^{n} c_i(t) + r_n(t)$，其中$c_1(t)$到$c_n(t)$的频率从大到小排列，而$r_n(t)$为一个单调序列。因每个IMF分量代表一个特征尺度的数据序列，故经验模态分解过程实质上将原始数据序列分解为各种不同特征波动序列的叠加。

2. 基于贝叶斯准则LSSVM超参数优化选择

正则化参数c和核函数宽度σ的优化选择对LSSVM回归模型的学习精度和推广能力起着决定性作用。常用的(c,σ)选择方法有K－Fold交叉验证法（K－Fold Cross－Validation）与留一法（Leave－One－Out，LOO）等。K－Fold交叉验证算法预先给定一组参数和训练集的一部分样本训练SVM得到模型，用训练集的另一部分样本测试SVM误差，测试次数视交叉验证倍数而定，以测试集误差均值作为验证误差，最终比较确定最小验证误差对应的参数即为优化参数；LOO算法原理与K－Fold交叉验证算法类似，同样通过比较训练误差选择优化参数。但上述两种算法须先定出优化参数的取值范围或初值，同时计算量较大。证据框架是由 MacKay 等提出一种贝叶斯框架，已被成功用于前馈神经网络学习中[8,9]。Kwok 和 Law 等则对贝叶斯框架下的 SVM 分类和回归进行了研究[10,11]。与传统的方法相比，贝叶斯方法提供了一个严格的理论框架，可以让待优化参数自动调整到近最优值，而不需要反复对训练数据集交叉验证，且计算量明显小于 K – Fold 交叉验证算法与 LOO 算法。

根据 MacKay 的证据框架理论，在 LSSVM 回归方法中，贝叶斯推断的基本思想是通过最大化参数分布的后验概率得到待优化参数的最优解。贝叶斯推断可分为 3 个准则的推断[9]：准则 1 推断参数 $\boldsymbol{w}$，准则 2 估计正则化参数 c，准则 3 估计核参数 $\boldsymbol{\sigma}$。

1）推断准则 1

假设 H 为模型空间，D 为训练数据集，对于给定的模型超参数 $\lambda = 1/c$，由贝叶斯准则得到 $\boldsymbol{w}$ 的后验概率为[9,10]：

$$P(\boldsymbol{w} \mid D,\lambda,H) \propto P(\boldsymbol{w} \mid \lambda,H) \prod_{i=1}^{l} P(y_i \mid x_i,\boldsymbol{w},\lambda,H) P(x_i \mid \boldsymbol{w},\lambda,H) \tag{5.6}$$

式中：$P(\boldsymbol{w} \mid \lambda,H)$ 为参数 $\boldsymbol{w}$ 的先验分布，假设训练数据独立同分布且

$$P(\boldsymbol{w} \mid \lambda,H) \propto \exp(-\frac{\lambda}{2}\boldsymbol{w}^{\mathrm{T}}\boldsymbol{w}) \tag{5.7}$$

$$P(y_i \mid x_i,\boldsymbol{w},\lambda,H) \propto \exp(-\sum_{i=1}^{l} e_i^2) \tag{5.8}$$

联立式（5.7）、式（5.8）得到 $\boldsymbol{w}$ 的后验概率为

$$P(\boldsymbol{w} \mid D,\lambda,H) \propto \exp(-\frac{\lambda}{2}\boldsymbol{w}^{\mathrm{T}}\boldsymbol{w} - \sum_{i=1}^{l} e_i^2) \tag{5.9}$$

通过最大化的 $\boldsymbol{w}$ 后验概率式（5.9）可以得到 $\boldsymbol{w}$ 的最佳值 $\boldsymbol{w}_{\mathrm{MP}}$。

2）推断准则 2

通过最大化超参数 λ 的后验概率 $P(\lambda \mid D,H)$ 得到正则化参数 c 的最佳值。由于

$$\begin{aligned} P(\lambda \mid D,H) &= \frac{P(D \mid \lambda,H)P(\lambda \mid H)}{P(D \mid H)} \propto \\ P(D \mid \lambda,H) &\propto \{\left(\frac{\lambda}{2\pi}\right)^{\frac{k}{2}} \int \exp(-\frac{\lambda}{2}\boldsymbol{w}^{\mathrm{T}}\boldsymbol{w} - \sum_{i=1}^{l} e_i^2) \end{aligned} \tag{5.10}$$

令 $E_w = \frac{1}{2}\boldsymbol{w}^{\mathrm{T}}\boldsymbol{w}$，$E_e = \frac{1}{2}\sum_{i=1}^{l} e_i^2$，则

$$P(\lambda \mid D,H) \propto (\lambda)^{\frac{k}{2}} \exp(-\lambda E_w^{\mathrm{MP}} - E_e^{\mathrm{MP}}) (2\pi)^{\frac{k}{2}} \det{}^{-\frac{1}{2}}\boldsymbol{A} \tag{5.11}$$

式中：E_w^{MP}，E_e^{MP} 分别为 E_w 和 E_e 在 w_{MP} 处的值；$\boldsymbol{A} = \frac{\partial^2(\lambda E_w + E_e)}{\partial \boldsymbol{w}^2} = \lambda \nabla^2 E_w + \nabla^2 E_e$

对式（5.11）两边取对数，得

$$\ln P(\lambda \mid D,H) = -\lambda E_w^{\mathrm{MP}} - E_e^{\mathrm{MP}} + \frac{k}{2}\ln\lambda - \frac{1}{2}\ln\det\boldsymbol{A} + 常数 \tag{5.12}$$

通过最大化 $\ln P(\lambda \mid D,H)$，λ 的最优值 λ_{MP} 可通过下式求得

$$2\lambda E_w^{\mathrm{MP}} = \gamma \tag{5.13}$$

式中：$\gamma = k - \lambda \mathrm{trace}\boldsymbol{A}^{-1} = \sum_{i=1}^{N} \frac{\rho_i}{\lambda + \rho_i}$ 为参数的有效数；N（$N \leqslant l$）为非零特征值数量，于是通过迭代计算可以得到 λ 的最优值 $\boldsymbol{\lambda}_{\mathrm{MP}}$。

3）推断准则3

通过最大化后验概率 $P(H \mid D)$ 选择最优高斯核参数 σ，假设 $P(H)$ 在所有样本上是平坦分布，得到[9,11]

$$\begin{aligned} & P(H \mid D) \propto P(D \mid H) \propto \\ & \int P(D \mid \lambda, H) P(\lambda \mid H) \mathrm{d}\lambda \propto P(D \mid \lambda_{MP}, H) / \sqrt{\gamma} \end{aligned} \tag{5.14}$$

对式（5.14）两边取对数，得

$$\ln P(H \mid D) = -\lambda_{\mathrm{MP}} E_w^{\mathrm{MP}} - E_e^{\mathrm{MP}} + \frac{k}{2}\ln\lambda_{\mathrm{MP}} - \frac{1}{2}\ln\det\boldsymbol{A} - \frac{1}{2}\ln(k - \lambda_{\mathrm{MP}}\mathrm{trace}\boldsymbol{A}^{-1}) + 常数 \tag{5.15}$$

令 $\ln P(H \mid D)$ 对高斯核参数 σ 的偏导数为0，其最优值可通过下式求得：

$$\begin{aligned} & \lambda_{\mathrm{MP}} a_i a_j \frac{\partial K}{\partial \sigma} - \frac{1}{2\mathrm{trace}\boldsymbol{A}^{-1}}\mathrm{trace}\left[\boldsymbol{A}^{-2}\left(\frac{\partial K}{\partial \sigma}\right)\right] - \frac{1}{2}\mathrm{trace}\left[\boldsymbol{A}^{-1}\left(\frac{\partial K}{\partial \sigma}\right)\right] \\ & \quad - \frac{\lambda_{\mathrm{MP}}}{2(l - \lambda_{\mathrm{MP}}\mathrm{trace}\boldsymbol{A}^{-1})}\left[\boldsymbol{A}^{-2}\left(\frac{\partial K}{\partial \sigma}\right)\right] = 0 \end{aligned} \tag{5.16}$$

式中：$\frac{\partial K}{\partial \sigma} = \exp\left[-\frac{(\boldsymbol{x}_i - \boldsymbol{x}_j)^2}{2\sigma^2}\right](\boldsymbol{x}_i - \boldsymbol{x}_j)^2\sigma^{-3}$。

基于EMD与LSSVM的时间序列集成预测的计算步骤如下：

步骤1 利用EMD将原始时间序列 $\boldsymbol{X}$ 分解为 l 个IMF分量 $\boldsymbol{C}_i = [c_i(1)c_i(2)\cdots c_i(N)]^{\mathrm{T}}$ $(i = 1,2,\cdots,l)$ 与一个余量 $\boldsymbol{R}_l = [r_l(1)r_l(2)\cdots r_l(N)]^{\mathrm{T}}$。

步骤2 选择合适的时间序列嵌入维数 d，将 $\boldsymbol{C}_i$ 转化为训练样本集 $S_i = \{(\boldsymbol{W}_i(k), T_i(k))\}_{k=1}^{N-d}$，其中 $\boldsymbol{W}_i(k) = [c_i(k)c_i(k+1)\cdots c_i(k+d-1)]^{\mathrm{T}}$ 为LSSVM预测模型输入，$T_i(k) = c_i(k+d)$ 为LSSVM预测模型输出；将 $\boldsymbol{R}_l$ 转化为训练样本集 $S_{l+1} = \{(\boldsymbol{U}(k), V(k))\}_{k=1}^{N-d}$，其中 $\boldsymbol{U}(k) = [r_l(k)r_l(k+1)\cdots r_l(k+d-1)]^{\mathrm{T}}$ 为LSSVM预测模型输入，$V(k) = r_l(k+d)$ 为LSSVM预测模型输出。

步骤3 分别利用 $S_1, S_2, \cdots, S_{l+1}$ 训练LSSVM预测模型，并利用训练后的LSSVM预测模型计算出 $N+1$ 时刻的时间序列预测值 $\bar{c}_1(N+1), \bar{c}_2(N+1)\cdots, \bar{c}_l(N+1)$ 与 $\bar{r}_l(N+1)$，以 $\bar{x}(N+1) = \sum_{i=1}^{l}\bar{c}_i(N+1) + \bar{r}_l(N+1)$ 作为未来时刻时间序列值 $x(N+1)$ 的预测值。

3. 陀螺漂移预测实例

通过对某型捷联惯导系统中的激光陀螺仪进行性能可靠性试验，试验在有温控和隔振基座等较理想的环境下进行，测得48组激光陀螺仪逐日漂移系数数据。前42组用于建立预测模型，后6组用于预测检验。

对漂移数据进行EMD分解，得到3个固有模态函数 IMF_i（$i = 1,2,3$）及一个余项 r_4，结果如图5.1所示。漂移数据表现为典型的非线性和非平稳数据，规律性不明显且包含有多种复杂成分，经验模态分解则将其按其内在特征自适应地分解为多个规律性强的本征模式分量。

为便于分析和比较，分别采用本节方法和单一LSSVM预测方法。RBF核是一种典型的局部自适应核函数，具有较好的局部自适应能力，通过调整核函数宽度，能够很好地模拟出局部相关性强、波动较大的信号；线性核是一种典型的全局性核函数，它以求内积的方式衡量训练样本间的相似性，在兼顾局部差异的同时更加注重时间序列的全局变化趋势，适用于变化平缓的平稳信号建模。方案1采用所提方法：由于高频分量IMF1波动性较大且存在一定随机成分，因此选择RBF核LSSVM；IMF2、IMF3和r_4均为低频分量且表现出明显的周期和趋势变化规律，因此选择线性核LSSVM；方案2采用单一预测方法，由于漂移时间序列包含多种复杂成分，因此选择RBF核LSSVM建立预测模型。

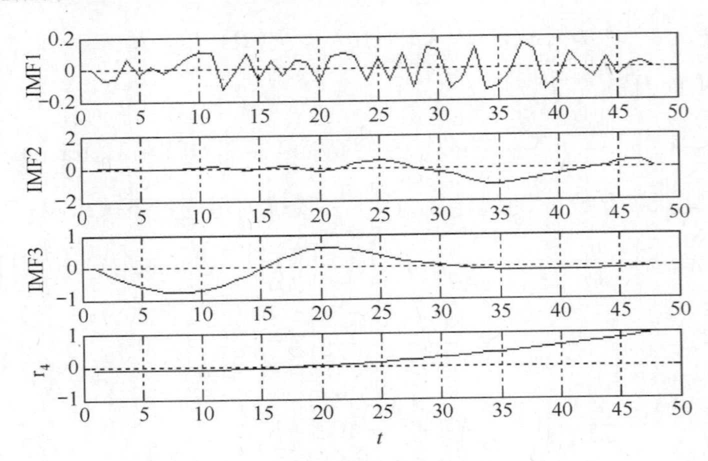

图5.1 漂移误差数据及其IMF分量

下面对不同方法的仿真试验结果进行分析。

方案1中RBF核LSSVM超参数贝叶斯优选结果为$c=43.4756$和$\sigma=0.1542$，线性核LS-SVM正则化参数c取为1×10^4（经大量数值仿真发现，对于呈周期和趋势规律变化的时间序列，在线性核LS-SVM正则化参数c取值较大时就能实现高精度预测，因此未采用贝叶斯优化），方案2中RBF核LS-SVM超参数贝叶斯优选结果为$c=78.1392$和$\sigma=0.0517$，预测结果如图5.2所示。从图中可以看出，单一预测模型大致模拟了待预测值的变化趋势，但原偏差序列中的随机、周期和趋势等多种成分难以仅用单一模型精确表达，因此其预测值仅做到了与待预测值总体上近似，单个预测值仍存在明显误差，而这里的方法采用“分而治之”的思想，将一个复杂问题转化为多个简单问题的集成，使预测风险分散化，在兼顾预测精度与建模复杂度的基础上，针对各时间序列分量特点有针对性地建立不同预测模型，从而得到了兼顾全局趋势与局部精度的预测结果，较好跟踪了待预测值的变化规律。

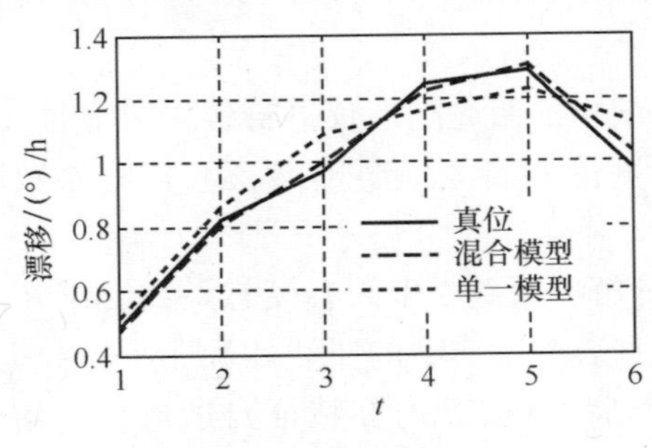

图5.2 预测结果比较

进一步，采用绝对误差AE、相对误差PE、平均绝对误差MAE和平均绝对百分比误差MAPE作为预测效果量化评价标准，其形式分别为

$$AE = x_i - \bar{x}_i$$

$$PE = |(x_i - \bar{x}_i)/x_i| \times 100\%$$

$$\mathrm{MAE} = \frac{1}{n}\sum_{i=1}^{n} | x_i - \overline{x}_i |$$

$$\mathrm{MAPE} = \frac{1}{n}\sum_{i=1}^{n} | (x_i - \overline{x}_i)/x_i | \times 100\%$$

式中：x_i 为真实值；$\overline{x}_i$ 为预测值。

后 6 个漂移系数预测值及误差结果如表 5.1 所列。

表 5.1　预测效果及误差

序号	真实值	EMD + LSSVM			LS - SVM		
		预测值	AE	PE	预测值	AE	PE
1	0.4831	0.4744	0.0056	1.1667%	0.5113	-0.0313	6.5208%
2	0.8219	0.8014	0.0186	2.2683%	0.8627	-0.0427	5.2073%
3	0.9732	1.0002	-0.0302	3.11342%	1.0875	-0.1175	12.1134%
4	1.2487	1.2201	0.0299	2.3920%	1.1617	0.0823	6.5840%
5	1.2856	1.3058	-0.0158	1.2248%	1.2309	0.0591	4.5814%
6	0.9758	1.0283	-0.0583	6.0103%	1.1236	-0.1536	15.8351%
MAE		0.0264			0.0811		
MAPE		2.6959 %			8.4737%		

可以看出，使用 EMD 分解与 LSSVM 集成预测方法的各项误差明显小于单一模型预测方法，预测精度提高了近两倍，其原因在于各个本征模式下的频率成分或波形变化与原始信号相比更简单，规律性更强，从而更易于预测。

5.3.3　基于进化交叉验证与直接支持向量机回归的故障预测方法

针对 LSSVM 的系数矩阵对称不正定特性，文献［12］提出了直接支持向量回归机（Direct Support Vector Machine for Regression，DSVMR）以使 LSSVM 的系数矩阵具有对称正定性，从而减小训练 LSSVM 的计算复杂度，大为缩短训练 LSSVM 所需时间，且依然保持了与 LSSVM 相近的学习能力。

作为 SVM 的一种演变模式，DSVMR 的训练精度与泛化能力的优劣关键同样依赖于其超参数（正则化参数 c 与核参数 r）。k 折交叉验证（Cross validation，CV）是一种已成功应用于各领域中 SVM 超参数优化选择的泛化能力估计算法[13]。该算法对于设定网格内的任意一组待验证的超参数（c，r），预先将训练样本集划分为 k 个独立子集，利用其中 $k-1$ 个子集中的训练样本建立 SVM 模型，以剩余的一个子集测试训练后的 SVM 模型，以得到该子集的测试误差。重复上述过程 k 次，直至每个子集都被作为测试样本集，最终以 k 个子集的测试误差的均值作为（c，r）的交叉验证误差。但利用该方法求解每组（c，r）的验证误差都需进行 k 次模型训练，当训练样本集容量较大时存在计算代价过大的问题。

针对上述问题，本节提出一种适用于 DSVMR 超参数选择的进化 k 折交叉验证算法，利用矩阵变换减小了多次训练 DSVMR 的高额计算代价，并以粒子群优化算法实现超参数的自适应优化选择，并通过陀螺仪故障预测实例证明了所提方法的高效性与基于 k 折交叉验证的 DSVMR 的优越性。

1. 直接支持向量回归机

对于训练样本集 $S=\{(x_i,y_i)\}_{i=1}^{N}$，$\boldsymbol{x}_i\in R^n$，$y\in R$，利用高维特征空间里线性函数

$$f(x)=\boldsymbol{w}^{\mathrm{T}}\psi(x)+b \tag{5.17}$$

拟合训练样本集，式中 $\boldsymbol{w}$ 为权值向量，b 为常值偏差，非线性映射 $\psi(\cdot)$ 把训练样本集从输入空间映射到特征空间，以便使输入空间中的非线性回归问题转化成高维特征空间中的线性回归问题。根据结构风险最小化原理，综合考虑函数复杂度与拟合误差，回归问题可表示为约束优化

$$\begin{cases}\min \dfrac{1}{2}(\boldsymbol{w}^{\mathrm{T}}\boldsymbol{w}+b^2)+\dfrac{1}{2}c\displaystyle\sum_{i=1}^{N}\xi_i^2\\ \text{s. t. } y_i=\boldsymbol{w}^{\mathrm{T}}\psi(x_i)+b+\xi_i\end{cases} \tag{5.18}$$

式中：c 为正则化参数。

为求解上述优化问题，建立相应的拉格朗日函数为

$$L(a,\boldsymbol{w},b,\xi)=\frac{1}{2}(\boldsymbol{w}^{\mathrm{T}}\boldsymbol{w}+b^2)+\frac{1}{2}c\sum_{i=1}^{N}\xi_i^2-\sum_{i=1}^{N}a_i\{\boldsymbol{w}^{\mathrm{T}}\psi(x_i)+b+\xi_i-y_i\} \tag{5.19}$$

式中：a_i 为拉格朗日权值。

对拉格朗日函数各变量求偏导并令偏导数为零得到如下方程组：

$$\begin{cases}\dfrac{\partial L}{\partial \xi_i}=0\rightarrow a_i=c\xi_i\\ \dfrac{\partial L}{\partial b}=0\rightarrow b=\displaystyle\sum_{i=1}^{N}a_i\\ \dfrac{\partial L}{\partial \boldsymbol{w}}=0\rightarrow \boldsymbol{w}=\displaystyle\sum_{i=1}^{N}a_i\psi(x_i)\\ \dfrac{\partial L}{\partial a_i}=0\rightarrow y_i=\boldsymbol{w}^{\mathrm{T}}\psi(x_i)+b+\xi_i\end{cases} \tag{5.20}$$

从而将求解的优化问题转化为求解线性方程组

$$[\boldsymbol{\Omega}+L+\boldsymbol{c}^{-1}\boldsymbol{I}]a=y \tag{5.21}$$

式中：$\boldsymbol{\Omega}=[k(x_i,x_j)]\in R^{N\times N}$ 为核函数矩阵；$k(x_i,x_j)$ 为核函数；$L=\boldsymbol{ll}^{\mathrm{T}}$，$\boldsymbol{l}=[1,1,\cdots,1]^{\mathrm{T}}$，$\boldsymbol{y}=[y_1,y_2,\cdots,y_N]^{\mathrm{T}}$；$\boldsymbol{a}=[a_1,a_2,\cdots,a_N]^{\mathrm{T}}$；$\boldsymbol{I}$ 为单位矩阵。

求解式（5.21）得到 DSVMR，有

$$f(x)=\sum_{i=1}^{N}a_ik(x,x_i)+\sum_{i=1}^{N}a_i \tag{5.22}$$

2. 改进的 *k* 重交叉验证算法

从 DSVMR 原理可知，求解 DSVMR 的关键在于计算线性方程组式（5.21）的解。利用 k 折交叉验证算法对其超参数进行优化选择时，对于设定网格内的任意一组待验证的超参数 (c,r)，需将包含 N 个样本的训练样本集 $S=\{(x_i,y_i)\}_{i=1}^{N}$ 划分为 k 个独立子集 $S_1=\{(x_i,y_i)\}_{i=1}^{N_1}$，$S_2=\{(x_i,y_i)\}_{i=N_1+1}^{N_2}$，$\cdots$，$S_k=\{(x_i,y_i)\}_{i=N_{k-1}+1}^{N_k}$，以 $S_j(j=1,2,\cdots,k)$ 作为测试样本集，利用其余 $k-1$ 个子集训练 DSVMR，以得到训练后的 DSVMR 对于 S_j 的测试误差 e_j，并最终以 $e_{(c,r)}=\dfrac{1}{k}\sum_{j=1}^{k}e_j$ 作为 (c,r) 的交叉验证误差。因此，当存在多组待验证的 (c,r) 同时 S 包含大量训练样本时，需多次计算线性方程组式（5.21）的解且计算代价

过大。

针对上述问题，基于矩阵变换理论提出一种适用于 DSVMR 的快速 k 折交叉验证算法，以减小基本 k 折交叉验证算法应用于 DSVMR 超参数进行优化选择时的计算代价[14]。

定理 5.1[15] 假设可逆分块矩阵 $\boldsymbol{A}=\begin{bmatrix}\boldsymbol{A}_{11} & \boldsymbol{A}_{12}\\ \boldsymbol{A}_{21} & \boldsymbol{A}_{22}\end{bmatrix}$，式中 $\boldsymbol{A}\in R^{n\times n}$，$\boldsymbol{A}_{11}\in R^{l\times l}$，$\boldsymbol{A}_{12}\in R^{(n-m)\times(n-l)}$，$\boldsymbol{A}_{21}\in R^{(n-l)\times(n-m)}$，$\boldsymbol{A}_{22}\in R^{m\times m}$，且 $\boldsymbol{A}_{11}$ 可逆，则 $\boldsymbol{A}^{-1}$ 可表示为

$$\boldsymbol{A}^{-1}=\begin{bmatrix}\boldsymbol{A}_{11}^{-1}+\boldsymbol{A}_{11}^{-1}\boldsymbol{A}_{12}\left[\boldsymbol{A}_{22}-\boldsymbol{A}_{21}\boldsymbol{A}_{11}^{-1}\boldsymbol{A}_{12}\right]^{-1}\boldsymbol{A}_{21}\boldsymbol{A}_{11}^{-1} & -\boldsymbol{A}_{11}^{-1}\boldsymbol{A}_{12}\left[\boldsymbol{A}_{22}-\boldsymbol{A}_{21}\boldsymbol{A}_{11}^{-1}\boldsymbol{A}_{12}\right]^{-1}\\ -\left[\boldsymbol{A}_{22}-\boldsymbol{A}_{21}\boldsymbol{A}_{11}^{-1}\boldsymbol{A}_{12}\right]^{-1}\boldsymbol{A}_{21}\boldsymbol{A}_{11}^{-1} & \left[\boldsymbol{A}_{22}-\boldsymbol{A}_{21}\boldsymbol{A}_{11}^{-1}\boldsymbol{A}_{12}\right]^{-1}\end{bmatrix} \tag{5.23}$$

假设 $\boldsymbol{A}^{-1}=\begin{bmatrix}\boldsymbol{C}_{11} & \boldsymbol{C}_{12}\\ \boldsymbol{C}_{21} & \boldsymbol{C}_{22}\end{bmatrix}$，式中 $\boldsymbol{A}^{-1}\in R^{n\times n}$，$\boldsymbol{C}_{11}\in R^{l\times l}$，$\boldsymbol{C}_{12}\in R^{(n-m)\times(n-l)}$，$\boldsymbol{C}_{21}\in R^{(n-l)\times(n-m)}$，$\boldsymbol{C}_{22}\in R^{m\times m}$，且 $\boldsymbol{C}_{22}$ 可逆，根据定理 5.1，得

$$\begin{bmatrix}\boldsymbol{A}_{11}^{-1}+\boldsymbol{A}_{11}^{-1}\boldsymbol{A}_{12}\left[\boldsymbol{A}_{22}-\boldsymbol{A}_{21}\boldsymbol{A}_{11}^{-1}\boldsymbol{A}_{12}\right]^{-1}\boldsymbol{A}_{21}\boldsymbol{A}_{11}^{-1} & -\boldsymbol{A}_{11}^{-1}\boldsymbol{A}_{12}\left[\boldsymbol{A}_{22}-\boldsymbol{A}_{21}\boldsymbol{A}_{11}^{-1}\boldsymbol{A}_{12}\right]^{-1}\\ -\left[\boldsymbol{A}_{22}-\boldsymbol{A}_{21}\boldsymbol{A}_{11}^{-1}\boldsymbol{A}_{12}\right]^{-1}\boldsymbol{A}_{21}\boldsymbol{A}_{11}^{-1} & \left[\boldsymbol{A}_{22}-\boldsymbol{A}_{21}\boldsymbol{A}_{11}^{-1}\boldsymbol{A}_{12}\right]^{-1}\end{bmatrix}=\begin{bmatrix}\boldsymbol{C}_{11} & \boldsymbol{C}_{12}\\ \boldsymbol{C}_{21} & \boldsymbol{C}_{22}\end{bmatrix} \tag{5.24}$$

比较式（5.24）两端，知

$$\begin{cases}\boldsymbol{A}_{11}^{-1}+\boldsymbol{A}_{11}^{-1}\boldsymbol{A}_{12}\left[\boldsymbol{A}_{22}-\boldsymbol{A}_{21}\boldsymbol{A}_{11}^{-1}\boldsymbol{A}_{12}\right]^{-1}\boldsymbol{A}_{21}\boldsymbol{A}_{11}^{-1}=\boldsymbol{C}_{11}\\ -\boldsymbol{A}_{11}^{-1}\boldsymbol{A}_{12}\left[\boldsymbol{A}_{22}-\boldsymbol{A}_{21}\boldsymbol{A}_{11}^{-1}\boldsymbol{A}_{12}\right]^{-1}=\boldsymbol{C}_{12}\\ -\left[\boldsymbol{A}_{22}-\boldsymbol{A}_{21}\boldsymbol{A}_{11}^{-1}\boldsymbol{A}_{12}\right]^{-1}\boldsymbol{A}_{21}\boldsymbol{A}_{11}^{-1}=\boldsymbol{C}_{21}\\ \left[\boldsymbol{A}_{22}-\boldsymbol{A}_{21}\boldsymbol{A}_{11}^{-1}\boldsymbol{A}_{12}\right]^{-1}=\boldsymbol{C}_{22}\end{cases} \tag{5.25}$$

联立式（5.25）所示方程组，得

$$\boldsymbol{A}_{11}^{-1}=\boldsymbol{C}_{11}-\boldsymbol{C}_{12}\boldsymbol{C}_{22}^{-1}\boldsymbol{C}_{21} \tag{5.26}$$

假设 $\boldsymbol{Q}=\boldsymbol{\Omega}+\boldsymbol{L}+\boldsymbol{c}^{-1}\boldsymbol{I}$，式中 $\boldsymbol{Q}\in R^{N\times N}$ 表示利用 S 建立的 DSVMR 回归线性式（5.21）的系数矩阵，$\tilde{\boldsymbol{Q}}_j=\tilde{\boldsymbol{\Omega}}_j+\tilde{\boldsymbol{L}}_j+\boldsymbol{c}^{-1}\tilde{\boldsymbol{I}}_j$，式中 $\tilde{\boldsymbol{Q}}_j\in R^{\left(N-\frac{N}{k}\right)\times\left(N-\frac{N}{k}\right)}$ 表示以 S_j（$j=1, 2, \cdots, k$）作为测试样本集，利用其余 $k-1$ 个子集建立的相应系数矩阵。由 $\boldsymbol{Q}$ 的构成可知，$\tilde{\boldsymbol{Q}}_j$ 为 $\boldsymbol{Q}$ 去掉与 $\boldsymbol{S}_j$ 中共计 $\frac{N}{k}$ 个训练样本（x_i，y_i）（$i=N_{j-1}+1, N_{j-1}+2, \cdots, N_j$）对应的主对角线元素 k（x_i，y_i）所在行与列后的子矩阵。

定理 5.2[15] 置换矩阵 $\boldsymbol{P}\in R^{N\times N}$，其中 $P_{ij}\in\{0, 1\}$ 且 $\sum_{i=1}^{N}P_{ij}=1$ 和 $\sum_{j=1}^{N}P_{ij}=1$，满足 $P^{-1}=P^{\mathrm{T}}$。

由置换矩阵性质可知，存在置换矩阵 P 使得

$$P^{\mathrm{T}}QP=\begin{bmatrix}\tilde{\boldsymbol{Q}}_j & \boldsymbol{r}_1\\ \boldsymbol{r}_2 & \boldsymbol{r}_{PP}\end{bmatrix} \tag{5.27}$$

式中：$\tilde{\boldsymbol{Q}}_j\in R^{\left(N-\frac{N}{k}\right)\times\left(N-\frac{N}{k}\right)}$；$\boldsymbol{r}_1\in R^{\left(N-\frac{N}{k}\right)\times\frac{N}{k}}$；$\boldsymbol{r}_2\in R^{\frac{N}{k}\times\left(N-\frac{N}{k}\right)}$；$\boldsymbol{r}_{PP}\in R^{\frac{N}{k}\times\frac{N}{k}}$。

对式（5.27）两端求逆，得

$$\begin{bmatrix}\tilde{\boldsymbol{Q}}_j & \boldsymbol{r}_1\\ \boldsymbol{r}_2 & \boldsymbol{r}_{PP}\end{bmatrix}^{-1}=\boldsymbol{P}^{\mathrm{T}}\boldsymbol{Q}^{-1}\boldsymbol{P}=\begin{bmatrix}\tilde{\boldsymbol{U}}_j & \boldsymbol{v}_1\\ \boldsymbol{v}_2 & \boldsymbol{v}_{PP}\end{bmatrix} \tag{5.28}$$

式中：$\tilde{\boldsymbol{U}}_j\in R^{\left(N-\frac{N}{k}\right)\times\left(N-\frac{N}{k}\right)}$；$\boldsymbol{v}_1\in R^{\left(N-\frac{N}{k}\right)\times\frac{N}{k}}$；$\boldsymbol{v}_2\in R^{\frac{N}{k}\times\left(N-\frac{N}{k}\right)}$；$\boldsymbol{v}_{PP}\in R^{\frac{N}{k}\times\frac{N}{k}}$。

由定理5.1与式（5.24）可知，有

$$\tilde{\boldsymbol{Q}}_j^{-1} = \tilde{\boldsymbol{U}}_j - \boldsymbol{v}_1 \boldsymbol{v}_{PP}^{-1} \boldsymbol{v}_2 \tag{5.29}$$

求解（c，r）的k个测试误差e_j（$j=1$，2，…，k）需k次求解DSVMR回归线性式（5.21）。文献［12］利用共轭梯度（CG）算法求解式（5.21），然而当测试样本集在交叉验证过程中不断变换时，利用该算法计算所得的解之间不存在显式递推关系，因此需随测试样本集的改变而不断重新求解式（5.21），其计算代价依然较大。本节方法只需计算一次$\boldsymbol{Q}^{-1}$，$\tilde{\boldsymbol{Q}}_j^{-1}$就可通过式（5.29）在$\boldsymbol{Q}^{-1}$的基础上求解，而不需以传统逆矩阵计算方式求解。由于$\boldsymbol{v}_{PP}$仅为$\frac{N}{k}$维矩阵而$\tilde{\boldsymbol{Q}}_j$为$N-\frac{N}{k}$维矩阵，相比之下计算$\boldsymbol{v}_{PP}^{-1}$的代价远小于直接计算$\tilde{\boldsymbol{Q}}_j^{-1}$，从而将$k$次求解式（5.21）的过程转化为计算代价相对较小的矩阵变换。

3. 基于PSO的进化k折交叉验证

当应用常规k折交叉验证算法对（c，r）优化选择时存在以下两个缺陷：①人为凭经验设定离散的搜索网格，并只验证由此构成的网格点上（c，r）的交叉验证误差。但由于DSVMR的推广能力与（c，r）之间缺乏解析、连续与可微的显式关系表达式，因此多数情况下这种方法很难合理设定待验证的（c，r）。②验证并比较所有网格点上（c，r）的交叉验证误差，才能确定最优超参数。对于有$h \times l$个网格点的搜索网络，通常只有1个网格点对应（c，r）为最优，但为此需要计算其余$h \times l-1$个网格点上（c，r）的交叉验证误差并通过比较才能得到，因此这种与网格搜索结合的传统k折交叉验证算法计算代价极大。

本节考虑将改进的k折交叉验证算法与PSO应用于DSVMR超参数优化选择，其优势在于PSO的群智能协同进化特性使得在超参数可行域内随机生成的若干粒子通过择优进化能够自动靠近全局最优解，同时改进的k折交叉验证算法，简化了DSVMR训练过程中的矩阵求逆过程，进一步减小了单个潜在最优超参数交叉验证误差的计算代价。基于PSO的进化k折交叉验证算法描述如下：

步骤1 初始化粒子群，置当前进化代数为$t=1$，设定粒子群规模m，最大进化代数$t_{\max}$，最大惯性权值$w_{\max}$与最小惯性权值$w_{\min}$，加速因子c_1与c_2，并在（c，r）可行域中随机初始化每个粒子$p_i(i=1,2,\cdots,m)$的位置$\boldsymbol{x}_i(t)=[c_i(t),r_i(t)]^{\mathrm{T}}$与速度$\boldsymbol{v}_i(t)=[\Delta c_i(t),\Delta r_i(t)]^{\mathrm{T}}$。

步骤2 以交叉验证误差作为p_i的适应值，根据适应值优劣确定p_i的当前个体最优值$p\text{best}_i(t)=[c_i^{p\text{best}}(t),r_i^{p\text{best}}(t)]^{\mathrm{T}}$与当前种群最优值$g\text{best}(t)=[c^{g\text{best}}(t),r^{g\text{best}}(t)]^{\mathrm{T}}$。

步骤3 更新每个粒子p_i的位置$x_i(t)$与速度$v_i(t)$，即

$$v_i(t+1) = w(t)v_i(t) + c_1 r_1(p\text{best}_i(t) - x_i(t)) + c_2 r_2(g\text{best}(t) - x_i(t)) \tag{5.30}$$

$$x_i(t+1) = x_i(t) + v_i(t+1) \tag{5.31}$$

$$w(t) = w_{\max} - (w_{\max} - w_{\min})t/t_{\max} \tag{5.32}$$

式中：r_1，r_2为［0，1］之间的随机数。

步骤4 判断预先设置的算法收敛准则是否满足，如果满足则优化过程结束，得到最优超参数$(c^{\mathrm{opt}},r^{\mathrm{opt}})$，否则$t=t+1$转至步骤2。

4. 陀螺漂移系数预测实例

以一组包含60个历史数据的陀螺某项误差系数标定值时间序列$\{x(t)\}_{t=1}^{60}$为例，利用5种不同容量$M=10$，20，…，50的训练样本集$S_{\text{train}}=\{(\boldsymbol{X}(t),\boldsymbol{Y}(t))\}_{t=6}^{L}$（$L=15$，25，…，

55）测试本节算法的计算效率与预测精度，式中 $\boldsymbol{X}(t) = [x(t-5), x(t-4), \cdots, x(t-1)]^{\mathrm{T}}$ 为预测模型输入，$\boldsymbol{Y}(t) = \boldsymbol{x}(t)$ 为预测模型输出。

（1）选择 $k(\boldsymbol{x},\boldsymbol{y}) = \exp\left(-\frac{\|\boldsymbol{x}-\boldsymbol{y}\|^2}{r}\right)$ 作为 DSVMR 核函数，设定粒子群规模 $m=10$，最大进化代数 $t_{\max}=20$，最大惯性权值 $w_{\max}=0.9$ 与最小惯性权值 $w_{\min}=0.4$，加速因子 $c_1 = c_2 = 2$，以达到 $t_{\max}$ 为算法收敛准则，在 $c \in$［100，10000］与 $r \in$［1，100］范围内，分别对 5 种不同容量的 S_{train} 进行了 5 折与 10 折交叉验证测试，计算结果如表 5.2 所列，CGCV 为基于共轭梯度算法求解 DSVMR 回归线性方程组的 CV 算法，MTCV 为基于矩阵变换求解DSVMR 回归线性方程组的 CV 算法，t_{PSO} 与 e_{PSO} 为利用 PSO 进化搜索模式进行 CV 计算所耗费时间与所得最小 CV 误差，t_{GS} 与 e_{GS} 为利用网格搜索模式进行 CV 计算所耗费时间与所得最小 CV 误差。从表 5.2 数据可见，在利用 PSO 进化搜索与网格搜索两种计算模式下，MTCV 由于在计算每组（c，r）的 CV 误差中充分利用了全体样本信息，将多次 DSVMR 回归线性方程组复杂求解过程转化为运算量相对较小的矩阵变换，因此计算时间均远小于 CGCV，计算效率更高。

CV 误差是用于衡量任意一组（c，r）优劣的计算指标，CV 误差越小则表明利用该组（c，r）建立的 DSVMR 模型的训练精度与泛化能力越强。从表 5.2 数据可见，相比于网格搜索，利用 PSO 进化搜索模式进行 CV 计算，所耗费时间更少且最终搜索到的 CV 误差更小。因此，基于 PSO 进化搜索模式的 MTCV 计算效率与优化精度最高。上述仿真试验基于大 7.1 软件平台，在配置为主频为 1.61GHz 的 AMD Sempron 3000 + 处理器与512M 内存的计算机上测量而得。

（2）利用（1）中基于 PSO 进化搜索模式的 5 折 MTCV 计算所得（c，r）分别建立 $M = 10, 20, \cdots, 50$ 时的 5 种 DSVMR 预测模型，分别用于预测 $x(16) \sim x(20)$、$x(26) \sim x(30)$、$x(36) \sim x(40)$、$x(46) \sim x(50)$、$x(56) \sim x(60)$。选择另外 3 种人工智能方法进行预测比较，4 种预测方法的预测结果见表 5.3 与图 5.3 ~ 图 5.7，其中 GM + AR 为文献［16］提出的融合了灰色模型与自回归模型的混合预测方法，INN 为文献［17］提出的基于免疫算法优化的 BP 神经网络预测方法，FFLSSVM 为文献［18］提出的基于遗忘因子最小二乘支持向量机的预测方法。评价指标 $\mathrm{MAE} = \frac{1}{5}\sum_{t=1}^{5} |\tilde{x}_p(t) - x_p(t)|$ 为平均绝对误差，$\mathrm{MAPE} = \frac{1}{5}\sum_{t=1}^{5} |(\tilde{x}_p(t) - x_p(t))/x_p(t)| \times 100$ 为平均绝对百分比误差，$x_p(t)$ 为待预测的陀螺误差系数真值，$\tilde{x}_p(t)$ 为相应预测值。

GM + AR 方法利用灰色模型模拟时间序列中的趋势成分，并建立剩余残差的自回归模型，最终将两者叠加作为最终预测结果。该方法需人为确定的参数少，因此预测精度较稳定。但当用于建模的时间序列中的趋势成分较弱时，则几乎退化为单纯的自回归模型，从而对于强非线性时间序列难以实现有效预测。INN 方法中引入的免疫算法仅能改善 BP 神经网络的收敛速度，其本质仍是以最小化训练样本回归误差为训练目标的基于经验风险最小化原则的机器学习方法，这种训练模式只有在具有大量训练样本的条件下才能获得较好的泛化能力，且对于网络结构与网络中间层隐含神经元的数目仅凭经验人工调节，缺乏科学依据。FFLSSVM 方法虽引入遗忘因子用于增强 LSSVM 对于强非线性时间序列的自适应性，但却引入了遗忘因子这一待定参数且未给出选择该参数的有效方法，对于建模所涉及的 LSSVM 核函数参数也是仅凭经验人工调节，因此难以实现高精度预测。

建立在结构风险最小化原理上的 DSVMR 预测方法，其泛化能力对于样本数目的依赖性远小于 BP 神经网络，尤其适用于类似于本例的小样本建模预测。同时，基于 PSO 进化搜索模式的 MTCV 也使得 DSVMR 建模过程中的超参数选择更高效合理，从而避免超参数凭经验人工调节的盲目性。因此，相比于上述 3 种预测方法，DSVMR 预测方法的预测精度明显更高。

表 5.2 不同交叉验证方法计算结果比较

训练样本集容量	交叉验证折数	CGCV			
		PSO 进化搜索		网格搜索	
		t_{PSO}/s	$e_{PSO}\times10^4$	t_{GS}/s	$e_{GS}\times10^4$
10	5	29.1250	3.4221	58.2344	3.4866
	10	63.0938	2.5981	134.3906	2.6342
20	5	29.6031	3.1706	59.2344	3.1739
	10	65.4063	2.7767	138.1563	2.7826
30	5	30.7500	3.4576	62.7188	3.4948
	10	68.1094	3.2124	145.0938	3.2275
40	5	32.6719	3.8273	68.0156	3.8896
	10	72.5781	3.7994	158.7500	3.8733
50	5	34.5313	3.7718	72.3438	3.8543
	10	78.8594	3.6856	170.9063	3.7252
训练样本集容量	交叉验证折数	MTCV			
		PSO 进化搜索		网格搜索	
		t_{PSO}/s	$e_{PSO}\times10^4$	t_{GS}/s	$e_{GS}\times10^4$
10	5	1.6028	3.4221	3.3702	3.4866
	10	2.5712	2.5981	5.6522	2.6342
20	5	2.0102	3.1706	4.1234	3.1739
	10	3.1358	2.7767	6.7339	2.7826
30	5	2.8585	3.4576	5.6743	3.4948
	10	5.2441	3.2124	14.4956	3.2275
40	5	4.8804	3.8673	9.9321	3.8896
	10	9.4707	3.7994	22.7403	3.8733
50	5	9.2595	3.7718	18.3185	3.8543
	10	16.4546	3.6856	34.0036	3.7252

表 5.3 选取的 4 种方法预测结果比较

训练样本集容量	DSVMR		GM + AR		INN		FFLSSVM	
	MAE $\times10^4$	MAPE	MAE $\times10^4$	MAPE	MAE $\times10^4$	MAPE	MAE $\times10^4$	MAPE
10	1.4392	0.0841	4.6804	0.2733	7.2114	0.4202	5.8371	0.3413
20	1.5289	0.0887	3.8806	0.2257	6.5655	0.3821	3.2622	0.1896
30	1.9325	0.1126	3.4704	0.2027	6.1044	0.3567	4.3127	0.2518
40	1.6311	0.0952	3.1519	0.1838	6.2597	0.3658	3.5781	0.2087
50	1.5275	0.0892	3.5549	0.2077	5.1086	0.2979	4.5669	0.2669

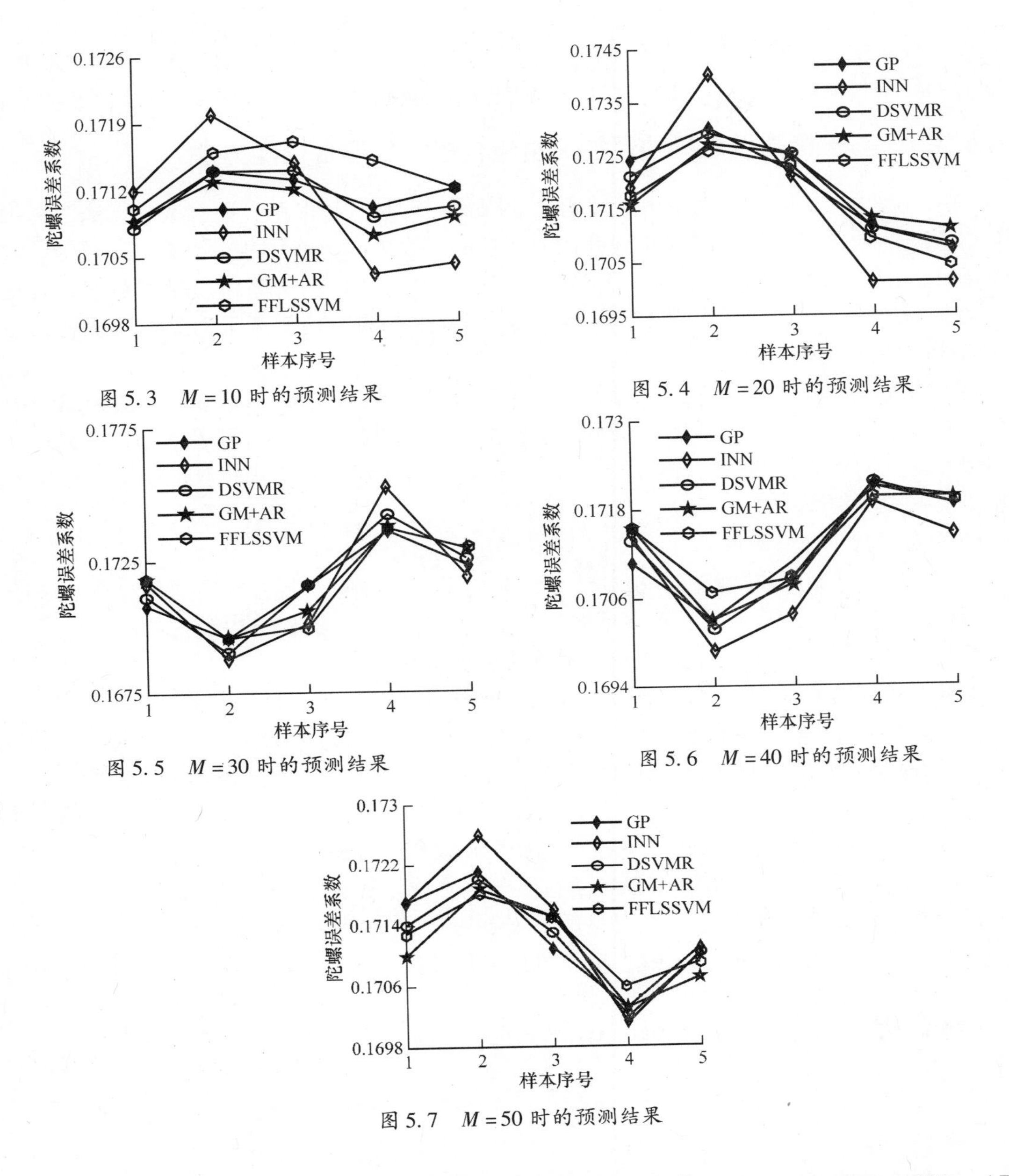

图 5.3　$M=10$ 时的预测结果

图 5.4　$M=20$ 时的预测结果

图 5.5　$M=30$ 时的预测结果

图 5.6　$M=40$ 时的预测结果

图 5.7　$M=50$ 时的预测结果

注：图 5.3～图 5.7 中，GP 为待预测的陀螺误差系数真值，INN、DSVMR、GM + AR 与 FFLSSVM 为采用相应预测方法的预测值。

5.4　基于极端学习机的惯性测量组合故障预测

作为建立在广义神经网络逼近原理上的新型神经网络，极端学习机是在随机给定神经元输入权值与偏差的基础上，将传统神经网络训练问题转化为求解线性方程组，并根据广义逆矩阵理论，以解析方式直接计算出其输出权值的最小二乘解，从而完成网络训练过程。相比于应用于故障预测的传统工具方法，极端学习机具有计算原理简单、训练速度快与泛化能力强的优点。因此本节考虑将极端学习机这一新兴神经网络作为建立预测模型的数学工具，并通过改善极端学习机的性能，以提高基于极端学习机的预测精度。从而提出了基于极端学习机的短期和中长期故障预测方法，并最终将这些方法应用于捷联惯组误差系数实测数据预测。

5.4.1 基于极端学习机的惯性测量组合多尺度混合预测方法

EMD 由于信号的间歇性导致模态混叠，不仅使得时频分布混乱，而且造成无法解释每个 IMF 代表的准确含义。为解决模态混叠问题，Huang 等提出了一种集合经验模式分解（Ensemble empirical mode decomposition，EEMD）方法[19]。EEMD 利用高斯白噪声在整个时频空间均匀分布的特性，通过在每次 EMD 中添加不同幅度的高斯白噪声来消除模态混叠，相比 EMD 取得了更好的效果。

本节考虑提出一种 EEMD 方法与灰色极端学习机（Gray ELM，GELM）方法相结合的多尺度混合预测模型，该模型融合了 EEMD 与 ELM 二者在处理非平稳非线性数据以及灰色预测在趋势预测中的优势，能够充分利用漂移信号自身信息训练模型，从而获得比传统单一预测模型更高的预测精度[20]。

1. 集合经验模态分解基本理论

EEMD 是一种噪声辅助数据分析方法，它利用了高斯白噪声具有频率均匀分布的统计特性。当加入高斯白噪声后，信号将在不同尺度上具有连续性，这样可以促进抗混分解，有效解决了 EMD 方法产生的模态混叠现象。其算法步骤如下[21]：

步骤 1 初始化 EMD 运行总次数 M，加入白噪声的幅值，并令 $m=1$。

步骤 2 对带有白噪声的信号执行第 m 次 EMD 分解。

（1）在目标信号上加入给定幅值的白噪声

$$x_m(t) = x(t) + n_m(t) \tag{5.33}$$

式中：$n_m(t)$ 为第 m 次加入的白噪声；$x_m(t)$ 为第 m 次分解时的加噪信号。

（2）利用 EMD 分解得到加噪信号 $x_m(t)$ 的 I 个 IMF 分量 $c_{i,m}$（$i=1, 2, \cdots, I$），$c_{i,m}$ 为第 m 次分解得到的第 i 个 IMF 分量，I 为第 m 次分解得到的 IMF 分量总数。

（3）如果 $m<M$，变 m 为 $m+1$，反复执行步骤（1）、（2），但是每次加入不同的白噪声序列。

步骤 3 计算 M 次分解得到的对应 IMF 的均值 $\bar{c}_i$，即

$$\bar{c}_i = \frac{1}{M}\sum_{m=1}^{M} c_{i,m} (i = 1,2\cdots,I, m = 1,2,\cdots,M) \tag{5.34}$$

步骤 4 输出 $\bar{c}_i$（$i=1, 2, \cdots, I$）作为最终的本征模态函数分解结果。

2. 灰色极端学习机原理

由于灰色预测在“贫信息”“小样本”样本处理上的优异性能，已应用于故障预测领域[22]。但是由于惯性测量组合中陀螺漂移数据具有很强的随机性和非线性等特点，使得直接利用灰色模型进行预测会产生很大的误差，无法准确跟踪陀螺漂移的随机变化和非线性变化趋势，因此必须采用合适方法对灰色预测结果进行误差补偿，结合极端学习机的诸多优点，考虑利用其对灰色预测结果进一步进行误差补偿。提出的 GELM 的预测，步骤描述如下：

步骤 1 对随机漂移数据进行 GM（1，1）预测，得到初步预测序列 y'。

步骤 2 利用预测值与真实值求取预测残差序列 e。

步骤 3 选择合适隐层神经元数目，利用 ELM 建立残差序列预测模型，得到残差预测序列 e'。

步骤 4 根据 $y = y' + e'$ 得到最终随机漂移预测结果。

3. EEMD – GELM 多尺度混合预测模型

基于 EEMD 方法对于复杂信号良好的分解能力以及 ELM 优于传统神经网络的训练速度和泛化性能，EEMD – GELM 混合模型结合二者的优势，能够有效改善目前采用原始漂移系数数据直接进行建模引起预测结果不准确的不足。EEMD – ELM 混合预测模型流程框图如图 5.8 所示。

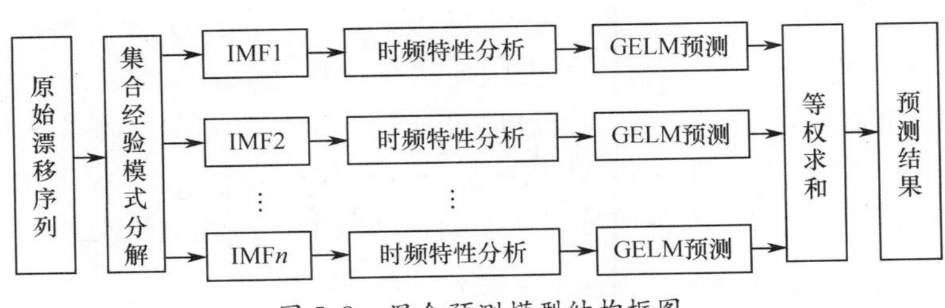

图 5.8　混合预测模型结构框图

具体实现步骤如下：

步骤 1 对原始激光陀螺随机漂移序列进行 EEMD 分解，得到不同频率的本征模式分量。

步骤 2 通过分析各本征模式分量的时频特性，选择不同的激活函数和隐层节点数目按照给出的 GELM 实现步骤进行预测。

步骤 3 将各分量预测结果进行等权求和，获取最终预测结果。

4. 陀螺漂移系数预测实例

以某套惯性测量组合中动力调谐陀螺仪的一批实测数据为对象进行预测，共包括 30 组陀螺仪漂移数据，利用图 5.8 所示流程进行预测。首先，利用 EEMD 对漂移数据进行分解，得到了 3 个本征模式分量 IMF1 ~ IMF3 以及余项 r，如图 5.9 所示。

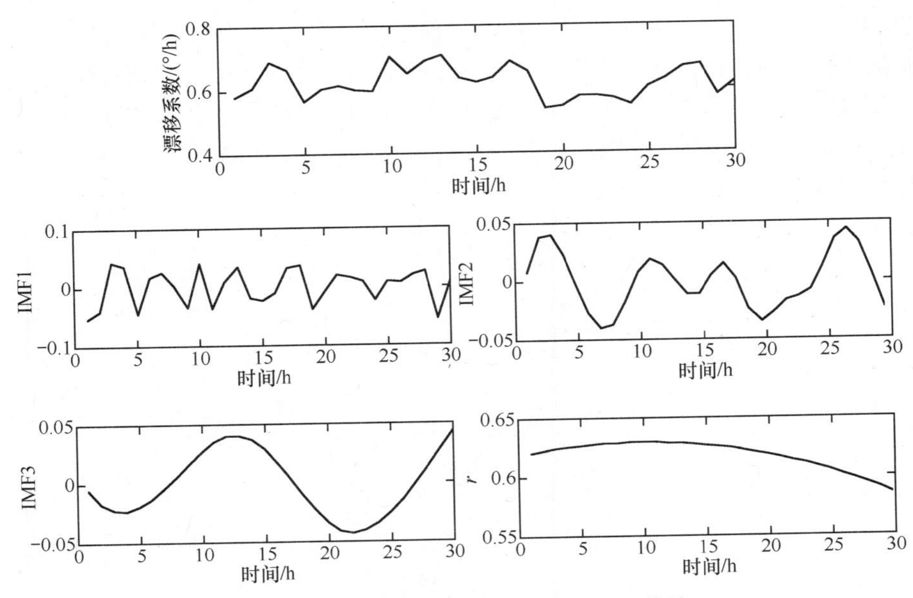

图 5.9　陀螺漂移时间序列及其 EEMD 结果

可以看出，经过 EEMD 处理后陀螺漂移被从高到低分解在不同频带上，相比原始漂移序列各成分的规律性更加明显，有利于寻找出其中蕴含的变化规律。接下来对各成分数据序列分别建立 GELM 预测模型。

建立残差序列预测模型时，嵌入维设为 4，即用前 4 个数据预测第 5 个数据，滚动生成 26 组样本，选取前 17 组数据作为训练样本，其余 9 组作为测试样本用来检验预测效果。由于激活函数和隐层神经元个数的选择对极端学习机的泛化性能影响较大，因此本节在进行预测时，通过分析不同成分信号的时频特性选择适合的激活函数，并利用留一法交叉验证确定最佳隐层神经元数目。激活函数的选择主要基于以下考虑：对于局部变化比较剧烈的信号，激活函数的选择优先考虑局部自适应能力较强的 RBF 函数；而对于变化相对平缓的信号，优先考虑选择能够使神经元有更大的输入可见区域的全局性 sigmoid 函数。经过多次试验发现，IMF1 残差序列波动性较大且存在一定随机成分，因此选择 RBF 函数作为激活函数；其余 3 个成分的残差序列变化比较平缓，表现出较明显的周期和趋势变化规律，因此选择 sigmoid 函数作为激活函数。图 5.10 所示为各成分利用混合预测模型进行预测的结果。

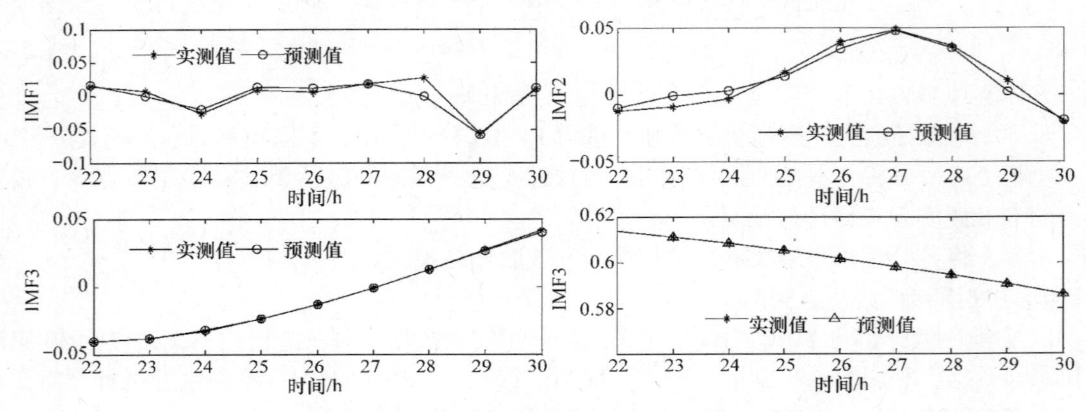

图 5.10　陀螺漂移序列分解的各成分预测结果

从图 5.10 可以看出，混合预测模型得到的预测值与漂移实测值基本吻合，仅在 IMF1 和 IMF2 中存在各别点预测误差较大，其余 2 个成分预测结果非常理想。下面将各成分预测结果等权相加获得陀螺漂移序列的预测结果，为进行比较，再分别应用 GM（1，1）模型、ELM 预测模型以及 GELM 预测模型分别对漂移序列进行预测，结果如图 5.11 所示。其中 GELM 预测模型激活函数选择 RBF 函数。

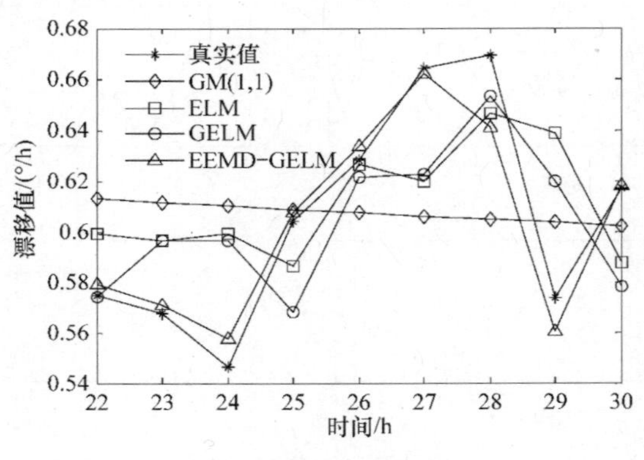

图 5.11　4 种预测模型结果

可以看出，4 种方法中，单独利用 GM（1，1）模型和 ELM 模型进行预测结果误差都比较大，而将二者结合起来的 GELM 预测模型结果精度有所提高，说明混合预测模型相比单一模型在预测复杂非线性时间序列中更具优势。但从图中也可以看出，混合模型对陀螺漂移序列直接建立预测模型精度仍然不高；本节提出的多尺度混合预测模型 EEMD - GELM 预测精度最高，与漂移实测值吻合最好。表5.4 给出了4种预测模型的预测结果及平均绝对百分比误差（MAPE）和均方根误差（RMSE）对比结果，EEMD - GELM 模型的 MAPE 和 RMSE 均远小于其余3种模型。

表5.4　4种方法的预测结果

数据序号	实测值	GM（1，1）	ELM	GELM	EEMD - GELM
22	0.5749	0.6129	0.5994	0.5739	0.5791
23	0.5676	0.6115	0.5964	0.5965	0.5711
24	0.5463	0.6102	0.599	0.5967	0.5576
25	0.6043	0.6088	0.5864	0.5683	0.6074
26	0.6281	0.6075	0.6263	0.6217	0.6337
27	0.6642	0.6061	0.6195	0.6227	0.6620
28	0.6691	0.6048	0.6465	0.6532	0.6406
29	0.5738	0.6035	0.6387	0.6199	0.5604
30	0.6170	0.6021	0.5877	0.578	0.6181
MAPE/%	—	6.22	5.38	4.94	1.32
RMSE	—	0.0428	0.0367	0.0339	0.0115

综上所述，利用提出的多尺度混合预测模型能够较好地对漂移系数变化趋势进行预测，因此，可用于惯性测量组合未来时刻的故障预测。

故障预测本质上可归结为模式识别的问题。不失一般性，对一个装备或系统，令类别 ω_1 表示正常状态，类别 ω_2 表示故障状态，对应于各个类别的先验概率分别为 $P(\omega_1)$ 和 $P(\omega_2)$，类条件概率密度函数分别为 $P(x|\omega_1)$ 和 $P(x|\omega_2)$。那么根据贝叶斯决策可得：当且仅当 $P(\omega_1|x) > P(\omega_2|x)$ 或者 $p(x|\omega_1)P(\omega_1) > p(x|\omega_2)P(\omega_2)$ 成立时，有 $x \in \omega_1$。由于当前没有故障类别 ω_2 的任何先验知识，因此 $P(\omega_1)$、$P(\omega_2)$ 以及 $p(x|\omega_2)$ 均为未知，仅有 $p(x|\omega_1)$ 可通过非参数概率密度估计方法获得。

从 Yeung 提出的假设检验方法可知：通过非参数概率密度估计方法估计得到概率密度函数后，利用该函数得到新样本的概率密度值越大就说明新样本与已有样本集合相似度越高。那么在故障预报时，训练样本集由正常状态类的样本组成，因此新样本的概率密度值越大说明其落入正常状态类中的概率越大，反之，概率密度值越小意味着其落入故障状态的概率越大。

接下来首先通过非参数密度估计方法求取概率密度函数。选择 Parzen 窗法，对于有 N 个数据组成的样本集 $\{X_1, X_2, \cdots, X_N\}$，概率密度函数的估计为

$$P(x) = \frac{1}{N}\sum_{i=1}^{N}\frac{1}{h_N}\phi\left(\frac{x - X_i}{h_N(x)}\right)(i = 1,2,\cdots,N) \tag{5.35}$$

这里取窗函数为高斯核函数，窗宽 $h_N = h_1 / \sqrt{N}$，h_1 为任意正常数。

通过式（5.35）就可得到新样本的概率密度，进一步，为衡量新样本概率密度的异常程度，下面引入一个表征系统或装备状态异常程度的指标——异常指数NI，对于新样本 x'，其异常指数可通过下式计算得到：

$$\mathrm{NI}(x') = \begin{cases} 0 & (\rho \geqslant \rho_2) \\ 0.5 \times \dfrac{\rho - \rho_2}{\rho_1 - \rho_2} & (\rho_1 - (\rho_2 - \rho_1) < \rho < \rho_2) \\ 1 & (\rho \leqslant \rho_1 - (\rho_2 - \rho_1)) \end{cases} \tag{5.36}$$

式中：$\rho = p(x' | \omega_1)$；$\rho_1 = \min(p(X_i | \omega_1))$；$\rho_2 = \max(p(X_i | \omega_1))$。

从式（5.36）可知，对于已知正常状态样本集中的样本 X_i，其异常指数满足 $0 \leqslant \mathrm{NI}(X_i) \leqslant 0.5$。此外，由于在样本数据足够大时，才可以严格利用其概率密度取值范围判断新样本的类别。但实际中，已知样本的数目往往有限，因此式（5.36）在选取概率密度范围时将故障状态范围上限取为比已知正常样本概率密度下限 ρ_1 小的值。

为根据异常指数评估系统健康状态，设 $0 \leqslant \theta \leqslant 1$ 为预设阈值，则有如下判断规则：

（1）当 $\mathrm{NI}(x') \leqslant \theta$ 时，$x' \in \omega_1$，即不存在故障趋势；

（2）当 $\mathrm{NI}(x') > \theta$ 时，$x' \in \omega_2$，即存在故障趋势。

则依据式（5.36），当 $\theta = 0.5$ 时，认为当前正常状态样本能够反映全部正常状态类，只有当新样本的概率密度值不小于当前样本的概率密度取值下限时才会属于正常状态类；当 $0.5 < \theta \leqslant 1$ 时，认为当前正常状态样本不能反映全部正常状态类，因此将某些概率密度值小于当前样本概率密度取值下限的新样本也归入到正常状态类中；当 $0 < \theta < 0.5$ 时，认为当前正常状态样本中包含有奇异样本，其概率密度取值在已知正常状态样本中较大，带有一定的故障趋势，因此当新样本概率密度值与奇异样本的概率密度值接近时，认为其存在故障趋势。此外，人为选取的 θ 对故障预报结果有直接影响，θ 过大会使系统故障的误检率降低但同时导致故障漏检率升高；反之，θ 过小会使系统故障的漏检率降低但导致误检率升高，对实际系统，通过合理调节 θ 可改善故障预报器的性能。此处选择 $\theta = 0.5$。

那么按照上述预报过程，经试验选取 $h_1 = 4$，则利用多尺度混合模型的预测结果可以得到异常指数如表5.5所列。

表5.5　异常指数计算结果

时间/h	22	23	24	25	26	27	28	29	30
NI	0.1377	0.1905	0.2980	0.0187	0.0059	0.0979	0.0183	0.2739	0.0020

可以看出，陀螺系数在预测中的9h内异常指数较小，均未超过0.5，即可以认为该套惯性测量组合在未来9h内不会出现由于陀螺仪性能异常导致的故障。

5.4.2　基于改进集合在线序贯极端学习机的惯性测量组合故障预测

Liang等针对ELM方法无法利用新到样本在线更新训练模型的缺点，提出了OS－ELM方法，其通过输出权值递推求解避免了ELM重复求伪逆的过程[23]，有效缩短了训练时间，提高了模型的泛化性能。但OS－ELM预测精度受隐层节点数目及随机生成的隐层学习参数的影响，其结果稳定性有待进一步提高。针对此问题，Lan等提出了集合在线序贯极端学习机（EOS－ELM），通过利用多个 OS－ELM 分别建立预测模型，然后再将各模型预测结果进行等权集成得到最终的预测结果[24]。EOS－ELM 具有良好的稳定性，但由于其是建立在 OS－ELM 基础上的，在更新过程中每加入新数据就进行递推更新，且在序贯学习阶段新旧样本在更新预测模型时所占比重始终相同，而这将会引起如下问题：①若目前预测模型精度已经能够满足要求，那么仍然进行更新会增加额外的训练时间；②随着新数据的持续加入，距离当前时刻较远的旧数据的信息意义逐渐降低，若不进行剔除则会影响预测模型的精度。因此，在保持 EOS－ELM 预测模型稳定性的同时，进一步提高其预测精度是需要解决的问题。

针对上述问题，本节提出了一种具有选择和补偿机制的加权集合序贯极端学习机，在 EOS－ELM 训练过程中，通过选择性更新、对各 OS－ELM 预测结果加权集成的方式提高训练效率，进一步，结合 EMD 对非线性非平稳序列良好的处理能力，对残差序列进行分解预测补偿，以进一步提高预测精度[25]。

1. 具有选择和补偿机制的加权集合序贯极端学习机

本节提出的具有选择和补偿机制的加权集合序贯极端学习机通过相应的更新选择策略来确定 OS－ELM 在线学习过程中是否进行更新，同时在更新过程中对旧样本进行剔除以适应系统的动态变化，最终的结果通过加权集合得到，若集合得到的模型精度仍无法满足要求，启动误差补偿机制进一步修正模型，通过上述选择与补偿机制，并对预测结果加权集成，来改善 EOS－ELM 存在的缺陷。

通过与 OS－ELM 相同的初始化过程，估计初始输出权值 $\beta_0 = \boldsymbol{P}_0\boldsymbol{H}_0^{\mathrm{T}}\boldsymbol{T}_0$，为避免隐层输出矩阵奇异导致的输出权值求解错误，借鉴岭回归思想，取 $\boldsymbol{P}_0 = (\boldsymbol{H}_0^{\mathrm{T}}\boldsymbol{H}_0 + \boldsymbol{I}/\lambda)^{-1}$，$\boldsymbol{T}_0 = [t_1,\cdots,t_{N_0}]^{\mathrm{T}}$。

令序贯学习过程中某时刻输出权值为 $\beta_k = (\boldsymbol{H}_k^{\mathrm{T}}\boldsymbol{H}_k + \boldsymbol{I}/\lambda)^{-1}\boldsymbol{H}_k^{\mathrm{T}}\boldsymbol{T}_k$，当第 $k+1$ 个新的观测数据出现，将其加入到样本集中，则隐层输出矩阵变为 $[\boldsymbol{H}_k^{\mathrm{T}} \quad \boldsymbol{H}_{k+1}^{\mathrm{T}}]^{\mathrm{T}}$，输出向量变为 $[\boldsymbol{T}_k^{\mathrm{T}} \quad t_{k+1}]^{\mathrm{T}}$；同时剔除与 x_{k+1} 距离最远的旧样本 x_1，那么更新之后隐层输出矩阵 $\boldsymbol{H}_{k+1}$ 变为，$[\boldsymbol{h}_2^{\mathrm{T}} \quad \boldsymbol{h}_3^{\mathrm{T}} \quad \cdots \quad \boldsymbol{h}_k^{\mathrm{T}} \quad \boldsymbol{h}_{k+1}^{\mathrm{T}}]^{\mathrm{T}}$,$T_{k+1}$ 变为 $[t_2 \quad t_3 \quad \cdots \quad t_k \quad t_{k+1}]^{\mathrm{T}}$。

则更新之后输出权值为

$$\beta_{k+1} = \left(\boldsymbol{H}_{k+1}^{\mathrm{T}}\boldsymbol{H}_{k+1} + \frac{\boldsymbol{I}}{\lambda}\right)^{-1}\boldsymbol{H}_{k+1}^{\mathrm{T}}\boldsymbol{T}_{k+1} \tag{5.37}$$

其中

$$\begin{aligned}\boldsymbol{H}_{k+1}^{\mathrm{T}}\boldsymbol{H}_{k+1} + \frac{1}{\lambda} &= [\boldsymbol{h}_2^{\mathrm{T}} \quad \boldsymbol{h}_3^{\mathrm{T}} \quad \cdots \quad \boldsymbol{h}_k^{\mathrm{T}} \quad \boldsymbol{h}_{k+1}^{\mathrm{T}}][\boldsymbol{h}_2^{\mathrm{T}} \quad \boldsymbol{h}_3^{\mathrm{T}} \quad \cdots \quad \boldsymbol{h}_k^{\mathrm{T}} \quad \boldsymbol{h}_{k+1}^{\mathrm{T}}]^{\mathrm{T}} \\ &= \boldsymbol{h}_2^{\mathrm{T}}\boldsymbol{h}_2 + \boldsymbol{h}_3^{\mathrm{T}}\boldsymbol{h}_3 + \cdots + \boldsymbol{h}_k^{\mathrm{T}}\boldsymbol{h}_k + \boldsymbol{h}_{k+1}^{\mathrm{T}}\boldsymbol{h}_{k+1} \\ &= \boldsymbol{H}_k^{\mathrm{T}}\boldsymbol{H}_k + \frac{1}{\lambda} + \boldsymbol{h}_{k+1}^{\mathrm{T}}\boldsymbol{h}_{k+1} - \boldsymbol{h}_1^{\mathrm{T}}\boldsymbol{h}_1\end{aligned} \tag{5.38}$$

$$\begin{aligned}\boldsymbol{H}_{k+1}^{\mathrm{T}}\boldsymbol{T}_{k+1} &= [\boldsymbol{h}_2^{\mathrm{T}} \quad \boldsymbol{h}_3^{\mathrm{T}} \quad \cdots \quad \boldsymbol{h}_k^{\mathrm{T}} \quad \boldsymbol{h}_{k+1}^{\mathrm{T}}][\boldsymbol{t}_2 \quad \boldsymbol{t}_3 \quad \cdots \quad \boldsymbol{t}_k \quad \boldsymbol{t}_{k+1}]^{\mathrm{T}} \\ &= \boldsymbol{H}_k^{\mathrm{T}}\boldsymbol{T}_k + \boldsymbol{h}_{k+1}^{\mathrm{T}}\boldsymbol{t}_{k+1}^{\mathrm{T}} - \boldsymbol{h}_1^{\mathrm{T}}\boldsymbol{t}_1^{\mathrm{T}}\end{aligned} \tag{5.39}$$

借鉴 OS－ELM 做法，令 $\boldsymbol{P}_k = (\boldsymbol{H}_k^{\mathrm{T}}\boldsymbol{H}_k + \boldsymbol{I}/\lambda)^{-1}$,$\boldsymbol{P}_{k+1} = (\boldsymbol{H}_{k+1}^{\mathrm{T}}\boldsymbol{H}_{k+1} + \boldsymbol{I}/\lambda)^{-1}$，那么式（5.38）可表示为

$$\boldsymbol{P}_{k+1}^{-1} = \boldsymbol{P}_k^{-1} + \boldsymbol{h}_{k+1}^{\mathrm{T}}\boldsymbol{h}_{k+1} - \boldsymbol{h}_1^{\mathrm{T}}\boldsymbol{h}_1 \tag{5.40}$$

令 $\boldsymbol{W} = \boldsymbol{P}_k^{-1} + \boldsymbol{h}_{k+1}^{\mathrm{T}}\boldsymbol{h}_{k+1}$，则式（5.39）可进一步表示为

$$\boldsymbol{P}_{k+1}^{-1} = \boldsymbol{W} - \boldsymbol{h}_1^{\mathrm{T}}\boldsymbol{h}_1 \tag{5.41}$$

根据 Sherman – Morrison 矩阵求逆引理可得[26]

$$\boldsymbol{W}^{-1} = (\boldsymbol{P}_k^{-1} + \boldsymbol{h}_{k+1}^{\mathrm{T}}\boldsymbol{h}_{k+1})^{-1} = \boldsymbol{P}_k - \frac{\boldsymbol{P}_k\boldsymbol{h}_{k+1}^{\mathrm{T}}\boldsymbol{h}_{k+1}\boldsymbol{P}_k}{1 + \boldsymbol{h}_{k+1}\boldsymbol{P}_k\boldsymbol{h}_{k+1}^{\mathrm{T}}} \tag{5.42}$$

$$\boldsymbol{P}_{k+1} = (\boldsymbol{W} - \boldsymbol{h}_1^{\mathrm{T}}\boldsymbol{h}_1)^{-1} = \boldsymbol{W}^{-1} + \frac{\boldsymbol{W}^{-1}\boldsymbol{h}_1^{\mathrm{T}}\boldsymbol{h}_1\boldsymbol{W}^{-1}}{1 - \boldsymbol{h}_1\boldsymbol{W}^{-1}\boldsymbol{h}_1^{\mathrm{T}}} \tag{5.43}$$

将式（5.39）、式（5.42）和式（5.43）代入式（5.37）中，经过计算可得训练样本更新后的输出权值为

$$\begin{aligned}\beta_{k+1} &= \boldsymbol{P}_{k+1}\boldsymbol{H}_{k+1}^{\mathrm{T}}\boldsymbol{T}_{k+1}\\ &= \boldsymbol{P}_{k+1}(\boldsymbol{P}_k^{-1}\boldsymbol{P}_k\boldsymbol{H}_k^{\mathrm{T}}\boldsymbol{T}_k + \boldsymbol{h}_{k+1}^{\mathrm{T}}\boldsymbol{t}_{k+1}^{\mathrm{T}} - \boldsymbol{h}_1^{\mathrm{T}}\boldsymbol{t}_1^{\mathrm{T}})\\ &= \boldsymbol{P}_{k+1}(\boldsymbol{P}_k^{-1}\beta_k + \boldsymbol{h}_{k+1}^{\mathrm{T}}\boldsymbol{t}_{k+1}^{\mathrm{T}} - \boldsymbol{h}_1^{\mathrm{T}}\boldsymbol{t}_1^{\mathrm{T}})\\ &= \beta_k - \boldsymbol{P}_{k+1}\boldsymbol{h}_{k+1}^{\mathrm{T}}(\boldsymbol{h}_{k+1}\beta_k - \boldsymbol{t}_{k+1}^{\mathrm{T}}) + \boldsymbol{P}_{k+1}\boldsymbol{h}_1^{\mathrm{T}}(\boldsymbol{h}_1\beta_k - \boldsymbol{t}_1^{\mathrm{T}})\end{aligned} \tag{5.44}$$

（1）选择策略。通过上述递推方式可以避免反复进行矩阵求逆运算，能够有效减少计算时间。但通过分析得知，上述更新过程每次都需要进行，而实际情况下，如果当前预测模型精度已经较高，能够满足预测要求，那么就不需要对模型进行更新，从而可以进一步减少训练时间。那么增加更新判断步骤：

$$\beta_{k+1}\begin{cases}\beta_k - \boldsymbol{P}_{k+1}\boldsymbol{h}_{k+1}^{\mathrm{T}}(\boldsymbol{h}_{k+1}\beta_k - \boldsymbol{t}_{k+1}^{\mathrm{T}}) + \boldsymbol{P}_{k+1}\boldsymbol{h}_1^{\mathrm{T}}(\boldsymbol{h}_1\beta_k - \boldsymbol{t}_1^{\mathrm{T}}) & (e_{k+1} > e_k)\\ \beta_k & (e_{k+1} \leqslant e_k)\end{cases} \tag{5.45}$$

即如果利用当前预测模型对新训练样本预测的误差大于前一步的误差，就对预测模型进行更新，否则，维持预测模型不变，这样，在不需要人为设置判断阈值的情况下，通过与之前样本预测误差的比较可以控制预测误差的累积性增加，同时在精度较高时不更新预测模型又可以避免浪费训练时间。

（2）残差补偿。传统的 EOS – ELM 均选择多个单 OS – ELM 分别进行预测，而后对预测结果进行等权或加权集成，这虽然一定程度上避免了由于随机生成输入权值和偏差引起的结果不稳定，但其预测精度始终处于中等水平附近，有待提高。针对上述问题，这里考虑在集成预测时，选择其中一部分 OS – ELM 进行“粗预测”，而后选择另一部分 OS – ELM 进行误差补偿，称为“精预测”，从而可在维持 EOS – ELM 优点的基础上，大幅提高预测精度。由于残差往往具有很强的随机性，直接对其进行预测比较困难，而 EMD 方法可以快速地将任意复杂信号按照不同频带进行分解，得到若干 IMF 分量和一个趋势项余量 r，对各分量分别进行预测后再综合可得到残差序列更精确的预测结果，因此在“精预测”过程中，采取“EMD 分解—预测—集合”的方式。

（3）权值计算。集合加权的权值确定方法：假设在训练阶段结束时，当前第 i 个预测模型对训练样本的拟合结果为 $\hat{t}_{i1}, \hat{t}_{i2}, \cdots, \hat{t}_{im}$，$m$ 为训练样本长度，计算该预测模型得到的拟合值与目标值之间的相对误差为 $e_{i1}, e_{i2}, \cdots, e_{im}$，其中

$$e_{ij} = \frac{|\hat{t}_{ij} - t_j|}{t_j} \quad (j = 1, 2, \cdots, m) \tag{5.46}$$

则令第 i 个预测模型在集合时的权值为

$$\lambda_i = \frac{m - \sum_j e_{ij}}{\sum_i (m - \sum_j e_{ij})} \tag{5.47}$$

上述集合权值是基于预测值与实际值之间的相对误差确定的，相对误差越大的预测模型其在集合时的权重越低，相应地，相对误差越小即预测越准确的预测模型在集合时的权重越高，如此可维持集合预测结果处于较高的精度水平。

综上所述，利用这里提出的具有选择与补偿机制的加权集合序贯极端学习机进行预测的具体步骤如下：

步骤 1 给定系统当前状态数据序列 x_1，$x_2\cdots$，x_n，选择合适嵌入维 s，滚动生成初始训练样本 $\aleph = \{(x_{i-s},\cdots,x_{i-2},x_{i-1}),x_i \mid i = s+1,\cdots,n\}$。设定集合数目 N。

步骤 2 选择用于“粗预测”的 OS－ELM 集合数目 N_1，并按如下步骤对各 OS－ELM 进行相同操作：首先，利用初始训练样本计算 β_0，建立初始预测模型，当加入新样本 x_{n+1}时，预测并记录当前模型的预测误差，并根据式（5.44）更新输出权值。

步骤 3 当加入新样本 x_{n+k}（$k>1$）时，计算当前预测模型的预测误差，根据式（5.45）的判断条件决定是否更新预测模型，若不更新，则直接将新样本加入，并剔除距离其最远的旧样本，若更新，则计算新的输出权值，并进行样本的新旧更替，完成预测模型更新过程，然后重新执行步骤 3，直到学习完所有新样本。

步骤 4 在线训练阶段结束，利用各极端学习机得到的预测模型对测试数据进行预测，并根据式（5.47）确定的权值进行加权集合，得到集合预测结果 $\hat{\boldsymbol{X}}$。

步骤 5 根据集合预测结果计算残差序列 $\hat{e}$，对其进行 EMD 分解，利用剩余 $N-N_1$个 OS－ELM 分别对各 IMF 及趋势项建立残差预测模型，叠加得到每个极端学习机的残差预测结果，同样通过式（5.47）确定权值以建立加权残差预测模型，获得测试数据的残差预测结果 $\hat{\boldsymbol{E}}$。

步骤 6 将步骤和步骤 5 的预测结果相加得到最终预测结果 $\hat{\boldsymbol{T}}=\hat{\boldsymbol{X}}+\hat{\boldsymbol{E}}$。

2. 惯性测量组合故障预测实例

实验数据选自某套惯性测量组合中陀螺仪敏感轴方向的一次项漂移系数。通过连续工作测试，采样间隔 3h，共收集一次项漂移系数数据 96 个，如图 5.12 所示。

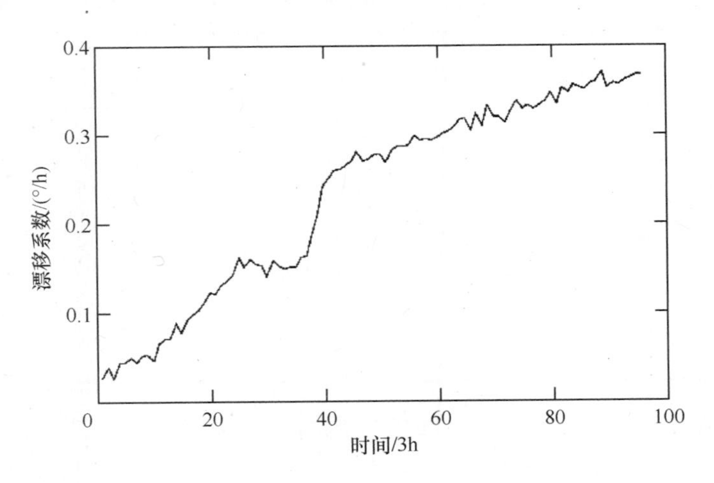

图 5.12 陀螺一次项漂移系数实测曲线

选择嵌入维数分别为 4、6、8，10 四种情况进行仿真验证。利用前 66 个数据生成训练样本建立预测模型，后 30 个数据用来测试模型精度，分别利用 OS－ELM，EOS－ELM 以及本节的 MEO－SELM 进行预测。初始样本数为 50，隐层神经元数目在［2，4，⋯，50］之间交叉验证选取。3 种方法预测结果如表 5.6～表 5.9 所列，表中结果为各方法运行 10 次的平均值。

表 5.6　嵌入维 $d=4$ 时 3 种方法预测结果

方法	Sigmoid		Radial Basis	
	MAPE/%	RMSE	MAPE/%	RMSE
OS－ELM	2.08	0.0087	2.35	0.0099
EOS－ELM	2.02	0.0083	2.59	0.0105
MEO－SELM	1.37	0.006	1.67	0.007

表 5.7　嵌入维 $d=6$ 时 3 种方法预测结果

方法	Sigmoid		Radial Basis	
	MAPE/%	RMSE	MAPE/%	RMSE
OS－ELM	2.15	0.009	2.45	0.0103
EOS－ELM	2.09	0.0087	2.68	0.0106
MEO－SELM	1.71	0.007	1.81	0.0076

表 5.8　嵌入维 $d=8$ 时 3 种方法预测结果

方法	Sigmoid		Radial Basis	
	MAPE/%	RMSE	MAPE/%	RMSE
OS－ELM	2.37	0.0098	2.56	0.0108
EOS－ELM	2.44	0.01	3.06	0.021
MEO－SELM	2.1	0.0083	2.23	0.0088

表 5.9　嵌入维 $d=10$ 时 3 种方法预测结果

方法	Sigmoid		Radial Basis	
	MAPE/%	RMSE	MAPE/%	RMSE
OS－ELM	2.54	0.0105	2.73	0.0113
EOS－ELM	2.3	0.0094	3.03	0.012
MEO－SELM	2.20	0.0091	2.07	0.0084

可以看出，在 4 种嵌入维情况下，本节提出的具有选择与补偿机制的加权集合序贯极端学习机预测结果明显优于未加补偿的 OS－ELM 及 EOS－ELM 的结果，且 EOS－ELM 预测精度在大部分情况下高于 OS－ELM，同时在仿真过程中发现，OS－ELM 的结果波动较大，而 EOS－ELM 和本节的改进方法稳定性有明显提高。对于 MEOS－ELM 在嵌入维取 4 时预测精度最高，且 sigmoid 型激活函数精度高于 RBF 型激活函数。图 5.13 所示为 MEO－SELM 在嵌入维数分别取 4、6、8 和 10，激活函数分别为 sigmoid 函数和 RBF 函数时，均方根误差随隐层神经元数目变化的仿真结果。

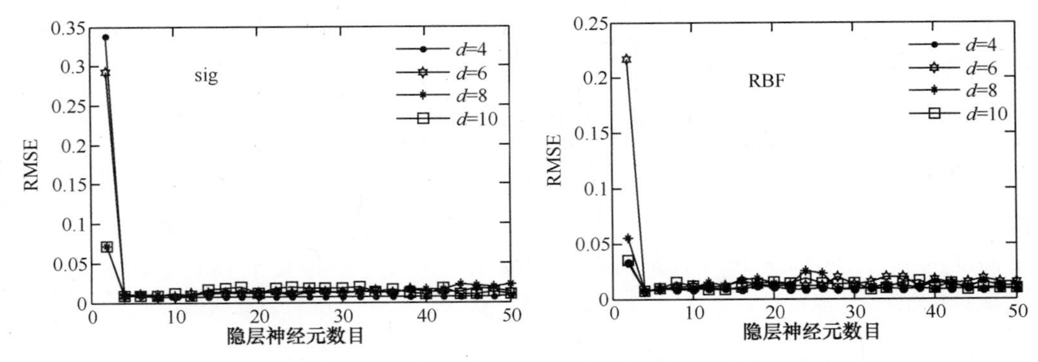

图 5.13　漂移系数预测均方根误差在不同情况下的变化曲线

可以看出，两种激活函数情况下当隐层神经元数目小于 20 时，均方根误差变化比较平缓，当超过 20 时，均方根误差开始出现不同程度的波动，尤其是对于 RBF 型激活函数，均方根误差出现波动比较剧烈，说明预测结果不稳定且精度变差。本例中，当嵌入维数取 4，隐层神经元数目为 22，激活函数为 sigmoid 函数时预测效果最好。

图 5.14 所示为 MEO - SELM 的预测结果曲线，可以看出，预测曲线与实测曲线吻合较好，说明本节方法可用于进行陀螺漂移系数的预测。

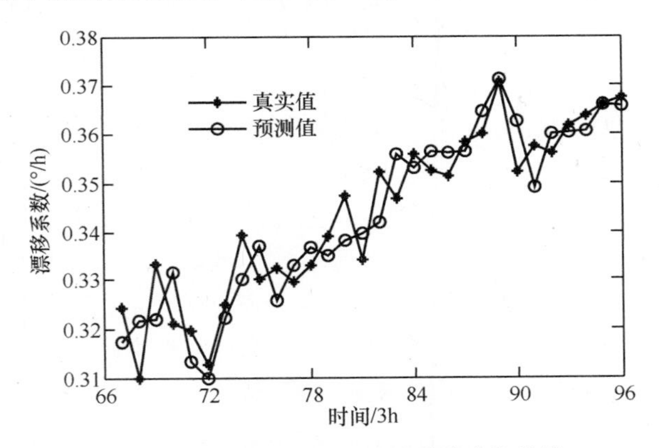

图 5.14　MEO - SELM 预测漂移系数结果

综上所述，利用提出的多尺度混合预测模型能够较好地对漂移系数变化趋势进行预测，因此，可用于惯性测量组合未来时刻的故障预测。

故障预测本质上可归结为模式识别的问题。不失一般性，对一个装备或系统，令类别 ω_1 表示正常状态，类别 ω_2 表示故障状态，对应于各个类别的先验概率分别为 $P(\omega_1)$ 和 $P(\omega_2)$，类条件概率密度函数分别为 $P(x|\omega_1)$ 和 $P(x|\omega_2)$。那么根据贝叶斯决策可得：当且仅当 $P(\omega_1|x) > P(\omega_2|x)$ 或者 $p(x|\omega_1)P(\omega_1) > p(x|\omega_2)P(\omega_2)$ 成立时，有 $x \in \omega_1$。由于当前没有故障类别 ω_2 的任何先验知识，因此 $P(\omega_1)$、$P(\omega_2)$ 以及 $p(x|\omega_2)$ 均为未知，仅有 $p(x|\omega_1)$ 可通过非参数概率密度估计方法获得。

从 Yeung 提出的假设检验方法可知[27]：通过非参数概率密度估计方法估计得到概率密度函数后，利用该函数得到新样本的概率密度值越大就说明新样本与已有样本集合相似度越高。那么在故障预报时，训练样本集由正常状态类的样本组成，因此新样本的概率密度值越大说明其落入正常状态类中概率越大，反之，概率密度值越小意味着其落入故障状态的概率越大。

接下来首先通过非参数密度估计方法求取概率密度函数。选择 Parzen 窗法，对于有 N 个数据组成的样本集 $\{X_1, X_2, \cdots, X_N\}$，概率密度函数的估计为

$$P(x) = \frac{1}{N}\sum_{i=1}^{N}\frac{1}{h_N}\phi\left(\frac{x - X_i}{h_N(x)}\right)(i = 1,2,\cdots,N) \tag{5.48}$$

这里取窗函数为高斯核函数，窗宽 $h_N = h_1/\sqrt{N}$，h_1 为任意正常数。

通过式（5.48）就可得到新样本的概率密度，进一步，为衡量新样本概率密度的异常程度，下面引入了一个表征系统或装备状态异常程度的指标——异常指数 NI，对于新样本 x'，其异常指数为[28]

$$\mathrm{NI}(x') = \begin{cases} 0 & (\rho \geqslant \rho_{\max}) \\ 0.5 \times \dfrac{\rho - \rho_{\max}}{\rho_{\min} - \rho_{\max}} & \rho_{\min} - (\rho_{\max} - \rho_{\min}) < \rho < \rho_{\max} \\ 1 & (\rho \leqslant \rho_{\min} - (\rho_{\max} - \rho_{\min})) \end{cases} \tag{5.49}$$

式中：$\rho = p(x' \mid \omega_1)$；$\rho_{\min} = \min(p(X_i \mid \omega_1))$；$\rho_{\max} = \max(p(X_i \mid \omega_1))$。

从式（5.49）可知，对于已知正常状态样本集中的样本 X_i，其异常指数满足 $0 \leqslant \mathrm{NI}(X_i) \leqslant 0.5$。此外，由于在样本数据足够大时，才可以严格利用其概率密度取值范围判断新样本的类别。但实际中，已知样本的数目往往有限，因此式（5.49）在选取概率密度范围时将故障状态范围上限取为比已知正常样本概率密度下限 $\rho_{\min}$ 小的值。

根据异常指数评估系统健康状态，设 $0 \leqslant \theta \leqslant 1$ 为预设阈值，则有如下判断规则：

（1）当 $\mathrm{NI}(x') \leqslant \theta$ 时，$x' \in \omega_1$，即不存在故障趋势；

（2）当 $\mathrm{NI}(x') > \theta$ 时，$x' \in \omega_2$，即存在故障趋势。

依据式（5.36），当 $\theta = 0.5$ 时，认为当前正常状态样本能够反映全部正常状态类，只有当新样本的概率密度值不小于当前样本的概率密度取值下限时才会属于正常状态类；当 $0.5 < \theta \leqslant 1$ 时，认为当前正常状态样本不能反映全部正常状态类，因此将某些概率密度值小于当前样本概率密度取值下限的新样本也归入到正常状态类中；当 $0 < \theta < 0.5$ 时，认为当前正常状态样本中包含有奇异样本，其概率密度取值在已知正常状态样本中较大，带有一定的故障趋势，因此当新样本概率密度值与奇异样本的概率密度值接近时，认为其存在故障趋势。此外，人为选取的 θ 对故障预报结果有直接影响，θ 过大会使系统故障的误检率降低，但同时导致故障漏检率升高；反之，θ 过小会使系统故障的漏检率降低，但导致误检率升高。对实际系统，通过合理调节 θ 可改善故障预报器的性能。此处选择 $\theta = 0.5$。

接下来，利用式（5.49）计算异常指数，则根据预测结果计算得到异常指数的结果如表 5.10 所列。

表 5.10　异常指数计算结果

时刻	67	68	69	70	71	72	73	74	75	76
NI	0.4832	0.4830	0.4874	0.4951	0.4790	0.4673	0.4869	0.4928	0.5002	0.4892
时刻	77	78	79	80	81	82	83	84	85	86
NI	0.4960	0.5016	0.5021	0.5030	0.4981	0.5034	0.5104	0.5107	0.5122	0.5128
时刻	87	88	89	90	91	92	93	94	95	96
NI	0.5118	0.5140	0.5157	0.5129	0.5093	0.5131	0.5133	0.5133	0.5151	0.5149

从表5.10得到的的异常指数结果可以看出，随着时刻的推移，异常指数有逐渐增大的趋势，在第75个数据点，即225h异常系数首次超过0.5，说明此时陀螺开始出现漂移性故障趋势，应该引起重视。那么据此维修人员就可以提前对惯性测量组合进行检查维护以避免事故的发生。

5.5 基于小样本条件下的惯性测量组合故障预测

ELM算法的核心步骤就是计算隐层输出矩阵的MP伪逆，但是在实际中，由于随机选取隐层输入权值不当可能造成隐层输出矩阵奇异而无法求取伪逆，影响ELM方法结果的稳定性及泛化性能。针对此问题相关学者提出了正则极端学习机（Regularized extreme learning machine，RELM）[29]，通过在其训练目标中加入输出权值的2范数，从而在训练过程中，不仅最小化训练误差，还对表征了其泛化能力的结构风险进行控制，提高了ELM的稳定性和泛化能力。

然而，RELM与ELM一样仍然属于离线方法，在新样本到来时只能重新训练预测模型，导致模型动态适应性较差，而且需要耗费较长时间进行反复训练。为实现RELM的在线预测，张弦等提出了递推求解输出权值的序贯正则极端学习机[30]，但其只适用于初始训练样本较大的情况，在初始小样本情况下难以取得良好的预测结果。随后，针对小样本情况下的时间序列预测，张弦等提出了一种适用于小子样时间序列预测的动态回归极端学习机，通过对新旧样本的增删处理提高预测模型的动态适应性，但该方法只要加入新样本就同时删除距离最远的旧样本，样本规模始终保持在最初样本数量水平，而如果初始样本数目很少，就会导致无法充分获取样本数据包含的信息，存在一定的局限性[31]。综上所述，研究一种适应不同样本规模，且具有在线更新功能的预测模型很有意义，本节提出了根据一种根据样本规模选择输出权值计算方式的结构自适应序贯正则极端学习机（Structure adaptive sequential regularized extreme learning machine，SA－SRELM）[32]。

5.5.1 结构自适应序贯正则极端学习机

文献［30］借鉴在线序贯极端学习机（OS－ELM）的在线递推方法实现了RELM预测模型的在线更新，但是与OS－ELM方法一样，SRELM在训练过程中要求隐层神经元数目不能超过训练样本数目，但另一方面，较多的隐层节点数目则是提高预测模型精度和泛化能力的有效途径。因此，对于初始样本数量较少的情况，SRELM初始阶段计算的输出权值误差较大，且这种误差会伴随整个在线训练阶段；同时，随着训练样本数目的逐步增加，SRELM不断的将新样本加入，而不对旧样本进行任何处理，这使得新旧样本在预测时处于同等地位，而对于时间序列而言，距离当前时刻较远的老数据的信息意义会逐渐降低，应当及时剔除，以提高预测模型对动态变化跟踪能力。基于上述分析，提出的SA－SRELM主要进行两个方面的改进：一是针对不同样本数目，采取相应的输出权值计算方法，使得隐层节点数目摆脱样本数目的限制，从而提高预测模型的精度和泛化性能；二是在在线训练过程中，随着新数据的不断加入，考虑在达到一定样本规模的情况下对旧样本进行剔除，以保证预测模型动态适应能力。SA－SRELM具体过程如下：

首先，在初始化阶段，样本数量较少，即此时隐层输出矩阵$\boldsymbol{H}_0$为行满秩（$N_0 < L$）时，其形式如式（5.50）所示。

$$
\boldsymbol{H}_0 = \begin{bmatrix} G(a_1, b_1, x_1) & \cdots & G(a_L, b_L, x_1) \\ \vdots & & \vdots \\ G(a_1, b_1, x_{N_0}) & \cdots & G(a_L, b_L, x_{N_0}) \end{bmatrix}_{N_0 \times L} \tag{5.50}
$$

初始输出权值可通过式（5.51）计算得到：

$$
\beta_0 = \boldsymbol{H}_0^{\mathrm{T}} \left(\frac{\boldsymbol{I}}{\lambda} + \boldsymbol{H}_0 \boldsymbol{H}_0^{\mathrm{T}} \right)^{-1} \boldsymbol{T}_0 \tag{5.51}
$$

当新样本加入时，由于样本数量较少，因此只加入新样本来进行预测模型的更新，而不剔除旧样本。令当前时刻隐层输出矩阵为

$$
\boldsymbol{H}_k = \begin{bmatrix} G(a_1, b_1, x_1) & \cdots & G(a_L, b_L, x_1) \\ \vdots & & \vdots \\ G(a_1, b_1, x_k) & \cdots & G(a_L, b_L, x_k) \end{bmatrix}_{k \times L} = [\boldsymbol{h}_1^{\mathrm{T}} \quad \cdots \quad \boldsymbol{h}_k^{\mathrm{T}}]^{\mathrm{T}} \tag{5.52}
$$

输出权值为

$$
\beta_k = \boldsymbol{H}_k^{\mathrm{T}} \left(\frac{\boldsymbol{I}}{\lambda} + \boldsymbol{H}_k \boldsymbol{H}_k^{\mathrm{T}} \right)^{-1} \boldsymbol{T}_k \tag{5.53}
$$

当新样本（x_{k+1}, t_{k+1}）加入时，输出权值变为

$$
\beta_{k+1} = \boldsymbol{H}_{k+1}^{\mathrm{T}} \left(\frac{\boldsymbol{I}}{\lambda} + \boldsymbol{H}_{k+1} \boldsymbol{H}_{k+1}^{\mathrm{T}} \right)^{-1} \boldsymbol{T}_{k+1} \tag{5.54}
$$

隐层输出矩阵变为 $\boldsymbol{H}_{k+1} = [\boldsymbol{H}_k^{\mathrm{T}} \quad \boldsymbol{h}_{k+1}^{\mathrm{T}}]^{\mathrm{T}}$，输出向量 $\boldsymbol{T}_{k+1} = [t_1, t_2, \cdots, t_k, t_{k+1}]^{\mathrm{T}}$

此时

$$
\frac{\boldsymbol{I}}{\lambda} + \boldsymbol{H}_{k+1} \boldsymbol{H}_{k+1}^{\mathrm{T}} = \frac{\boldsymbol{I}}{\lambda} + \begin{bmatrix} \boldsymbol{H}_k \\ \boldsymbol{h}_{k+1} \end{bmatrix} [\boldsymbol{H}_k^{\mathrm{T}} \quad \boldsymbol{h}_{k+1}^{\mathrm{T}}] = \begin{bmatrix} \boldsymbol{H}_k \boldsymbol{H}_k^{\mathrm{T}} + \boldsymbol{I}/\lambda & \boldsymbol{H}_k \boldsymbol{h}_{k+1}^{\mathrm{T}} \\ \boldsymbol{h}_{k+1} \boldsymbol{H}_k^{\mathrm{T}} & \boldsymbol{h}_{k+1} \boldsymbol{h}_{k+1}^{\mathrm{T}} + \boldsymbol{I}/\lambda \end{bmatrix} \tag{5.55}
$$

令 $\boldsymbol{P}_{k+1} = \boldsymbol{H}_{k+1} \boldsymbol{H}_{k+1}^{\mathrm{T}} + \boldsymbol{I}/\lambda, \boldsymbol{P}_k = \boldsymbol{H}_k \boldsymbol{H}_k^{\mathrm{T}} + \boldsymbol{I}/\lambda, \boldsymbol{B}_{k+1} = \boldsymbol{H}_k \boldsymbol{h}_{k+1}^{\mathrm{T}}, \boldsymbol{D}_{k+1} = \boldsymbol{h}_{k+1} \boldsymbol{h}_{k+1}^{\mathrm{T}} + \boldsymbol{I}/\lambda$

则式（5.55）表示为

$$
\boldsymbol{P}_{k+1} = \begin{bmatrix} \boldsymbol{P}_k & \boldsymbol{B}_{k+1} \\ \boldsymbol{B}_{k+1}^{\mathrm{T}} & \boldsymbol{D}_{k+1} \end{bmatrix} \tag{5.56}
$$

根据分块矩阵求逆引理可得式（5.56）的逆为[15]

$$
\boldsymbol{P}_{k+1}^{-1} = \begin{bmatrix} \boldsymbol{P}_k & \boldsymbol{B}_{k+1} \\ \boldsymbol{B}_{k+1}^{\mathrm{T}} & \boldsymbol{D}_{k+1} \end{bmatrix}^{-1} = \begin{bmatrix} \boldsymbol{P}_k^{-1} + \boldsymbol{s}_{N+1} \boldsymbol{P}_k^{-1} \boldsymbol{B}_{k+1} \boldsymbol{B}_{k+1}^{\mathrm{T}} \boldsymbol{P}_k^{-1} & -\boldsymbol{s}_{N+1} \boldsymbol{P}_k^{-1} \boldsymbol{B}_{k+1} \\ -\boldsymbol{s}_{N+1} \boldsymbol{B}_{k+1}^{\mathrm{T}} \boldsymbol{P}_k^{-1} & \boldsymbol{s}_{N+1} \end{bmatrix} \tag{5.57}
$$

式中：$\boldsymbol{s}_{N+1} = 1/(\boldsymbol{D}_{k+1} - \boldsymbol{B}_{k+1}^{\mathrm{T}} \boldsymbol{P}_k^{-1} \boldsymbol{B}_{k+1})$；

$$
\boldsymbol{\beta}_{k+1} = \boldsymbol{H}_{k+1}^{\mathrm{T}} \boldsymbol{P}_{k+1}^{-1} \boldsymbol{T}_{k+1} \tag{5.58}
$$

由式（5.58）可以看出，矩阵 $\boldsymbol{P}_{k+1}^{-1}$ 中元素均可在 $\boldsymbol{P}_k^{-1}$ 的基础上递推得到，从而避免了在新样本加入时对隐层输出矩阵反复求逆的过程，可有效节省求解 $\boldsymbol{\beta}_{k+1}$ 时的计算量。

随着新样本的持续加入，当样本数目超过隐层节点数目后，隐层输出矩阵变为列满秩矩阵，此时，输出权值表示变为

$$
\boldsymbol{\beta}_l = \left(\boldsymbol{H}_l^{\mathrm{T}} \boldsymbol{H}_l + \frac{\boldsymbol{I}}{\lambda} \right)^{-1} \boldsymbol{H}_l^{\mathrm{T}} \boldsymbol{T}_l \tag{5.59}
$$

当样本增加到一定规模，离系统当前时刻较远的旧样本对反映系统状态变化贡献逐步较弱，甚至会产生冗余信息影响预测结果的准确性，因此为了更好地跟踪系统的动态特性，有

必要在加入新样本后对相应的旧样本进行剔除，具体过程如下：

当新样本（$\boldsymbol{x}_{l+1}$，$\boldsymbol{t}_{l+1}$）加入时，将其加入到样本集中，则隐层输出矩阵变为［$\boldsymbol{H}_l^{\mathrm{T}}$ $\boldsymbol{h}_{l+1}^{\mathrm{T}}$］^{T}，输出向量变为［$\boldsymbol{T}_l^{\mathrm{T}}$ $\boldsymbol{t}_{l+1}$］^{T}；同时剔除与$\boldsymbol{x}_{l+1}$距离最远的旧样本$\boldsymbol{x}_1$，那么更新之后隐层输出矩阵H_{l+1}变为［$\boldsymbol{h}_2^{\mathrm{T}}$ $\boldsymbol{h}_3^{\mathrm{T}}\cdots$ $\boldsymbol{h}_l^{\mathrm{T}}$ $\boldsymbol{h}_{l+1}^{\mathrm{T}}$］^{T}，$\boldsymbol{T}_{l+1}$变为［$\boldsymbol{t}_2$ $\boldsymbol{t}_3$ $\cdots$ $\boldsymbol{t}_l$ $\boldsymbol{t}_{l+1}$］^{T}。则更新之后输出权值为

$$\beta_{l+1} = \left(\boldsymbol{H}_{l+1}^{\mathrm{T}}\boldsymbol{H}_{l+1} + \frac{\boldsymbol{I}}{\lambda}\right)^{-1}\boldsymbol{H}_{l+1}^{\mathrm{T}}\boldsymbol{T}_{l+1} \tag{5.60}$$

其中

$$\begin{aligned}\boldsymbol{H}_{l+1}^{\mathrm{T}}\boldsymbol{H}_{l+1} &= [\boldsymbol{h}_2^{\mathrm{T}} \quad \boldsymbol{h}_3^{\mathrm{T}} \quad \cdots \quad \boldsymbol{h}_l^{\mathrm{T}} \quad \boldsymbol{h}_{l+1}^{\mathrm{T}}][\boldsymbol{h}_2^{\mathrm{T}} \quad \boldsymbol{h}_3^{\mathrm{T}} \quad \cdots \quad \boldsymbol{h}_l^{\mathrm{T}} \quad \boldsymbol{h}_{l+1}^{\mathrm{T}}]^{\mathrm{T}} \\ &= \boldsymbol{h}_2^{\mathrm{T}}\boldsymbol{h}_2 + \boldsymbol{h}_3^{\mathrm{T}}\boldsymbol{h}_3 + \cdots + \boldsymbol{h}_l^{\mathrm{T}}\boldsymbol{h}_l + \boldsymbol{h}_{l+1}^{\mathrm{T}}\boldsymbol{h}_{l+1} \\ &= \boldsymbol{H}_l^{\mathrm{T}}\boldsymbol{H}_l + \boldsymbol{h}_{l+1}^{\mathrm{T}}\boldsymbol{h}_{l+1} - \boldsymbol{h}_1^{\mathrm{T}}\boldsymbol{h}_1\end{aligned} \tag{5.61}$$

$$\begin{aligned}\boldsymbol{H}_{l+1}^{\mathrm{T}}\boldsymbol{T}_{l+1} &= [\boldsymbol{h}_2^{\mathrm{T}} \quad \boldsymbol{h}_3^{\mathrm{T}} \quad \cdots \quad \boldsymbol{h}_l^{\mathrm{T}} \quad \boldsymbol{h}_{l+1}^{\mathrm{T}}][\boldsymbol{t}_2 \quad \boldsymbol{t}_3 \quad \cdots \quad \boldsymbol{t}_l \quad \boldsymbol{t}_{l+1}]^{\mathrm{T}} \\ &= \boldsymbol{H}_l^{\mathrm{T}}\boldsymbol{T}_l + \boldsymbol{h}_{l+1}^{\mathrm{T}}\boldsymbol{t}_{l+1}^{\mathrm{T}} - \boldsymbol{h}_1^{\mathrm{T}}\boldsymbol{t}_1^{\mathrm{T}}\end{aligned} \tag{5.62}$$

借鉴 OS－ELM 做法，令 $\boldsymbol{P}_l = (\boldsymbol{H}_l^{\mathrm{T}}\boldsymbol{H}_l + \boldsymbol{I}/\lambda)^{-1}, \boldsymbol{P}_{l+1} = (\boldsymbol{H}_{l+1}^{\mathrm{T}}\boldsymbol{H}_{l+1} + \boldsymbol{I}/\lambda)^{-1}$，那么式（5.61）可表示为

$$\boldsymbol{P}_{l+1}^{-1} = \boldsymbol{P}_l^{-1} + \boldsymbol{h}_{l+1}^{\mathrm{T}}\boldsymbol{h}_{l+1} - \boldsymbol{h}_1^{\mathrm{T}}\boldsymbol{h}_1 \tag{5.63}$$

令 $\boldsymbol{W}_{l+1}^{-1} = \boldsymbol{P}_l^{-1} + \boldsymbol{h}_{l+1}^{\mathrm{T}}\boldsymbol{h}_{l+1}$，则式（5.63）变为

$$\boldsymbol{P}_{l+1}^{-1} = \boldsymbol{W}_{l+1}^{-1} - \boldsymbol{h}_1^{\mathrm{T}}\boldsymbol{h}_1 \tag{5.64}$$

根据 Sherman－Morrison 矩阵求逆引理可得[15]

$$\boldsymbol{W}_{l+1} = (\boldsymbol{P}_l^{-1} + \boldsymbol{h}_{l+1}^{\mathrm{T}}\boldsymbol{h}_{l+1})^{-1} = \boldsymbol{P}_l - \frac{\boldsymbol{P}_l\boldsymbol{h}_{l+1}^{\mathrm{T}}\boldsymbol{h}_{l+1}\boldsymbol{P}_l}{1 + \boldsymbol{h}_{l+1}\boldsymbol{P}_l\boldsymbol{h}_{l+1}^{\mathrm{T}}} \tag{5.65}$$

$$\boldsymbol{P}_{l+1} = (\boldsymbol{W}_{l+1}^{-1} - \boldsymbol{h}_1^{\mathrm{T}}\boldsymbol{h}_1)^{-1} = \boldsymbol{W}_{l+1} + \frac{\boldsymbol{W}_{l+1}\boldsymbol{h}_1^{\mathrm{T}}\boldsymbol{h}_1\boldsymbol{W}_{l+1}}{1 - \boldsymbol{h}_1\boldsymbol{W}_{l+1}\boldsymbol{h}_1^{\mathrm{T}}} \tag{5.66}$$

将式（5.62）、式（5.65）和式（5.66）代入式（5.60）中，可得更新后输出权值为

$$\begin{aligned}\boldsymbol{\beta}_{l+1} &= \boldsymbol{P}_{l+1}\boldsymbol{H}_{l+1}^{\mathrm{T}}\boldsymbol{T}_{l+1} \\ &= \boldsymbol{P}_{l+1}(\boldsymbol{P}_l^{-1}\boldsymbol{P}_l\boldsymbol{H}_l^{\mathrm{T}}\boldsymbol{T}_l + \boldsymbol{h}_{l+1}^{\mathrm{T}}\boldsymbol{t}_{l+1}^{\mathrm{T}} - \boldsymbol{h}_1^{\mathrm{T}}\boldsymbol{t}_1^{\mathrm{T}}) \\ &= \boldsymbol{P}_{l+1}(\boldsymbol{P}_l^{-1}\boldsymbol{\beta}_l + \boldsymbol{h}_{l+1}^{\mathrm{T}}\boldsymbol{t}_{l+1}^{\mathrm{T}} - \boldsymbol{h}_1^{\mathrm{T}}\boldsymbol{t}_1^{\mathrm{T}}) \\ &= \boldsymbol{\beta}_l - \boldsymbol{P}_{l+1}\boldsymbol{h}_{l+1}^{\mathrm{T}}(\boldsymbol{h}_{l+1}\boldsymbol{\beta}_l - \boldsymbol{t}_{l+1}^{\mathrm{T}}) + \boldsymbol{P}_{l+1}\boldsymbol{h}_1^{\mathrm{T}}(\boldsymbol{h}_1\boldsymbol{\beta}_l - \boldsymbol{t}_1^{\mathrm{T}})\end{aligned} \tag{5.67}$$

若不对旧样本进行剔除，则只需利用式（5.65）以及式（5.67）中前两项来进行输出权值的更新即可，此时，式（5.67）中$\boldsymbol{P}_{l+1}$用$\boldsymbol{W}_{l+1}$替代。

提出的 SA－SRELM 的具体步骤如下：

步骤 1 根据初始样本数目N_0选取合适隐层节点数L（$L > N_0$），利用式（5.51）计算初始输出权值$\boldsymbol{\beta}_0$，令新到样本数目k初始值为 0。

步骤 2 当第$k+1$个新样本到来，若样本数目$N<L$，则将新样本加入样本集，并根据式（5.57）、式（5.58）更新$\boldsymbol{P}_{k+1}$及输出权值$\boldsymbol{\beta}_{k+1}$，否则转入步骤 3。

步骤 3 若样本数目$N>L$，但$N\leqslant\eta$（η为预先设置的样本容量阈值），则只将新样本加入样本集，不剔除旧样本，并根据式（5.65）和式（5.67）更新$\boldsymbol{W}_{l+1}$及$\boldsymbol{\beta}_{l+1}$；若样本数目$N>L$且$N>\eta$，则将新样本加入样本集的同时剔除旧样本，并根据式（5.66）和式（5.67）更新$\boldsymbol{P}_{l+1}$及$\boldsymbol{\beta}_{1+1}$。

步骤 4 令 $k=k+1$，转至步骤 2。

步骤 5 训练结束，利用最终的输出权值建立预测模型，对系统未来状态进行预测。

5.5.2 实例验证

为验证结构自适应序贯正则极端学习机的预测效果，首先以 3 种典型混沌时间序列为例进行预测，并分别与 RELM 及 SRELM 进行比较；然后通过利用 SA－SRELM 进行陀螺仪漂移数据预测实现对惯性测量组合的性能变化趋势预测。

1. 混沌时间序列预测

分别选取 3 种典型混沌时间序列：Henon、Mackey－Glass 以及太阳黑子为例，其中 Henon 时间序列由式（5.68）描述：

$$x_{\mathrm{H}}(t+1)=1-1.4x_{\mathrm{H}}^{2}(t)+0.3x_{\mathrm{H}}(t) \tag{5.68}$$

Mackey－Glass 时间序列由式（5.69）描述：

$$\frac{\mathrm{d}x_{\mathrm{M}}(t)}{\mathrm{d}t}=\frac{0.2x_{\mathrm{M}}(t-20)}{1+[x_{\mathrm{M}}(t-20)]^{10}}-0.1x_{\mathrm{M}}(t) \tag{5.69}$$

其中 Henon 混沌时间序列取 100 个数据，Mackey－Glass 混沌时间序列取 200 个数据，太阳黑子时间序列选择 1902 年到 2001 年 100 个数据。对 3 种时间序列，Henon 及 Mackey－Glass 嵌入维数都选为 3，太阳黑子时间序列的嵌入维数为 5，时间延迟都取 1。训练开始时初始样本个数都设为 5，然后在在线训练阶段通过逐个增加新样本实现预测模型的更新，完成训练后对测试样本进行预测，检验模型的性能。Henon 和 Mackey－Glass 的训练样本共包括 147 组样本，测试样本包括 50 组样本，太阳黑子训练样本包括 87 组样本，测试样本包括 8 组样本。

分别利用 RELM、SRELM 以及 SA－SRELM 三种方法进行仿真试验，激活函数选择 sigmoid 及 RBF 两种，RELM、SRELM 的神经元数目受限于初始样本规模，因此都取 5 个，而 SA－SRELM 的神经元数目则不受样本规模限制，本节取在 2～50 中进行交叉验证选取，同时样本规模阈值设为 30，即当训练样本在线训练时增加到 30 个后启动剔除旧数据功能，维持样本规模不变，其正则化参数分别在 $\lambda=[2^{-20}, 2^{19}, \cdots, 2^{20}]$ 内交叉验证选取。3 种方法各运行 20 次，选择其中最优的预测结果，如表 5.11 所列。

表 5.11 基于 RELM、SR－ELM 与 SA－SRELM 的混沌时间序列预测结果

混沌时间序列	方法	Sigmoid		Radial Basis	
		MAPE/%	RMSE	MAPE/%	RMSE
Henon	RELM	43.75	0.3283	38.32	0.2265
	SRELM	9.25	0.0309	12.17	0.2191
	SA－SRELM	4.62	0.0282	3.6	0.0137
Mackey－Glass	RELM	2.8	0.0211	3.4	0.0268
	SRELM	0.96	0.0101	1.68	0.0206
	SA－SRELM	0.26	0.0033	0.49	0.0055
sunspot	RELM	24.8	11.6822	28.28	12.0048
	SRELM	16.31	7.4752	21.17	10.9023
	SA－SRELM	7.9	5.8897	8.51	4.7405

图 5.15 ~ 图 5.17 为 3 种混沌时间序列的均方根误差在不同情况下的结果，其中激活函数分别为 sigmoid 函数和 RBF 函数，嵌入维数 $d=3，4，5，6$，隐层神经元数目在 2 ~ 50 之间。从结果看，Henon 在激活函数为 RBF、嵌入维数为 3 时，当隐层神经元数目大于 20 后，RMSE 结果逐渐趋于稳定，而 sigmoid 函数结果稳定性较差；Mackey－Glass 在激活函数为 sigmoid 函数、嵌入维为 3 时，当隐层神经元数目超过 10 后，RMSE 趋于稳定，而 RBF 函数效果相对较差；太阳黑子在激活函数为 sigmoid 函数、嵌入维数为 5 时稳定性及结果都较 RBF 函数好。因此，对于不同的时间序列，合理选择激活函数类型、嵌入维数以及隐层神经元数目十分必要。

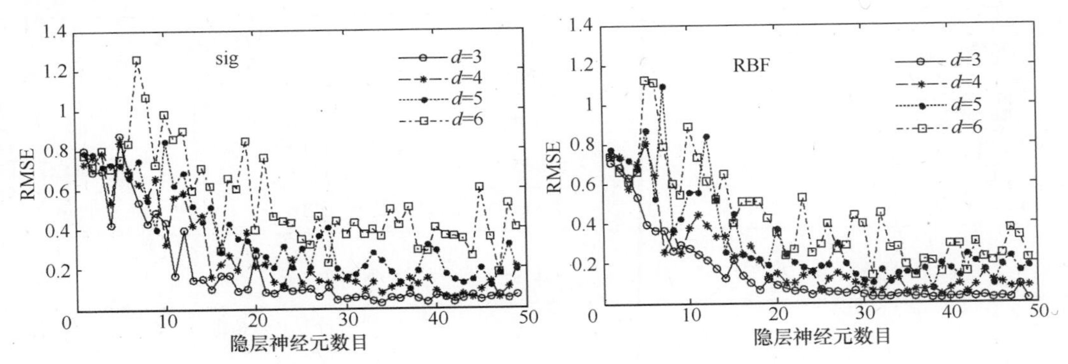

图 5.15　Henon 均方根误差在不同情况下的变化曲线

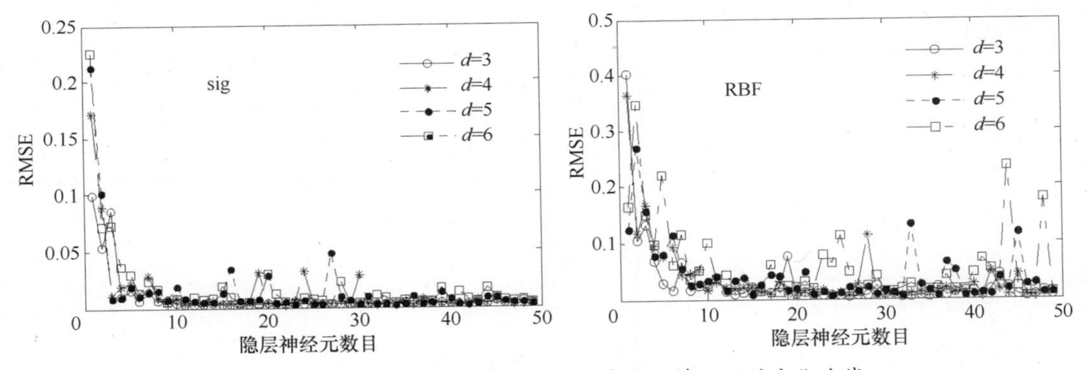

图 5.16　Mackey－Glass 均方根误差在不同情况下的变化曲线

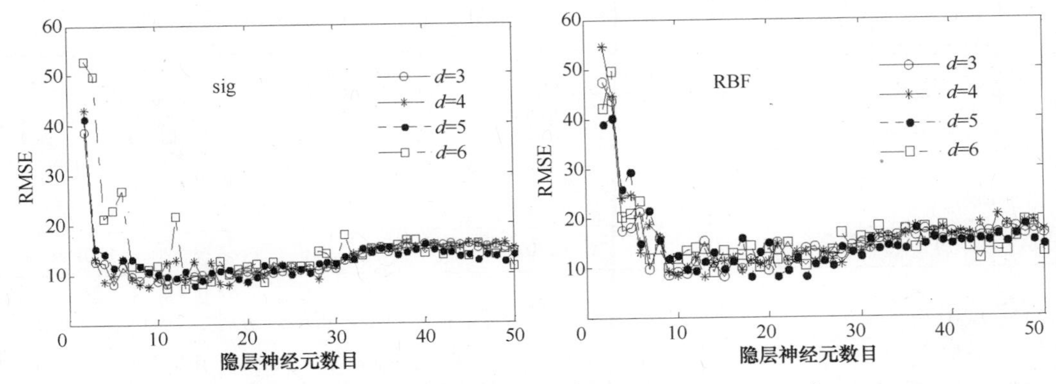

图 5.17　太阳黑子均方根误差在不同情况下的变化曲线

2. 陀螺漂移系数预测实例

仍以5.4.2节某惯组中陀螺仪敏感轴方向的一次项漂移系数为例。通过连续工作测试，采样间隔3h，共收集一次项漂移数据96个。建立预测模型对后30个漂移数据进行预测。选择嵌入维数分别为2、4、6、8。分别利用RELM、SRELM以及SA－SRELM进行预测。初始样本数为10，因此RELM及SRELM的隐层神经元数目都取10，SA－SELM隐层神经元数目取30，在线更新过程中，SA－SRELM的样本规模阈值设为30。3种方法预测结果如表5.12～表5.15所列，表中结果为各方法运行10次的平均值。

表5.12　嵌入维 $d=2$ 时3种方法预测结果

方法	Sigmoid		Radial Basis	
	MAPE/%	RMSE	MAPE/%	RMSE
RELM	86.37	0.3205	83.91	0.3281
SRELM	2.20	0.0091	2.81	0.0112
SA－SRELM	2.06	0.0083	2.18	0.0091

表5.13　嵌入维 $d=4$ 时3种方法预测结果

方法	Sigmoid		Radial Basis	
	MAPE/%	RMSE	MAPE/%	RMSE
RELM	38.75	0.1335	36.5	0.1328
SRELM	2.38	0.0096	3.06	0.0122
SA－SRELM	2.02	0.0088	2.08	0.0091

表5.14　嵌入维 $d=6$ 时3种方法预测结果

方法	Sigmoid		Radial Basis	
	MAPE/%	RMSE	MAPE/%	RMSE
RELM	43.78	0.1504	39.98	0.1377
SRELM	2.79	0.0279	2.98	0.0124
SA－SRELM	2.29	0.0095	2.32	0.0095

表5.15　嵌入维 $d=8$ 时3种方法预测结果

方法	Sigmoid		Radial Basis	
	MAPE/%	RMSE	MAPE/%	RMSE
RELM	67.66	0.2329	61.61	0.2113
SRELM	2.63	0.0107	3.23	0.0131
SA－SRELM	2.39	0.0099	2.61	0.0107

可以看出，在4种嵌入维情况下，RELM预测结果在3种方法中最差，SA－SRELM方法预测结果最好。对于SA－SRELM在嵌入维取4时预测精度最高，且sigmoid型激活函数精度高于RBF型激活函数。

图5.18所示为SA－SRELM在嵌入维数分别取2、4、6和8，激活函数分别为sigmoid函

数和 RBF 函数时，均方根误差随隐层神经元数目变化情况。可以看出，两种激活函数情况下当隐层神经元数目在 10～20 之间时，均方根误差变化比较平缓，当超过 20 个时，均方根误差开始出现不同程度的波动，尤其是隐层神经元数目超过 30 后，均方根误差出现剧烈波动，精测结果不稳定且精度变差。

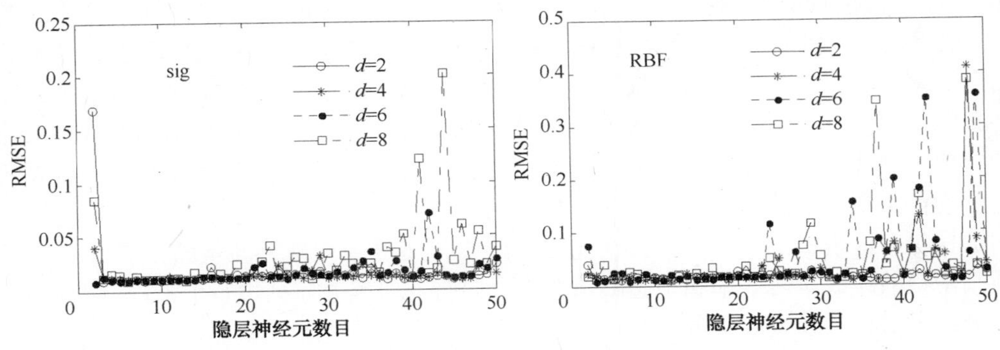

图 5.18　漂移系数预测均方根误差在不同情况下的变化曲线

图 5.19 所示为 SA－SRELM 的预测结果，可以看出，预测曲线与实测曲线吻合较好，说明所建立的预测模型可以用来进行陀螺漂移系数的预测。进一步，从图中可以看出，该陀螺漂移系数有逐渐增大的趋势，应该密切关注其状态变化，同样可以利用 5.4.2 节所示故障预报方法计算该陀螺漂移系数的异常指数，从而为及时开展装备维护提供依据。

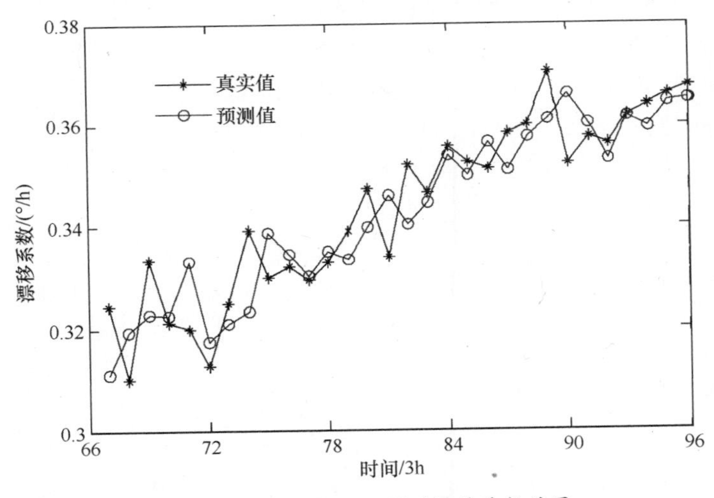

图 5.19　SA－SRELM 预测漂移系数结果

5.6　小　　结

本章针对惯性测量组合故障预测问题，首先提出一种 EMD 分解与多 LSSVM 集成预测方法，该方法首先通过 EMD 分解将变化规律异常复杂的时间序列按其内在特性自适应地分解为多个变化规律明显的本征模式分量和一个余项，最后采用具有适当核函数的 LSSVM 分别对这些分量进行预测，以加权求和的方式得出综合预测结果。

其次，提出了一种基于 ECV 与 DSVMR 的陀螺误差系数预测方法。针对利用交叉验证算法优化选择直接支持向量回归机超参数时存在的计算代价过大问题，提出了一种基于矩阵变换原理的进化交叉验证算法。该算法将交叉验证过程中回归线性方程组求解转化为运算量相对较小的矩阵变换，有效提高了交叉验证误差的计算效率。基于粒子群优化的进化搜索模式使得选择最优超参数的过程自适应进化实现。

再次，针对惯性测量组合故障预测问题分别提出了适用于短期预测和适用于中长期预测的模型。对于短期预测，为克服单一预测模型精度不高的问题，提出了一种基于自适应EEMD和灰色极端学习机的多尺度混合预测模型，基本思想是先通过EEMD方法对样本数据进行分解，再对各分量分别建立灰色极端学习机预测模型，最后将各分量预测结果等权相加得到最终预测结果。在此过程中，提出了一种自适应EEMD方法，解决了EEMD方法中加入白噪声的幅值及总体平均次数两个参数的选取问题；进一步，对于有测试数据不断加入的中长期预测，为解决集合在线序贯极端学习机预测精度不高的问题，提出了一种具有选择与补偿机制的加权集合序贯极端学习机，其在线学习阶段，通过选择性更新策略及新陈代谢过程提高了预测模型的在线学习效率和动态跟踪能力；同时，对残差序列进行EMD分解预测，利用残差预测结果对初始预测结果进行修正。

最后，针对RELM算法无法满足在线预测要求，以及SRELM在线训练过程中隐层节点数目受限于初始训练样本规模限制导致预测模型泛化性能差的缺陷，提出了一种可以根据样本规模自适应选择输出权值计算方法的结构自适应序贯正则极端学习机。通过引入正则化参数来克服隐层输出矩阵奇异导致的结果不稳定，在此基础上，根据初始训练以及序贯学习阶段训练样本数目，分别通过不同的方式计算其输出权值，从而实现在初始阶段选择更大范围的隐层节点数目，摆脱训练样本数目的限制，而在训练样本数目增加到一定规模时，通过对旧样本的剔除来提高预测模型追踪系统动态变化的能力。

将以上5种预测方法用于陀螺漂移系数的预测，并根据预测结果计算得到表征惯性测量组合状态变化趋势的异常指数，仿真结果表明，本章提出的5种模型预测精度较高，可适用于惯性测量组合不同样本条件下的中长期故障预测。

参考文献

[1] 胡昌华，司小胜．基于置信规则库的惯性平台健康状态参数在线估计［J］．航空学报，2010，31（7）：1454－1465.

[2] Pecht M. Prognostics and health management of electronics ［M］．New York：Wiley Online Library，2008.

[3] Skormin V A，Popyack L J，Gorodetski V I，et al. Applications of cluster analysis in diagnostics－related problems［C］．Proceedings of the 1999 IEEE Aerospace Conference，Snowmass at Aspen，CO，USA，1999，3：161－168.

[4] Suykens J A K，Vandewalle J. Recurrent least squares support vector machines. IEEE Transactions on Circuits Systems，2000，47（7）：1109－1114.

[5] Mitani Y，Tsutsumoto K，Kagawa N. Time series prediction of acoustic signals using neural network model and wavelet shrinkage ［C］．Proceedings of the Tenth Intemational Congress on Sound and Vibration. Stockholm，Sweden，2003，4189－4196.

[6] Huang N E，Shen Z，Long S R，et al. The empirical mode decomposition and the Hilbert spectrum for non－linear and non－stationary time series analysis ［J］．Proceedings of the Royal Society of London：Series A，1998，454：903－995.

[7] 何星，王宏力，陆敬辉，等．基于EMD－LSSVM的多尺度混合建模方法及其应用［J］．红外与激光工程，2013，42（7）：1738－1742.

[8] Mackay D. Bayesian Modeling and Neural Networks ［M］．Pasadena：Institute of Technology，1991.

[9] Mackay D. Probable network and plausible predict ions－A review of practical Bayesian methods for supervised neural networks ［J］．Network Computation in Neural Systems，1995，6：469－505.

[10] Kowk J T. The evidence framework applied to support vector machines ［J］．IEEE Trans on Neural Network，2000，11（5）：1162－1173.

[11] Law M H，Kwok J T. Applingthe Bayesian evidence framework to v－support vector regression ［C］．Proceedings of the

Twelfth European Conference on Machine Learning Freiburg, Germany, 2001: 312 - 323.

[12] 杜喆，刘三阳．最小二乘支持向量机变型算法研究［J］．西安电子科技大学学报（自然科学版），2009，36（2）：331 - 337.

[13] Yumao Lu, Vwani Roychowdhury, Lieven Vandenberghe. Distributed parallel support vector machines in strongly connected networks［J］. IEEE Transactions on neural networks, 2008, 19（7）: 1167 - 1178.

[14] 张弦，王宏力．嵌入维数自适应最小二乘支持向量机状态时间序列预测方法［J］. 2010，31（12）：2309 - 2314.

[15] 张贤达．矩阵分析与应用［M］．北京：清华大学出版社，2005.

[16] 周志杰，胡昌华，韩晓霞．一种混合建模方法在陀螺漂移预测中的应用研究［J］．系统工程与电子技术，2007，29（3）：416 - 418.

[17] 蔡曦，胡昌华，刘炳杰．基于免疫神经网络的陀螺仪漂移预测［J］．计算机工程，2007，33（24）：237 - 241.

[18] 张伟，胡昌华，焦李成，等．遗忘因子最小二乘支持向量机及在陀螺仪漂移预测中的应用研究［J］．宇航学报，2007，28（2）：448 - 451.

[19] Zhang Q H, Wang Y P, Deng Z H, et al. Modeling and analysis of laser gyro drift data［J］. Journal of Chinese Inertial Technology, 2006, 14（3）: 42 - 46.

[20] 何星，王宏力，陆敬辉，等．一种用于陀螺随机漂移预测的多尺度混合建模方法［J］．中国惯性技术学报，2014，22（2）：271 - 275.

[21] Wu Z H, Huang N E. Ensemble empirical mode decomposition: a noise - assisted data analysis method［J］. Advances in Adaptive Data Analysis, 2009, 1（1）: 1 - 41.

[22] 朱显辉，崔淑梅，师楠，等．电动汽车电机故障时间的粒子群优化灰色预测［J］．高电压技术，2012，38（6）：1391 - 1396.

[23] Liang N Y, Huang G B, Saratchandran P. A Fast and Accurate Online Sequential Learning Algorithm for Feedforward Networks［J］. IEEE Transactions on Neural Netwaorks, 2006, 17（6）: 1411 - 1422.

[24] Lan Y, Soh Y C, Huang G B. Ensemble of online sequential extreme learning machine［J］. Neurocomputing, 2009, 72: 3391 - 3395.

[25] 何星，王宏力，陆敬辉，等．具有选择和补偿机制的加权集合序贯极端学习机及其应用［J］．系统工程理论与实践. 2015，35（8）：2152 - 2157.

[26] 程云鹏，张凯院，徐仲．矩阵论［M］．西安：西北工业大学出版社，2010.

[27] Yeung D Y, Chow C. Parzen - window newwork intrusion detectors［C］. Proceedings of the 16th International Conference on Pattern Recognition, Quebec City, Canada, 2002, 4: 385 - 388.

[28] 蔡艳宁．基于支持向量机的故障预报方法研究［D］．西安：第二炮兵工程学院，2009.

[29] Deng W, Zheng Q, Chen L. Regularized extreme learning machine［J］. Proc. IEEE Symp. CIDM, 2009, 389 - 395.

[30] 张弦，王宏力．基于贯序正则极端学习机的时间序列预测及其应用［J］．航空学报，2011，32（7）：1302 - 1308.

[31] 张弦，王宏力．适用于小子样时间序列预测的动态回归极端学习机［J］．信息与控制，2011，40（5）：704 - 709.

[32] 何星，王宏力，陆敬辉，等．结构自适应序贯正则极端学习机时间序列预测及其应用［J］．推进技术. 2015，36（3）：458 - 464.

第6章　基于退化过程建模的惯性测量组合剩余寿命在线估计

6.1　引　言

随着高新技术的发展和人们对自然领域的不断探索，许多工程设备、军事装备日益复杂。这些设备在运行过程中受到各种外部环境和内部因素的影响，其性能和健康状态将不可避免地发生退化，最终导致设备失效。如果不能及时发现设备失效，将带来灾难性的后果。例如，2005年吉林石化公司双苯厂由于苯胺装置硝化单元的P-102塔堵塞导致重大爆炸事故，造成了巨大的经济损失；2010年墨西哥湾的“深水地平线”钻井平台发生爆炸时，最后一道安全防线，防喷阀发生了失效，由此不仅造成了大量的人员伤亡和不可估量的财产损失，而且对当地的生态环境造成了严重的破坏。因此，如果能在设备性能退化的初期，尤其在还没有造成重大危害时，就对设备的健康状态和剩余寿命（Residual Life，RL）进行估计，并在此基础上对设备进行适时的维护，就能够最大限度地保证设备正常运行，避免因为失效事故引起的经济损失、人员伤亡、任务延误和环境破坏。科技的不断进步助推维护方式的发展转变，从20世纪40年代以前的被动维护（Corrective Maintenance，CM），到50年代的预防维护（Preventive Maintenance，PM），再到80年代的视情维护（Condition-Based Maintenance，CBM）和最近10年迅猛发展的以预测维护（Predictive Maintenance，PdM）为核心的预测与健康管理（Prognostics and Health Management，PHM）技术，维护方式经历了从简单到复杂，从人工到智能，从单一到复合的发展过程。其中，状态监测技术的进步促使以预测维护为核心的PHM技术日益受到研究人员的重视。PHM的核心问题是通过状态监测得到的数据，估计设备的剩余寿命，并据此确定设备的最优健康管理策略[1]。其目的是提高设备的可靠性、维修性、安全性和经济可承受性等，以实现经济成本最小或设备失效风险最小，最终达到基于状态的预测维护和自主式保障。准确实时的剩余寿命估计能够为维护策略安排提供决策支持，是实现后期维护决策优化的关键[2-4]。

传统的剩余寿命估计方法[5-11]依赖于一组设备的历史失效数据，通过对失效数据的统计分析确定设备的寿命分布，统计结果反映了这一组设备的共有特性。实际上，同一批次设备的运行环境，负载等因素不尽相同，单个设备之间也存在差异性。而且，随着现代设计方法和制造工艺的不断改进，设备的可靠性越来越高，寿命越来越长，短期内即使通过加速寿命测试也无法获得足够多的失效数据。因此，以寿命数据为基础的寿命测试方法很难取得满意的估计结果[12]。此外，对于一些昂贵的设备，足够多的失效数据意味着难以承受的经济成本。因此，基于失效数据的方法不适用于动态运行环境下单个设备的剩余寿命估计。另一方面，设备实际运行过程中受到各种环境因素的影响，随着运行时间的增长，设备的性能会随之发生变化，经过一定的累积，会导致设备性能发生退化，当累积到一定程度时，最终导致设备失效（退化型失效）[13]。因此，通过监测设备的健康状态，建模其性能退化过程，进而估计设备的剩余寿命是一条经济可行的途径。随着状态监测技术的进步，基于退化过程建模的剩余寿命估计方法已成为当前的研究热点。惯性导航系统是复杂的机电一体化精密仪器，它的漂移主要是由惯性仪器（陀螺仪和加速度计）引起的，惯性器件所引起的误差通常占整个制导误差的70%以上。从统计学上讲，惯性器件的漂移可以看作是一个缓慢的随机性能退化过程，如果能够利用定期测试或通电检查中的监测数据或同类产品的历史退化数据对服役中的惯性测量组合的在线性能进行评估，及时发现险情并提供经济可行高效的维护方案，对于提高整个导航系统的可靠性、降低全寿命周期成本、预防灾害事故具有重要工程价值。

综上所述，利用设备的健康状态监测数据，研究基于退化过程建模的剩余寿命估计方法以及在剩余寿命信息下的维护决策问题不仅具有重要的理论意义，而且具有潜在的工程应用价值。

6.2 基于半随机滤波和 EM 算法的剩余寿命在线估计

工程实际中，随着设备复杂性的不断提高，有时难以对设备的退化过程直接监测，或者直接监测成本过高，这时设备的退化过程是隐含的，实际监测数据与隐含退化过程或者与设备的剩余寿命之间存在一定的随机关系，其剩余寿命估计统称为基于间接监测数据的剩余寿命[2]。其中，基于随机滤波的估计方法能够在贝叶斯框架下，通过构建观测方程和状态方程，自然地融入监测数据，使得估计的剩余寿命不仅能够依赖于当前的监测数据，而且能够依赖于整个历史监测信息，因而得到了比较广泛的关注与应用。但是传统的随机滤波方法需要预先设定隐含状态的失效阈值，通常利用经验知识或行业标准确定。2000 年，Wang 和 Christer 考虑存在部分历史寿命数据的情况，并提出了一种半随机滤波的剩余寿命估计模型[14]。该模型将剩余寿命直接作为状态空间模型的状态变量，利用同类设备的历史寿命数据估计设备的初始寿命分布，基于此，利用贝叶斯滤波技术得到设备的条件剩余寿命分布。在可获取部分历史寿命数据的情况下，可以有效克服传统随机滤波方法的缺点。

基于上述分析，本章提出了一种基于半随机滤波—期望最大化算法的剩余寿命在线估计方法。首先以剩余寿命为隐含状态，构建半随机滤波的估计模型，然后针对单个运行设备，利用期望最大化算法和扩展卡尔曼滤波联合估计模型未知参数与隐含状态，当新的监测数据可用时，相应地更新估计的参数与状态，最终实现单个运行设备剩余寿命的在线估计。所提方法能够有效结合同类设备历史寿命数据和运行设备的实时监测信息，克服现有的许多估计方法只反映设备共性特征，只能离线估计的缺点。

值得注意的是，本章的核心在于通过引入期望最大化算法实现基于半随机滤波的剩余寿命在线估计。而在第 3 章和第 4 章的研究中，也会利用期望最大化算法对参数进行在线估计。因此，为了全面理解期望最大化算法的基本原理及其在参数估计方面的优势，本章将对期望最大化算法重点阐述。

6.2.1 问题描述

本章考虑在离散时间点 t_i，$i=1$，$2\cdots$，处监测设备的运行状态，因此只有监测时刻的信息序列可用。定义 Y_i 和 X_i 分别为时刻 t_i 的直接监测数据和隐含退化状态，且两者之间存在一定的随机关系。假设在两个监测时间间隔内没有维护行为发生，则设备剩余寿命的减少量即为两个监测时间间隔的长度，由此可将剩余寿命直接作为设备的隐含退化变量 X_i。本章所要解决的关键问题是如何利用到当前时刻 t_i 为止的监测序列 $Y_{1:i}=\{Y_1,Y_2,\cdots,Y_i\}$ 实时估计 X_i，得到 t_i 时刻的剩余寿命概率密度函数 $p(X_i \mid Y_{1:i})$，并根据获取的新的监测数据，更新剩余寿命的分布。

模型的建立是解决问题的关键一步。接下来，将讨论如何构建基于半随机滤波的剩余寿命估计模型。

6.2.2 基于半随机滤波的估计模型

1. 半随机滤波模型的基本原理

根据文献［15］，首先给出如下两个假设：

假设 6.1 任意两个监测时间间隔内没有维护行为发生。

假设 6.2 直接监测 Y_i 可以表示为一个具有随机噪声项的隐含状态 X_i 的函数，即 Y_i 和 X_i 随机相关性的概率密度函数 $p(X_i \mid Y_{1:i})$ 存在。

若当前时刻 t_i 设备没有失效，即 t_{i-1}时刻的剩余寿命 $X_{i-1}>t_i-t_{i-1}$。由假设6.1可知，时刻 t_i 的剩余寿命 X_i 可表示为

$$X_i = X_{i-1}-(t_i-t_{i-1}) \tag{6.1}$$

利用贝叶斯滤波技术，根据到时刻 t_i 为止的监测序列 $Y_{1:i}=\{Y_1,Y_2,\cdots,Y_i\}$，可以推导出剩余寿命的条件概率密度函数 $p(X_i \mid Y_{1:i})$ 的递归表达式为

$$p(X_i \mid Y_{1:i}) = p(X_i \mid Y_i,Y_{1:i-1}) = \frac{p(X_i,Y_i \mid Y_{1:i-1})}{p(Y_i \mid Y_{1:i-1})} \tag{6.2}$$

根据概率乘法的链式规则，联合分布 $p(X_i,Y_i \mid Y_{1:i-1})$ 可写为

$$p(X_i,Y_i \mid Y_{1:i-1}) = p(Y_i \mid X_i,Y_{1:i-1})p(X_i \mid Y_{1:i-1}) = p(Y_i \mid X_i)p(X_i \mid Y_{1:i-1}) \tag{6.3}$$

同样地，$p(Y_i \mid Y_{1:i-1})$ 可表示为

$$p(Y_i \mid Y_{1:i-1}) = \int_0^{\infty} p(Y_i \mid X_i,Y_{1:i-1})p(X_i \mid Y_{1:i-1})\mathrm{d}X_i = \int_0^{\infty} p(Y_i \mid X_i)p(X_i \mid Y_{1:i-1})\mathrm{d}X_i \tag{6.4}$$

由式（6.1），得

$$p(X_i \mid Y_{1:i-1}) = \frac{p(X_{i-1} \mid Y_{1:i-1})}{\int_{t_i-t_{i-1}}^{\infty} p(x \mid Y_{1:i-1})\mathrm{d}x} = \frac{p(X_i+t_i-t_{i-1} \mid Y_{1:i-1})}{\int_{t_i-t_{i-1}}^{\infty} p(x \mid Y_{1:i-1})\mathrm{d}x} \tag{6.5}$$

式（6.3）和式（6.4）由 $p(y_i \mid X_i,Y_{1:i-1}) = p(y_i \mid X_i)$。如果直接监测信息对于估计设备的剩余寿命是有用的，则直接监测与隐含状态之间必然存在某种形式的函数关系。直观上，时刻 t_i 的监测信息会受到设备隐含退化程度的影响，而与之前的监测信息无关。文献［15］指出，直接监测 Y_i 与剩余寿命 X_i 之间是一种负相关的函数关系，根据所研究具体问题的不同，两者之间的具体函数关系也不尽相同，需要通过一定的模型选择准则确定。

式（6.1）~式（6.5）构成了半随机滤波的估计模型，如果初始寿命分布 $p(X_0 \mid Y_0)$ 和 $p(Y_i \mid X_i)$ 可知，就可以根据整个监测信息递归地确定时刻 t_i 的剩余寿命的条件分布 $p(X_i \mid Y_{1:i})$。初始寿命分布 $p(X_0 \mid Y_0)$ 可以选择威布尔分布、对数正态分布、Gamma 分布等。同文献［16］，本章考虑初始寿命分布服从对数正态分布的情况，并且认为监测时刻 t_i 的剩余寿命 X_i 同样服从对数正态分布，进而构造状态空间模型建立直接监测 Y_i 与 X_i 之间的随机关系。利用半确定性扩展卡尔曼滤波递归地估计与更新状态空间模型的状态，从而可以直接得到剩余寿命的分布。计算简单直接，便于在线实现。

在构建本节所提出的剩余寿命估计模型之前，首先简要介绍半确定性扩展卡尔曼滤波技术。

2. 半确定性扩展卡尔曼滤波

扩展卡尔曼滤波将状态方程和观测方程围绕滤波值进行一阶泰勒展开，将非线性状态空间模型线性化，然后应用基本的卡尔曼滤波算法解决非线性情况下的滤波问题。其根据到当前时刻为止的整个监测信息，利用预测方程与更新方程，递归地确定隐含状态的后验分布，特别适合解决状态的在线估计问题。

离散时间点 t_i，$i=1,2,\cdots$，处，系统状态的演化过程用如下非线性函数表示：

$$X_{i+1} = f(X_i = x_i) \tag{6.6}$$

式中：x_i 为状态在时刻 t_i 的一个具体实现值。

式（6.6）为状态转移方程。时刻 t_i，隐含状态与直接监测信息 Y_i 之间的关系为

$$Y_i = g(X_i = x_i) + \varepsilon_i \tag{6.7}$$

式中：观测误差 $\varepsilon_i \sim N(0,\ \xi_i)$，$\xi_i$ 为噪声项的方差。

显然，时刻 t_i，Y_i 服从均值为 $g(x_i)$，方差为 ξ_i 的正态分布。式（6.7）称为观测方程。可以看出，式（6.6）是确定性的，而式（6.7）是随机性的，因此构成了半确定性的状态空间模型，对应的滤波算法即为半确定性扩展卡尔曼滤波算法。

为应用扩展卡尔曼滤波估计模型的状态，首先线性化函数 $\mathrm{f}(\cdot)$ 和 $\mathrm{g}(\cdot)$。定义 $M_{i|i} = E(X_i \mid Y_{1:i})$ 为时刻 t_i 状态 X_i 的均值，$M_{i|i-1} = E(X_i \mid Y_{1:i})$ 为状态 X_i 的一步预测。将 $f(\cdot)$ 和 $g(\cdot)$ 围绕滤波值一阶泰勒展开，得

$$f(X_i = x_i) \approx f(X_i = M_{i|i}) + f'(X_i = M_{i|i})(x_i - M_{i|i}) \tag{6.8}$$

$$g(X_i = x_i) \approx g(X_i = M_{i|i-1}) + g'(X_i = M_{i|i-1})(x_i - M_{i|i-1}) \tag{6.9}$$

式中：f'，g' 分别为 $f(\cdot)$ 和 $g(\cdot)$ 在 $M_{i|i}$ 与 $M_{i|i-1}$ 处的导数。

将式（6.8）和式（6.9）分别代入状态转移方程和观测方程，可以得到一个新的状态空间模型

$$X_{i+1} \approx f'(X_i = M_{i|i})x_i + U_i \tag{6.10}$$

$$Y_i \approx g'(X_i = M_{i|i-1})x_i + \varepsilon_i + W_i \tag{6.11}$$

式中，$U_i = f(X_i = M_{i|i}) - f'(X_i = M_{i|i})M_{i|i}$；$W_i = g(X_i = M_{i|i-1}) - g'(X_i = M_{i|i-1})M_{i|i-1}$。

若状态的初始均值 X_0 与方差 P_0 已知或由先验数据估计得到，根据线性化以后的状态空间模型，可以直接利用卡尔曼滤波估计模型的状态。卡尔曼滤波包括预测和更新两个步骤，对于半确定性扩展卡尔曼滤波，由式（6.6）可得时刻 t_{i-1} 的一步预测均值为

$$M_{i|i-1} \approx f'(X_i = M_{i-1|i-1})x_i + U_{i-1} = f(X_i = M_{i-1|i-1}) \tag{6.12}$$

相应地，一步预测方差为

$$P_{i|i-1} \approx f'(X_i = M_{i-1|i-1})P_{i-1|i-1}[f'(X_i = M_{i-1|i-1})]^{-1} = P_{i-1|i-1} \tag{6.13}$$

时刻 t_i，当新的监测数据 Y_i 可用时，预测均值的更新方程为

$$M_{i|i} = M_{i|i-1} + K_i[Y_i - g(X_i = M_{i|i-1})] \tag{6.14}$$

式中：$K_i = P_{i|i-1}g'(X_i = M_{i|i-1})[(g'(X_i = M_{i|i-1}))^2 P_{i|i-1} + \xi_i]^{-1}$ 表示卡尔曼增益函数。预测方差的更新方程为

$$P_{i|i} = P_{i|i-1} - K_i g'(X_i = M_{i|i-1})P_{i|i-1} \tag{6.15}$$

针对一般的离散时间状态空间方程，本节推导了半确定性扩展卡尔曼滤波算法的实现步骤。基于上述讨论，接下来构建基于半随机滤波的剩余寿命估计模型，并推导该模型下的滤波算法。

3. 半随机滤波模型的构建

由上述讨论可知，式（6.1）为模型的状态方程。且时刻 t_i，剩余寿命 X_i 服从对数正态分布。为构建基于半随机滤波的预测模型，首先定义

$$Z_i = \ln X_i \tag{6.16}$$

可知 Z_i 为服从正态分布的随机变量。其次定义当前时刻 t_i 监测信息与剩余寿命之间的随机关系为

$$Y_i = h(Z_i \mid \alpha) + \sigma v_i \tag{6.17}$$

式中：$h(\cdot)$ 为 Y_i 与 Z_i 之间的负相关函数关系，在实际中通过比较建模准确性或模型拟合度进行具体的选择；α 为未知参数向量，$\sigma v_i - N(0, \sigma^2)$。

式（6.1）、式（6.16）和式（6.17）构成了半随机滤波的估计模型。接下来讨论如何利用半确定性扩展卡尔曼滤波，在该模型的框架下实现剩余寿命的估计。

首先建立一步预测方程。定义 $\hat{X}_{i|i-1} = E(X_i \mid Y_{1:i-1})$，$P_{i|i-1} = \mathrm{Var}(X_i \mid Y_{1:i-1})$，$\hat{Z}_{i|i-1} = E(Z_i \mid Y_{1:i-1})$ 和 $V_{i|i-1} = \mathrm{Var}(Z_i \mid Y_{1:i-1})$ 分别为根据到时刻 t_{i-1} 为止的监测序列 $Y_{1:i-1}$ 得到的 X_i 和 Z_i 的一步预测均值和方差。$\hat{X}_{i|i-1} = E(X_i \mid Y_{1:i-1})$，$P_{i|i-1} = \mathrm{Var}(X_i \mid Y_{1:i-1})$，$\hat{Z}_{i|i-1} = E(Z_i \mid Y_{1:i-1})$ 和 $V_{i|i-1} = \mathrm{Var}(Z_i \mid Y_{1:i-1})$ 分别为 X_i 和 Z_i 的估计均值和方差。由式（6.16）以及对数正态分布的定义可知：

$$\hat{X}_{i|i-1} = \exp(\hat{Z}_{i|i-1} + 0.5V_{i|i-1}), \hat{X}_{i|i} = \exp(\hat{Z}_{i|i} + 0.5V_{i|i}) \tag{6.18}$$

$$P_{i|i-1} = [\exp(V_{i|i-1}) - 1]\exp(2\hat{Z}_{i|i-1} + V_{i|i-1}), P_{i|i} = [\exp(V_{i|i}) - 1]\exp(2\hat{Z}_{i|i} + V_{i|i}) \tag{6.19}$$

设当前时刻为 t_{i-1}，由式（6.1）和式（6.16）可知，模型的状态方程是确定性的，因此，状态均值的一步预测方程为

$$\hat{X}_{i|i-1} = \hat{X}_{i-1|i-1} - (t_i - t_{i-1}) \tag{6.20}$$

相应地，方差保持不变，可表示为

$$P_{i|i-1} = P_{i-1|i-1} \tag{6.21}$$

进一步，根据式（6.18）和式（6.19），得

$$\hat{Z}_{i|i-1}\ln\hat{X}_{i|i-1} - 0.5\ln\left(1 + \frac{P_{i|i-1}}{\hat{X}^2_{i|i-1}}\right) \tag{6.22}$$

$$V_{i|i-1} = V_{i-1|i-1} \tag{6.23}$$

当获取时刻 t_i 的监测数据 Y_i 后，即可更新状态均值与方差。首先围绕 $\hat{Z}_{i|i-1}$ 线性化 $h(Z_i \mid \alpha)$，得

$$h(Z_i \mid \alpha) \approx h(\hat{Z}_{i|i-1} \mid \alpha) + h'_{i|i-1}(Z_i - \hat{Z}_{i|i-1}) \tag{6.24}$$

式中：$h'_{i|i-1}$ 为 $h(Z_i \mid \alpha)$ 在 $\hat{Z}_{i|i-1}$ 处的导数。

根据半确定性扩展卡尔曼滤波，直接给出模型的更新方程如下：

$$\begin{cases} K_i = V_{i|i-1}h'_{i|i-1}[(h'_{i|i-1})^2V_{i|i-1} + \sigma^2]^{-1} \\ \hat{Z}_{i|i} = \hat{Z}_{i|i-1} + K_i[Y_i - h(\hat{Z}_{i|i-1})] \\ V_{i|i} = V_{i|i-1} - K_ih'_{i|i-1}V_{i|i-1} \end{cases} \tag{6.25}$$

当新的监测数据可用时，利用式（6.20）~式（6.25），可以递归地预测与更新剩余寿命的概率分布，即时刻 t_i，利用整个监测序列 $Y_{1:i}$ 可以得到剩余寿命 $X_i \sim \ln N(\hat{Z}_{i|i}, V_{i|i})$。具体的可写为

$$f(X_i) = \frac{1}{X_i \sqrt{2\pi V_{i|i}}}\exp\left(-\frac{(\ln X_i - \hat{Z}_{i|i})^2}{2V_{i|i}}\right) \tag{6.26}$$

本节利用状态空间技术构建了基于半随机滤波的剩余寿命估计模型。在该模型框架下，利用半确定性的扩展卡尔曼滤波，通过预测方程和更新方程实现隐含状态（剩余寿命）的估计。估计过程不仅利用了当前的监测数据，而且利用到了历史监测信息。接下来，讨论如何根据新的监测数据实现未知参数与状态的联合估计与更新。

6.2.3 参数在线估计算法

1. 期望最大化算法

期望最大化（Expectation and Maximization，EM）算法用以参数估计，本质上是一种极大似然估计（Maximum Likelihood Estimation，MLE）策略。为了推导期望最大化算法用以参数估计的实现步骤，首先给出一般的 MLE 策略。极大似然估计法的核心思想为根据已得到的一组观测序列 $Y_{1:i} = \{Y_1, Y_2, \cdots, Y_i\}$，找到参数估计值 $\hat{\theta}^{ML}$，使得随机变量 Y 在 $\hat{\theta}^{ML}$ 条件下的概率密度函数最大可能地逼近 Y 在参数 θ 真值条件下的概率密度函数。具体地，MLE 可由下式计算：

$$\hat{\theta}^{ML} = \arg\max_{\theta} L(Y_{1:i} \mid \theta) = \arg\max_{\theta} \lg p(Y_{1:i} \mid \theta) \tag{6.27}$$

式中：$p(Y_{1:i} \mid \theta)$ 为 $Y_{1:i}$ 的联合概率密度函数；$L(Y_{1:i} \mid \theta)$ 为对数似然函数。

根据条件概率的定义，$L(Y_{1:i} \mid \theta)$ 可写为

$$L(Y_{1:i} | \theta) = \lg\left[p(Y_1 | \theta)\prod_{j=2}^{i} p(Y_j | Y_{1:j-1} | \theta)\right] = \sum_{j=2}^{i}\lg p(Y_j | Y_{1:i-1}\theta) + \lg p(Y_1 | \theta) \tag{6.28}$$

参数的极大似然估计可以根据标准算法计算，如牛顿法或相关的改进算法[17,18]。但是，由构建的估计模型可知，对于单个的运行设备而言，剩余寿命是未知的随机量，即模型的状态是隐含的，无法直接利用极大似然算法估计未知参数，而 EM 算法能够很好地解决存在隐含状态时的参数极大似然估计问题。该算法将一般的极大似然估计问题分割为两个相互联系并且相对容易解决的子问题，通过迭代计算和最大化包含完整数据集（直接监测信息和隐含状态）的对数似然函数的条件期望，产生一个估计序列收敛到未知参数的极大似然估计值。直接监测信息 $Y_{1:i}$ 和隐含状态 $X_{1:i}$ 的联合对数似然函数为

$$L(X_{1:i}, Y_{1:i} \mid \theta) = \lg p(X_{1:i}, Y_{1:i} \mid \theta) \tag{6.29}$$

为建立式（6.27）与式（6.29）之间的关系，利用条件概率法则，可知

$$p(Y_{1:i}, \theta) = \frac{p(X_{1:i}, Y_{1:i} \mid \theta)}{p(X_{1:i} \mid Y_{1:i}, \theta)} \tag{6.30}$$

进一步可得到

$$\lg p(Y_{1:i} \mid \theta) = \lg p(X_{1:i}, Y_{1:i} \mid \theta) - \lg p(X_{1:i} \mid Y_{1:i}, \theta) \tag{6.31}$$

令 $\hat{\theta}^{(j)}$ 表示 EM 算法第 j 步迭代得到的参数估计。相对于 $p(X_{1:i} \mid Y_{1:i}, \theta)$，同时对式（6.31）两端取积分，有

$$\begin{aligned}\lg p(Y_{1:i} \mid \theta) &= \int \lg p(X_{1:i}, Y_{1:i} \mid \theta) p(X_{1:i} \mid Y_{1:i}, \theta)\, dX_{1:i} - \\ &\quad \int \lg p(X_{1:i} \mid Y_{1:i}, \theta) p(X_{1:i} \mid Y_{1:i}, \theta)\, dX_{1:i} \\ &= E_{\hat{\theta}^{(j)}}\{[\lg p(X_{1:i}, Y_{1:i} \mid \theta)] \mid Y_{1:i}\} - E_{\hat{\theta}^{(j)}}\{[\lg p(X_{1:i} \mid Y_{1:i}, \theta)] \mid Y_{1:i}\}\end{aligned} \tag{6.32}$$

式（6.32）左端保持不变是因为常数项的期望仍为常数，即

$$\int \lg p(Y_{1:i} \mid \theta) p(X_{1:i} \mid Y_{1:i}, \theta) \mathrm{d}X_{1:i} = \lg p(Y_{1:i} \mid \theta) \tag{6.33}$$

为表示方便，令

$$\Xi(\theta, \hat{\theta}^{(j)}) = E_{\hat{\theta}^{(j)}} \{ [\lg p(X_{1:i}, Y_{1:i} \mid \theta)] \mid Y_{1:i} \} \tag{6.34}$$

$$\Psi(\theta, \hat{\theta}^{(j)}) = E_{\hat{\theta}^{(j)}} \{ [\lg p(X_{1:i} \mid Y_{1:i}, \theta)] \mid Y_{1:i} \} \tag{6.35}$$

针对不同的 θ 和 $\hat{\theta}^{(j)}$，考虑对应的两个对数似然函数值之差，即

$$L(Y_{1:i} \mid \theta^{(j)}) - L(Y_{1:i} \mid \hat{\theta}^{(j)}) = (\Xi(\theta, \hat{\theta}^{(j)}) - \Xi(\hat{\theta}^{(j)}, \hat{\theta}^{(j)})) + (\Psi(\theta, \hat{\theta}^{(j)}) - \Psi(\hat{\theta}^{(j)}, \hat{\theta}^{(j)})) \tag{6.36}$$

因为 $(\Psi(\hat{\theta}^{(j)}, \hat{\theta}^{(j)}) - \Psi(\theta, \hat{\theta}^{(j)})) \geqslant 0$。基于此，若在第 $j+1$ 步迭代选择新的参数估值 $\hat{\theta}^{(j+1)}$ 使得 $(\Xi(\hat{\theta}^{(j+1)}, \hat{\theta}^{(j)}) - \Xi(\hat{\theta}^{(j)}, \hat{\theta}^{(j)})) \geqslant 0$，则根据式（6.36）可以得到 $L(Y_{1:i} \mid \hat{\theta}^{(j+1)}) \geqslant L(Y_{1:i} \mid \hat{\theta}^{(j)})$。上述推导说明最大化 $\Xi(\theta, \hat{\theta}^{(j)})$ 等价于最大化 $L(Y_{1:i} \mid \theta^{(j)})$。因此，通过迭代地计算并且最大化 $\Xi(\theta, \hat{\theta}^{(j)})$ 直到满足收敛标准，即可得到参数的估计值。常用的收敛标准有两个，其一为比较两个相邻迭代产生的对数似然函数值之差，若差值小于某个预先给定的阈值 $\varepsilon_L \geqslant 0$，即

$$\mid L(Y_{1:i} \mid \hat{\theta}^{(j+1)}) - L(Y_{1:i} \mid \hat{\theta}^{(j)}) \mid \leqslant \varepsilon_L \tag{6.37}$$

则算法收敛。其二为比较两个相邻的参数估值，若满足

$$\| \hat{\theta}^{(j+1)} - \hat{\theta}^{(j)} \|^2 \leqslant \varepsilon_P \tag{6.38}$$

则算法收敛。其中 $\varepsilon_P > 0$ 为预设阈值。EM 算法总结如下：

算法 6.1（EM 算法）：

（1）设置 $k=0$，选择迭代初值 $\hat{\theta}^{(0)}$。

（2）E 步

计算：$\mathcal{Q}(\theta, \hat{\theta}^{(j)})$

（3）M 步

计算：$\hat{\theta}^{(j+1)} = \arg\max\limits_{\theta} \Xi(\theta, \hat{\theta}^{(j)})$。

（4）检查收敛性，若不收敛则更新迭代次数 k 并返回步骤（2）。

2. 半随机滤波模型下的参数在线估计

具体到本章构建的估计模型，当前时刻 t_i，根据条件概率的乘法法则和模型的马尔可夫性，隐含状态 $Z_{1:i}$ 和监测数据序列 $Y_{1:i}$ 的联合概率密度函数可表示为

$$p(Z_{1:i}, Y_{1:i} \mid \theta) = p(Z_1 \mid \theta) \cdots p(Z_i \mid Z_{i-1}, \theta) \cdot p(Y_1 \mid Z_1, \theta) \cdots p(Y_i \mid Z_i, \theta) \tag{6.39}$$

相应地，完整数据集的联合对数似然函数可写为

$$L(Z_{1:i}, Y_{1:i} \mid \theta) = -\frac{i}{2}\ln 2\pi - \frac{i}{2} V_{i|i} - \sum_{k=1}^{i} \frac{(Z_k - \hat{Z}_{k|k})^2}{2V_{i|i}} - i\ln\sigma - \frac{1}{2\sigma^2} \sum_{k=1}^{i} [Y_k - h(Z_k \mid \alpha)]^2 \tag{6.40}$$

式（6.40）对应的条件期望为

$$\Xi(\theta, \hat{\theta}^{(j)}) \propto -i\ln\sigma - \frac{1}{2\sigma^2} \sum_{k=1}^{i} E_{\hat{\theta}^{(j)}} \{ [Y_k - h(Z_k \mid \alpha)]^2 \mid Y_{1:i} \} \tag{6.41}$$

与参数估计无关的项不影响后续的优化结果，因此式（6.41）略去了这些无关项。为求解条件期望，对于 $k=1, 2, \cdots, i$，首先定义如下变量

$$\hat{Z}_{k|i} = E_{\hat{\theta}^{(j)}} \{ Z_k \mid Y_{1:i} \}, V_{k|i} = E_{\hat{\theta}^{(j)}} \{ Z_k^2 \mid Y_{1:i} \} - \hat{Z}_{k|i}^2 \tag{6.42}$$

经过一系列代数运算，得

$$\mathcal{Q}(\theta,\hat{\theta}^{(j)}) \propto -i\ln\sigma - \frac{1}{2\sigma^2}\sum_{k=1}^{i}[Y_k^2 + (h(\hat{Z}_{k|k-1} \mid \alpha)) + (h'_{k|k-1})^2A_k - 2Y_k(h(\hat{Z}_{k|k-1} \mid \alpha) + h'_{k|k-1}B_k) + 2h(\hat{Z}_{k|k-1} \mid \alpha)h'_{k|k-1}B_k] \tag{6.43}$$

式中：$A_k = V_{k|i} + \hat{Z}_{k|i}^2 + \hat{Z}_{k|k-1}^2 - 2\hat{Z}_{k|i}\hat{Z}_{k|k-1}$；$B_k = \hat{Z}_{k|i} - \hat{Z}_{k|k-1}$。

由式（6.43）可知，计算 $\mathcal{Q}(\theta,\ \hat{\theta}^{(j)})$ 首先需要利用第 j 步迭代的参数值 $\hat{\theta}^{(j)}$ 估计 $\hat{Z}_{k|i}$，$\hat{V}_{k|i}$。可利用扩展卡尔曼平滑解决此问题。扩展卡尔曼平滑包括两部分：前向递归，即滤波；后向递归，即平滑。接下来，直接给出该方法的实现步骤。

（1）前向滤波。前向递归本质为扩展卡尔曼滤波，目的是得到各个监测时刻状态的滤波值和预测值，作为下一步后向递归的初始值。

（2）后向平滑。对于 $k=i,\ i-1,\ \cdots,\ 1$，后向平滑可总结为

$$J(k-1) = V_{k-1|k-1} \cdot (V_{k|k-1})^{-1}$$

$$\hat{Z}_{k-1|i} = \hat{Z}_{k-1|k-1} + J(k-1)(\hat{Z}_{k|i} - \hat{Z}_{k|k-1})$$

$$V_{k-1|i} = V_{k-1|k-1} + J^2(k-1)(V_{k|i} - V_{k|k-1})$$

初始值 $\hat{Z}_{i|i}$ 和 $V_{i|i}$ 由第一步的前向滤波所得。此外，对于 $k=i,i-1,\cdots,1$，协方差 $V_{k,k-1|i}$ 可由下式计算

$$V_{k,k-1|i} = V_{k|k}J(k-1) + J(k)J(k-1)(V_{k+1,k|i} - V_{k|k})$$

初始条件为

$$V_{i,i-1|i} = \left[1 = K(i) \cdot \left.\frac{\partial h}{\partial z}\right|_{z=\hat{Z}_{i|i}}\right]V_{i-1|i-1}$$

得到 $\mathcal{Q}(\theta,\ \hat{\theta}^{(j)})$ 之后，通过最大化式（6.43），可以得到第 $j+1$ 步迭代的未知参数估计值 $\hat{\theta}^{(j+1)}$。相应地，经过迭代计算可以得到参数最终的估计值。为降低参数空间的维数，减少寻优的复杂度，采用剖面似然函数法估计未知参数，首先令

$$C_k = [Y_k^2 + (h(\hat{Z}_{k|k-1} \mid \alpha)) + (h'_{k|k-1})^2A_k - 2Y_k(h(\hat{Z}_{k|k-1} \mid \alpha) + h'_{k|k-1}B_k) + 2h(\hat{Z}_{k|k-1} \mid \alpha)h'_{k|k-1}B_k] \tag{6.44}$$

假设 α 固定，计算式（6.43）相对于参数 σ^2 的偏导数，并令其为零，有

$$\hat{\sigma}^2 = \frac{\sum_{k=1}^{i} C_k}{i} \tag{6.45}$$

将式（6.45）代入式（6.43），可得参数向量 α 的剖面似然函数，通过优化此剖面似然函数得到估计值 $\hat{\alpha}$，将 $\hat{\alpha}$ 代入式（6.45），即可得到 σ 的估计值。需要注意的是上述参数在线估计算法没有涉及初始状态的估计问题，这是因为本章所提方法直接将剩余寿命作为隐含退化变量，初始状态分布即为设备的初始寿命分布。由于所提方法性能的好坏很大程度上取决于初始寿命分布估计的准确与否，因此，初始寿命分布应该利用同类设备的历史寿命数据估计，而利用状态监测数据估计与更新初始寿命分布可能会适得其反。由于初始寿命分布的形式已知，即对数正态分布，故直接采用极大似然估计方法，根据获取到的部分历史寿命数据估计设备的初始寿命分布。

由上述推导可以看出，一旦新的监测数据可用，首先利用 EM 算法估计与更新模型的未知参数，然后在更新后的参数所确定的估计模型基础上，利用半确定性扩展卡尔曼滤波估计与更新隐含状态的分布，从而直接得到更新后的剩余寿命分布，实现在线剩余寿命估计。

6.2.4 惯性测量组合剩余寿命估计的仿真试验

为验证所提方法在工程实际中的应用效果，以某型武器系统惯性测量组合为例，利用收集到的状态监测数据进行试验验证。惯性测量组合（Inertial Measurement Unit，IMU）是捷联惯性导航系统（Strapdown Inertial Navigation System，SINS）的敏感部件，广泛应用于航空航天、军事装备、民用导航等领域。IMU 运行性能的好坏对导航精度有着重要影响[19]。某型武器系统的 IMU 的核心部件为 3 个陀螺仪和 3 个加速度计，分别测量运载体的角速度和线加速度，经过坐标变换与计算，得到运载体的位置、速度和姿态角信息，最终实现自主导航。惯性测量组合性能好坏的主要量化标准是其测试精度，而惯性测量组合的精度主要受陀螺仪漂移系数的影响，因此，可将陀螺仪的漂移系数作为判别惯性测量组合退化程度的性能指标。工程实际中，陀螺仪的工作环境与负载不尽相同，转子高速旋转必然造成转轴的磨损，导致陀螺仪发生漂移，直接反映为漂移系数逐渐增大[20]。本试验选取敏感轴方向的一次项漂移系数作为直接监测的性能指标。该指标与惯性测量组合的剩余寿命之间存在一定的随机关系。试验中以某武器系统的惯性测量组合为研究对象，进行连续工作测试，采样间隔为 3h，共收集一次项漂移系数 96 组，如图 6.1 所示。

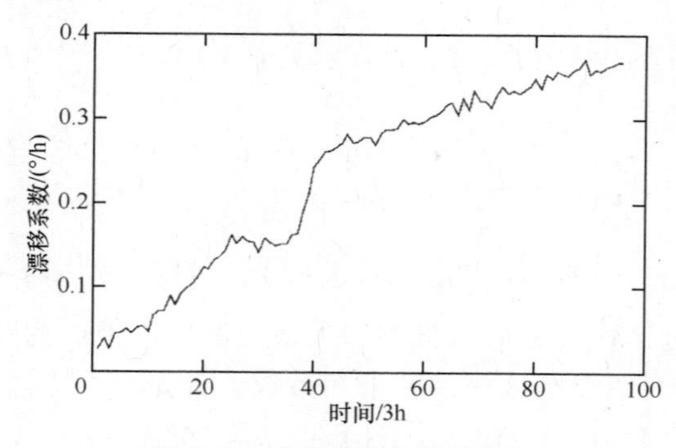

图 6.1 一次项系数漂移数据

此外，惯性测量组合的失效多由陀螺仪失效引起，因此，试验中也主要收集陀螺仪的历史寿命数据。收集到的部分历史寿命数据如表 6.1 所列（仅列出部分寿命数据）。

表 6.1 同类设备的历史寿命数据

陀螺仪	1	2	3	4	5	6	7	8
寿命/h	404.9	316.7	266.5	521.1	459.5	225.0	514.3	448.1

实际应用中，针对不同的研究背景，需要确定或者选择式（6.17）中的函数 $h(Z_i \mid \alpha)$ 的具体形式。文献［15］指出，在半随机滤波方法的框架下，直接监测变量 Y_i 应满足条件 $E(Y_i) \propto A + B\exp(-CZ_i)$，其中 A，B 和 C 为需要估计的参数。针对惯性测量组合的剩余寿命估计问题，采用 AIC 准则（Akaike Information Criterion）[21]比较不同函数形式的匹配度，选择最适合的 $h(Z_i \mid \alpha)$。AIC 准则同时考虑极大似然估计策略中的对数似然函数和被估计参数的个数，为不同应用背景选择最好的匹配模型。可表示为

$$\mathrm{AIC} = 2(k - \ln L(\hat{\theta})) \tag{6.46}$$

式中：k 为被估计参数的个数；$\hat{\theta}$ 为待估计的参数向量；$\ln L(\hat{\theta})$ 为对应不同函数形式的极大似然函数值。具有最小 AIC 的模型为最匹配的模型。

如上所述，首先根据同类设备的历史寿命数据采用极大似然估计法估计初始寿命分布，可得初始寿命 $X_0 \sim \ln N(5.0,1.5)$ 。针对不同的应用背景，需要选择最匹配的函数 $h(Z_i \mid \alpha)$ 的具体形式。利用 AIC 准则，对应不同的 $h(Z_i \mid \alpha)$ 的形式，得到的模型选择结果如表 6.2 所列。

表 6.2　估计模型选择结果

	$h(Z_i \mid \alpha)$		
	$a+b\exp(-Z_i)$	$a+b\exp(-cZ_i)$	$a+b\exp(-ce^{Z_i})$
$\ln L(\hat{\theta})$	-76.6503	-77.8006	-79.3262
AIC	157.3006	161.6011	164.6542

由表 6.2 可知，当 $h(Z_i \mid \alpha)=a+b\exp(-Z_i)$ 时，估计模型具有最小的 AIC，因此选择此种函数形式作为最终的估计模型。在此基础上，为实现实时剩余寿命估计，采用期望最大化算法更新未知参数，在每一监测时刻的参数估计与更新结果如图 6.2～6.4 所示。

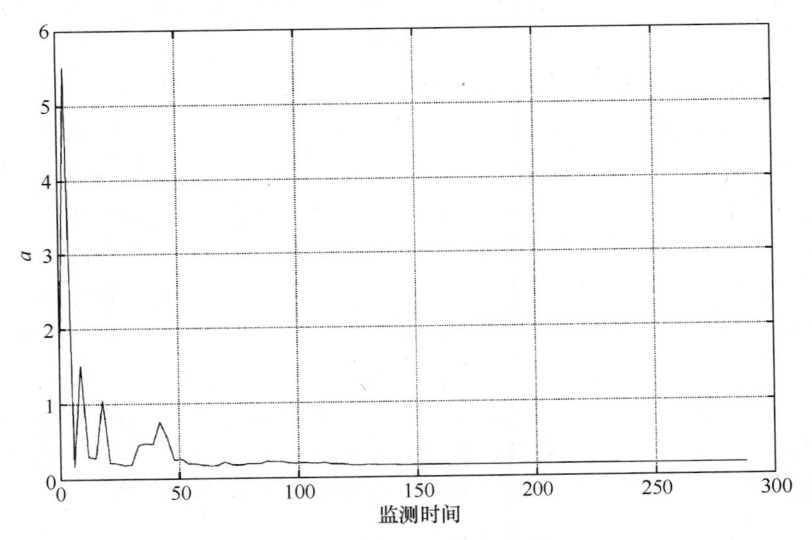

图 6.2　参数 α 的更新结果

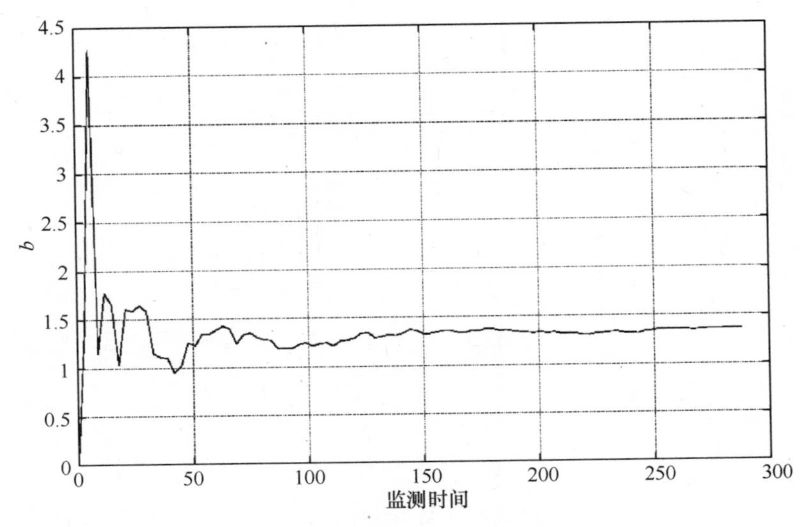

图 6.3　参数 β 的更新结果

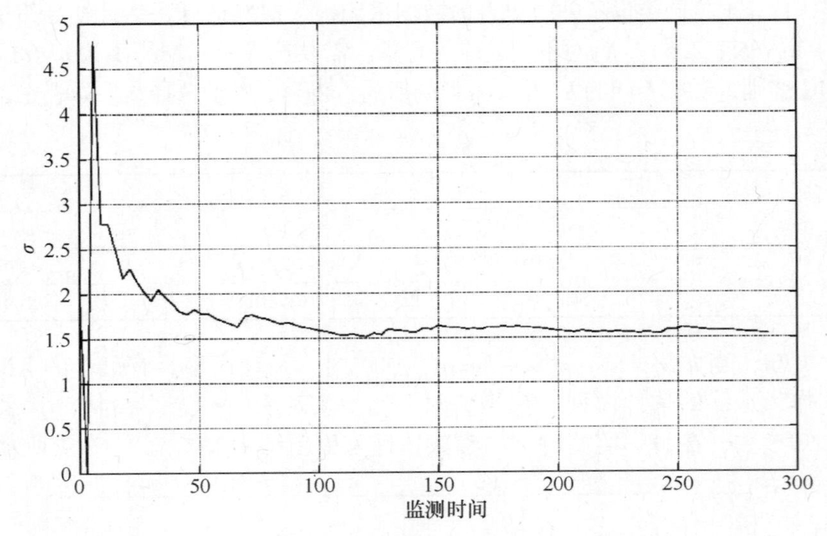

图 6.4 参数 σ 的更新结果

显然，当监测数据较少时，参数估计与更新的结果变化较大，随着监测数据的增加，参数的更新值逐渐收敛。其中，参数 a 的收敛结果为 0.1561，参数 b 最终的估计结果为 1.3617，噪声标准差 σ 的估计结果为 1.5404。图 6.2 ~ 6.4 表明本章提出的基于期望最大化算法的参数在线估计方法能够有效估计模型的未知参数，参数收敛速度较快。

为验证本章所提方法的剩余寿命估计效果，待估计设备的真实寿命未知，初始寿命分布只是依靠同类设备的历史寿命数据估计得到，也不是其真实寿命，采用失效阈值法近似真实寿命。依据工程实际经验，惯性测量组合的失效阈值可设为 0.38$^{(\circ)}$/h，而本试验所得到的测试数据的第 96 个数据点为 0.3677$^{(\circ)}$/h，没有超过失效阈值。但是，根据测试数据可以推断，在第 96 次监测之后，漂移系数已经很接近失效阈值，因此，假设惯性测量组合的真实寿命近似为 289h，以第 90 个数据到 96 个数据为例，本章所提方法的剩余寿命估计结果如图 6.5 所示。

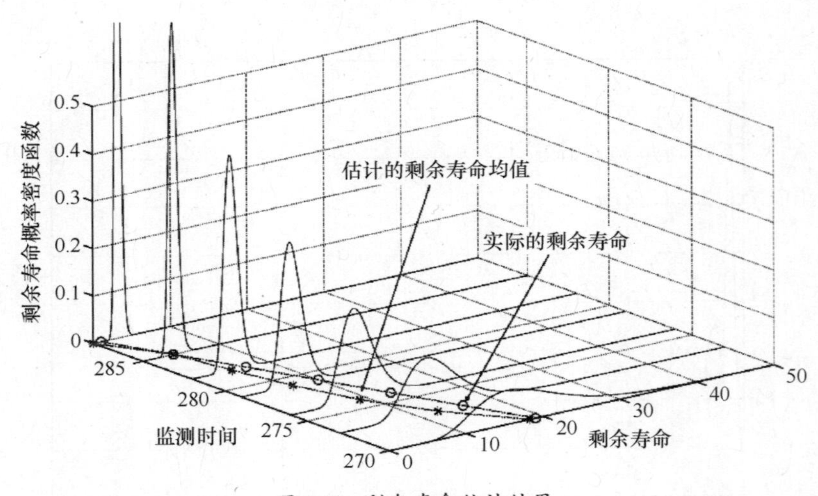

图 6.5 剩余寿命估计结果

由图 6.5 可以看出，本章所提方法在剩余寿命估计过程中利用了运行设备的实时监测数据。因此，得到的剩余寿命概率密度曲线更加紧致，说明估计的不确定性小。此外，本章所提方法的估计精度较高，几个监测点处的估计均值与实际值相差不大，充分说明了依据设备实时监测数据在线估计剩余寿命的必要性。

6.3 基于隐含线性退化过程建模的剩余寿命在线估计

随着现代科技水平与工艺技术的不断发展，在设计生产阶段设备的可靠性就有了很高的保证，短期内通常很难获得足够多的寿命数据。特别是对于一些新研制的设备而言，历史寿命数据几乎没有。因此，在不依赖于历史寿命数据的情况下，仅利用同类设备的历史监测信息和运行设备的实时监测数据，通过直接建模隐含退化过程以及直接监测与隐含退化之间的关系，进而估计设备剩余寿命的方法具有很好的应用前景。

无论是基于直接监测信息的剩余寿命估计方法还是基于间接监测信息的方法，有效建模实际的退化过程是实现精确的剩余寿命估计的关键步骤。考虑到设备退化过程本身的随机性和动态特性，许多研究人员认为随机过程能够更好地描述退化过程的这种不确定性，提倡采用随机过程建模退化过程，如维纳过程、Gamma 过程、隐含马尔可夫过程等。实际中，设备运行环境的改变、性能退化变量的随机变化等因素都有可能加速或减缓退化状态的变化，使之呈现非单调的特征。但是，除维纳过程外，现有随机过程建模方法大都假设退化过程是单调的、不可逆的。而维纳过程能够描述具有增加或减小趋势的非单调随机过程，因而没有单调性假设的限制，特别适合建模实际运行设备的退化过程。

综上所述，本章考虑没有历史寿命数据的情况，提出一种基于隐含线性退化过程建模的剩余寿命在线估计方法。首先构建基于状态空间技术的估计模型。该模型利用线性漂移驱动的 Brownian 运动即维纳过程描述隐含退化过程，并通过观测方程表征直接监测与隐含退化之间的关系。然后在首达时间的意义下，充分考虑状态估计的不确定性，推导出剩余寿命分布的解析形式。最后提出了一种离线确定模型参数初值，在线估计与更新参数初值的方法。该方法首先利用同类设备的历史监测数据离线估计未知参数，然后以此作为模型参数的初始值，依据单个运行设备的监测信息，利用期望最大化算法和卡尔曼滤波联合在线估计未知参数与隐含状态。

6.3.1 状态空间模型与剩余寿命估计

1. 退化过程的无限可分性

为了更加充分地说明维纳过程非常适合描述退化过程，首先分析退化过程的一个重要属性：无限可分性。设备在实际运行过程中受到各种环境因素、负载变化等因素的影响，随着运行时间的增长，设备内在的物理机理会逐渐发生变化，表现为设备性能的逐渐降低、功能的逐渐退化。因此，退化是设备内在的不可避免的本质特征，设备退化过程的随机性不应受采样频率和采样间隔的限制，也即退化过程的不确定性不受采样数目的影响[22]。若描述设备退化的随机过程是无限可分的，便可以更好地建模退化过程。下面给出随机过程无限可分性的定义。

定义 6.1 对于一个随机过程 $\{X(t),t>0\}$，若给定一个固定时间 t 和任意 $n\in N$，存在一个时间序列 $\{t_i\}_{1\leqslant i\leqslant n}$ 且 $0\leqslant t_1\leqslant t_2\leqslant\cdots\leqslant t_n\leqslant t$ 和独立同分布的随机变量 $X_{t_1},X_{t_2-t_1},\cdots,X_{t-t_n}$，其中，使得 $X(t)=X_{t_1}+X_{t_2-t_1}+\cdots+X_{t-t_n}$，则此随机过程是无限可分的。

文献［23］以疲劳裂纹数据和激光发生器的数据为例，通过仿真说明物理退化过程的不确定性应当不受采样频率和时间间隔的影响。在该仿真中，对于 M 条退化采样路径，固定第一个和最后一个监测时间点，并在剩余时间点中随机抽取监测点并计算这些时间点上退化数据的方差，通过方差来量化退化过程的不确定性。仿真结果显示随着采样点的增加，退化过程在固定时间区间内的方差趋于稳定，充分说明了物理的退化过程的不确定性不受采样频率和时间间隔的影响。因此，合理的退化模型应当满足这一特点[23]。现有的随机过程，只有维纳过程和 Gamma 过程是无限可分的，但 Gamma 过程只适合严格单调的退化过程，而维纳过程非常适合建模非单调的退化过程。因此，本章利用维纳过程建模设备的隐含退化过程。

2. 状态空间模型的构建

维纳过程是由 Browian 运动驱动的漂移系数与时间无关的一类时齐扩散过程，又称为漂移 Browian 运动，其漂移系数为一常数。考虑一个动态系统，隐含退化过程 $\{X(t), t \geqslant 0\}$ 可由维纳过程建模，即 $X(t)$ 可表示为

$$X(t) = \lambda t + \sigma_{\mathrm{B}} B(t) \tag{6.47}$$

式中：λ 为漂移系数；$\sigma_{\mathrm{B}} > 0$ 为扩散系数；$B(t)$ 为标准 Browian 运动。

由式（6.47）可以看出，维纳过程不但可以建模非单调退化过程，且通过使 $\lambda \gg \sigma_{\mathrm{B}}$，可以近似地建模单调退化过程，具备更大的灵活性。这也是本章选择维纳过程建模退化过程的原因之一。下面通过一个引理说明维纳过程的无限可分性。

引理 6.1 一个维纳过程是无限可分的[24]。

对于一个任意的时间长度 t，将其分成 n 个相互独立的区间，即 $0 \leqslant t_1 \leqslant t_2 \leqslant \cdots \leqslant t_n \leqslant t_{n+1} = t$。定义 $X_{t_{i+1}-t_i} = X(t_{i+1}) - X(t_i)$。根据维纳过程的性质可知，$X_{t_{i+1}-t_i}$ 是一个维纳过程，且 $X_{t_{i+1}-t_i} = \lambda(t_{i+1} - t_i) + \sigma_{\mathrm{B}} B(t_{i+1} - t_i)$。总的退化量为各 $X_{t_{i+1}-t_i}$ 之和，即 $X(t) = \lim_{n\to\infty} \sum_{i=0}^{n} X_{t_{i+1}-t_i}$。由于所有的 $X_{t_{i+1}-t_i}$ 相互独立，且根维纳过程的属性可得 $X_{t_{i+1}-t_i} \sim N(\lambda(t_{i+1} - t_i), \sigma_{\mathrm{B}}^2(t_{i+1} - t_i))$。因此，可得 $\sum_{i=0}^{n}(X(t_{i+1}) - X(t_i))$ 同样服从正态分布，且对于任意的 n，都有如下公式成立：

$$\begin{aligned} E\left[\sum_{i=0}^{n}(X(t_{i+1}) - X(t_i))\right] &= \sum_{i=0}^{n} E[(X(t_{i+1}) - X(t_i))] \\ &= \sum_{i=0}^{n}(\lambda(t_{i+1} - t_i)) = \lambda t \end{aligned} \tag{6.48}$$

$$\begin{aligned} \operatorname{Var}\left[\sum_{i=0}^{n}(X(t_{i+1}) - X(t_i))\right] &= \sum_{i=0}^{n} \operatorname{Var}[(X(t_{i+1}) - X(t_i))] \\ &= \sum_{i=0}^{n}(\sigma_{\mathrm{B}}^2(t_{i+1} - t_i)) = \sigma_{\mathrm{B}} t \end{aligned} \tag{6.49}$$

引理即可得证。

工程实际中，有两种形式的隐含退化过程：一是反映设备退化状态的性能指标不能直接监测，只能通过传感器监测其他便于直接测量的与实际退化有一定随机关系的变量；二是直接监测得到的退化变量含有噪声，不能准确反映设备实际的退化状态。针对第二种形式的隐含退化状态，许多研究人员采用加性噪声模型构建实际退化与直接监测之间的随机关系[15-17]。类似地，本章考虑此种隐含退化过程，采用如下加性噪声模型构建观测方程

$$Y(t) = X(t) + \varepsilon(t) \tag{6.50}$$

式中：$Y(t)$ 为直接监测变量。

假设 $\varepsilon(t)$ 在任意的时间点 t 为独立同分布的高斯噪声，即 $\varepsilon(t) \sim N(0, \sigma^2)$。进一

步假设 $\varepsilon(t)$ 与 $B(t)$ 相互独立。

为了辨识实际的退化状态，将动态系统式（6.47）和式（6.50）离散化，得到离散时点 $t_k=k\Delta t$，$k=1,2,\cdots$的状态方程和观测方程

$$\begin{cases} X_k = X_{k-1} + \lambda\Delta t + \sigma_B \sqrt{\Delta t}\omega_k \\ Y_k = X_k + \sigma\upsilon_k \end{cases} \tag{6.51}$$

式中：Δt 为离散化步长；$X_k = X(t_k)$ 和 $Y_k = Y(t_k)$ 分别表示时刻 t_k 的状态和监测。$\{\omega_k\}_{k\geq 1}$，$\{\upsilon_k\}_{k\geq 1}$为独立同分布的噪声序列，且 $\omega_k \sim N(0,1), \upsilon_k \sim N(0,1)$。基于上述构建的状态空间模型，接下来讨论如何利用随机过程的首达时间概念推导剩余寿命分布。

3. 剩余寿命估计

为得到剩余寿命的分布，首先利用首达时间（First Hitting Time，FHT）的概念定义设备寿命。如绪论所述，设备的寿命定义为从初始时刻到设备退化状态首次达到或超过预先设定的失效阈值的时间。对某些情况而言，根据 FHT 定义设备的寿命过于严苛，因为退化过程有可能在超过失效阈值后又返回阈值水平以下。但是，对于一旦失效将会造成巨大的经济损失和人员伤亡的关键设备而言，这些设备的退化状态一旦达到或超过失效阈值，必须强制性地认为设备已经失效。根据 FHT 的定义，设备的寿命 T 可定义为

$$T = \inf\{t: X(t) \geq \omega \mid X(0) < \omega\} \tag{6.52}$$

式中：ω 为预先设定的失效阈值。

一些研究人员为了简化问题，有时采用如下方式定义设备的寿命

$$T = \{t: X(t) \geq \omega \mid X(0) < \omega\} \tag{6.53}$$

这一定义同样被解释为 $X(t)$ 首达失效阈值的时间。但是，上述两种关于设备寿命的定义存在一定的差异，式（6.53）没有考虑在时间区间（0，t）内发生失效的概率。因此，式（6.53）只是式（6.52）的一个必要条件而非充分条件[23]。如果 $X(t)$ 是单调的，上述两种定义等价。然而，由于维纳过程是由 Brownian 运动驱动的一类扩散过程，不满足单调性条件。利用式（6.53）定义设备寿命，可得寿命的概率密度函数和累积分布函数为

$$f_T(t) = \frac{\exp[-(\omega-\lambda t)^2/2\sigma_B^2 t]}{\sigma_B\sqrt{2\pi t}} \tag{6.54}$$

$$F_T(t) = 1 - \Phi\left[\frac{(\omega-\lambda t)}{\sigma_B\sqrt{t}}\right] \tag{6.55}$$

式中：$\Phi(\cdot)$ 为标准正态分布的累积分布函数。

如果利用式（6.52）定义设备寿命，可得寿命的分布为逆高斯分布[25]，对应的概率密度函数和累积分布函数为

$$f_T(t) = \frac{\omega}{\sigma_B\sqrt{2\pi t^3\sigma_B^2}}\exp\left[\frac{-(\omega-\lambda t)^2}{2\sigma_B^2 t}\right] \tag{6.56}$$

$$F_T(t) = 1 - \Phi\left[\frac{(\omega-\lambda t)}{\sigma_B\sqrt{t}}\right] + \exp\left(\frac{2\lambda\omega}{\sigma_B^2}\right)\Phi\left[\frac{(-\omega-\lambda t)}{\sigma_B\sqrt{t}}\right] \tag{6.57}$$

可以看出，通过式（6.52）得到的设备的失效概率要高于通过式（6.53）得到的失效概率，这是因为式（6.53）没有考虑退化过程存在的时变性，忽略了时间区间（0，t）内发生失效的可能性，从而增加了设备运行过程中的失效风险。综上所述，利用维纳过程建模退化过程时，不能采用式（6.53）定义设备的寿命。

利用首达时间概念得到设备寿命的分布之后，为了得到监测时刻 t_i，$i>0$ 的剩余寿命，首先给出如下引理[2]。

引理 6.2 给定时刻 t_i，随机过程 $\{W(t),t\geqslant 0\}$ 满足 $W(t)=B(t+t_i)-B(t_i)$，则对任意的 $t\geqslant 0$，$W(t)$ 仍为一个标准 Brownian 运动，其中 $\{B(t),t>0\}$ 表示标准 Brownian 运动。

根据标准 Brownian 运动的定义，对于 $\{W(t),t\geqslant 0\}$，只需验证下面的性质是否成立即可[26]。

(1) $\{W(t),t\geqslant 0\}$ 是一个连续时间高斯过程。

(2) $E[W(t)]=0$。

(3) $E[W(t)W(s)]=\min\{s,t\}$。

前两个条件根据标准 Brownian 运动的性质可以直接得到，只证明第三个条件。对于随机过程 $\{W(t),t\geqslant 0\}$，有

$$\begin{aligned}E[W(t)W(s)] &= E\{[B(t+t_i)-B(t_i)][B(s+t_i)-B(t_i)]\}\\ &= E[B(t+t_i)B(s+t_i)]-E[B(t_i)B(s+t_i)]-\\ &\quad E[B(t_i)B(t+t_i)]-E[B(t_i)B(t_i)]\\ &= \min\{t+t_i,s+t_i\}-\min\{t_i,s+t_i\}-\min\{t+t_i,t_i\}-t_i\\ &= \min\{s,t\}\end{aligned} \tag{6.58}$$

引理即可得证。

设当前时刻 t_i 设备的退化状态为 $X(t_i)$。对于 $t>t_i$ 隐含退化过程可以表示为

$$X(t)=X(t_i)+\lambda(t-t_i)+\sigma_{\mathrm{B}}(B(t)-B(t_i)) \tag{6.59}$$

如果 t 表示过程 $\{X(t),t\geqslant t_i\}$ 的首达时间，则残差 $t-t_i$ 对应时刻 t_i 的剩余寿命。令 $l_i=t-t_i$，则通过转换式（6.59）可以得到一个新的随机过程 $\{G(l_i),l_i\geqslant 0\}$

$$G(l_i)=X(l_i+t_i)-X(t_i)=\lambda l_i+\sigma_{\mathrm{B}}W(l_i) \tag{6.60}$$

式中：$W(l_i)=B(l_i+t_i)-B(t_i)$。由引理 6.2 可知，$W(l_i)$ 仍为一个标准 Brownian 运动。

根据式（6.60）可知，时刻 t_i 的剩余寿命等价于 $\{G(l_i),l_i\geqslant 0\}$ 达到或超过阈值 $\omega_{ti}=\omega-X(t_i)$ 的首达时间。由于退化状态是隐含的，因此，采用卡尔曼滤波估计退化状态，更多卡尔曼滤波细节可参阅文献［27］。利用卡尔曼滤波算法，根据到当前时刻 t_i 为止的监测序列 $Y_{1:i}=\{Y_1,Y_2,\cdots,Y_i\}$ 可以估计隐含状态 $X_i\sim N(\hat{X}_{ii},P_{ii})$。现有研究大都不考虑状态估计的不确定性，直接将状态估计的均值作为其实际值，得到时刻 t_i 的剩余寿命概率密度函数为

$$f_{L_i}(l_i\mid\theta,Y_{1:i})=\frac{\omega-\hat{X}_{i|i}}{\sigma_{\mathrm{B}}\sqrt{2\pi l_i^3\sigma_{\mathrm{B}}^2}}\exp\left[\frac{-(\omega-\hat{X}_{i|i}-\lambda l_i)^2}{2\sigma_{\mathrm{B}}^2 l_i}\right] \tag{6.61}$$

式中：θ［λ，σ_{B}，σ］为未知参数向量。

退化状态隐含说明不可能得到实际状态的真实值，式（6.61）将估计的状态均值作为其真实值会增大剩余寿命估计的不确定性。为了减少这种不确定性，本章将估计的状态分布引入后续的剩余寿命估计过程中。根据全概率定律，可以得到时刻 t_i 的剩余寿命概率密度函数

$$\begin{aligned}f_{L_i}(l_i\mid\theta,Y_{1:i}) &= \frac{1}{\sigma_{\mathrm{B}}\sqrt{2\pi l_i^2(\sigma_{\mathrm{B}}l_i+P_{i|i})}}\left[\omega-\frac{P_{i|i}(\omega-\lambda l_i)+\hat{X}_{i|i}\sigma_{\mathrm{B}}^2 l_i}{P_{i|i}+\sigma_{\mathrm{B}}^2 l_i}\right]\\ &\quad \exp\left[\frac{-(\omega-\hat{X}_{i|i}-\lambda l_i)^2}{2(\sigma_{\mathrm{B}}^2 l_i+P_{i|i})}\right]\end{aligned} \tag{6.62}$$

6.3.2 参数估计

上一节构建的状态空间模型含有未知参数，因此必须利用直接监测数据估计未知参数。工程实际中，由于设计与制造环节的不尽相同以及设备实际运行过程中受到各种因素的影响，即使同类设备之间也存在差异，从而导致同类设备退化轨迹的多样性。在估计未知参数的过程中，既要充分利用其他同类设备的历史监测信息，又要有效利用实际运行设备的监测数据。因此，本节提出一种利用同类设备监测信息离线估计未知参数，并以此作为参数初值，利用运行设备的实时监测数据在线更新估计值的参数估计方法。

1. 参数离线估计算法

假设有 N 个监测设备，第 i 个设备的监测时间为 $t_{i,1},t_{i,2},\cdots,t_{i,m_i}$，其中 m_i 表示第 i 个设备监测数据的个数，且 $i=1,2,\cdots,N$。第 i 个设备在时刻 $t_{i,j}$ 的监测采样轨迹可由退化模型表征为

$$Y_i(t_{i,j}) = \lambda t_{i,j} + \sigma_B B(t_{i,j}) + \sigma v_{i,j} \tag{6.63}$$

令 $\boldsymbol{t}_i = [t_{i,1},t_{i,2},\cdots,t_{i,m_i}]^{\mathrm{T}},\boldsymbol{Y}_i = [Y_i(t_{i,1}),Y_i(t_{i,2}),\cdots,Y_i(t_{i,m_i})]^{\mathrm{T}}$。根据式（6.63）和独立性假设，$\boldsymbol{Y}_i$ 服从多元正态分布，且其均值与协方差矩阵可表示为

$$\boldsymbol{\mu}_i = \lambda \boldsymbol{t}_i, \sum\nolimits_i = \sigma_B^2 \boldsymbol{Q}_i + \sigma^2 \boldsymbol{I}_{m_i} \tag{6.64}$$

其中

$$\boldsymbol{Q}_i = \begin{bmatrix} t_{i,1} & t_{i,2} & \cdots & t_{i,1} \\ t_{i,1} & t_{i,2} & \cdots & t_{i,2} \\ \vdots & \vdots & & \vdots \\ t_{i,1} & t_{i,2} & \cdots & t_{i,m_i} \end{bmatrix}^{\mathrm{T}}$$

I_{m_i} 表示 m_i 阶单位阵。

根据不同设备退化监测数据之间的独立性假设，未知参数向量 $\boldsymbol{\theta} = [\lambda,\sigma_B,\sigma]$ 的对数似然函数为

$$L(\theta \mid Y) = \frac{1}{2}\ln(2\pi)\sum_{i=1}^{N} m_i - \frac{1}{2}\sum_{i=1}^{N}\ln\left|\sum\nolimits_i\right| - \frac{1}{2}\sum_{i=1}^{N}(\boldsymbol{Y}_i - \lambda \boldsymbol{t}_i)^{\mathrm{T}}\sum\nolimits_i^{-1}(\boldsymbol{Y}_i - \lambda \boldsymbol{t}_i) \tag{6.65}$$

其中，$\left|\sum_i\right|$ 和 $\sum_i^{-1}$ 可通过 MATLAB 直接求取。

为了降低参数空间的寻优维度，减少计算复杂度，对式（6.65）取关于 λ 的一阶偏导数，得

$$\frac{\partial L(\theta \mid Y)}{\partial \lambda} = \sum_{i=1}^{N} \boldsymbol{t}_i^{\mathrm{T}} \sum\nolimits_i^{-1} \boldsymbol{Y}_i - \lambda \sum_{i=1}^{N} \boldsymbol{t}_i^{\mathrm{T}} \sum\nolimits_i^{-1} \boldsymbol{t}_i \tag{6.66}$$

令式（6.66）为0，则关于 λ 的受限极大似然估计为

$$\hat{\lambda} = \frac{\boldsymbol{t}_i^{\mathrm{T}} \sum_i^{-1} \boldsymbol{Y}_i}{\boldsymbol{t}_i^{\mathrm{T}} \sum_i^{-1} \boldsymbol{t}_i} \tag{6.67}$$

将式（6.67）代入式（6.65），可以得到关于参数 σ_B，σ 的剖面似然函数。最大化此剖面似然函数便可得到对应的极大似然估计值，代入式（6.67）即可得到参数 λ 的估计值。寻优过程只需利用 MATLAB 进行二维搜索即可。

2. 参数在线更新算法

离线得到参数估计初值后，本节同样采用期望最大化算法实现参数的在线更新。在此，

只给出针对模型式（6.51）的实现过程。首先计算到时刻 t_i 为止，包含完整数据集（$X_{1:i}$，$Y_{1:i}$）的对数似然函数，即 $L(X_{1:i},Y_{1:i} \mid \theta)$ 可表示为

$$
\begin{aligned}
L(X_{1:i},Y_{1:i} \mid \theta) &= \ln p(X_{1:i},Y_{1:i} \mid \theta) = \ln\left[\prod_{k=1}^{i} p(X_k \mid X_{k-1};\theta)\prod_{k=1}^{i} p(Y_k \mid X_{k-1};\theta)\right] \\
&= -i\ln(2\pi\sqrt{\Delta t}) - i\ln\sigma_{\mathrm{B}} - \frac{1}{2\sigma_{\mathrm{B}}^2\Delta t}\sum_{k=1}^{i}(X_k - X_{k-1})^2 - i\ln\sigma - \frac{1}{2\sigma^2}\sum_{k=1}^{i}(\boldsymbol{Y}_k - \boldsymbol{Y}_{k-1})^2
\end{aligned}
\tag{6.68}
$$

接下来，计算对数似然函数的条件期望，可以得到

$$
\begin{aligned}
Q(\theta,\hat{\theta}^{(j)}) \propto &-i\ln\sigma_{\mathrm{B}} - \frac{1}{2\sigma_{\mathrm{B}}^2\Delta t}\sum_{k=1}^{i}\left[A_k - 2\lambda\Delta t B_k + (\lambda\Delta t)^2\right] - \\
&i\ln\sigma - \frac{1}{2\sigma^2}\sum_{k=1}^{i}(Y_k^2 + P_{k|i} + \hat{X}_{k|i}^2 - 2Y_k\hat{X}_{k|i})
\end{aligned}
\tag{6.69}
$$

式中：$A_k = P_{k|i} + \hat{X}_{k|i}^2 + P_{k-1|i} + \hat{X}_{k-1|i}^2 - 2P_{k,k-1|i} - 2\hat{X}_{k|i}\hat{X}_{k-1|i}$；$B_k = \hat{X}_{k|i} - \hat{X}_{k-1|i}$。相对于 $\hat{\theta}^{(j)}$ 的估计 $\hat{X}_{k|i}$，$\hat{X}_{k-1|i}$，$P_{k|i}$，$P_{k-1|i}$ 和 $P_{k,k-1|i}$ 可通过卡尔曼平滑[28-30]得到。

为减少参数寻优复杂度，同样采用剖面似然函数法，分别计算式（6.6）相对于参数 λ，σ_{B} 和 σ 的偏导数，并且令这 3 个偏导数为 0，可得

$$
\hat{\lambda} = \frac{\sum_{k=1}^{i} B_k}{i \cdot \Delta t}
\tag{6.70}
$$

$$
\hat{\sigma}_{\mathrm{B}}{}^2 = \frac{\sum_{k=1}^{i}\left[A_k - 2\lambda\Delta t B_k + (\lambda\Delta t)^2\right]}{i \cdot \Delta t}
\tag{6.71}
$$

$$
\hat{\sigma}^2 = \frac{\sum_{k=1}^{i}(Y_k^2 + P_{k|i} + \hat{X}_{k|i}^2 - 2Y_k\hat{X}_{k|i})}{i}
\tag{6.72}
$$

根据一阶必要条件可知，最优的参数估计值必满足式(6.70)～式(6.72)。因此，可通过直接计算得到未知参数的估计值。

由上述推导可知，本章所提方法首先根据同类设备的历史监测信息离线估计模型未知参数，并以此作为下一步在线估计的参数初值。针对具体的运行设备，一旦获取新的监测值，即利用期望最大化算法估计与更新未知参数。相应地，利用卡尔曼滤波估计与更新退化状态，最终实现实时剩余寿命估计。本章的剩余寿命估计算法总结如下：

算法 6.2（剩余寿命在线估计算法）：

（1）根据同类设备历史监测信息，采用本小节提出的算法离线估计模型参数。

（2）采用期望最大化算法在线更新模型参数：

①以步骤（1）估计的参数作为期望最大化算法的迭代初值 $\hat{\theta}^{(0)}$。

②对于 $j=1$，2，…，根据第 $j-1$ 步的参数估值 $\hat{\theta}^{(j-1)}$，利用卡尔曼平滑估计 $\hat{X}_{k|i}$，$\hat{X}_{k-1|i}, P_{k|i}, P_{k-1|i}$ 和 $P_{k,k-1|i}, k = 1,2,\cdots,i$，并计算 $\mathcal{Q}(\theta,\hat{\theta}^{(j-1)})$。

③最大化 $\mathcal{Q}(\theta,\hat{\theta}^{(j-1)})$，得到第 j 步的参数估值 $\hat{\theta}^{(j)}$。

④判断是否满足收敛标准，若满足，则令 $\hat{\theta} = \hat{\theta}^{(j)}$，进入步骤（3），否则返回步骤（2）。

（3）剩余寿命估计：

①当前时刻 t_i，基于更新后的参数估值可得到具体的参数化的状态空间模型。

②利用卡尔曼滤波估计当前时刻的退化状态，得到 $X_i \sim N(\hat{X}_{i|i}, P_{i|i})$。

③利用式（6.62）得到时刻 t_i 的剩余寿命概率密度函数。

④当新的监测值可用，返回步骤（2），更新参数估值。相应地根据步骤3，更新剩余寿命的分布。

6.3.3 惯性测量组合剩余寿命估计的仿真试验

电池是许多电子设备和复杂系统的关键部件，广泛用于航空航天领域以及军事领域，许多卫星和航天飞行器的故障都是由电池失效导致的。惯性测量组合二次电源主要任务就是将弹上电池提供的+28V直流电源变换为本体、电子箱和控制系统电位计工作所需要的各种频率和电压值的电源。导弹本身属于一次性使用产品，弹上电池一旦激活就意味着不可再用，因此很难收集到大量的电池性能退化数据。随着电子技术的不断进步，能够循环使用、反复充电的新型离子电池是未来进一步降低设备成本、提高训练效率的可行发展趋势。因此，有效建模电池性能退化指标、精确估计电池的剩余寿命能够有效降低失效风险，提高系统可靠性、安全性。本节以NASA提供的电池数据为例，验证所提方法的效果。

电池的容量变化表征了电池的退化状态，因此，将容量作为电池实际的退化状态。NASA AMES PCoE研究中心联合美国能源部Idaho国家实验室，对锂离子电池的循环寿命开展了大量的试验性研究。所得数据集主要来源于研究中心搭建的锂离子电池测试床。测试过程中，综合考虑多种工况条件，反复对锂离子电池充电、放电，加速电池老化，导致电池容量衰减，当电池容量下降到大约额定容量的30%，即认为电池循环寿命结束，停止试验。在每一个充放电周期都记录对应的电池容量和其他相关的内部参数如阻抗测量等。

本试验将含有噪声的测试容量作为电池监测量，实际的电池容量作为隐含退化状态，构建状态空间模型，利用滤波技术估计电池的剩余寿命。为验证所提方法的效果，本试验选取第三组测试电池即5号到7号和18号电池的数据，利用5号到7号电池的数据作为先验历史数据对模型参数离线估计，然后将18号电池作为被估计对象，利用其测试数据在线更新参数估值，从而实时估计该电池的剩余寿命。电池容量的退化数据如图6.6所示。

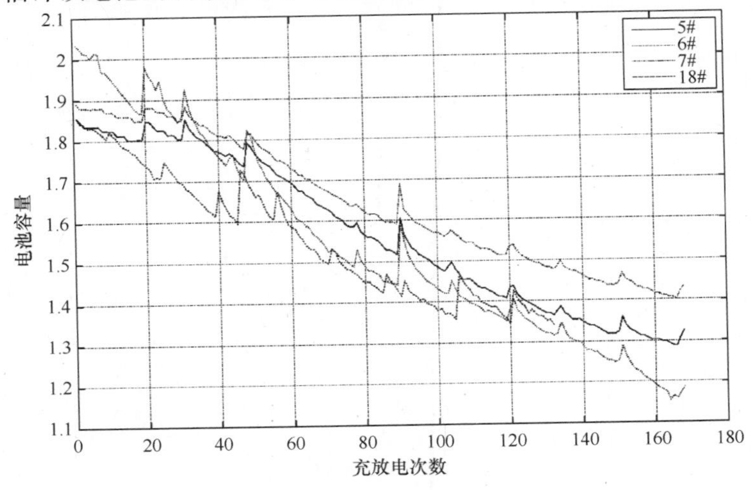

图6.6　电池容量随充放电次数的变化

注意到本节所提方法考虑的是退化过程具有增长趋势的情况，但是电池容量的退化过程随时间具有下降的趋势。因此，试验中对电池的监测数据取倒数，失效阈值取为 0.79。为了便于比较研究，采用每一个测试点处估计的剩余寿命分布的均方误差（Mean – Squared Error，MSE）为标准，比较不同模型的估计精度。MSE 定义为

$$\mathrm{MSE}_i = \int_0^{\infty} (\tilde{l}_i - l_i)^2 f_{L_i}(l_i \mid \theta, Y_{1:i})\,\mathrm{d}l_i$$

式中：$\tilde{l}_i$ 为时刻 t_i 设备实际的剩余寿命；$f_{L_i}(l_i \mid \theta, Y_{1:i})$ 为每一个状态监测点处得到的剩余寿命概率密度函数。

相应地，总均方误差（Total Mean – Squared Error，TMSE）可以表示为

$$\mathrm{TMSE} = \sum_{i=1}^{M} \int_0^{\infty} (\tilde{l}_i - l_i)^2 f_{L_i}(l_i \mid \theta, Y_{1:i})\,\mathrm{d}l_i$$

式中：M 为监测数据的个数。

首先将 5 号到 7 号电池的数据利用本章方法离线估计模型参数，得到 $\lambda = 0.0358$，$\sigma_B = 0.0931$，$\sigma = 0.0360$。将这些参数估值作为初始值，利用 18 号电池的 132 组数据，更新模型的参数，结果如图 6.7 ~ 图 6.9 所示。

3 个参数最终的估计值分别为 $\lambda = 0.0056$，$\sigma_B = 0.0475$，$\sigma = 0.0060$，相对于初值变化较小。随着测试数据的增加，更新值很快趋于稳定，说明本章提出的参数离线估计方法能够有效利用同类设备的历史信息，减少参数估计过程中的盲目性和不确定性，提高参数估计的精度与收敛速度。

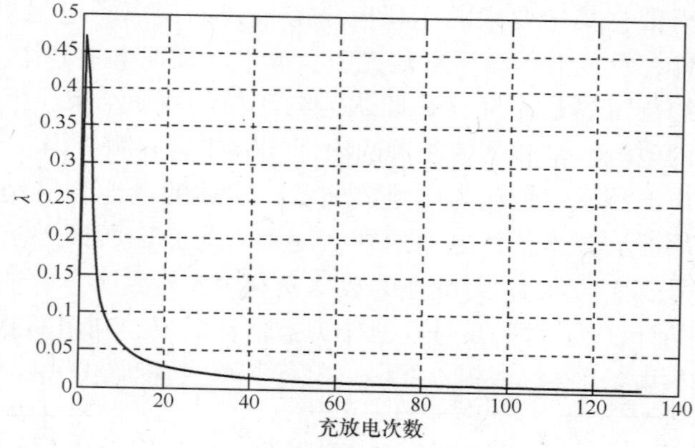

图 6.7　参数 λ 的更新结果

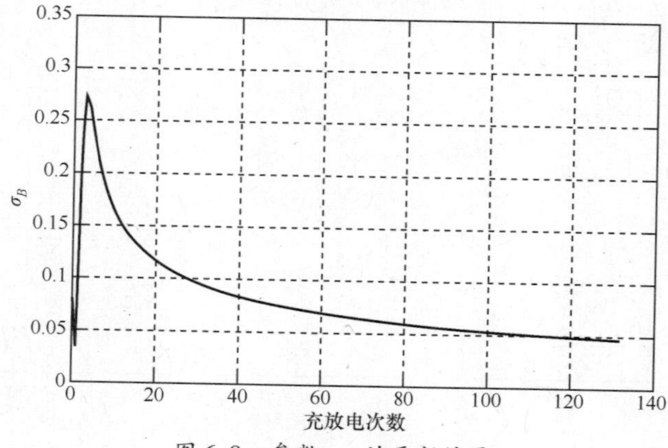

图 6.8　参数 σ_B 的更新结果

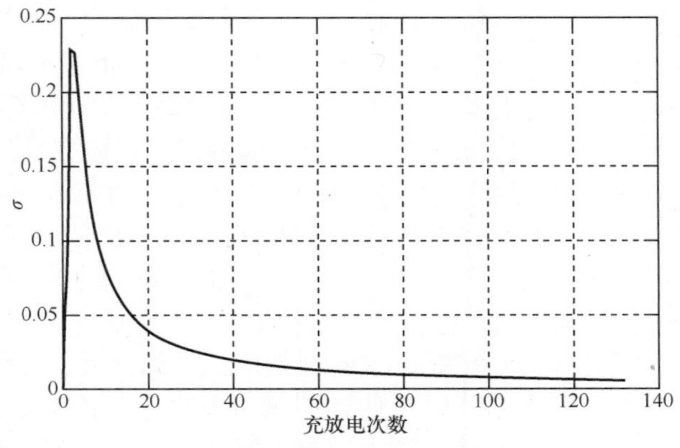

图 6.9 参数 σ 的更新结果

确定模型参数后，即可根据式（6.62）得到当前时刻的剩余寿命概率密度函数。作为比较研究，考虑另外两种模型：一种不考虑状态估计的不确定性，直接将当前时刻的状态估计值作为真值，即剩余寿命概率密度函数可由式（6.61）得到，此种模型简记为 M2；一种不考虑参数的在线更新问题，将利用同类电池历史数据离线估计的参数固定，直接利用其确定的状态空间模型估计 18 号电池的剩余寿命，此种模型简记为 M3；本章所构建的模型为 M1。以第 122 个到 132 个数据为例，3 种模型的剩余寿命估计结果如图 6.10 和图 6.11 所示。

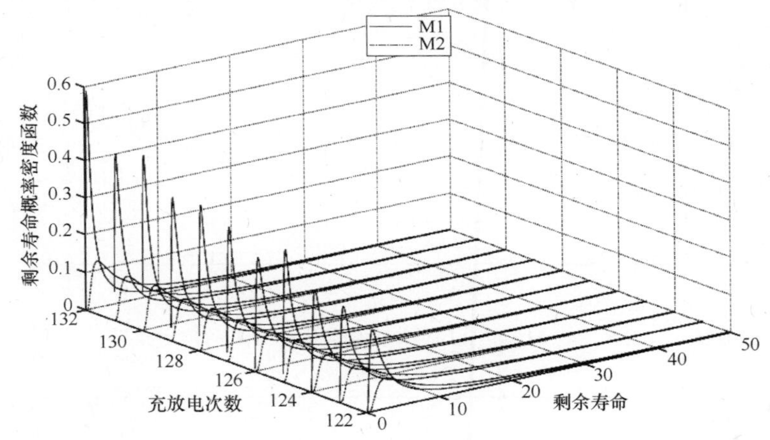

图 6.10 M1 和 M2 的剩余寿命估计结果比较

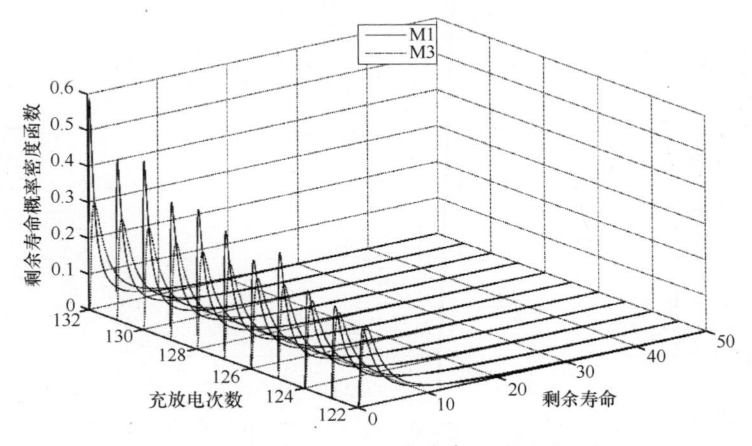

图 6.11 M1 和 M3 的剩余寿命估计结果比较

如果退化状态是隐含的，则其精确值未知，仅仅利用估计均值作为状态的真实值，容易造成剩余寿命估计的不确定性较大。由图 6.10 可知，本章所提模型的概率密度曲线更加紧致，说明估计的不确定性小。原因是估计过程中，不仅考虑估计均值，并且综合考虑状态估计的不确定性，将状态估计的均值与方差同时引入剩余寿命的概率密度函数中，从而可以减少估计的不确定性，降低失效风险。而由图 6.11 可以看出，由于 M3 不是真正意义上的在线估计，没有充分利用待估计电池的监测数据实时调整更新参数估值与剩余寿命，因而本章所提模型的估计效果要优于 M3。特别是寿命后期，M1 的不确定性明显小于 M3 的不确定性。为了进一步说明本章模型的估计精度高，分别比较 3 种模型的 MSE，MSE 的比较结果如图 6.12和 6.13 所示。当测试数据较少时，3 种模型的误差都很大，这是因为测试数据少导致参数和实际的退化状态估计不准确，因而估计的剩余寿命也不准确。根据 MSE 定义可以看出，估计结果不准确会导致 MSE 很大，随着监测数据的增加，估计越来越准确，总体上表明本章模型的估计精度要优于其他两种模型。

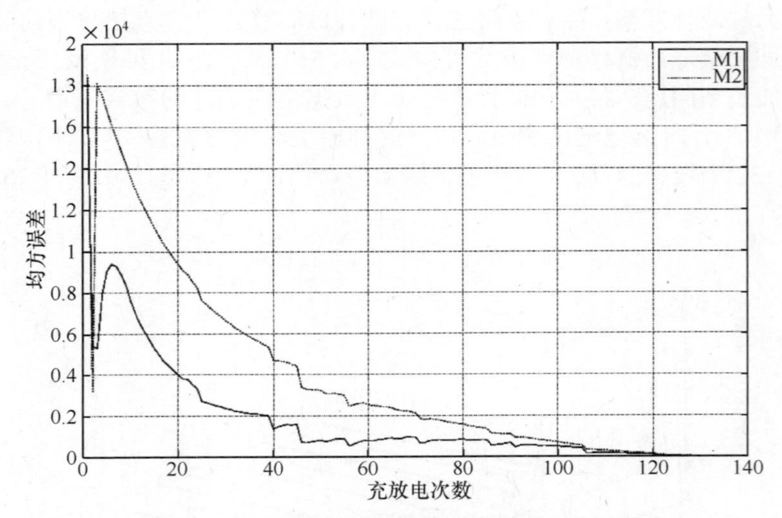

图 6.12　M1 和 M2 的剩余寿命估计结果的均方误差

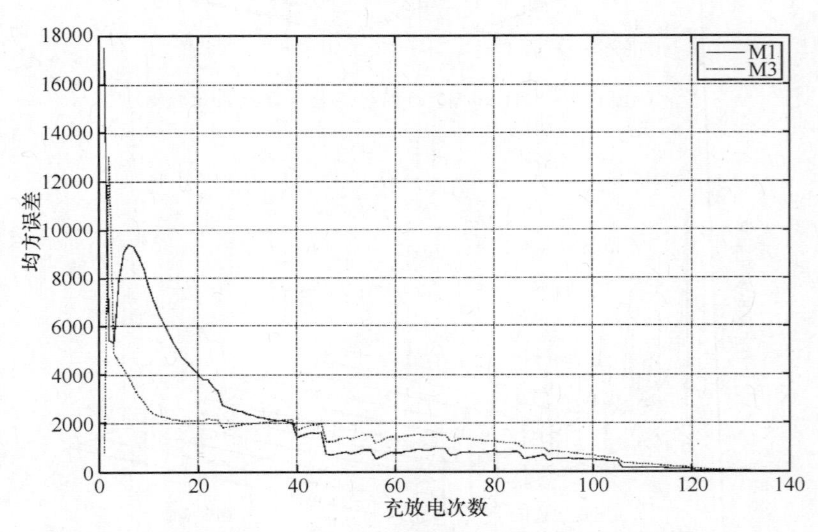

图 6.13　M1 和 M3 的剩余寿命估计结果的均方误差

6.4 基于隐含非线性退化过程建模的剩余寿命在线估计

在退化过程随机建模的框架下研究剩余寿命预测方法，非线性和随机性是必须考虑的至关重要的问题。现有的基于退化过程随机建模的研究大都考虑线性模型或者可以通过对数变换和时间尺度变换转换为线性模型的几种特例[31,32]。直接考虑非线性模型的研究非常少，推导出非线性模型下剩余寿命分布的解析形式的研究几乎没有，仅局限于考虑具有相同退化形式的一类设备，且退化过程可直接监测。由于设备的复杂性和直接监测退化状态的成本过高等因素的影响，隐含或部分可监测的退化过程广泛存在于工程实际中。此外，考虑到在一批同类型设备中，每个设备在运行过程中的情况都可能有差异，从而显示不同的退化轨迹，因此在退化模型中，有必要考虑不同设备之间存在的个体差异。一般地，这种个体差异是通过退化模型中的随机参数来描述的。随着对预测方法的实时性和准确性要求的提高，考虑具体服役设备的个体差异性，并利用运行设备的整个历史监测信息和实时监测数据在线自适应更新剩余寿命的方法日益重要。虽然研究人员提出了很多剩余寿命预测方法，如何准确实时地预测具有隐含非线性退化过程的设备的剩余寿命仍是一个开放式的问题，没有很好地解决。基于隐含退化过程建模的剩余寿命预测方法的关键是合理建模退化过程以及退化过程与直接监测之间的随机关系。研究人员提出了许多模型来描述此类随机关系，其中状态空间模型建模法是一种非常有效的方法。因为其不仅能够方便地在统一的框架下同时建模隐含退化过程和退化与直接监测间的关系，而且可以根据预测方程和更新方程自然地实现实时预测与更新。此外，利用状态空间模型，通过将模型中的参数扩展为一种隐含状态，就可以很好地描述具体服役设备的个体差异性，不仅可以实现剩余寿命的自适应预测，而且可以有效减少需要估计的未知参数的个数，提高参数估计的准确性和鲁棒性。现有研究大都只考虑隐含退化状态随时间线性变化的情况，或为了简单起见，假设状态方程和观测方程都是线性的。工程实际中，非线性退化过程广泛存在，线性模型不能完整描述此类退化过程的动态特性，但是关于非线性退化过程的建模研究少之又少，主要原因是在非线性情况下，得到剩余寿命概率密度函数的解析形式相当困难。而在预测维护的框架内，推导出剩余寿命概率密度函数的解析形式非常有必要，也非常有价值，能够为后续的维护策略安排提供快速实时的决策支持。

综上所述，本节主要研究并致力于解决 3 个问题：一是如何在状态空间的框架下构建自适应预测模型；二是如何得到剩余寿命分布的解析形式；三是如何在非线性模型下实现剩余寿命预测的实时更新以保证更新后的剩余寿命能够实时精确地反映运行设备的实际状态。具体地，本章首先利用非线性漂移驱动的布朗运动表征隐含退化过程的非线性特征；然后构建状态空间模型建模随机关系，在该模型框架下，将表征设备个体差异性的漂移系数由随机游走模型建模，从而将其作为一种隐含状态进行自适应估计与更新；最后将估计的状态分布引入剩余寿命估计过程中，近似得到了剩余寿命分布参数化的解析形式。由于观测方程的非线性特征，利用粒子滤波和 EM 算法联合估计隐含状态和未知参数。一旦新的监测数据可用，即可联合更新参数与状态。相应地，可以更新剩余寿命分布，实现实时剩余寿命预测。最后通过惯性测量组合的试验仿真表明所提方法的应用效果。本章所提出的剩余寿命预测方法与其他研究主要存在以下几点不同：①本章所提方法针对退化过程隐含对剩余寿命预测的影响，同时考虑状态估计的不确定性和退化过程本身的不确定性（服役设备的个体差异性），将隐含状态估计的不确定性引入剩余寿命估计过程中；②提出了一种一般的描述隐含非线性退化过程的模型，在该非线性模型下，不借助对数变换或时间尺度变换推导出了剩余寿命分布的近似解析形式；③根据运行设备的实时监测数据，联合估计与更新模型未知参数和隐含状态，实现了实时剩余寿命预测。

6.4.1 问题描述与剩余寿命估计

时刻 t，设备的退化状态由 $X(t)$ 表示，利用文献［33］给出的非线性漂移驱动的布朗运动建模退化过程，则退化过程可写为

$$X(t) = X(0) + \lambda\int_0^t \mu(\tau;\vartheta)\mathrm{d}\tau + \sigma_{\mathrm{B}}B(t) \tag{6.73}$$

式中：$X(0)$ 为初始退化状态，假设 $X(0)=0$；$\lambda\int_0^t \mu(\tau;\vartheta)\mathrm{d}\tau$，$\sigma_{\mathrm{B}}$ 为漂移项和扩散系数，且 λ 表征具体服役设备的个体差异；$B(t)$ 为标准布朗运动。此处，假设式（6.73）满足正则化条件以保证全局解存在。由上述退化模型可知，若 $\mu(\tau;\vartheta)$ 为时间 t 的非线性函数，则该模型能够表征退化过程的非线性特征。进一步而言，不同函数形式的 $\mu(\tau;\vartheta)$ 可以描述不同形式的非线性退化过程。如果 $\int_0^t \mu(\tau;\vartheta)\mathrm{d}\tau = \eta t$，式（6.73）将退化为传统的基于线性漂移驱动的布朗运动。因此，线性情况是该模型的特例。

构建直接监测变量与隐含退化状态间的随机关系之前，为了更好地理解模型式（6.73），首先给出两个注释。

注释 6.1 本章的“非线性”表示隐含退化过程随时间非线性变化，平均退化路径是时间 t 的非线性函数，而不是状态 $X(t)$ 的非线性函数，即退化过程是时间相关而非状态相关的，对于状态相关的退化过程建模，可参考文献［34-36］。

注释 6.2 现有关于非线性退化建模的研究大都假设非线性过程能够通过某种变换近似线性化，例如对数变换或时间尺度变换。但是，此类变换本质上是重构数据，且局限于几类特殊的非线性退化过程。模型式（6.73）不需要利用此类变换而直接可以表征一般意义下的非线性退化过程。特别是在不能通过重构数据将非线性过程转换为线性过程的情况下，模型式（6.73）的实际意义会更加凸显。

直接监测信息可以通过一定的传感装置获得，其与隐含退化状态间的随机关系可由如下模型描述：

$$Y(t) = g(X(t);\xi) + \varepsilon(t) \tag{6.74}$$

式中：$g(X(t);\xi)$ 为 $X(t)$ 的非线性函数且含有未知参数向量 ξ。在任意时间点 t，假设 $\varepsilon(t)$ 是独立同分布的，且 $\varepsilon(t) \sim N(0,\sigma^2)$。进一步假设 $\varepsilon(t)$ 和 $B(t)$ 相互独立。

式（6.73）和式（6.74）构成了基于状态空间的剩余寿命估计模型，该模型不仅利用非线性函数表征隐含退化过程，而且利用非线性函数描述直接监测与隐含退化之间的关系，更具一般意义。接下来推导此模型框架下的剩余寿命分布。

采用首达时间的概念定义设备的寿命。为了清晰明了，再次给出寿命 T 的定义为

$$T = \inf\{t: X(t) \geqslant \omega \mid X(0) < \omega\} \tag{6.75}$$

式中：ω 为失效阈值。

根据式（6.75）可知，在首达时间意义下估计剩余寿命的关键是推导出寿命 T 的概率密度函数，即 $f_T(t)$。单调性假设下，寿命的分布函数 $F_T(t)$ 为

$$F_T(t) = \Pr(T \leqslant t) = \Pr(X(t) \geqslant \omega) \tag{6.76}$$

式（6.76）计算简单直接。但是，对于基于布朗运动的模型而言，退化路径是非单调的，式（6.76）是一种强假设，不适用于非单调的情况。如文献所述，非线性漂移驱动的扩

散过程的首达时间分布与求解具有边界约束的 Foker – Planck – Kolmogorov（FPK）方程有关，很难得到分布的解析形式。为了解决此问题，文献［33］首先对退化过程进行空间时间变换，将求解非线性退化过程首达失效阈值 ω 的问题转化为标准布朗运动首达依赖于时间 t 的一个边界函数的首达时间问题，然后在一个弱假设下推导出首达时间分布的近似解析式。本章采用这种弱假设解决隐含非线性退化过程的寿命分布求解问题。

假设 6.3 如果退化过程在时刻 t 到达失效阈值，则 t 之前，退化过程到达失效阈值的概率忽略不计。

上述假设意味着退化过程可以在 t 时刻以前到达失效阈值，也可以在 t 之后返回阈值水平以下，但是此处假设这种情况的概率很小。因此，上述假设不同于单调性假设，具体的解释与试验验证可参看文献［33］，此处不再详细讨论。基于上述假设，首先给出如下引理[33]。

引理 6.3 对于退化过程 $\{X(t), t \geqslant 0\}$，如果 $\mu(t;\vartheta)$ 在区间［0，∞］内为 t 的连续函数，则式（6.75）定义的首达时间的概率密度函数可以近似表示为

$$f_T(t) \approx \frac{1}{2\pi t}\left[\frac{S_B(t)}{t} + \frac{\lambda}{\sigma_B}\mu(t;\vartheta)\right]\exp\left[\frac{S_B^2(t)}{2t}\right] \tag{6.77}$$

式中：$S_B(t)$ 为对应于标准布朗运动的时间依赖的边界函数，且

$$S_B(t) = \left(\omega - \lambda\int_0^t \mu(\tau;\vartheta)\mathrm{d}\tau\right)/\sigma_B \tag{6.78}$$

证明 为了证明引理 6.3，首先给出如下引理。

引理 6.4 设一个扩散过程 $X(t)$ 具有漂移系数 $\mu(x,t)$ 和扩散系数 $\sigma(x,t)$，$c_1(t)$ 和 $c_2(t)$ 为时间 t 的任意函数。当且仅当

$$\mu(x,t) = 4\cdot\frac{\partial\sigma(x,t)}{\partial x} + \frac{\sqrt{\sigma(x,t)}}{2}\left\{c_1(t) + \int_z^x \frac{c_2(t)\sigma(t,u) + \partial\sigma(u,t)}{[\sigma(u,t)]^{3/2}}\mathrm{d}u\right\} \tag{6.79}$$

成立时，存在转换 $\hat{x} = \psi(t,x)$，$\hat{t} = \phi(t)$ 能够将扩散过程的初始 Kolmogorov 方程转换为标准布朗运动的 Kolmogorov 方程。$\psi(t,x)$ 和 $\phi(t)$ 可写为

$$\psi(t,x) = (k_1)^{1/2}\exp\left[-\frac{1}{2}\int_{t_0}^t c_2(\tau)d\tau\right]\cdot\int_z^x \frac{1}{(\sigma(y,t))^{1/2}}\mathrm{d}y - \frac{(k_1)^{1/2}}{2}\int_{t_1}^t c_1(\tau)\exp\left[-\frac{1}{2}\int_{t_0}^\tau c_2(u)du\right]\mathrm{d}\tau + k_2$$

$$\phi(t) = k_1\int_{t_2}^t \exp\left[-\frac{1}{2}\int_{t_0}^\tau c_2(u)\mathrm{d}u\right]\mathrm{d}\tau + k_3 \tag{6.80}$$

式中：z 可取扩散路径上的任意值，$t_i \in [0,\infty)$，$i = 0,1,2$，k_1, k_2, k_3 为常数，且 $k_1 > 0$。

引理 6.4 的证明可参见文献［37］。根据引理 6.4，可以将扩散过程 $X(t)$ 达到或超过常数阈值 ω 的首达时间转换为标准布朗运动达到或超过与 $\tilde{x}$ 和 $\tilde{t}$ 相关的时间依赖边界函数 $S_B(t)$ 的首达时间。针对模型式（6.73），给出如下引理实现此种变换。

引理 6.5 对于退化过程 $X(t)$，如果 $\mu(t;\vartheta)$ 在区间［0，∞）内为时间 t 的连续函数，则 $X(t)$ 首达失效阈值 ω 的首达时间概率密度函数可写为

$$f_T(\omega,t) = f_{B(t)}(S_B(t),t)\frac{\mathrm{d}\phi(t)}{\mathrm{d}t} \tag{6.81}$$

式中：$f_{B(t)}(S_B(t),t)$ 为标准布朗运动首达时间依赖边界 $S_B(t)$ 的首达时间概率密度函数。此种情况，时间空间变换可表示为

$$\psi(t,x)\frac{1}{\sigma_B}\left[x - \int_0^t \mu(\tau;\vartheta)\mathrm{d}\tau\right], \phi(t) = t$$

$$S_{\mathrm{B}}(t) = \frac{1}{\sigma_{\mathrm{B}}}\left[\omega - \int_0^t \mu(\tau;\vartheta)\mathrm{d}\tau\right] \tag{6.82}$$

文献［33］给出了引理6.5的详细证明，此处不再讨论。注意到上述转换是基于模型的转换，而不是简单地重构数据。接下来，为得到首达时间概率密度函数的解析近似，给出如下引理[38]。

引理6.6　一个高斯过程 $W(t)$ 具有期望 $E[W(t)]=0$ 和协方差函数 $\rho(s,t), 0 \leqslant s \leqslant t$，假设如下条件成立：

（1）边界函数 $S(s)$ 在 $0 \leqslant s < t$ 上连续，且在 t 处左可微。

（2）协方差函数 $\rho(s, t)$ 是正定的，其在集合 $\{(s, t): 0 \leqslant s < t\}$ 上具有连续的一阶偏导数，其能够在 $s=0$，$s=t$ 处取得左导数或右导数。

（3）$\lim\limits_{s \to t}[\partial\rho(s,t)/\partial s - \partial\rho(s,t)/\partial t] = \xi_t$，其中，$0 < \xi_t < \infty$。则过程 $W(t)$ 首达边界 $S(t)$ 的首达时间概率密度函数可表示为

$$f_{W(t)}(S(t),t) = b(t)h_{W(t)(t)} \tag{6.83}$$

式中：$h_{W(t)(t)}$ 为 $W(t)$ 在边界 $S(t)$ 上的概率密度函数，即

$$h_{W(t)(t)} = \frac{1}{\sqrt{2\pi\rho(t,t)}}\exp\left[-\frac{S^2(t)}{2\rho(t,t)}\right] \tag{6.84}$$

$b(t)$ 可写为

$$b(t) = \lim_{s \to t}(t-s)^{-1} \cdot E_{W(a)W(t)}[I(s,W)(S(s) - W(s)) \mid W(t) = s(t)] \tag{6.85}$$

时刻 s 之前，若高斯过程没有达到或超过边界，则 $I(s, W) \approx 1$，否则为0。

由引理6.6可知，本节假设意味着在到达阈值的时刻 $I(s, W) \approx 1$。因此，$\{X(t), t \geqslant 0\}$ 首达失效阈值 ω 的首达时间概率密度函数可表示为

$$f_T(\omega,t) = b(t)h_{B(t)}(t)\frac{\mathrm{d}\phi(t)}{\mathrm{d}t} = b(t)h_{B(t)}(t) \tag{6.86}$$

式中：$h_{B(t)}(t)$ 为标准布朗运动在边界 $S_{\mathrm{B}}(t)$ 的概率密度函数。

式（6.86）的最后一个等式由引理6.5中的变换 $\tilde{t} = \phi(t) = t$ 得出。意味着上述转换不存在时间尺度变换。进一步，对于标准布朗运动有 $\rho(t,t)=t$，根据式(6.85)和式(6.86)，$b(t)$ 和 $h_{B(t)}(t)$ 可写为

$$\begin{aligned} b(t) &= \lim_{s \to t}(t-s)^{-1} \cdot E_{W(a)W(t)}[I(s,B)(S_{\mathrm{B}}(s) - B(s)) \mid B(t) = S_{\mathrm{B}}(t)] \\ h_{B(t)}(t) &= \frac{1}{\sqrt{2\pi t}}\exp\left[-\frac{S_{\mathrm{B}}^2(t)}{2t}\right] \end{aligned} \tag{6.87}$$

由本章假设可知，若标准布朗运动在时刻 t 到达边界 $S_{\mathrm{B}}(t)$，则时刻 t 以前到达边界的概率忽略不计，即 $I(s, B) \approx 1$。利用标准布朗运动的属性和洛必达规则，$b(t)$ 可表示为

$$\begin{aligned} b(t) &\approx \lim_{s \to t}(t-s)^{-1}E[(S_{\mathrm{B}}(s) - B(s)) \mid B(t) = S_{\mathrm{B}}(t)] \\ &= \lim_{s \to t}\frac{S_{\mathrm{B}}(s) - E[B(s) \mid B(t) = S_{\mathrm{B}}(t)]}{t-s} \\ &= \lim_{s \to t}\frac{S_{\mathrm{B}}(s) - sS_{\mathrm{B}}(t)/t}{t-s} = \frac{S_{\mathrm{B}}(t)}{t} - \frac{\mathrm{d}S_{\mathrm{B}}(t)}{\mathrm{d}t} = \frac{S_{\mathrm{B}}(t)}{t} + \frac{1}{\sigma_{\mathrm{B}}}\mu(t;\vartheta) \end{aligned} \tag{6.88}$$

引理6.4.1即可得证。

显然，根据引理6.4.1得到的寿命 T 的概率密度函数能够涵盖线性模型与零漂移驱动的

布朗运动的情况，即这两种情况只是本章的特例。但是，根据式（6.76）得到的寿命分布不具有这种一般意义推导下的性质。更加充分说明了本章假设和结论的重要意义。

时刻 t_i，设备的剩余寿命与实际的退化状态 $X(t_i)$ 有关。直觉上，通过一定的时间平移和阈值平移，时刻 t_i 的剩余寿命等于一个新的随机过程 $\{G(l_i), l_i \geqslant 0\}$ 首达阈值 $l_i = t - t_i$ 的首达时间。$\{G(l_i), l_i \geqslant 0\}$ 可表示为

$$G(l_i) = X(l_i + t_i) - X(t_i) = G(0) + \int_0^{l_i} \mu'(\tau;\vartheta)\mathrm{d}\tau + \sigma_{\mathrm{B}} B(l_i) l_i \geqslant 0 \tag{6.89}$$

式中：$G(0) = 0, \int_{t_i}^{l_i+t_i} \mu(\tau;\vartheta)\mathrm{d}\tau = \int_0^{l_i} \mu'(\tau;\vartheta)\mathrm{d}\tau$。

若 t 表示退化模型 $\{X(t), t \geqslant t_i\}$ 的首达时间，则 $l_i = t - t_i$ 对应时刻 t_i 的剩余寿命。根据引理6.4.1，$G(l_i)$ 的首达时间概率密度函数为

$$\begin{aligned} f_{L_i}(l_i \mid \vartheta, X(t_i), Y_{1:i}) \approx & \frac{1}{2\pi l_i}\left[\frac{\omega - X(t_i) - \int_0^{l_i}\mu'(\tau;\vartheta)\mathrm{d}\tau}{\sigma_{\mathrm{B}} l_i} + \frac{\mu'(l_i;\vartheta)}{\sigma_{\mathrm{B}}}\right] \\ & \exp\left[-\frac{(\omega - X(t_i) - \int_0^{l_i}\mu'(\tau;\vartheta)\mathrm{d}\tau)^2}{2\sigma_{\mathrm{B}} l_i}\right] \end{aligned} \tag{6.90}$$

式中：$f_{L_i}(l_i \mid \vartheta, X(t_i), Y_{1:i})$ 为 $\{G(l_i), l_i \geqslant 0\}$ 首达阈值 ω_{t_i} 的首达时间概率密度函数。

注意到时刻 t_i 的退化状态 $X(t_i)$ 是隐含的，其精确值是未知的。因此，必须估计状态 $X(t_i)$。首先将状态方程和观测方程离散化，为表示方便，令 $h(t;\vartheta) = \int_0^t \mu(\tau;\vartheta)\mathrm{d}\tau$，则在离散时间点 $t_k = k\Delta t, k = 1,2,\cdots$ 上的状态空间模型为

$$\begin{cases} X_k = X_{k-1} + h(t_k;\vartheta) - h(t_{k-1};\vartheta) + \sigma_{\mathrm{B}} \sqrt{\Delta t}\omega_k \\ Y_k = g(X_k;\xi) + \sigma\nu_k \end{cases} \tag{6.91}$$

式中：Δt 为离散化步长；$X_k = X(t_k)$，$Y_k = Y(t_k)$ 分别为时刻 t_k 的状态和监测；$\{\omega_k\}_{k\geqslant 1}$，$\{\nu_k\}_{k\geqslant 1}$ 分别为独立同分布的噪声序列。

进一步假设 $\omega_k \sim N(0,1), \nu_k \sim N(0,1)$。根据构建的状态空间模型，采用扩展卡尔曼滤波，利用到当前时刻为止的监测序列 $Y_{1:k} \triangleq \{Y_1, Y_1, \cdots, Y_k\}$ 估计隐含退化状态。首先定义 $\hat{X}_{k|k} = E(X_k \mid Y_{1:k}), P_{k/k} = \mathrm{Var}(X_k \mid Y_{1:k})$ 分别为 X_k 的滤波均值和方差；$\hat{X}_{k|k-1} = E(X_k \mid Y_{1:k-1})$，$P_{k|k-1} = \mathrm{Var}(X_k \mid Y_{1:k-1})$ 分别为一步预测均值和方差。为了应用扩展卡尔曼滤波，将 $g(X_k;\xi)$ 在 $\hat{X}_{k/k-1}$ 处线性化，可得

$$g(X_k;\xi) \approx g(\hat{X}_{k/k-1}) + g'_{k/k-1}(X_k - \hat{X}_{k/k-1}) \tag{6.92}$$

式中：$g'_{k/k-1}$ 为在 $X_k = \hat{X}_{k/k-1}$ 处的导数。

利用扩展卡尔曼滤波算法可以得到时刻 t_i，隐含状态 $X_i \sim N(\hat{X}_{i/i}, P_{i/i})$，考虑到状态估计的不确定性，将隐含状态的分布引入剩余寿命估计过程中，首先给出如下定理。

定理 6.1 若 $\rho \sim N(\mu, \sigma^2)$，且 $\omega_1, \omega_2, \alpha, \beta \in R, \gamma \in R^+$，则有如下公式成立

$$\begin{aligned} & E_\rho\left\{(\omega_1 - \alpha\rho)\exp\left[-\frac{(\omega_2 - \beta\rho)^2}{2\gamma}\right]\right\} = \\ & \sqrt{\frac{\gamma}{\beta^2\sigma^2 + \gamma}}\left(\omega_1 - \alpha\frac{\beta\sigma^2\omega_2 + \mu\gamma}{\beta^2\sigma^2 + \gamma}\right)\exp\left[-\frac{(\omega_2 - \beta\mu)^2}{2(\beta^2\sigma^2 + \gamma)}\right] \end{aligned} \tag{6.93}$$

证明 若 $\rho \sim N(\mu, \sigma^2)$，则

$$E_\rho\left\{(\omega_1-\alpha\rho)\cdot\exp\left[-\frac{(\omega_2-\beta\rho)^2}{2\gamma}\right]\right\}=\omega_1 I_1-\alpha I_2 \tag{6.94}$$

式中

$$\begin{cases}I_1=E_\rho\left[\exp\left(-\dfrac{(\omega_2-\beta\rho)^2}{2\gamma}\right)\right]\\ I_2=E_\rho\left[\rho\exp\left(-\dfrac{(\omega_2-\beta\rho)^2}{2\gamma}\right)\right]\end{cases} \tag{6.95}$$

因此，可得 I_i 为

$$\begin{aligned}I_1&=\frac{1}{\sqrt{2\pi\sigma^2}}\int_{-\infty}^{\infty}\exp\left[-\frac{(\omega_2-\beta\rho)^2}{2\gamma}\right]\exp\left[-\frac{(\rho-\mu)^2}{2\sigma^2}\right]\mathrm{d}\rho\\&=\frac{1}{\sqrt{2\pi\sigma^2}}\int_{-\infty}^{\infty}\exp\left[-\frac{(\omega_2-\beta\rho)^2}{2\gamma}-\frac{(\rho-\mu)^2}{2\sigma^2}\right]\mathrm{d}\rho\\&=\frac{1}{\sqrt{2\pi\sigma^2}}\exp\left[-\frac{\sigma^2\omega_2^2+\gamma\mu^2}{2\sigma^2\gamma}\right]\int_{-\infty}^{\infty}\exp\left[-\frac{\rho^2-2\phi\rho}{\psi}\right]\mathrm{d}\rho\\&=\frac{\psi\pi}{\sqrt{2\pi\sigma^2}}\exp\left[-\frac{\sigma^2\omega_2^2+\gamma\mu^2}{2\sigma^2\gamma}\right]\exp\left(\frac{\phi^2}{\psi}\right)\\&=\sqrt{\frac{\gamma}{\beta^2\sigma^2+\gamma}}\exp\left[-\frac{(\omega_2-\beta\mu)^2}{2(\beta^2\sigma^2+\gamma)}\right]\end{aligned}$$

式中：$\phi=\dfrac{\sigma^2\beta\omega_2+\gamma\mu}{\beta^2\sigma^2+\gamma}$；$\psi=\dfrac{2\sigma^2\gamma}{\beta^2\sigma^2+\gamma}$。

类似地，得

$$\begin{aligned}I_2&=\frac{1}{\sqrt{2\pi\sigma^2}}\int_{-\infty}^{\infty}\rho\exp\left[-\frac{(\omega_2-\beta\rho)^2}{2\gamma}\right]\exp\left[-\frac{(\rho-\mu)^2}{2\sigma^2}\right]\mathrm{d}\rho\\&=\frac{1}{\sqrt{2\pi\sigma^2}}\exp\left[-\frac{\sigma^2\omega_2^2+\gamma\mu^2}{2\sigma^2\gamma}\right]\exp\left(\frac{\phi^2}{\psi}\right)\int_{-\infty}^{\infty}\rho\exp\left[-\frac{(\rho-\phi)^2}{\psi}\right]\mathrm{d}\rho\\&=\frac{1}{\sqrt{2\pi\sigma^2}}\exp\left[-\frac{\sigma^2\omega_2^2+\gamma\mu^2}{2\sigma^2\gamma}+\frac{\phi^2}{\psi}\right]\int_{-\infty}^{\infty}(\phi+\phi\sqrt{\psi})\exp(-\phi^2)\mathrm{d}\rho\\&=\frac{\sqrt{\psi}}{\sqrt{2\pi\sigma^2}}\exp\left[-\frac{\sigma^2\omega_2^2+\gamma\mu^2}{2\sigma^2\gamma}+\frac{\phi^2}{\psi}\right]\phi\sqrt{\pi}\\&=\phi\sqrt{\frac{\gamma}{\beta^2\sigma^2+\gamma}}\exp\left[-\frac{(\omega_2-\beta\mu)^2}{2(\beta^2\sigma^2+\gamma)}\right]=\phi I_1\end{aligned}$$

最后，得

$$\begin{aligned}&E_\rho\left\{(\omega_1-\alpha\rho)\exp\left[-\frac{(\omega_2-\beta\rho)^2}{2\gamma}\right]\right\}\\&=\sqrt{\frac{\gamma}{\beta^2\sigma^2+\gamma}}\left(\omega_1-\alpha\frac{\beta\sigma^2\omega_2+\mu\gamma}{\beta^2\sigma^2+\gamma}\right)\exp\left[-\frac{(\omega_2-\beta\mu)^2}{2(\beta^2\sigma^2+\gamma)}\right]\end{aligned} \tag{6.96}$$

定理 6.1 即可得证。

下面以定理的形式给出剩余寿命概率密度函数的近似解析式。

定理6.2 对于退化过程 $\{X(t),t\geqslant 0\}$，如果$\mu(t;\vartheta)$；在区间$[0,\infty)$内为t的连续函数，且退化过程是隐含的，则时刻 t_i 的剩余寿命概率密度函数为

$$fL_i(l_i\mid\theta,Y_{1:i})\approx\frac{1}{2\pi l_i^2(P_{i/i}+\sigma_B^2 l_i)}\Bigg[\omega-\lambda(l_i;\vartheta)+l_i\mu(l_i+t_i;\vartheta)-\frac{P_{i/i}(\omega-\lambda(l_i;\vartheta))+\hat{X}_{i/i}\sigma_B^2 l_i}{P_{i/i}+\sigma_B^2 l_i}\Bigg]\exp\left(\frac{(\omega-\lambda(l_i;\vartheta)-\hat{X}_{i/i})^2}{2(P_{i/i}+\sigma_B^2 l_i)}\right) \tag{6.97}$$

式中：$\lambda(l_i;\vartheta)=h(l_i+t_i;\vartheta)-h(t_i;\vartheta)$，$\theta$为状态空间模型的未知参数向量；$\hat{X}_{i/i}$、$P_{i/i}$ 分别为状态估计均值和方差。

证明 根据 $\{G(l_i),l_i\geqslant 0\}$ 的定义，可以证明其满足引理6.3的条件。因此，直接可以得到

$$\begin{cases}\mu'(l_i;\vartheta)=\mu(l_i+t_i;\vartheta)\\ S_B(l_i)=\dfrac{1}{\sigma_B}[\omega_{t_i}-h(l_i+t_i;\vartheta)-h(t_i;\vartheta)]\end{cases} \tag{6.98}$$

将上述方程代入式（6.90），得

$$f_{L_i}(l_i\mid\theta,Y_{1:i})\approx\frac{1}{\sqrt{2\pi\sigma_B^2 l_i^3}}[\omega-\lambda(l_i;\vartheta)+l_i\mu(l_i+t_i;\vartheta)-X(t_i)]\exp\left(\frac{(\omega-\lambda(l_i;\vartheta)-X(t_i))^2}{2\sigma_B^2 l_i}\right) \tag{6.99}$$

式中：$\lambda(l_i;\vartheta)=h(l_i+t_i;\vartheta)-h(t_i;\vartheta)$。

时刻 t_i 的退化状态 $X(t_i)\sim N(\hat{X}_{i/i},P_{i/i})$。令 $p(x_i\mid Y_{1:i})$ 表示状态 $X(t_i)$ 关于监测序列 $Y_{1:i}$ 的条件概率密度函数，利用全概率定律，得

$$\begin{aligned}f_{L_i}(l_i\mid\theta,Y_{1:i})&\approx\int_{-\infty}^{\infty}f_{L_i}(l_i\mid\theta,X(t_i),Y_{1:i})p(x_i\mid Y_{1:i})\mathrm{d}x_i\\&\approx E_{X(t_i)\mid Y_{1:i}}\{f_{L_i}(l_i\mid\theta,X(t_i),Y_{1:i})\}\\&\approx\frac{1}{\sqrt{2\pi\sigma_B^2 l_i^3}}E_{X(t_i)\mid Y_{1:i}}[\omega-\lambda(l_i;\vartheta)+l_i\mu(l_i+t_i;\vartheta)-X(t_i)]\\&\quad\exp\left(\frac{(\omega-\lambda(l_i;\vartheta)-X(t_i))^2}{2\sigma_B^2 l_i}\right)\end{aligned} \tag{6.100}$$

根据定理6.1，令$\alpha=1,\beta=1,\gamma=\sigma_B^2 l_i,\omega_1=\omega-\lambda(l_i;\vartheta)+l_i\mu(l_i+t_i;\vartheta),\omega_2-\omega-\lambda(l_i;\vartheta)$，可以直接得到式（6.97）。定理6.4.2即可得证。

6.4.2 参数在线估计算法

对于单个运行设备，利用其实时监测数据估计与更新模型参数能够使构建的模型更加精确地建模设备的退化过程，从而提高剩余寿命估计的精度。本章仍然利用期望最大化算法估计模型的未知参数。

对于模型式（6.91），根据条件概率的乘法公式和模型的马尔可夫属性，时刻 t_i 的状态序列 $X_{1:i}$和监测序列 $Y_{1:i}$的联合对数似然函数可表示为

$$L(X_{1:i},Y_{1:i}\mid\theta)=\ln p(X_{1:i},Y_{1:i}\mid\theta)=\ln\left[\prod_{k=1}^{i}p(X_k\mid X_{k-1};\theta)\prod_{k=1}^{i}p(Y_k\mid X_{k-1};\theta)\right]$$

$$=-i\ln(2\pi\sqrt{\Delta t})-i\ln\sigma_{\mathrm{B}}-i\ln\sigma-\frac{1}{2\sigma^2}\sum_{k=1}^{i}\left[Y_k-g(X_k;\xi)\right]^2\cdot \tag{6.101}$$

$$\frac{1}{2\sigma_{\mathrm{B}}^2\Delta t}\sum_{k=1}^{i}\left[X_k-X_{k-1}-(h(k;\vartheta)-h(k-1;\vartheta))\right]^2$$

为表示方便，令 $h(k;\vartheta)=h(t_k;\vartheta)$。

在第 j 步迭代的参数估值 $\hat{\theta}^{(j)}$ 的基础上，计算完整数据集对数似然函数的条件期望，即 $\mathscr{Q}(\theta,\hat{\theta}^{(j)})=E_{\hat{\theta}^{(j)}}\{[\ln p(X_{1:i},Y_{1:i}\mid\theta)]\mid Y_{1:i}\}$。略去与参数 θ 相互独立的无关项，可表示为

$$\mathscr{Q}(\theta,\hat{\theta}^{(j)})\propto-i\lg\sigma_{\mathrm{B}}-i\lg\sigma-\frac{1}{2\sigma^2}\sum_{k=1}^{i}E_{\hat{\theta}^{(j)}}\{[Y_k-g(X_k)]^2\mid Y_{1:i}\}- \tag{6.102}$$

$$\frac{1}{2\sigma_{\mathrm{B}}^2\Delta t}\sum_{k=1}^{i}E_{\hat{\theta}^{(j)}}\{[X_k-X_{k-1}-(h(k;\vartheta)-h(k-1;\vartheta))]^2\mid Y_{1:i}\}$$

对于 $k=1，2，\cdots，i$，定义如下变量：

$$\hat{X}_{k/i}=E_{\hat{\theta}^{(j)}}(X_k\mid Y_{1:i})$$

$$P_{k/i}=E_{\hat{\theta}^{(j)}}(X_k^2\mid Y_{1:i})-\hat{X}_{k/i}^2$$

$$P_{k,k-1/i}=E_{\hat{\theta}^{(j)}}(X_kX_{k-1}\mid Y_{1:i})-\hat{X}_{k/i}\hat{X}_{k-1/i}$$

式（6.102）右端的每一项取条件期望，经过一系列的代数运算，可得

$$\mathscr{Q}(\theta,\hat{\theta}^{(j)})\propto-i\lg\sigma_{\mathrm{B}}-i\lg\sigma-\frac{1}{2\sigma_{\mathrm{B}}^2\Delta t}\sum_{k=1}^{i}[A_k-2(h(k;\vartheta)-h(k-1;\vartheta))$$

$$B_k+(h(k;\vartheta)-h(k-1;\vartheta))^2]-\frac{1}{2\sigma^2}\sum_{k=1}^{i}\left[Y_k^2+(g(X_{k/k-1}))^2+\right. \tag{6.103}$$

$$\left.(g'_{k/k-1})^2C_k-2Y_k(g(X_{k/k-1})+g'_{k/k-1}D_k)+2g(X_{k/k-1})g'_{k/k-1}D_k\right]$$

式中：$g'_{k/k-1}$ 为 $g(X_k,\xi)$ 在 $X_k=\hat{X}_{k/k-1}$ 处的导数，且

$$A_k=P_{k/i}+\hat{X}_{k/i}^2+P_{k-1/i}+\hat{X}_{k-1/i}^2-2P_{k,k-1/i}-2\hat{X}_{k/i}\hat{X}_{k-1/i},B_k=\hat{X}_{k/i}-\hat{X}_{k-1/i},$$

$$C_k=P_{k/i}+\hat{X}_{k/i}^2+\hat{X}_{k/k-1}^2-2\hat{X}_{k/i}\hat{X}_{k/k-1},D_k=\hat{X}_{k/i}-\hat{X}_{k/k-1}$$

显然，计算 $\mathscr{Q}(\theta,\hat{\theta}^{(j)})$ 需要估计 $\hat{X}_{k/i},\hat{X}_{k-1/i},P_{k/i},P_{k-1/i}$ 和 $P_{k,k-1/i}$。利用扩展卡尔曼平滑可以方便地求取这些变量。具体的平滑算法可参见第2章，在此不再赘述。

第 $j+1$ 步迭代的参数估值 $\hat{\theta}^{(j+1)}$ 可以通过最大化 $\mathscr{Q}(\theta,\hat{\theta}^{(j)})$ 得到。为了降低计算复杂度，如果状态方程中的未知参数与观测方程中的未知参数相互独立，则可以将 $\mathscr{Q}(\theta,\hat{\theta}^{(j)})$ 分解为两部分：一部分只含有状态方程的未知参数向量 $\boldsymbol{\theta}_1=[\vartheta,\ \sigma_{\mathrm{B}}]$，具体可写为

$$\mathscr{Q}_1(\theta_1,\hat{\theta}_1^{(j)})\propto-\frac{1}{2\sigma_{\mathrm{B}}^2\Delta t}\sum_{k=1}^{i}[A_k-2(h(k;\vartheta)-h(k-1;\vartheta))B_k+ \tag{6.104}$$

$$(h(k;\vartheta)-h(k-1;\vartheta))^2]i\ln\sigma_{\mathrm{B}}$$

另一部分只含有观测方程的未知参数向量 $\boldsymbol{\theta}_1=[\vartheta,\ \sigma_{\mathrm{B}}]$，可表示为

$$\mathscr{Q}_2(\theta_2,\hat{\theta}_2^{(j)})\propto-i\lg\sigma_{\mathrm{B}}-i\lg\sigma-\frac{1}{2\sigma^2}\sum_{k=1}^{i}\left[Y_k^2+(g(X_{k/k-1}))^2+\right.$$

$$(g'_{k/k-1})^2 C_k - 2Y_k(g(X_{k/k-1}) + g'_{k/k-1}D_k) + 2g(X_{k/k-1})g'_{k/k-1}D_k\Big] \tag{6.105}$$

可以通过分别最大化 $\mathcal{Q}_1(\theta_1,\hat{\theta}_1^{(j)})$ 和 $\mathcal{Q}_2(\theta_2,\hat{\theta}_2^{(j)})$ 实现最大化 $\mathcal{Q}(\theta,\hat{\theta}^{(j)})$ 。显然，分解的两部分含有较少的未知参数。因此，这种极大化策略相对容易实现。

综合上述分析与推导可知，本章所提方法首先利用期望最大化算法估计模型参数，一旦获取新的监测数据，即利用期望最大化算法和扩展卡尔曼滤波联合估计与更新当前时刻的参数与状态。相应地，更新剩余寿命分布。需要注意的是，扩展卡尔曼平滑只用于参数估计算法中，即当前时刻 t_i，由扩展卡尔曼平滑得到的状态估值只用于估计参数，而不是状态 $X(t_i)$最终的估计结果。

6.4.3 惯性测量组合剩余寿命预测的仿真试验

本节同样以 NASA 提供的离子电池数据为例验证所提方法的效果。关于该数据集的论述可参见 6.3 节，在此不再赘述。构建状态空间模型如下：

$$\begin{cases} X_k = X_{k-1} + h(t_k;\vartheta) - h(t_{k-1};\vartheta) + \sigma_B\sqrt{\Delta t}\omega_k \\ Y_k = X_k + \sigma\nu_k \end{cases} \tag{6.106}$$

式中：未知参数向量为 $\boldsymbol{\theta} = (\vartheta,\sigma_B,\sigma)$ 。

本节所提出的非线性模型是一般意义下的模型。实际中，对于特定的研究背景，需要选择最合适的模型建模退化过程，即选择最匹配的非线性函数 $h(t;\vartheta)$ 。为了比较不同函数形式的匹配度，本节同时采用 AIC 准则和 TMSE 作为模型选择和后续比较研究的判别标准。AIC 准则和 TMSE 已分别在 6.2 节和 6.3 节做过介绍，为清晰明了，在此重新给出两个判别标准的公式。

$$\text{AIC} = 2(k - \ln L(\hat{\theta})) \tag{6.107}$$

$$\text{MSE}_i = \int_0^{\infty}(\tilde{l}_i - l_i)^2 f_{L_i}(l_i \mid \theta, Y_{1:i})\,\mathrm{d}l_i \tag{6.108}$$

$$\text{TMSE} = \sum_{i=1}^{N}\int_0^{\infty}(\tilde{l}_i - l_i)^2 f_{L_i}(l_i \mid \theta, Y_{1:i})\,\mathrm{d}l_i \tag{6.109}$$

具有最小 AIC 和 TMSE 的模型即为最匹配的模型。

具体地，利用 6 号电池的数据验证方法的效果。6 号电池共有 168 个数据，与 6.3 节类似，首先将数据集取倒数，得到重构后的数据。相应地，可以转换失效阈值。注意到此处的重构数据并没有改变数据的性质，该数据仍旧具有非线性特征，此点与以往研究中通过重构数据将非线性数据转换为线性数据不同。模型选择与最终的参数更新结果如表 6. 3 所列。

为了比较，将线性模型的结果和参数估计与更新的总时间也列入表 6.3 中。可以看出，如果 $h(t;\vartheta) = at^b + c\exp(d\cdot t) - c$ ，则该模型具有最小的 AIC 和 TMSE。表明此种非线性函数形式与 6 号电池的数据具有最佳匹配度。因此，选择该形式建模退化过程。实际上，也可以选择其他的非线性函数进行比较，但是，此处的重点在于提供一种模型选择的方式，因此只选取了 3 种函数表明本章方法的可行性与有效性。由表 6.3 中 3 种非线性函数对应的参数 b 的估计值可知，数据集确实存在非线性特征。自然地，根据判别标准，3 种非线性模型都要优于线性模型。此外，线性模型含有较少的未知参数，其参数估计与更新消耗的时间最少。但是，就更新速度而言，与 3 种非线性模型几乎没有差别。给出参数更新总时间仅仅为了表明本节参数估计算法的计算速度可以满足实时性的要求。以第155个采样点到165个采样点为例，比较最匹配的非线性模型和线性模型的剩余寿命估计效果，如图6.14所示。

表6.3 模型选择和最终的参数更新结果

	$h(t;\vartheta)$			
	$at^b+c\exp(d\cdot t)-c$	at^b	$a\exp(b\cdot t)-a$	at
a	0.2039	0.4839	1.0707e-8	0.0050
b	0.5203	0.0242	0.0890	1
c	0.0012	—	—	—
d	0.0002	—	—	—
σ_B	0.0465	0.0083	0.0389	0.0386
σ	0.0041	0.0026	0.0043	0.0043
$\ln L(\theta)$	515.65	493.46	418.25	410.60
AIC	-1019.30	-978.93	-828.50	-815.21
TMSE $\times 10^5$	3.5966	3.9083	4.9876	5.5932
参数更新所需时间/s	3.4726	1.8769	1.7324	0.3172

由图6.14可知，本章模型的剩余寿命估计效果明显优于线性模型。特别是利用线性模型得到的剩余寿命概率密度曲线比较分散，而本章模型的曲线更加紧致，表明本节模型估计的不确定性较小。

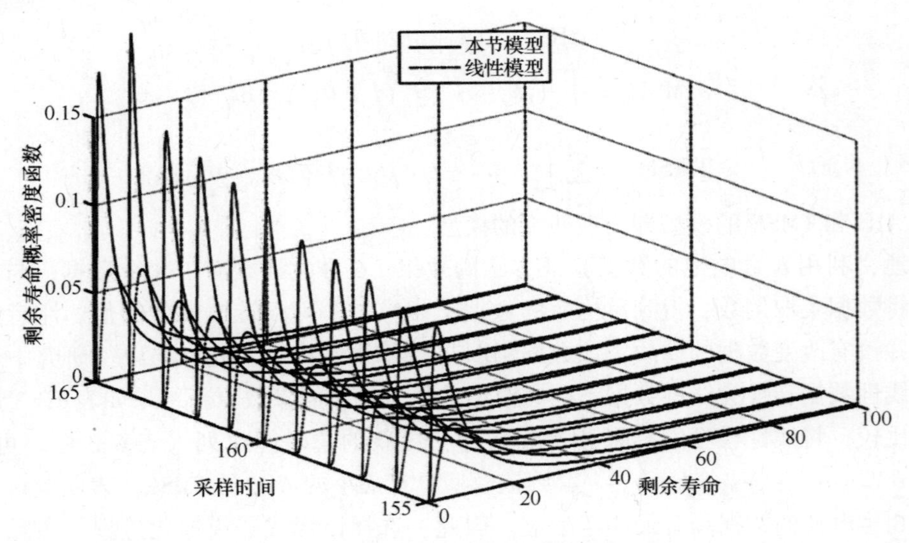

图6.14 剩余寿命估计结果比较

为了进一步比较两种模型的估计性能，图6.14给出了估计结果的MSE。注意到在第60个采样点之后，参数趋于收敛，随着新数据的增加，参数更新结果变化不大，因此，只比较第60个采样点到168个采样点的MSE。由图6.14可以看出，相比于线性模型的结果，本章模型的估计结果具有较小的均方误差，且均方误差很快收敛到较小的值。此外，本章模型的均方误差曲线比较平滑，说明整体的估计性能要优于线性模型。

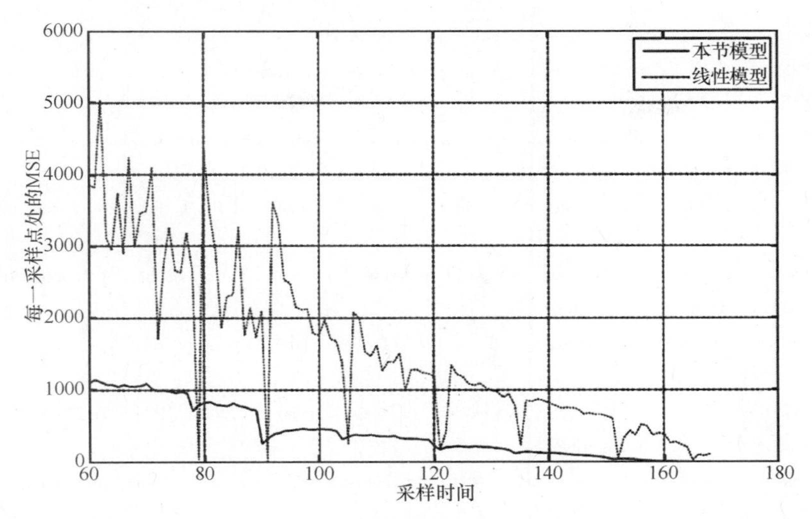

图 6.15　估计结果的 MSE 比较

6.5　小　　结

本章针对惯性测量组合剩余寿命在线估计问题[39-42]，首先提出了一种基于半随机滤波—期望最大化算法的剩余寿命在线估计方法。在可以获取部分同类设备的历史寿命数据的情况下，该方法可以有效利用这些数据估计初始寿命分布，因而剩余寿命的估计精度比较高。为了实现在线估计，在构建的半确定性状态空间模型的基础之上，利用期望最大化算法和半确定性扩展卡尔曼滤波联合估计与更新未知参数和隐含状态。

其次，构建了一种利用线性漂移驱动的布朗运动建模退化过程，利用加性噪声模型表征隐含退化与直接监测随机关系的状态空间模型。在此基础上，提出了一种剩余寿命在线估计方法。该方法不需要事先估计初始寿命分布，比较适合于历史寿命数据缺失的情况。此外，提出的利用同类设备历史监测信息估计参数初值，利用运行设备实时监测信息在线更新的参数估计算法，可以有效地利用历史监测信息，减少了参数估计的盲目性，提高了建模的精度。

最后，针对工程实际中普遍存在的隐含非线性退化过程的建模问题，提出了一种利用非线性漂移驱动的布朗运动建模退化过程，利用一般意义下的非线性函数表征直接监测与隐含退化随机关系的状态空间模型。在此基础上，提出了一种剩余寿命在线估计方法。推导得出了非线性情况下剩余寿命分布的近似解析式，因而便于实现在线估计。该方法不仅可以有效建模隐含非线性退化过程，而且可以涵盖线性情况，应用范围更广，价值更大。

参考文献

[1]　曾生奎，吴际．故障预测与健康管理（PHM）技术的现状与发展[J]．航空学报，2005，26（5）：626－632.

[2]　Si X, Wang W, Hu C, et al. Remaining useful life estimation – A review on the statistical data driven approaches[J]. European Journal of Operational Research, 2011, 213(1): 1–14.

[3]　Lall P, Islam M, Rahim M, et al. Prognostics and health management of electronic packaging[J]. IEEE Transactions on Components and Packaging Technologies, 2006, 29(3): 666–677.

[4]　Pecht M. Prognostics and health management of electronics[M]. New York: Wiley Online Library, 2008.

[5] Navarro J,Rychlik T. Comparisons and bounds for expected lifetimes of reliability systems[J]. European Journal of Operational Research,2010,207(1): 309 - 317.

[6] Banjevic D. Remaining useful life in theory and practice[J]. Metrika,2009,69(2):337 - 349.

[7] Block H, Savits T, Singh H. A criterion for burn - in that balances mean residual life and residual variance[J]. Operations Research,2002,50(2):290 - 296.

[8] Ellermann R,Sullo P,Tien J. An alternative approach to modeling recidivism using quantile residual life functions[J]. Operations research,1992,40(3):485 - 504.

[9] Kochar S,Mukerjee H,Samaniego F. Estimation of a monotone mean residual life[J]. The Annals of Statistics,2000,28(3): 905 - 921.

[10] Maguluri G,Zhang C. Estimation in the mean residual life regression model[J]. Journal of the Royal Statistical Society. Series B (Methodological),1994,56(3):477 - 489.

[11] Alam M, Suzuki K. Lifetime estimation using only failure information from warranty Database[J]. IEEE Transactions on Reliability,2009,58(4):573 - 582.

[12] Escobar L,Meeker W. A review of accelerated test models[J]. Statistical Science,2006,21(4): 552 - 577.

[13] ISO 2372. Mechanical vibration in Rotating Machinery[S].

[14] Wang W,Christer A. Towards a general condition based maintenance model for a stochastic dynamic system[J]. Journal of the Operational Research Society,2000,51(2): 145 - 155.

[15] Wang W. A model to predict the residual life of rolling element bearings given monitored condition information to date[J]. IMA Journal of Management Mathematics,2002,13(1): 3 - 16.

[16] Carr M,Wang W. An approximate algorithm for prognostic modelling using condition monitoring information[J]. European Journal of Operational Research,2011,211(1): 90 - 96.

[17] Dempster A P,Laird N M,Rubin D B. Maximum likelihood from incomplete data via the EM algorithm[J]. Journal of the Royal Statistical Society. Series B (Methodological),1977,39(1): 1 - 38.

[18] Schön T B. An explanation of the expectation maximization algorithm[J]. Division of Automatic Control,Linköping University, Linköping,Sweden,Tech. Rep. LiTH - ISY,2009.

[19] 胡昌华,马清亮,郑建飞. 导弹测试与发射控制技术[M]. 北京:国防工业出版社,2010.

[20] 胡昌华,司小胜. 基于信度规则库的惯性平台健康状态参数在线估计[J]. 航空学报,2010,31(7): 1454 - 1465.

[21] Akaike H. A new look at the statistical model identification[J]. IEEE Transactions on Automatic Control,1974,19(6): 716 - 723.

[22] Bondesson L. A general result on infinite divisibility[J]. The Annals of Probability,1979,7(6): 965 - 979.

[23] 司小胜,胡昌华,周东华. 带测量误差的非线性退化过程建模与剩余寿命估计[J]. 自动化学报,2013,39(5): 530 - 541.

[24] Hu C H,Wang W,Si X S,et al. An adaptive Wiener - maximum - process - based model for remaining useful life estimation [C]. Prognostics and System Health Management Conference,IEEE. 2011: 1 - 5.

[25] Chhikaral R,Folks J. The inverse Gaussian distribution as a lifetime model[J]. Technometrics,1977,19(4): 461 - 468.

[26] 林元烈. 应用随机过程[M]. 北京:清华大学出版社,2002.

[27] 王志贤. 最优状态估计与系统辨识[M]. 西安:西北工业大学出版社,2004.

[28] Rauch H E,Striebel C,Tung F. Maximum likelihood estimates of linear dynamic systems[J]. AIAA journal,1965,3(8): 1445 - 1450.

[29] Borkar V S,Ghosh M K,Rangarajan G. Application of nonlinear filtering to credit risk[J]. Operations Research Letters,2010, 38(6): 527 - 532.

[30] Schön T B,Wills A,Ninness B. System identification of nonlinear state - space models[J]. Automatica,2011,47(1): 39 - 49.

[31] Si X,Hu C,Wang W. A real - time variable cost - based maintenance model from prognostic information[C]. Prognostics and System Health Management (PHM),2012 IEEE Conference on IEEE,2012: 1 - 6.

[32] Amster S. Mathematical Theory of Reliability[J]. Technometrics,1965,7(4): 656 - 657.

[33] Si X S,Wang W,Hu C H,et al. Remaining Useful Life Estimation Based on a Nonlinear Diffusion Degradation Process [J]. IEEE Transactions on Reliability,2012,61(1): 50 - 67.

[34] Giorgio M, Guida M, Pulcini G. A state - dependent wear model with an application to marine engine cylinder liners [J]. Technometrics, 2010, 52(2): 172 - 187.

[35] Guida M, Pulcini G. A continuous - state Markov model for age - and statedependent degradation processes [J]. Structural Safety, 2011, 33(6): 354 - 366.

[36] Giorgio M, Guida M, Pulcini G. An age - and state - dependent Markov model for degradation processes [J]. IIE Transactions, 2011, 43(9): 621 - 632.

[37] Bluman G W. On the transformation of diffusion processes into the Wiener process [J]. SIAM Journal on Applied Mathematics, 1980, 39(2): 238 - 247.

[38] Durbin J. The first - passage density of a continuous Gaussian process to a general boundary [J]. Journal of Applied Probability, 1985, 22(1): 99 - 122.

[39] Feng L, Wang H L, Si X S, Zou H X. A State - Space - Based Prognostic Model for Hidden and Age - Dependent Nonlinear Degradation Process [J]. IEEE Transactions on Automation Science and Engineering, 2013, 10(4): 1072 - 1086.

[40] 冯磊,王宏力,周志杰,等. 基于状态空间的惯性测量组合剩余寿命在线预测[J]. 清华大学学报(自然科学版),2014, 54(4): 508 - 514.

[41] 冯磊,王宏力,司小胜,等. 基于半随机滤波 - 期望最大化算法的剩余寿命在线预测[J]. 航空学报,2015,36(2): 555 - 563.

[42] 冯磊. 基于退化过程建模的剩余寿命在线估计方法及应用[D]. 西安:第二炮兵工程大学,2013.

第7章 基于可变成本的IMU实时预测维护与备件订购

7.1 引 言

预测维护的核心问题是通过状态监测得到的数据，对设备的性能退化过程建模，并通过一定的技术手段估计设备的剩余寿命，评估设备的健康状态，依据这些信息确定设备的最优维护时机、备件订购时间等决策指标，以实现经济成本或设备失效风险最小。考虑到剩余寿命估计的结果主要是为这些决策指标服务的，因此，本章主要研究剩余寿命估计信息在后续的最优维护策略安排、备件订购策略中的应用问题。

传统的维护和备件订购决策模型主要依赖于一类设备总体的可靠性分布，不能反映单个运行设备的退化特征。随着状态监测技术的发展，许多研究人员提倡利用单个服役设备的剩余寿命实时估计信息优化后续的维护和库存决策。Carr 和 Wang 利用半随机滤波的方法估计设备的剩余寿命。在此基础上，提出了一种基于期望成本的维护模型[1]。在文献［2］的剩余寿命估计模型的基础上，Kaiser 和 Gebraeel 提出了一种预测维护策略，实现了实时维护决策。但是，上述工作只考虑了替换决策模型。根据 Armstrong 和 Atkins 的前期研究[3]，Elwany 等同时考虑了基于剩余寿命信息的替换和备件订购决策模型[4]。具体地，他们假设根据设备的库存空间，一次只能订购一个备件，据此提出了一种逐次决策模型。该模型首先计算最优的替换时间，一旦确定，即被用于决策备件订购时间。在预测维护的框架下，该模型实现了实时更新最优替换时间和库存订购时间。需要注意的是文献［4］的工作仅仅将单位时间长期运行期望成本作为替换时间决策的目标函数。实际上，大多数关于预测维护的文献都只考虑了期望成本标准。但是，单纯的考虑期望成本而忽略成本的可变性会增加经济成本、提高维护的不确定性与管理风险。例如，假设存在两种维护策略，策略 A 和策略 B。在策略 A 下，每月的平均维护成本为 30000 元。策略 B 下，每月维护成本 70% 的概率为 0 元，30% 的概率为 100000 元。这种情况下，如果维护费用的预算是每月 30000 元，则在策略 A 下，经济上是始终可承受的。然而，对于策略 B，从这一个月到另一个月的维护成本可能发生较大的变化，甚至采取策略 B 时出现经济上不可承受的情况，这种突发状况会导致维护风险和管理风险的提高。因此，在分配的维护预算有限的情况下，策略 A 要优于策略 B，因为前者的维护代价的不确定性小。进一步，对于逐次替换和订购策略，替换成本的可变性对后续的订购决策会产生直接的影响，导致最优订购时间的不准确。

Tapiero 和 Venezia 首先考虑了维护成本的可变性，基于此，提出一种替换策略[5]。Filar 等讨论和比较了随机过程可变性的几种量化标准[6]。类似的工作可参看文献［7－9］。上述研究都在基于役龄信息的框架下展开，主要针对一类设备进行维护策略安排，没有充分利用运行设备的实时监测信息，也没有考虑单个设备的维护优化问题。利用设备的实时监测信息进行维护优化，可以在设备运行期间实时更新最优替换时间，从而保证最近更新的替换时间能够精确反映被监测设备的最新健康状态。Chen 等在视情维护的框架下，引入维护成本的可变性，提出了一种基于状态的替换模型[10]。但是，该文献没有充分利用剩余寿命估计信息。Si 等提出了一种融合剩余寿命估计信息的可变成本维护模型[11]。但其没有涉及备件订购时间安排的问题。

本节利用维护成本的方差表征成本的可变性，并通过两种不同的产生机理构造维护成本的方差评价函数。在给定剩余寿命估计信息的情况下，首先构建两种同时考虑成本期望和方差的替换时间决策模型，在此基础上，构建备件订购时间决策模型。通过优化两个决策模型的目标函数逐次确定最优替换时间和备件订购时间。最后，通过工程实例验证本节方法，仿真结果表明本节方法在经济可承受范围内能够有效降低维护和备件订购的管理风险。

7.2 第一种基于可变成本的预测维护模型的构建

7.2.1 长期运行成本方差

为了研究基于可变成本的维护策略以及该策略对后续备件订购策略的影响,首先定义成本方差。基于文献[8]的工作,考虑一个计数过程$\{N(t),t\geqslant 0\}$。令$T_n,n\geqslant 1$表示过程中第$n-1$次替换和第n次替换之间的时间间隔,如果$\{T_1,T_1,\cdots\}$是独立同分布的非负随机变量,则该计数过程为一个更新过程。令C_n表示在维护策略π下第n次更新的成本,则$C_\pi(t)=\sum_{n=1}^{N(t)}C_n$为到时刻为止的总成本,$C_\pi^2(t)=\sum_{n=1}^{N(t)}(C_n)^2$为到时刻为止的单次均方成本的总和。根据更新定理[12,13],长期运行期望成本$E[C_\pi(t)]$,长期运行期望均方成本$E[C_\pi^2(t)]$和期望更新周期$E[T_\pi]$可表示为

$$\begin{cases}E[C_\pi(t)]=E[C_n]\\E[C_\pi^2(t)]=E[(C_n)^2]\\E[T_\pi]=E[T_n]\end{cases}\tag{7.1}$$

策略π下单位时间长期运行期望成本为

$$\phi_\pi=\lim_{t\to\infty}\frac{\sum_{n=1}^{N(t)}C_n}{t}\tag{7.2}$$

单位时间长期运行均方成本可表示为

$$\psi_\pi=\lim_{t\to\infty}\frac{\sum_{n=1}^{N(t)}C_n^2}{t}\tag{7.3}$$

单位时间长期运行成本方差为

$$V_\pi=\lim_{t\to\infty}\frac{\sum_{n=1}^{N(t)}(C_n-E[C_\pi(t)])^2}{t}\tag{7.4}$$

根据上述定义，可得如下定理。

定理7.1 如果$|E[C_\pi(t)]|<\infty,E[T_\pi]<\infty,E[C_\pi^2(t)]<\infty$，则依概率1（w.p.1）有如下

公式

$$\phi_\pi = \frac{E[C_\pi(t)]}{E[T_\pi]};\psi_\pi = \frac{E[C_\pi^2(t)]}{E[T_\pi]};V_\pi = \frac{E[C_\pi^2(t)] - (E[C_\pi(t)])^2}{E(T_\pi)} \tag{7.5}$$

证明 在此只给出 V_π 的证明。其他两项的证明过程类似。根据更新定理可知 $\lim\limits_{t\to\infty} N(t)/t = 1/E[T_\pi]$ w. p. 1，由此可得

$$\frac{\sum_{n=1}^{N(t)}(C_n - E[C_\pi(t)])^2}{N(t)} = \frac{\sum_{n=1}^{N(t)}(C_n)^2}{N(t)} - 2\frac{\sum_{n=1}^{N(t)}C_n E[C_\pi(t)]}{N(t)} + \frac{\sum_{n=1}^{N(t)}(E[C_\pi(t)])^2}{N(t)}$$

$$= E[C_\pi^2(t)] - (E[C_\pi(t)])^2 \text{w. p. 1}, t\to\infty$$

根据上述推导可得

$$\begin{aligned} V_\pi &= \lim_{t\to\infty}\frac{\sum_{n=1}^{N(t)}(C_n - E[C_\pi(t)])^2}{t} = \lim_{t\to\infty}\frac{\sum_{n=1}^{N(t)}(C_n - E[C_\pi(t)])^2}{N(t)}\left(\frac{N(t)}{t}\right) \\ &= \frac{E[C_\pi^2(t)] - (E[C_\pi(t)])^2}{E[T_\pi]}\text{w. p. 1} \end{aligned} \tag{7.6}$$

定理即可得证。

接下来讨论在预测维护的框架下，如何将剩余寿命估计信息引入后续的维护策略安排，构建预测维护决策目标函数。

7.2.2 预测维护决策目标函数

当前监测时刻 t_i，得到设备的历史监测数据和当前监测信息 $Y_{1:i} = \{Y_1, Y_2, \cdots, Y_i\}$，通过建模设备的退化过程估计设备的剩余寿命分布，得到剩余寿命分布的概率密度函数 $f_{L_i|Y_{1:i}}(l_i | Y_{1:i})$ 和累积密度函数 $F_{L_i|Y_{1:i}}(l_i | Y_{1:i})$。利用估计的剩余寿命信息，在预测维护框架下，假设失效后替换的成本为 c_f；失效前，计划性预防替换的成本为 c_p，替换成本满足 $0 < c_\mathrm{p} < c_\mathrm{f}$。则以单位时间长期运行期望成本为标准的决策目标函数可定义为

$$\phi_\pi(t_r) = \frac{c_\mathrm{p} + (c_\mathrm{f} - c_\mathrm{p})\Pr(L_i < t_r - t_i | Y_{1:i})}{t_i + (t_r - t_i)(1 - \Pr(L_i < t_r - t_i | Y_{1:i})) + \int_0^{t_r - t_i} l_i f_{L_i|Y_{1:i}}(l_i | Y_{1:i})\mathrm{d}l_i} \tag{7.7}$$

式中：$\Pr(L_i < t_r - t_i | Y_{1:i}) = F_{L_i|Y_{1:i}}(l_i | Y_{1:i})$，$t_r$ 为当前时刻 t_i 需要决策的预防性替换时间。

相应地，单位时间长期运行期望均方成本为

$$\psi_\pi(t_r) = \frac{c_\mathrm{p}^2 + (c_\mathrm{f}^2 - c_\mathrm{p}^2)\Pr(L_i < t_r - t_i | Y_{1:i})}{t_i + (t_r - t_i)(1 - \Pr(L_i < t_r - t_i | Y_{1:i})) + \int_0^{t_r - t_i} l_i f_{L_i|Y_{1:i}}(l_i | Y_{1:i})\mathrm{d}l_i} \tag{7.8}$$

单位时间长期运行期望成本方差为

$$V_\pi(t_r) = \frac{c_\mathrm{p}^2 + (c_\mathrm{f}^2 - c_\mathrm{p}^2)\Pr(L_i < t_r - t_i | Y_{1:i}) - [c_\mathrm{p} + (c_\mathrm{f} - c_\mathrm{p})\Pr(L_i < t_r - t_i | Y_{1:i})]^2}{t_i + (t_r - t_i)(1 - \Pr(L_i < t_r - t_i | Y_{1:i})) + \int_0^{t_r - t_i} l_i f_{L_i|Y_{1:i}}(l_i | Y_{1:i})\mathrm{d}l_i} \tag{7.9}$$

基于可变成本的预测维护决策目标函数可定义为

$$\min_{t_r\in[t_i,\infty]}[\phi_\pi(t_r) + \alpha V_\pi(t_r)]\alpha \geqslant 0 \tag{7.10}$$

式中：α 为成本方差敏感因子。

由式（7.10）可知，当 $\alpha = 0$ 时，目标函数等价于传统的以期望成本为决策目标函数的

维护策略。

成本方差敏感因子 α 表示方差的相对权重。具体的取值一般基于专家经验或工业标准给出。$\alpha\leqslant 1$ 意味着决策者认为改进成本方差对最终决策的影响小于改进期望成本所产生的影响，即期望成本比成本方差重要。类似地，$\alpha\geqslant 1$ 意味着决策者认为成本方差比期望成本重要。但是，根据工程实际情况，一般认为 $0\leqslant\alpha\leqslant 1$ 是合理的。

7.3 第二种基于可变成本的预测维护模型的构建

7.3.1 长期运行成本方差

针对第二种模型，同样需要定义长期运行成本方差。基于文献［6，7］的工作，令 $t=1, 2, \cdots$ 表示离散时间单位，$C_\varphi(t)$ 表示在维护策略 φ 下的维护成本。假设设备的平均寿命大于两个时间单位[7]，即 $\mu\geqslant 2$。与第一种模型类似，单位时间长期运行期望成本、期望均方成本和成本方差可分别定义为

$$\begin{aligned}\phi_\varphi &= \lim_{T\to\infty}\frac{1}{T}\sum_{t=1}^{T}C_\varphi(t);\psi_\varphi = \lim_{T\to\infty}\frac{1}{T}\sum_{t=1}^{T}C_\varphi^2(t);\\ V_\varphi &= \lim_{T\to\infty}\frac{1}{T} = \lim_{T\to\infty}\sum_{t=1}^{T}[(C_\varphi(t)-\phi_\varphi)^2]\end{aligned}\tag{7.11}$$

由上述定义可得如下定理。

定理 7.2 在维护策略 φ 下，单位时间长期运行成本方差可表示为

$$V_\varphi = \psi_\varphi - (\phi_\varphi)^2\tag{7.12}$$

证明 根据式（7.11），得

$$\begin{aligned}V_\varphi &= \lim_{T\to\infty}\frac{1}{\underset{T\to\infty}{T}}\sum_{t=1}^{T}[(C_\varphi(t)-\phi_\varphi)^2]\\ &= \lim_{T\to\infty}\frac{1}{T}\sum_{t=1}^{T}C_\varphi^2(t) - \lim_{T\to\infty}\frac{2}{T}\sum_{t=1}^{T}C_\varphi(t)\phi_\varphi + (\phi_\varphi)^2\\ &= \lim_{T\to\infty}\frac{1}{T}\sum_{t=1}^{T}C_\varphi^2(t) - (\phi_\varphi)^2 = \psi_\phi - (\phi_\varphi)^2\end{aligned}\tag{7.13}$$

定理 7.2 即可得证。

由定理 7.1 和定理 7.2 中关于长期运行成本方差的表达式可以看出两种定义的不同。第一种预测维护决策模型下，将替换操作视为一个计数过程，然后推导出成本方差的表达式，即式（7.6），可以保持方差单位的前后一致性。而第二种定义，以随机过程中关于期望和方差的理论为基础，推导出方差的表达式，即式（7.12），没有考虑方差单位是否前后一致。两种定义方法孰优孰劣，在后面的仿真试验中会加以比较。

7.3.2 预测维护决策目标函数

与第一种模型类似，以第二种模型为基础的预测维护决策目标函数可定义为

$$\min_{t_r\in[t_i,\infty]}[(\phi_\pi(t_r))^2 + \alpha V_\pi(t_r)], \alpha\geqslant 0\tag{7.14}$$

此处将 $(\phi_\pi(t_r))^2$ 代替 $\phi_\pi(t_r)$ 是为了保持整个优化目标函数单位的一致性。由于 $\phi_\pi(t_r)>0$，因此，不影响后续的优化结果。$\phi_\pi(t_r)>0$ 的表达式同式（7.7）。确定预测维护决策目

标函数后，接着给出如下引理。

引理 7.1 对决策时间 $t_r>0$，有以下公式成立

$$\frac{\mathrm{d}\psi_\varphi(t_r)}{\mathrm{d}t_r}=(c_\mathrm{f}+c_\mathrm{p})\frac{\mathrm{d}\phi_\varphi(t_r)}{\mathrm{d}t_r}+\frac{c_\mathrm{f}c_\mathrm{p}(1-F_{L_i|Y_{1:i}}(t_r-t_i\mid Y_{1:i}))}{G^2(t_r)} \tag{7.15}$$

式中：$G(t_r)=t_i+(t_r-t_i)(1-\Pr(L_i<t_r-t_i\mid Y_{1:i}))+\int_0^{t_r-t_i}l_if_{L_i|Y_{1:i}}(l_i\mid Y_{1:i})\mathrm{d}l_i$。

证明 分别对 t_r 求导，得

$$\frac{\mathrm{d}\psi_\varphi(t_r)}{\mathrm{d}t_r}=\frac{(c_\mathrm{f}^2-c_\mathrm{p}^2)h(t_r-t_i)-(c_\mathrm{f}^2-c_\mathrm{p}^2)F_{L_i|Y_{1:i}}(t_r-t_i\mid Y_{1:i})-c_\mathrm{p}}{G^2(t_r)/(1-F_{L_i|Y_{1:i}}(t_r-t_i\mid Y_{1:i}))} \tag{7.16}$$

$$\frac{\mathrm{d}\phi_\varphi(t_r)}{\mathrm{d}t_r}=\frac{(c_\mathrm{f}-c_\mathrm{p})h(t_r-t_i)-(c_\mathrm{f}-c_\mathrm{p})F_{L_i|Y_{1:i}}(t_r-t_i\mid Y_{1:i})-c_\mathrm{p}}{G^2(t_r)/(1-F_{L_i|Y_{1:i}}(t_r-t_i\mid Y_{1:i}))} \tag{7.17}$$

式中：$h(t_r-t_i)=f_{L_i|Y_{1:i}}(t_r-t_i\mid Y_{1:i})/(1-F_{L_i|Y_{1:i}}(t_r-t_i\mid Y_{1:i}))$ 为失效率函数。

根据式（7.16）和式（7.17），经过一定的代数运算，即可得到式（7.15），引理 7.1 即可得证。

基于构建的决策目标函数式（7.14）和引理 7.1 有如下定理成立。

定理 7.3 当前时刻 t_i，令 $t^*\equiv\inf A(\phi_\varphi(t))$，其中 $A(\phi_\varphi(t))$ 为最小化 $\phi_\varphi(t)$ 的最优解的集合；t^* 为 a 固定时，式（7.14）的一个最优解，则有以下结论成立：

（1）如果 $\alpha>0$，则 $t_r^*<t^*$。若 $t^*<\infty$，则不等式严格成立。

（2）令 $\alpha_1>\alpha_2>0, t_r^*(\alpha_1)\equiv\inf B(t_r;\alpha_1), t_r^*(\alpha_2)\equiv\inf B(t_r;\alpha_2)$，则 $t_r^*(\alpha_1)\leqslant t_r^*(\alpha_2)$。其中，$B(t_r;\alpha_1)$ 和 $B(t_r;\alpha_2)$ 分别表示当 $\alpha=\alpha_1$ 和 $\alpha=\alpha_2$ 时最小化式（5.14）的最优解的集合。

证明 为证明 $t^*<\infty$ 时，$t_r^*<t^*$，首先根据式（7.12）得

$$\frac{\mathrm{d}}{\mathrm{d}t_r}[(\phi_\varphi(t_r))^2+\alpha V_\varphi(t_r)]=(2\phi_\varphi(t_r)-2\alpha\phi_\varphi(t_r))\frac{\mathrm{d}(\phi_\varphi(t_r))}{\mathrm{d}t_r}+\alpha\frac{\mathrm{d}(\phi_\varphi(t_r))}{\mathrm{d}t_r} \tag{7.18}$$

由引理 7.1 和式（7.18）可知

$$\begin{aligned}\frac{\mathrm{d}}{\mathrm{d}t_r}[(\phi_\varphi(t_r))^2+\alpha V_\varphi(t_r)]=&(2\phi_\varphi(t_r)+\alpha(c_\mathrm{f}-c_\mathrm{p})-2\alpha\phi_\varphi(t_r))\frac{\mathrm{d}(\phi_\varphi(t_r))}{\mathrm{d}t_r}\\&+\frac{\alpha c_\mathrm{f}c_\mathrm{p}(1-F_{L_i|Y_{1:i}}(t_r-t_i\mid Y_{1:i}))}{G^2(t_r)}\end{aligned} \tag{7.19}$$

容易证明对 $t^*<\infty$，有

$$\frac{\mathrm{d}\phi_\varphi(t)}{\mathrm{d}t}\geqslant 0(\forall t\geqslant t^*) \tag{7.20}$$

又因为已假设设备平均寿命 $\mu\geqslant 2$，得

$$\phi_\varphi(t)\leqslant\phi_\varphi(\infty)\leqslant\frac{c_\mathrm{f}}{\mu}\leqslant\frac{c_\mathrm{f}+c_\mathrm{p}}{2}(\forall t\geqslant t^*) \tag{7.21}$$

根据式（7.19）~式（7.21），有

$$\frac{\mathrm{d}}{\mathrm{d}t_r}[(\phi_\varphi(t_r))^2+\alpha V_\varphi(t_r)]>0(\forall t_r\geqslant t^*) \tag{7.22}$$

因此，当 $t^*<\infty$ 时，有 $t_r^*<t^*$。接下来证明(2)。采用反证法，假设 $t_r^*(\alpha_1)>t_r^*(\alpha_2)$，已知 $t_r^*(\alpha_1)<t^*, t_r^*(\alpha_2)<t^*$，根据 $\mathrm{d}\phi_\varphi(t)/\mathrm{d}t\leqslant 0(\forall t\leqslant t^*)$，可得 $\phi_\varphi(t_r^*(\alpha_1))<$

$\phi_\varphi(t_r^*(\alpha_2))$。进一步根据

$$(\phi_\varphi(t_r^*(\alpha_2)))^2 + \alpha_2 V_\varphi(t_r^*(\alpha_2)) \leqslant (\phi_\varphi(t_r^*(\alpha_1)))^2 + \alpha_2 V_\varphi(t_r^*(\alpha_1)) \tag{7.23}$$

可得 $V_\varphi(t_r^*(\alpha_2)) < V_\varphi(t_r^*(\alpha_1))$。因此，得

$$\begin{aligned} 0 &\leqslant (\phi_\varphi(t_r^*(\alpha_1)))^2 + \alpha_2 V_\varphi(t_r^*(\alpha_2)) - ((\phi_\varphi(t_r^*(\alpha_2)))^2 + \alpha_2 V_\varphi(t_r^*(\alpha_2))) \\ &= (\phi_\varphi(t_r^*(\alpha_1)))^2 - (\phi_\varphi(t_r^*(\alpha_2)))^2 + \alpha_2(V_\varphi(t_r^*(\alpha_1)) - \alpha_2 V_\varphi(t_r^*(\alpha_2))) \\ &< (\phi_\varphi(t_r^*(\alpha_1)))^2 - (\phi_\varphi(t_r^*(\alpha_2)))^2 + \alpha_1(V_\varphi(t_r^*(\alpha_1)) - \alpha_2 V_\varphi(t_r^*(\alpha_1))) \end{aligned}$$

由上述分析可知 $(\phi_\varphi(t_r^*(\alpha_1)))^2 + \alpha_1 V_\varphi(t_r^*(\alpha_1)) > (\phi_\varphi(t_r^*(\alpha_2)))^2 + \alpha_1 V_\varphi(t_r^*(\alpha_2))$。但是，若 $\alpha_1 = \alpha_2$，式（7.14）在 $t_r^*(\alpha_1)$ 处取得极小值，与假设矛盾。因此，有 $t_r^*(\alpha_1) \leqslant t_r^*(\alpha_2)$。定理7.3即可得证。

由定理7.3可知，在第二种预测维护模型下，最优替换时间间隔比传统方法要短，即基于可变成本的预测维护的决策结果相对于传统方法的决策结果，比较保守。此外，成本方差的相对权重越大，最优替换时间间隔越短。直观上与实际情况相符合，即通过增加替换的频率降低管理与失效风险。

7.4　备件订购模型的构建

本节构建备件订购模型的思路与 Armstrong 和 Atkins 的研究思路类似。因此，首先简要介绍文献［3］的相关工作。考虑一个单部件系统，并假设部件的库存空间只允许一次订购一个备件。系统在运行过程中会发生随机失效，且失效时间概率密度函数和累积密度函数可分别表示为和。系统一旦发生失效，会产生很高的失效成本；此外，对系统采取预防性替换操作，也会产生一定的替换费用。替换费用远远低于失效成本。无论是失效后替换还是预防性替换，库存中都必须有一个可用的备件，且会耗费一定的储备费用。如果在要求的替换时间发生库存短缺的情况，则每单位时间会产生一定的库存短缺费用。基于上述描述，文献［3］提出一种逐次决策模型。首先构建以单位时间长期运行期望成本为决策目标函数的替换模型，据此得到最优的替换时间。一旦确定，即代入后续的备件订购模型，得到最优的备件订购时间。单位时间长期运行期望库存成本可表示为

$$C_0 = \frac{k_s \int_{t_0}^{t_0+L} F(t)\mathrm{d}t + k_h \int_{t_0+L}^{t_r^*} (1 - F(t))\mathrm{d}t}{\int_{t_0}^{t_0+L} F(t)\mathrm{d}t + \int_0^{t_r^*} (1 - F(t))\mathrm{d}t} \tag{7.24}$$

式中：C_0 为单位时间长期运行期望库存成本；t_0 为待决策的备件订购时间；k_h 为单位时间储备成本；k_s 为单位时间库存短缺成本；L 为从订购开始至接收到备件的交付时间。

该模型只适用于描述一类设备的备件订购模型，没有充分利用设备的实时监测信息，不适用于单个运行设备。本章将融合设备实时监测信息的剩余寿命分布代替式（7.24）中的失效时间分布，根据设备实际的运行状态，实时调整备件订购时间，从而能够降低管理风险，有效节约成本。若当前时刻为 t_i，得到剩余寿命的分布为 $F_{L_i|Y_{1:i}}(l_i \mid Y_{1:i})$，则本章所构建的单位时间长期运行期望库存成本可表示为

$$C_0 = \frac{k_s \int_{t_0}^{t_0+L} F_{L_i|Y_{1:i}}(l_i \mid Y_{1:i})\mathrm{d}l_i + k_h \int_{t_0+L}^{t_r^*} (1 - F_{L_i|Y_{1:i}}(l_i \mid Y_{1:i}))\mathrm{d}l_i}{\int_{t_0}^{t_0+L} F_{L_i|Y_{1:i}}(l_i \mid Y_{1:i})\mathrm{d}l_i + \int_0^{t_r^*} (1 - F_{L_i|Y_{1:i}}(l_i \mid Y_{1:i}))\mathrm{d}l_i + t_i} \tag{7.25}$$

式中：t_0 为对应时刻 t_i 需要决策的备件订购时间。注意到在任意的监测时刻，最优备件订购时间 t_0^* 都应满足 $t_0^* + L \leqslant t_r^*$ 。由式（7.10）、式（7.14）和式（7.25）便可逐次确定最优的预防替换时间和备件订购时间。

7.5 惯性测量组合预测维护的仿真试验

7.5.1 问题描述

本节以惯性测量组合为研究对象，验证所提方法的应用效果。本章主要研究在已估计剩余寿命的情况下如何构建有效的预测维护模型和备件订购模型。因此，为突出重点，本试验认为已经得到惯性测量组合剩余寿命的分布。主要侧重于验证分析维护模型和备件订购模型的性能。陀螺仪漂移是表征惯性测量组合性能好坏的一项重要指标，可以看作惯性测量组合的一种缓变失效。同样选取陀螺仪敏感轴方向上的漂移系数作为衡量惯性测量组合退化状态的性能指标。应用6.4节的方法，需要给出陀螺仪漂移的失效阈值，根据工程实践经验和对惯性测量组合精度的要求，通常假设敏感轴方向上的漂移系数一旦达到0.38$^{(\circ)}$/h，即表明陀螺仪由于漂移引起的性能退化非常严重，可以认为惯性测量组合已经失效。试验数据见6.2节，共96组数据。

7.5.2 试验结果

为了表征本章所提方法的效果，令失效后替换成本 $c_{\mathrm{f}} = 15000$ 元，预防性替换成本 $c_{\mathrm{p}} = 7000$ 元，单位时间储备成本 $k_{\mathrm{r}} = 1$ 元，单位时间库存短缺成本 $k_{\mathrm{s}} = 20000$ 元，交付时间 $L = 1.5\mathrm{h}$，考虑方差敏感因子 $\alpha = 0.3$ 和 $\alpha = 0.02$ 的情况，以第74个、82个和95个状态监测点为例，分别利用单位时间期望成本策略、第一种基于可变成本的替换策略和第二种基于可变成本的替换策略确定对应的最优替换时间，结果如图7.1 ~图7.5所示。其中“圆圈”“星号”和“方框”分别对应第74个、第82个和第95个状态监测点处的最优替换时间。

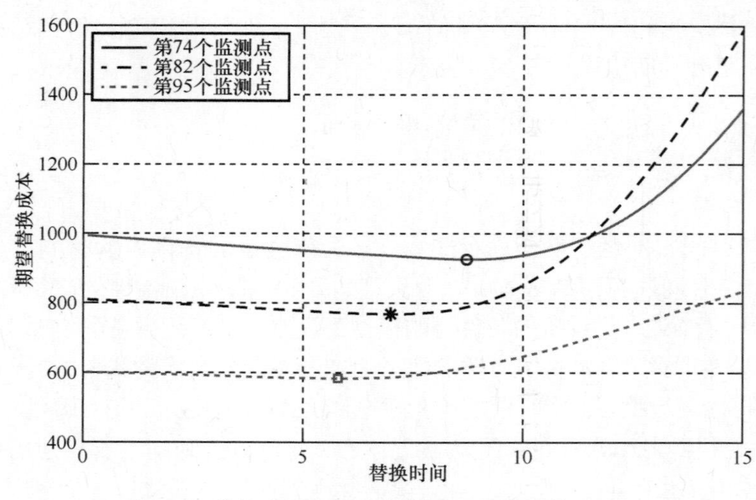

图7.1 单位时间期望成本策略下的最优替换时间

可以看出，不同的监测点处，基于可变成本的最优替换时间总是比基于期望成本的要小，即基于可变成本的替换策略要比基于期望成本的保守，决策结果的不确定性小。此外，对于两种基于可变成本的替换策略而言，方差敏感因子 α 的值越大，最优预防替换的时间越小，说明了在一定的成本下可以通过增大替换的频率以降低管理与失效风险。其中，第一种基于可变成本的替换策略的决策结果更加保守，不确定性更小。因此，在本章的研究背景下，该策略是最优的。

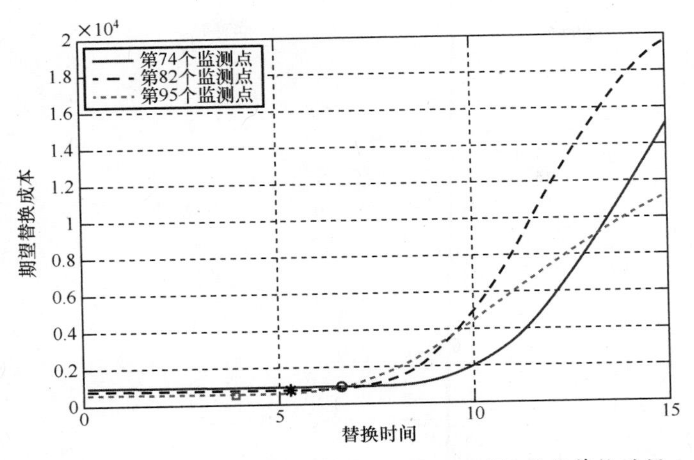

图 7.2　第一种基于可变成本策略 $\alpha=0.3$ 时的最优替换时间

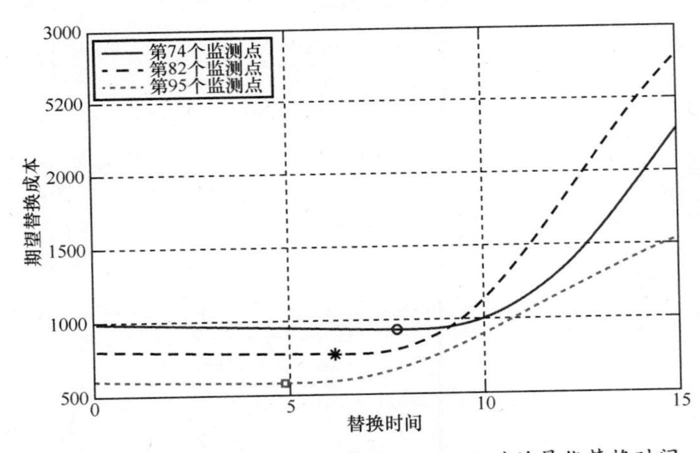

图 7.3　第一种基于可变成本策略 $\alpha=0.02$ 时的最优替换时间

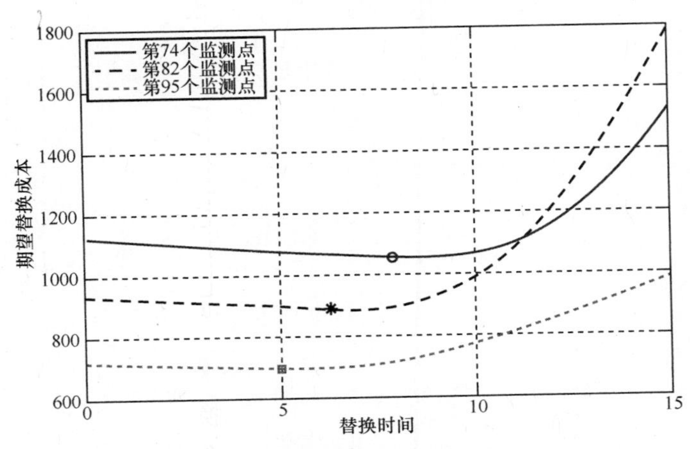

图 7.4　第二种基于可变成本策略 $\alpha=0.3$ 时的最优替换时间

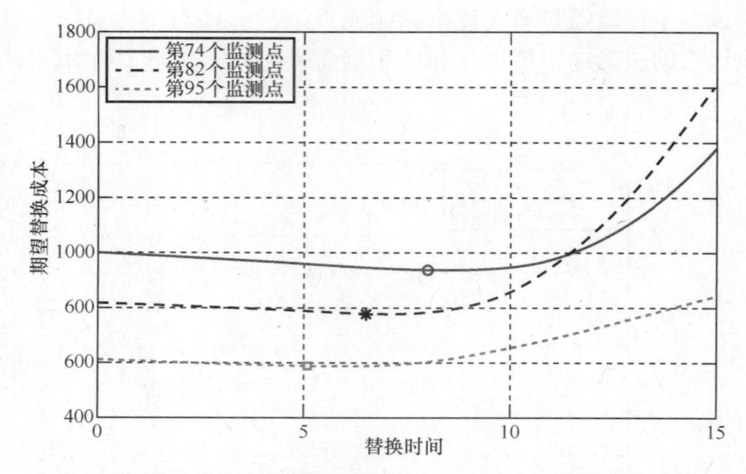

图 7.5　第二种基于可变成本策略 $\alpha=0.02$ 时的最优替换时间

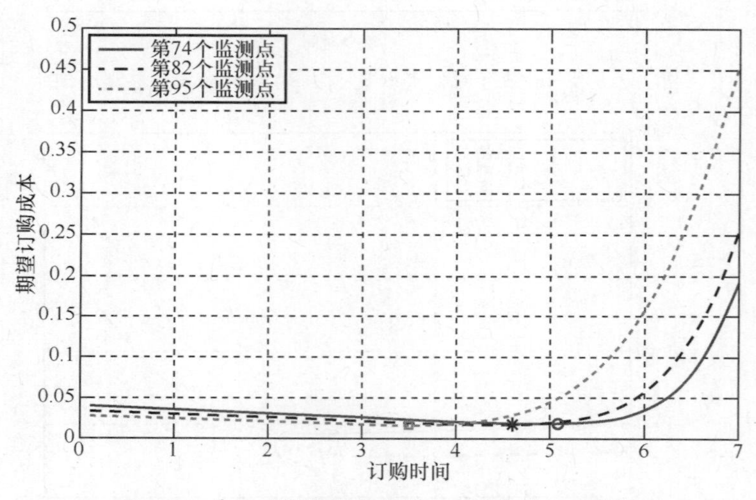

图 7.6　单位时间期望成本策略下的最优订购时间

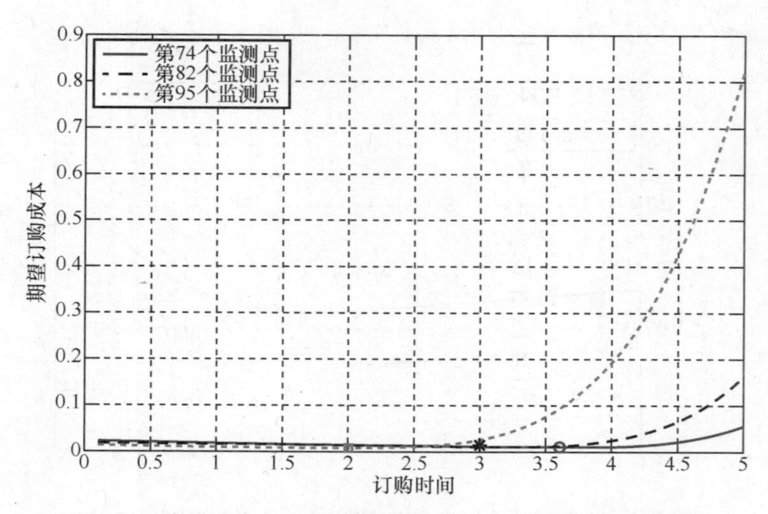

图 7.7　第一种基于可变成本策略 $\alpha=0.3$ 时的最优订购时间

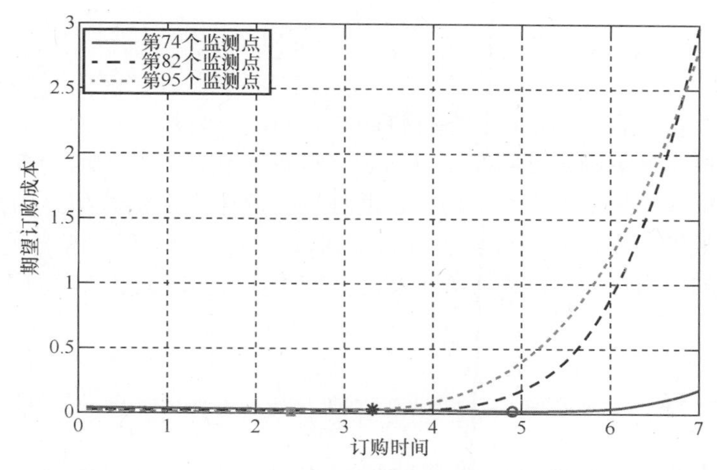

图 7.8　第一种基于可变成本策略 $\alpha=0.02$ 时的最优订购时间

表 7.1 列出了不同替换策略的替换成本和最优替换时间。为表示方便，将期望成本策略简称为策略 1，$\alpha=0.3$ 对应的两种可变成本策略统称为策略 2，相应地，$\alpha=0.02$ 对应的为策略 3。其中，C_1，C_2 分别表示第一种和第二种可变成本策略的替换成本，T_1，T_2 分别表示两种可变成本策略的最优替换时间。由表 7.1 可知，基于可变成本策略的替换成本相比于期望成本策略，略有增加。这种现象是正常的，但是通过提前进行替换操作，本章所提方法能够有效降低管理风险和失效风险。为了说明最优替换时间对后续备件订购时间的影响，以第一种可变成本策略和期望成本策略为例，相应的最优备件订购时间如图 7.6 ~ 图 7.8 所示。

表 7.1　不同替换策略的替换成本与最优替换时间

监测点	策略 1		策略 2				策略 3			
	成本	时间	C_1	C_2	T_1	T_2	C_1	C_2	T_1	T_2
第 74 个	926.0	8.7	940.1	1055.8	6.6	7.9	932.1	934.6	7.8	8.0
第 82 个	768.8	7.0	777.6	892.8	5.3	6.3	772.6	777.1	6.2	6.5
第 95 个	581.9	5.8	587.9	698.2	3.9	5.0	584.8	589.6	4.9	5.1

不同的替换策略下，最优备件订购时间也不尽相同，最优替换间隔越短，对应的最优订购时间越小。因此，在本章所提出的逐次维护与备件订购策略下，考虑成本方差会对后续的订购决策产生直接影响，不仅可以降低维护风险，而且可以同时降低库存短缺的风险。不同策略下的备件订购成本和最优订购时间如表 7.2 所列。

表 7.2　不同策略下的订购成本与最优订购时间

监测点	策略 1		$\alpha=0.3$		$\alpha=0.02$	
	订购成本	订购时间	订购成本	订购时间	订购成本	订购时间
74 个	0.0183	5.1	0.0081	3.6	0.0144	4.9
82 个	0.0172	4.6	0.0072	3.0	0.0112	3.2
95 个	0.0168	3.5	0.0064	2.0	0.0100	2.4

7.6 小　　结

本章针对惯性测量组合预测维护和备件订购策略制定问题[14]，主要研究了在预测维护框架下如何量化维护成本的不确定性问题，以达到降低维护和备件订购的管理风险的目的。以维护成本的方差表征成本的不确定性，构建了两种融合剩余寿命估计信息的同时考虑成本期望和方差的维护决策模型，据此构建了备件订购时间决策模型。根据设备的状态监测信息，通过在线估计设备的剩余寿命，最终实现了实时决策最优替换时间和备件订购时间[14-16]。

参考文献

[1] Carr M, Wang W. An approximate algorithm for prognostic modelling using condition monitoring information[J]. European Journal of Operational Research, 2011, 211(1): 90 - 96.

[2] Gebraeel N, Lawley M, Rong L, et al. Residual - life distributions from component degradation signals: A Bayesian approach [J]. IIE Transactions, 2005, 37(6): 543 - 557.

[3] Michael J A, Derek R A. Joint optimization of maintenance and inventory policies for a simple system[J]. IIE transactions, 1996, 28(5): 415 - 424.

[4] Elwany A, Gebraeel N. Sensor - driven prognostic models for equipment replacement and spare parts inventory[J]. IIE Transactions, 2008, 40(7): 629 - 639.

[5] Tapiero C, Venezia I. A mean variance approach to the optimal machine maintenance and replacement problem[J]. Journal of the Operational Research Society, 1979, 30(5): 457 - 466.

[6] Filar J A, Kallenberg L, Lee H M. Variance - penalized Markov decision processes[J]. Mathematics of Operations Research, 1989, 14(1): 147 - 161.

[7] Chen Y, Jin J. Cost - variability - sensitive preventive maintenance considering management risk[J]. IIE Transactions, 2003, 35(12): 1091 - 1101.

[8] Gosavi A. A risk - sensitive approach to total productive maintenance[J]. Automatica, 2006, 42(8): 1321 - 1330.

[9] Giri B, Dohi T. Quantifying the risk in age and block replacement policies[J]. Journal of the Operational Research Society, 2009, 61(7): 1151 - 1158.

[10] Chen N, Chen Y, Li Z, et al. Optimal variability sensitive condition - based maintenance with a Cox PH model[J]. International Journal of Production Research, 2011, 49(7): 2083 - 2100.

[11] Si X, Hu C, Wang W. A real - time variable cost - based maintenance model from prognostic information[C]. Prognostics and System Health Management (PHM), 2012 IEEE Conference on IEEE, 2012: 1 - 6.

[12] Amster S. Mathematical Theory of Reliability[J]. Technometrics, 1965, 7(4): 656 - 657.

[13] 左洪福，蔡景，王华伟. 维修决策理论与方法[M]. 北京：航空工业出版社，2008.

[14] 司小胜，胡昌华. 数据驱动的设备剩余寿命预测理论及应用[M]. 北京：国防工业出版社，2016.

[15] 冯磊，王宏力，司小胜，等. 基于有限次检修机会的备件最优检修策略[J]. 仪器仪表学报，2012，33(12)：2667 - 2673.

[16] 冯磊. 基于退化过程建模的剩余寿命在线估计方法及应用[D]. 西安：第二炮兵工程大学，2013.